ENERGIA E FLUIDOS

Volume 2 – Mecânica dos fluidos

Coleção **Energia e Fluidos**

Volume 1
Coleção Energia e Fluidos: Termodinâmica

ISBN: 978-85-212-0945-4
330 páginas

Volume 2
Coleção Energia e Fluidos: Mecânica dos fluidos

ISBN: 978-85-212-0947-8
394 páginas

Volume 3
Coleção Energia e Fluidos: Transferência de calor

ISBN: 978-85-212-0949-2
292 páginas

Blucher

www.blucher.com.br

João Carlos Martins Coelho

ENERGIA E FLUIDOS

Volume 2 – Mecânica dos fluidos

Energia e Fluidos – volume 2: Mecânica dos fluidos
© 2016 João Carlos Martins Coelho
Editora Edgard Blücher Ltda.
1ª reimpressão – 2018

Blucher

Rua Pedroso Alvarenga, 1245, 4º andar
04531-934 – São Paulo – SP – Brasil
Tel.: 55 11 3078-5366
contato@blucher.com.br
www.blucher.com.br

Segundo o Novo Acordo Ortográfico, conforme 5. ed. do *Vocabulário Ortográfico da Língua Portuguesa*, Academia Brasileira de Letras, março de 2009.

É proibida a reprodução total ou parcial por quaisquer meios sem autorização escrita da editora.

Todos os direitos reservados pela Editora Edgard Blücher Ltda.

Dados Internacionais de Catalogação na Publicação (CIP)
Angélica Ilacqua CRB-8/7057

Coelho, João Carlos Martins
    Energia e fluidos, volume 2 : Mecânica dos fluidos / João Carlos Martins Coelho. — São Paulo: Blucher, 2016.
    394 p. : il.

Bibliografia
ISBN 978-85-212-0947-8

1. Engenharia mecânica 2. Engenharia térmica 3. Mecânica dos fluidos I. Título.

15-0854   CDD   621.402

Índice para catálogo sistemático:
1. Engenharia térmica

Prefácio

Com o passar do tempo, o ensino das disciplinas da área da Engenharia Mecânica, frequentemente denominada Engenharia Térmica, começou a ser realizado utilizando diversas abordagens. Em alguns cursos de engenharia foi mantido o tratamento tradicional desse assunto dividindo-o em três disciplinas clássicas: Termodinâmica, Mecânica dos Fluidos e Transferência de Calor. Em contraposição a essa abordagem, existe o ensino dos tópicos da Engenharia Térmica agrupados em duas disciplinas, sendo uma a Termodinâmica e outra a constituída pela união de mecânica dos fluidos e transmissão de calor, frequentemente denominada Fenômenos de Transporte. Por fim, há casos em que se agrupam todos os tópicos abordados pelas disciplinas clássicas em um único curso que recebe denominações tais como Fenômenos de Transporte, Ciências Térmicas e Engenharia Térmica.

Tendo em vista esse cenário, verificamos a necessidade de criar uma série de livros que permitisse o adequado apoio ao desenvolvimento de cursos que agrupassem diversos tópicos, permitindo ao aluno o trânsito suave através dos diversos assuntos abrangidos pela Engenharia Térmica. Nesse contexto, nos propusemos a iniciar a preparação desta série por meio da publicação de três livros, abordando conhecimentos básicos, com as seguintes características:

- serem organizados de forma a terem capítulos curtos, porém em maior número. Dessa forma cada assunto é tratado de maneira mais compartimentada, facilitando a sua compreensão ou, caso seja desejo do professor, a sua exclusão de um determinado curso;
- terem seus tópicos teóricos explanados de forma precisa, no entanto concisa, premiando a objetividade e buscando a rápida integração entre o aluno e o texto;
- utilizarem uma simbologia uniforme ao longo de todo o texto independentemente do assunto tratado, buscando reduzir as dificuldades do aluno ao transitar, por exemplo, da termodinâmica para a mecânica dos fluidos;
- incluírem nos textos teóricos, sempre que possível, correlações matemáticas equivalentes a correlações gráficas. O objetivo não é eliminar as apresentações gráficas, mas sim apresentar, adicionalmente, correlações que possam ser utilizadas em cálculos computacionais;
- apresentarem uma boa quantidade de exercícios resolvidos com soluções didaticamente detalhadas, de modo que o aluno possa entendê-los com facilidade, sem auxílio de professores; e
- utilizarem apenas o Sistema Internacional de Unidades.

Um dos problemas enfrentados ao se escrever uma série como é a dificuldade de definir quais tópicos devem ou não ser abordados e com qual profundidade eles serão tratados. Diante dessa questão, realizamos algumas opções com o propósito de tornar os livros atraentes para os estudantes, mantendo um padrão de qualidade adequado aos bons cursos de engenharia.

A coleção de exercícios propostos e resolvidos apresentada ao longo de toda a série é fruto do trabalho didático que, naturalmente, foi realizado ao longo dos últimos 15 anos com apoio de outros textos. Assim, é inevitável a ocorrência de semelhanças com exercícios propostos por outros autores, especialmente em se tratando dos exercícios que usualmente denominamos clássicos. Pela eventual e não intencional semelhança, pedimos desculpas desde já.

Uma dificuldade adicional na elaboração de livros-texto está na obtenção de tabelas de propriedades termodinâmicas e de transporte de diferentes substâncias. Optamos por vencer essa dificuldade desenvolvendo uma parcela muito significativa das tabelas apresentadas nesta série utilizando um programa computacional disponível no mercado.

Finalmente, expressamos nossos mais profundos agradecimentos a todos os professores que, com suas valiosas contribuições e com seu estímulo, nos auxiliaram ao longo destes anos na elaboração deste texto. Em particular, agradecemos ao Prof. Dr. Antônio Luiz Pacífico, Prof. Dr. Marco Antônio Soares de Paiva, Prof. Me. Marcelo Otávio dos Santos, Prof. Dr. Maurício Assumpção Trielli, Prof. Dr. Marcello Nitz da Costa e, também, aos muitos alunos da Escola de Engenharia Mauá que, pelas suas observações, críticas e sugestões, contribuíram para o enriquecimento deste texto.

João Carlos Martins Coelho
jcmcoelho@maua.br

Conteúdo

Lista dos principais símbolos **11**

Introdução **13**
    1 Fluidos e sólidos 14
    2 Sistema e volume de controle 15
    3 Caracterização das substâncias 15
    4 Algumas propriedades.. 16
    5 Avaliação da massa específica de alguns fluidos 17
    6 Avaliação da velocidade do som 18
    7 Exercícios resolvidos 18
    8 Exercícios propostos 20

Capítulo 1 – Fluidos em repouso – manometria **23**
    1.1 Distribuição de pressão em um fluido 24
    1.2 A pressão atmosférica 26
    1.3 Medindo a pressão 27
    1.4 Exercícios resolvidos 29
    1.5 Exercícios propostos 32

Capítulo 2 – Forças causadas por fluidos em repouso **47**
    2.1 Forças hidrostáticas sobre superfícies planas submersas.................. 47
    2.2 Forças hidrostáticas sobre superfícies curvas submersas.................. 50
    2.3 Força de empuxo 51
    2.4 Efeitos da tensão superficial 51
    2.5 Exercícios resolvidos 52
    2.6 Exercícios propostos 62

Capítulo 3 – Fluidos em movimento de corpo rígido 93

    3.1 Fluido em movimento de corpo rígido com aceleração constante 93
    3.2 Fluido em movimento de corpo rígido com velocidade angular constante 94
    3.3 Exercícios resolvidos 96
    3.4 Exercícios propostos 98

Capítulo 4 – Fluidos em movimento 101

    4.1 Descrição dos escoamentos 101
    4.2 Velocidades 101
    4.3 Viscosidade 102
    4.4 O número de Reynolds e o de Mach 104
    4.5 Características gerais de escoamentos 105
    4.6 Aspectos cinemáticos dos escoamentos 107
    4.7 Escoamentos de fluidos não viscosos: a equação de Bernoulli 110
    4.8 Linha de energia e piezométrica 112
    4.9 O tubo de Pitot 112
    4.10 Vazões 113
    4.11 Conservação da massa em um volume de controle 114
    4.12 Simplificação para um número finito de entradas e de saídas 115
    4.13 Usando o conceito de escoamento uniforme 116
    4.14 Propriedades de alguns fluidos 117
    4.15 Exercícios resolvidos 117
    4.16 Exercícios propostos 127

Capítulo 5 – A equação da quantidade de movimento 147

    5.1 A equação da quantidade de movimento 147
    5.2 Simplificação para um número finito de entradas e de saídas uniformes ... 149
    5.3 O processo em regime permanente 149
    5.4 Análise das forças de superfície 150
    5.5 O fator de correção da quantidade de movimento 151
    5.6 Momento da quantidade de movimento 152
    5.7 Exercícios resolvidos 154
    5.8 Exercícios propostos 167

Capítulo 6 – Conservação da energia aplicada a escoamentos .. 183

    6.1 A primeira lei da termodinâmica para volumes de controle 183
    6.2 A equação mecânica da energia 185
    6.3 Fator de correção de energia cinética 187

6.4 A equação da energia com correção da energia cinética 188
6.5 Revendo a equação de Bernoulli 189
6.6 Exercícios resolvidos 189
6.7 Exercícios propostos 198

Capítulo 7 – Análise dimensional e semelhança 221
7.1 Análise dimensional 221
7.2 Semelhança 224
7.3 Exercícios resolvidos 226
7.4 Exercícios propostos 235

Capítulo 8 – Escoamento interno de fluidos viscosos 243
8.1 Regimes de escoamento em dutos 243
8.2 Região de entrada e escoamento plenamente desenvolvido 244
8.3 Perfis de velocidade plenamente desenvolvidos em dutos 244
8.4 Perda de carga 246
8.5 Avaliação da perda de carga distribuída 248
8.6 Avaliação da perda de carga em dutos não circulares 252
8.7 Avaliando as perdas de carga localizadas 252
8.8 Comprimento equivalente 257
8.9 Problemas típicos 258
8.10 Avaliação da perda de carga em tubulações compostas 258
8.11 Dimensões de tubos 259
8.12 Exercícios resolvidos 259
8.13 Exercícios propostos 273

Capítulo 9 – Medidores de vazão 309
9.1 Projeto de medidores de vazão 310
9.2 Tubo Venturi 311
9.3 Bocais 311
9.4 Placas de orifício 312
9.5 Exercícios resolvidos 313
9.6 Exercícios propostos 314

Capítulo 10 – Escoamento externo de fluidos viscosos 317
10.1 A camada-limite 317
10.2 O desenvolvimento da camada-limite sobre placas planas 320
10.3 Forças de arrasto 322

10.4 Forças de sustentação.. 328
10.5 Exercícios resolvidos... 329
10.6 Exercícios propostos... 334

Capítulo 11 – Introdução à análise diferencial de escoamentos.... 353

11.1 Equacionamento de linhas de corrente e de trajetórias............................. 353
11.2 O movimento de uma partícula fluida.. 354
11.3 O princípio da conservação da massa 357
11.4 Tensões em um fluido.. 359
11.5 A equação da quantidade de movimento.. 360
11.6 A função potencial de velocidade... 365
11.7 Escoamentos potenciais planos 366
11.8 Exercícios resolvidos... 370
11.9 Exercícios propostos... 379

Apêndice A – Informações diversas 383

A.1 Momentos e produtos de inércia de algumas figuras planas
em relação ao centroide 383

Apêndice B – Algumas propriedades 385

B.1 Viscosidade de alguns gases 385
B.2 Viscosidade de alguns líquidos 386
B.3 Propriedades de substâncias a 20°C e 1,0 bar 387

Apêndice C – Propriedades termofísicas.................................... 389

C.1 Propriedades do ar a 1,0 bar 389
C.2 Propriedades termofísicas da água saturada 390
C.3 Propriedades do ar em função da altitude.. 390

Referências 391

Lista dos principais símbolos

Símbolo	Denominação	Unidade
A	Área	m²
a	Aceleração	m/s²
c	Calor específico	J/(kg·K)
c_p	Calor específico a pressão constante	J/(kg·K)
c_v	Calor específico a volume constante	J/(kg·K)
d	Diâmetro	m
d_r	Densidade ou densidade relativa	
E	Energia	J
e	Energia específica	J/kg
e	Espessura	m
F	Força	N
G	Irradiação	W/m²
g	Aceleração da gravidade local	m/s²
H	Entalpia	J
h	Entalpia específica	J/kg
h	Coeficiente de transferência de calor por convecção	W/(m²·K)
k	Razão entre os calores específicos a pressão constante e a volume constante	
k	Condutibilidade térmica	W/(m·K)
M	Massa molar de uma substância pura	kg/kmol
m	Massa	kg
$\dot{m}$	Vazão mássica	kg/s
P	Perímetro	m
p	Pressão	Pa
Q	Calor	J
q	Calor por unidade de massa	J/kg
$\dot{Q}$	Taxa de calor	W
$\dot{Q}'$	Taxa de calor por unidade de comprimento	W/m
R	Constante particular de um gás tido como ideal	kJ/(kg·K)

Símbolo	Denominação	Unidade
$\bar{R}$	Constante universal dos gases ideais (= 8314,34)	J/(mol·K)
S	Entropia	kJ/K
s	Entropia específica	kJ/(kg·K)
T	Temperatura	K
t	Tempo	s
U	Energia interna	J
u	Energia interna específica	kJ/kg
$\forall$	Volume	m³
v	Volume específico	m³/kg
$\dot{\forall}$	Vazão volumétrica	m³/s
V	Velocidade	m/s
W	Trabalho	kJ
w	Trabalho específico ou por unidade de massa	J/kg
$\dot{W}$	Potência	W
x	Título de uma mistura líquido-vapor	
y	Fração mássica	
$\bar{y}$	Fração molar	
Z	Fator de compressibilidade	
z	Elevação	m

Símbolos gregos		
β	Coeficiente de expansão volumétrica	K⁻¹
β	Coeficiente de desempenho	
ϕ	Umidade relativa	
γ	Peso específico	kg/(m²·s²)
η	Rendimento térmico	
θ	Diferença de temperatura	K
ρ	Massa específica	kg/m³
σ	Produção de entropia	J/K
$\dot{\sigma}$	Taxa de produção de entropia	W/K
Ω	Velocidade angular	s⁻¹
ω	Umidade absoluta	kg água/kg ar seco

Introdução

O presente livro é parte constituinte da série Energia e Fluidos e é dedicado ao estudo dos fundamentos da mecânica dos fluidos, que é uma área de conhecimento fundamental na chamada Engenharia Térmica. Para o seu estudo é pressuposto que o estudante tenha conhecimentos elementares de termodinâmica e, por esse motivo, vários assuntos já tratados em *Termodinâmica*, primeiro livro da série Energia e Fluidos, não serão aqui novamente abordados. No entanto, algumas exceções foram aceitas para evitar descontinuidades no texto que poderiam prejudicar o seu entendimento.

Com propósito essencialmente pedagógico, optamos por apresentar os assuntos que constituem este livro na ordem tradicional, qual seja: estática dos fluidos, cinemática e, por fim, os aspectos dinâmicos dos escoamentos dos fluidos. Esta apresentação é fortemente apoiada no tratamento integral das equações fundamentais, sendo reservado o capítulo final para uma breve apresentação da abordagem diferencial.

Ressaltamos também que este texto foi elaborado utilizando-se o Sistema Internacional de Unidades (SI), e se espera do aluno que tenha o adequado conhecimento deste sistema.

Na Tabela 1 apresentamos algumas unidades de interesse imediato, mesmo que associadas a grandezas que ainda serão definidas ao longo do texto.

Observe que a denominação das unidades se escreve com letras minúsculas, mesmo que elas derivem de nomes de pessoas, como, por exemplo, o newton. A única exceção a esta regra é a unidade de temperatura denominada grau Celsius. Note que os símbolos das unidades cujos nomes são derivados de nomes próprios são sempre escritos com letras maiúsculas, por exemplo: N, J, W etc.

Cuidado: unidades não são grafadas no plural. A quantidade cem metros deve ser grafada como 100 m, dez horas como 10 h e assim por diante. Recomenda-se que entre o numeral e a sua unidade seja deixado um espaço em branco.

Tabela 1 Algumas unidades

Grandeza	Unidade	Símbolo	Equivalências	
Massa	quilograma	kg	-	-
Comprimento	metro	m	-	-
Tempo	segundo	s	-	-
Tempo	minuto	min	-	-
Tempo	hora	h	-	-
Temperatura	grau Celsius	°C	-	-
Força	newton	N	kg.m/s^2	-
Pressão	pascal	Pa	N/m^2	kg/(m·s^2)
Energia	joule	J	N·m	kg.m^2/s^2
Potência	watt	W	J/s	kg.m^2/s^3

Na Tabela 2 apresentamos prefixos das unidades. Note que o prefixo quilo, k, sempre se escreve com letra minúscula.

Tabela 2 Prefixos

Prefixo	Símbolo	Fator multiplicativo	Prefixo	Símbolo	Fator multiplicativo
tera	T	10^{12}	mili	m	10^{-3}
giga	G	10^9	micro	μ	10^{-6}
mega	M	10^6	nano	n	10^{-9}
quilo	k	10^3	pico	p	10^{-12}

No estudo das ciências térmicas nos deparamos com uma grande quantidade de variáveis, e um problema que se apresenta é o uso do mesmo símbolo para diversas variáveis. Buscando contornar da melhor forma possível esse problema, mantendo o uso de um conjunto de símbolos coerente com o usado nos estudos de termodinâmica, mesmo sem ainda ter definido algumas grandezas, optamos por utilizar a letra V ("vê" maiúscula) para simbolizar a *velocidade* e a letra $\forall$ ("vê" maiúscula cortada) para simbolizar a grandeza *volume*. Em decorrência, o símbolo a ser utilizado para a *vazão* será $\dot{\forall}$, reservando-se a letra Q para simbolizar a grandeza *calor*.

Vejamos, agora, alguns conceitos fundamentais para o desenvolvimento dos assuntos que trataremos ao longo deste livro.

1 FLUIDOS E SÓLIDOS

Em primeiro lugar, devemos buscar um entendimento adequado sobre o que é um fluido. Conforme já discutido ao estudar Termodinâmica, podemos considerar que, do ponto de vista das ciências térmicas, a matéria se apresenta como sólido ou como fluido. Nesse cenário, o termo fluido é tradicionalmente utilizado para designar de forma genérica todas as substâncias que não são classificadas como sólidos. A nossa experiência do dia a dia nos mostra que fluidos, tais como os líquidos, ocupam os recipientes que os contêm se amoldando às suas características geométricas, que os gases tendem a ocupar todo o espaço disponível e que sólidos podem ser deformados. Entretanto, do ponto de vista da mecânica dos fluidos, essa visão simplista não é satisfatória. Devemos observar que o que diferencia fundamentalmente um sólido de um fluido é o fato de que esses dois tipos de substâncias apresentam diferentes comportamentos quando submetidos a tensões de cisalhamento. Um sólido tem a capacidade de resistir a elas deformando-se estaticamente. Note-se que a capacidade de resistir a tensões é o elemento básico considerado em cálculos estruturais. Por outro lado, verificamos que um fluido não tem a capacidade de resistir a essas tensões da mesma maneira que um sólido, já que as partículas de um fluido se deformam e se movimentam de forma relativamente fácil ao serem submetidas a esforços normais e/ou cisalhantes. Por esse motivo, tradicionalmente, define-se um fluido como sendo uma substância que se deforma continuamente quando submetida a esforços de cisalhamento. A partir dessa definição, podemos dizer que líquidos, gases e vapores são fluidos.

2 SISTEMA E VOLUME DE CONTROLE

Ao estudar um fenômeno físico, podemos utilizar duas metodologias distintas de observação. A primeira consiste em escolher e identificar uma determinada massa do material objeto de estudo, e observá-la. A segunda consiste em identificar um determinado espaço físico e voltar a atenção para as ocorrências que se dão nesse espaço. Neste contexto, definimos:

- Sistema: é uma determinada quantidade fixa de massa, previamente escolhida e perfeitamente identificada, que será objeto da atenção do observador.
- Volume de controle: é um espaço, previamente escolhido, que será objeto de atenção do observador, permitindo a análise de fenômenos com ele relacionados.

Ao analisar a definição de sistema, vemos que uma das palavras chave é "escolhida", porque cabe a quem for analisar o fenômeno escolher a massa que será objeto de estudo. Essa massa é, física ou virtualmente, separada do meio que a circunda por uma superfície denominada fronteira do sistema, a qual pode se deformar com o passar do tempo. Como a massa do sistema é fixa e perfeitamente identificada, não há nenhum tipo de transferência de massa através da sua fronteira. Um sistema pode estar fixo ou em movimento em relação a um determinado referencial.

O volume de controle também deve ser escolhido pelo observador. É delimitado por uma superfície denominada superfície de controle, a qual também pode se deformar com o passar do tempo. Note que o volume de controle, assim como um sistema, pode estar em movimento em relação a um sistema de coordenadas e que, normalmente, através da superfície de controle ocorre transferência de massa.

3 CARACTERIZAÇÃO DAS SUBSTÂNCIAS

Para quantificar os fenômenos físicos, necessitamos caracterizar as substâncias de forma quantitativa, e isso é realizado por meio do conhecimento de suas propriedades. A nossa experiência mostra que, na natureza, as substâncias podem se apresentar em diversas condições; a água, por exemplo, pode apresentar-se como um líquido, sólido ou vapor. Cada quantidade totalmente homogênea de uma substância é denominada fase. Assim, o primeiro nível de caracterização de uma substância é o de estabelecer em que fase ela se encontra. No entanto, nota-se que uma substância pode existir, em uma determinada fase, em diversas condições. Por exemplo: a água na fase líquida pode existir em diversas temperaturas e pressões.

Cada condição em que uma substância se apresenta é denominada estado, e o estado é caracterizado pelas propriedades da substância, por exemplo: pressão e temperatura. Dessa forma, tem-se que o estado é definido pelas propriedades, e o conhecimento das propriedades de uma substância nos diz em qual estado ela se encontra.

4 ALGUMAS PROPRIEDADES

Ao trabalhar com propriedades, verificamos que podemos abordar a matéria constituinte de um sistema do ponto de vista macroscópico ou microscópico. A abordagem microscópica pode nos levar, por exemplo, a um tratamento estatístico, que não é o propósito deste texto, mas que poderia ser importante para análises como a de escoamentos de gases rarefeitos. Por outro lado, estamos diretamente interessados no comportamento global do conjunto de partículas que compõem a matéria, o que recomenda o seu tratamento segundo a visão macroscópica. Essa abordagem nos permite adotar a hipótese de que a matéria objeto de estudo está sempre uniformemente distribuída ao longo de uma determinada região tão diminuta quanto se queira e que, por esse motivo, pode ser tratada como infinitamente divisível, ou seja, como um meio contínuo.

As propriedades de uma determinada substância podem depender ou não da sua massa. As que dependem da massa são chamadas extensivas, e as que não dependem são chamadas intensivas. Como exemplo, tem-se que o volume total de uma determinada quantidade de água é uma propriedade extensiva, enquanto a temperatura em um determinado ponto dessa massa de água é uma propriedade intensiva. Notemos que somente podemos pensar em atribuir propriedades à matéria presente em um ponto sob a hipótese de que o meio é contínuo. Essa visão é fundamental porque nos permite, por exemplo, criar uma expressão matemática que descreva o comportamento de uma determinada propriedade ao longo de um espaço, e essa expressão será capaz de nos dar informações sobre essa propriedade em qualquer posição geométrica abrangida por esse espaço.

4.1 Volume específico, massa específica e peso específico

Estas propriedades específicas têm a característica de serem intensivas e, por esse motivo, se aplicam à matéria sob a hipótese de que o meio analisado é contínuo.

Consideremos, inicialmente, a massa específica de uma substância. Essa propriedade é tradicionalmente simbolizada pela letra grega "rô", ρ, e é definida como:

$$\rho = \lim_{V \to V_0} \frac{m}{V} \qquad (1)$$

Nessa equação, o volume V_0 é o menor volume para o qual a substância pode ser tratada como um meio contínuo.

A unidade da massa específica no Sistema Internacional de Unidades é kg/m³.

O volume específico de uma substância, v, é uma propriedade intensiva que pode ser definida como sendo o inverso da massa específica, ou seja:

$$v = \frac{1}{\rho} \qquad (2)$$

No Sistema Internacional de Unidades, sua unidade é m³/kg.

O peso específico é definido como sendo igual ao produto da massa específica pela aceleração da gravidade, ou seja:

$$\gamma = \rho g \qquad (3)$$

No Sistema Internacional de Unidades, sua unidade é N/m³.

Observamos que, para a realização de cálculos, adotamos neste livro o valor 9,81 m/s² para a aceleração da gravidade.

4.2 Pressão

Pressão, p, é uma propriedade intensiva definida como:

$$p = \lim_{A \to A_0} \frac{F_n}{A} \qquad (4)$$

Nessa equação, F_n é a magnitude da componente normal da força F aplicada sobre a área A e A_0 é a menor área para a qual o meio puder ser tratado como sendo contínuo.

No Sistema Internacional de Unidades, sua unidade é o pascal: 1 Pa = 1 N/m², sendo com frequência utilizados os seus múltiplos, kPa e MPa. Outras unidades usuais são: o bar, 1 bar = 100000 Pa, e a atmosfera, 1 atm = 101325 Pa. A unidade pascal foi adotada em homenagem ao físico, matemático e filósofo Blaise Pascal.

O meio mais comum de medição desta propriedade resulta na determinação da diferença entre duas pressões e, nesse caso, a pressão medida é dita relativa. A pressão relativa de uso mais comum consiste naquela determinada utilizando-se instrumentos denominados manômetros, os quais medem, usualmente, a diferença entre a pressão desconhecida e a atmosférica. A pressão assim medida é denominada pressão manométrica ou efetiva e, por definição, é a diferença entre a pressão absoluta e a pressão atmosférica, ou seja:

$$p_{man} = p_{abs} - p_{atm} \qquad (5)$$

onde: p_m é a pressão manométrica, p é a pressão absoluta e p_{atm} é a pressão atmosférica local. A Figura 1 esquematiza o relacionamento entre as pressões definido por meio da Equação (5).

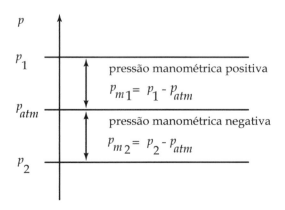

Figura 1 Pressão absoluta e manométrica

A pressão atmosférica é medida utilizando-se um instrumento denominado barômetro e, por esse motivo, é frequentemente denominada pressão barométrica. Dessa forma, a determinação da pressão absoluta, muitas vezes, se dá pela medida da pressão manométrica, à qual é adicionado o valor da pressão atmosférica local.

4.3 Densidade relativa

A grandeza densidade relativa, também denominada densidade ou gravidade específica, é uma propriedade adimensional definida como sendo a relação entre a massa específica de um fluido e uma de referência, podendo, assim, ser definida para sólidos, líquidos e para gases ou vapores.

Para sólidos e líquidos, esta propriedade é definida como sendo a razão entre a massa específica da substância sob análise e a da água na fase líquida. Opta-se, neste texto, pelo uso de um valor de referência fixo, tendo-se para tal escolhido a massa específica da água a 4°C e 1,0 bar, que é igual a 1000 kg/m³, ou seja:

$$d_r = \frac{\rho}{\rho_{\text{água a 4°C e 1 bar}}} \qquad (6)$$

5 AVALIAÇÃO DA MASSA ESPECÍFICA DE ALGUNS FLUIDOS

É comum, ao conduzir a solução de problemas de mecânica dos fluidos, ser necessário obter informações sobre propriedades de substâncias.

Não podemos deixar de observar que, em princípio, a massa específica das substâncias depende de suas temperatura e pressão. Consideremos, inicialmente, um gás ideal. Nesse caso, podemos determinar a sua massa específica utilizando a equação de estado dos gases ideais, resultando em:

$$\rho = p/(RT) \qquad (7)$$

Nessa expressão, p é a pressão absoluta do gás, T é a sua temperatura absoluta e R é a constante do gás. Na Tabela 3 apresentamos valores para constantes de alguns gases ideais.

Tabela 3 Constantes de gases

Gás	Ar seco	Oxigênio	Nitrogênio	Dióxido de carbono	Argônio	Metano	Hélio
Constante (J/(kg·K))	287	260	297	189	208	412	2077

Note que, utilizando-se a constante em J/(kg·K), devemos realizar os cálculos utilizando a pressão em Pa e a Equação (7) nos proporcionará a massa específica em kg/m³.

No caso dos líquidos, a massa específica varia de forma mais fraca com a pressão. Para ilustrar esse fato, apresentamos na Tabela 4 alguns valores da massa específica da água saturada na fase líquida.

Tabela 4 Massa específica da água na fase líquida

Temperatura (°C)	10	20	30	40	50
Massa específica (kg/m³)	999,7	998,2	995,6	992,2	988,0

Observamos que os valores constantes da Tabela 4 foram determinados considerando-se a água como líquido saturado.

6 AVALIAÇÃO DA VELOCIDADE DO SOM

A velocidade do som em uma dada substância, simbolizada pela letra c, é uma propriedade que pode ser muito útil em algumas avaliações, principalmente ao se estudar alguns tipos de escoamento, por exemplo, os que acontecem em alta velocidade, em torno de corpos como aeronaves.

No caso de gases ideais, essa velocidade é facilmente determinada, sendo dada por:

$$c = \sqrt{kRT} \qquad (8)$$

Nessa expressão, k é a relação entre os calores específicos a pressão constante e a volume constante do gás ideal, T é a temperatura absoluta do gás, R é a constante do gás e c é a velocidade do som. Em se tratando de ar seco, considerando que os calores específicos a pressão constante e a volume constante são iguais a, respectivamente, 1004 J/(kg·K) e 717 J/(kg·K), obtemos $k = 1,40$.

A determinação da velocidade do som em outros meios exige, normalmente, avaliações mais complexas e, por esse motivo, encontra-se muitas vezes registrada em tabelas. No Apêndice C é apresentada a Tabela C.2, que contém diversas propriedades da água saturada na fase líquida e na fase vapor, incluindo-se a velocidade do som.

7 EXERCÍCIOS RESOLVIDOS

Er1 Em um conjunto cilindro-pistão – veja Figura Er1 –, tem-se 0,2 kg de ar. A área superficial do pistão é igual a 0,02 m², a sua massa é igual a 50 kg e a pressão atmosférica, p_{atm}, é igual 94,0 kPa. Determine a pressão absoluta do ar.

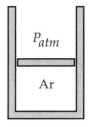

Figura Er1 Figura Er1-a

Solução

a) Dados e considerações
   - Fluido: ar; $m = 0{,}2$ kg.
   - Área do pistão: $A = 0{,}02$ m².
   - Massa do pistão: $m_p = 50$ kg.
   - $p_{atm} = 94{,}0$ kPa.
   - Aceleração da gravidade: $g = 9{,}81$ m/s².
   - Sistema adotado: pistão.

b) Análise e cálculos

   O conjunto das forças que agem no pistão encontra-se indicado na Figura Er1-a. Tais forças são:

   F_p = módulo da força peso do pistão.

   F_{ar} = módulo da força aplicada ao pistão devida à pressão absoluta do ar presente no interior do conjunto cilindro-pistão.

   F_{atm} = módulo da força, devida a p_{atm}, aplicada ao pistão.

   Como o pistão encontra-se em equilíbrio, vem:

   $F_{ar} = F_p + F_{atm}$

   Onde:

   $F_{ar} = p_{ar} \cdot A$

   $F_{atm} = p_{atm} \cdot A$

   $F_p = m \cdot g$

   Logo, a pressão absoluta do ar será:

   $p_{ar} = p_{atm} + m \cdot g/A = 118{,}5$ kPa.

Er2 Em um conjunto cilindro-pistão – ver Figura Er2 –, tem-se 0,1 kg de ar em uma pressão baixa, de forma que o pistão encontra-se apoiado sobre os esbarros. A área da seção transversal do pistão é igual a 0,01 m², seu peso é igual a 1000 N e a pressão atmosférica local é igual a 100 kPa. Qual deve ser a pressão do ar que fará com que o pistão comece a se mover?

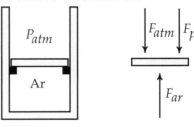

Figura Er2 Figura Er2-a

Solução

a) Dados e considerações
   - Fluido: ar; $m = 0{,}1$ kg.
   - Área do pistão: $A = 0{,}01$ m².
   - Peso do pistão: $F_p = 1000$ N.
   - $p_{atm} = 100$ kPa.
   - Aceleração da gravidade: $g = 9{,}81$ m/s².
   - Sistema adotado: pistão.

b) Análise e cálculos

   O conjunto das forças que agem no pistão encontra-se indicado na Figura Er2-a.

   Essas forças são a força peso do pistão, F_p, a força aplicada pelo ar ambiente no pistão, F_{atm}, e a força necessária para movimentar o pistão, F_{ar}.

   Como o pistão encontra-se em equilíbrio, vem:

   $F_{ar} = F_p + F_{atm}$

   Logo:

   $p_{ar} \cdot A = F_p + p_{atm} \cdot A$

   Substituindo-se os valores conhecidos, concluímos que:

   $p_{ar} = 200$ kPa

Er3 Um recipiente cilíndrico com área de seção transversal desconhecida e altura interna igual a 110 cm contém um fluido com densidade relativa igual a 2,25. A superfície do fluido está localizada a 85 cm do fundo do tanque e a pressão manométrica do ar retido no recipiente é igual a 56 kPa. Sabendo que a pressão atmosférica local é igual a 95 kPa, pede-se para determinar a pressão absoluta exercida pelo fluido no fundo do recipiente.

Solução

a) Dados e considerações
- Área da seção transversal do recipiente: A. É um valor desconhecido.
- Altura interna do recipiente: $h = 1,10$ m.
- Altura da porção de fluido: $L = 0,85$ m.
- $p_{ar} = 56$ kPa.
- $p_{atm} = 95$ kPa.
- Aceleração da gravidade: $g = 9,81$ m/s².
- Sistema adotado: fluido.

Figura Er3

b) Análise e cálculos

Consideremos a massa de fluido como sendo o sistema a ser analisado. O fundo do tanque aplica uma força F no sistema que o mantém em equilíbrio mecânico. Além dessa força, estão aplicadas no sistema a força peso do fluido, F_p, e a força nele aplicada pelo ar, F_{ar}.

Em virtude da situação de equilíbrio, temos:

$F = F_p + F_{ar}$

Sendo p a pressão que o fundo aplica no fluido, temos:

$p = F_p/A + (p_{ar} + p_{atm})$

Como o peso do fluido é igual ao seu peso específico multiplicado por seu volume, e o seu volume é igual a hA, temos:

$p = \rho g h + p_{ar} = 2,25 \cdot 1000 \cdot 9,81 \cdot 0,85 + 56000 + 95000$ Pa

$p = 169,8$ kPa

Note que esse valor foi obtido na escala absoluta!

8 EXERCÍCIOS PROPOSTOS

Ep1 Um recipiente contém um fluido cuja densidade relativa é igual a 1,2. Determine a sua massa específica, seu volume específico e o seu peso específico.

Resp.: 1.200 kg/m³; 0,0008333 m³/kg; 11772 N/m³.

Ep2 Um pistão acoplado a um sistema hidráulico tem seção transversal com área igual a 6 cm². Se o óleo hidráulico tem pressão manométrica máxima igual a 200 bar, qual deve ser a força máxima que esse pistão pode aplicar?

Resp.: 120 kN.

Ep3 Uma caixa-d'água com diâmetro de 2,0 m e altura interna igual a 6,0 m está repleta com água a 20°C. Determine o peso específico da água armazenada e o seu peso total.

Resp.: 9792 N/m³; 184,6 kN.

Ep4 Um gás encontra-se aprisionado no dispositivo esquematizado na Figura Ep4. Considerando que a área do êmbolo é igual a 0,01 m² e que a sua massa é igual a 200 kg, pergunta-se: qual é a pressão absoluta do gás? Considere a pressão atmosférica local igual a 94 kPa.

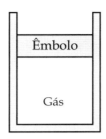

Figura Ep4

Resp.: 290,2 kPa.

Ep5 Oxigênio a 300 K encontra-se aprisionado no dispositivo esquematizado na Figura Ep4. Considerando que a pressão atmosférica local é igual a 94 kPa, que a área do êmbolo é igual a 0,01 m² e que a sua massa é igual a 250 kg, pede-se para determinar a pressão absoluta do oxigênio, sua massa específica e o seu peso específico.

Resp.: 339 kPa; 4,35 kg/m³; 42,7 N/m³.

Ep6 Um fluido com densidade relativa igual a 1,65 encontra-se armazenado em um recipiente com a forma de tronco de cone. Veja a Figura Ep6. Sabe-se que os diâmetros maior e menor do recipiente são de, respectivamente, 12 cm e 6 cm, e que a altura de líquido no recipiente é igual a 10 cm. Pede-se para determinar a massa de líquido armazenada e o seu peso.

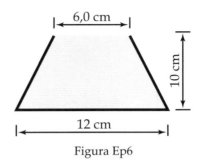

Figura Ep6

Resp.: 1,09 kg; 10,7 N.

Ep7 Trace um gráfico no qual esteja registrada, na faixa de 0°C a 600°C, a velocidade do som no ar a 5 bar em função da temperatura.

CAPÍTULO 1

FLUIDOS EM REPOUSO – MANOMETRIA

Mecânica dos fluidos é o estudo do comportamento mecânico dos fluidos em repouso ou em movimento e dos efeitos causados pela sua ação sobre o meio com o qual está em contato. Por que estudar mecânica dos fluidos? Há dois fluidos fundamentais para a nossa vida: ar e água, que podem se apresentar em repouso ou em movimento. Estamos sujeitos às intempéries, precisamos viajar em aeroplanos, desejamos ter sempre água corrente em nossas residências e não é possível realizar os trabalhos de engenharia necessários ao atendimento das nossas necessidades sem conhecer como os fluidos se comportam. Assim, nos propomos a, nos próximos capítulos, estudar os princípios básicos desta disciplina, iniciando agora o estudo do comportamento de fluidos em repouso.

Ao analisarmos o comportamento de um fluido em repouso, deparamos com a seguinte questão: como a propriedade pressão se manifesta em um ponto desse fluido?

Para responder a essa questão, vamos observar a Figura 1.1, na qual temos, em um meio fluido em repouso, uma cunha com dimensões Δz, Δx e Δy orientadas segundo o eixo vertical z e segundo os eixos horizontais x e y.

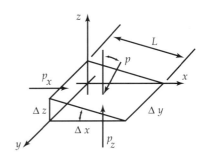

Figura 1.1 Cunha em meio fluido

Como o fluido está em repouso, a somatória das forças aplicadas a esse elemento é nula, o que resulta, na direção do eixo x, em:

$$\sum F_x = p_x \Delta y \Delta z - p \Delta y L sen\theta = 0 \qquad (1.1)$$

$$\sum F_x = p_x \Delta y \Delta z - p \Delta y \Delta x \frac{sen\theta}{\cos\theta} = 0 \qquad (1.2)$$

Como $\dfrac{sen\theta}{\cos\theta} = \dfrac{\Delta z}{\Delta x}$, obtemos o resultado:

$$p_x = p \quad (1.3)$$

Na direção do eixo z, além das componentes das forças causadas pela pressão atuante nas faces do elemento fluido, temos também a contribuição da força peso desse elemento. Usando o conceito de peso específico, $\gamma = \rho g$, obtemos:

$$\sum \begin{array}{l} F_z = p_z \Delta y \Delta x - p \Delta y L \cos\theta - \\ -\dfrac{1}{2}\gamma \Delta y \Delta x \Delta z = 0 \end{array} \quad (1.4)$$

$$\sum \begin{array}{l} F_z = p_z \Delta y \Delta x - p \Delta y \Delta x - \\ -\dfrac{1}{2}\gamma \Delta y \Delta x \Delta z = 0 \end{array} \quad (1.5)$$

O que nos permite concluir que:

$$p_z = p + \dfrac{1}{2}\gamma \Delta z \quad (1.6)$$

No limite, para Δx, Δy e $\Delta z \to 0$, o elemento fluido tende a um "ponto" e, então, verificamos que:

$$p_x = p_z = p \quad (1.7)$$

Lembrando que o ângulo θ foi escolhido de forma arbitrária, podemos concluir que, em um fluido estático, a pressão em um ponto é igual em todas as direções.

1.1 DISTRIBUIÇÃO DE PRESSÃO EM UM FLUIDO

A questão que queremos responder neste instante é: como a pressão varia com a posição em um meio fluido? Para tal, vamos supor que, em um determinado instante, a pressão em um meio fluido é uma função desconhecida de sua posição, ou seja, $p = p(x,y,z,)$. Buscando identificar a forma dessa função, selecionaremos um elemento fluido com arestas, Δx, Δy e Δz posicionado arbitrariamente nesse meio fluido, conforme ilustrado na Figura 1.2, em cujo centro geométrico reina a pressão $p = p(x,y,z,)$ e cujo peso, a única força de campo nele atuante, seja dado por $\gamma \Delta x \Delta y \Delta z$. Além do peso, esse elemento está sujeito a forças de superfície causadas pelas pressões médias exercidas pelo meio sobre suas faces, as quais quantificamos por meio da expansão de $p = p(x,y,z,)$ em série de Taylor, desprezando os termos de ordem superior à unidade, conforme indicado na Figura 1.2, na qual o eixo z foi fixado na posição vertical com orientação positiva no sentido ascendente.

Podemos afirmar que a somatória das forças de superfície e de campo a ele apli-

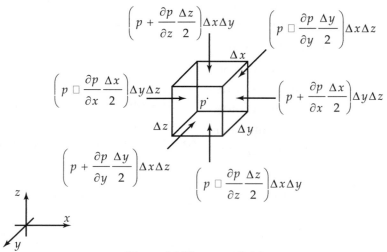

Figura 1.2 Elemento fluido

cadas resulta na força $\boldsymbol{F} = F_x\boldsymbol{i} + F_y\boldsymbol{j} + F_z\boldsymbol{k}$, a qual é igual à sua massa multiplicada por sua aceleração $\boldsymbol{a} = a_x\boldsymbol{i} + a_y\boldsymbol{j} + a_z\boldsymbol{k}$. Já que conhecemos as componentes das forças nele atuantes nas direções x, y e z, podemos realizar a sua somatória nessas direções, obtendo:

$$F_x = \left(p - \frac{\partial p}{\partial x}\frac{\Delta x}{2}\right)\Delta y \Delta z - \left(p + \frac{\partial p}{\partial x}\frac{\Delta x}{2}\right)\Delta y \Delta z = \rho \Delta x \Delta y \Delta z \, a_x \quad (1.8a)$$

$$F_y = \left(p - \frac{\partial p}{\partial y}\frac{\Delta y}{2}\right)\Delta x \Delta z - \left(p + \frac{\partial p}{\partial y}\frac{\Delta y}{2}\right)\Delta x \Delta z = \rho \Delta x \Delta y \Delta z \, a_y \quad (1.8b)$$

$$F_z = \left(p - \frac{\partial p}{\partial z}\frac{\Delta z}{2}\right)\Delta x \Delta y - \left(p + \frac{\partial p}{\partial z}\frac{\Delta z}{2}\right)\Delta x \Delta y - \gamma \Delta x \Delta y \Delta z = \rho \Delta x \Delta y \Delta z \, a_z \quad (1.8c)$$

Dividindo os termos das Equações (1.8a), (1.8b) e (1.8c) por $\Delta x \Delta y \Delta z$ e realizando operações algébricas, obtemos:

$$-\frac{\partial p}{\partial x} = \rho a_x \quad (1.9a)$$

$$-\frac{\partial p}{\partial y} = \rho a_y \quad (1.9b)$$

$$-\frac{\partial p}{\partial z} = \gamma + \rho a_z \quad (1.9c)$$

Usando tratamento vetorial, obtemos:

$$\frac{\partial p}{\partial x}\boldsymbol{i} + \frac{\partial p}{\partial y}\boldsymbol{j} + \frac{\partial p}{\partial z}\boldsymbol{k} = -\rho(\boldsymbol{a} + \boldsymbol{g}) \quad (1.10)$$

Lembrando que o operador gradiente é dado por

$$\nabla = \frac{\partial}{\partial x}\boldsymbol{i} + \frac{\partial}{\partial y}\boldsymbol{j} + \frac{\partial}{\partial z}\boldsymbol{k} \quad (1.11)$$

obtemos:

$$\nabla p = -\rho(\boldsymbol{a} + \boldsymbol{g}) \quad (1.12)$$

Consideremos, agora, que o fluido encontra-se estático, o que resulta no fato de a sua aceleração $\boldsymbol{a} = a_x\boldsymbol{i} + a_y\boldsymbol{j} + a_z\boldsymbol{k}$ ser nula. Neste caso, o conjunto de Equações (1.9a), (1.9b) e (1.9c) torna-se:

$$\frac{\partial p}{\partial x} = 0 \quad (1.13a)$$

$$\frac{\partial p}{\partial y} = 0 \quad (1.13b)$$

$$\frac{\partial p}{\partial z} = -\gamma \quad (1.13c)$$

Essas equações nos permitem concluir que, em um meio fluido estático, a pressão varia apenas na direção vertical, ou seja: dois pontos localizados em uma horizontal posicionada em um meio fluido contínuo estão sujeitos à mesma pressão.

Para verificar como ocorre a variação de pressão da direção vertical, podemos integrar a Equação (1.13c) entre dois pontos denominados 1 e 2 localizados em um meio fluido contínuo, obtendo:

$$p_2 - p_1 = -\int_1^2 \gamma \, dz \quad (1.14)$$

Se o peso específico do fluido puder ser considerado constante, obteremos:

$$p_2 - p_1 = -\gamma(z_2 - z_1) \quad (1.15)$$

Para melhor ilustrar esse resultado, vamos observar a Figura 1.3. Observe que os pontos A, B, C, D, E e F têm a mesma cota

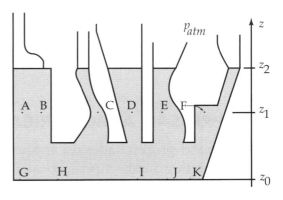

Figura 1.3 Fluido em repouso

z_1 e, como estão localizados em um mesmo meio fluido contínuo, as pressões neles reinantes são iguais e não dependem da forma geométrica do vaso que contém o fluido. Observe que o mesmo raciocínio se aplica aos pontos G, H, I, J e K.

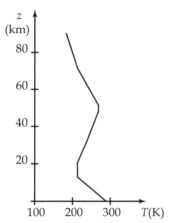

Figura 1.4 Temperatura em função da altitude

Utilizando a Equação (1.15), obtemos os seguintes resultados:

$$p_A = p_B = p_C = p_D = p_E = p_F =$$
$$= \gamma(z_2 - z_1) + p_{atm} \qquad (1.16)$$

$$p_G = p_H = p_I = p_J = p_K =$$
$$= \gamma(z_2 - z_0) + p_{atm} \qquad (1.17)$$

Ao aplicar a Equação (1.15), é fundamental lembrar que o sentido positivo do eixo vertical z é o ascendente e que a pressão aumenta à medida que a cota z diminui. Para evitar erros ao usar esse resultado, podemos utilizar o seguinte artifício: lembrar que as pressões em níveis inferiores são maiores e, assim, escrever:

$$p_{inferior} = p_{superior} + \gamma|\Delta z| \qquad (1.18)$$

1.2 A PRESSÃO ATMOSFÉRICA

Sabemos que as propriedades do ar atmosférico variam tanto com a posição quanto com o tempo, o que dificulta a obtenção das suas propriedades. Assim, buscando dispor de informações padronizadas do comportamento do ar atmosférico, foi estabelecida a *atmosfera padrão norte-americana* (*US Standard Atmosphere*), que é de larga utilização, mas não se trata de um padrão mundial. A atmosfera padrão estabelece o comportamento do ar atmosférico por meio da descrição do comportamento da sua temperatura e da sua massa específica em função da altitude, sob a hipótese de que a sua umidade seja nula e supondo que seu comportamento seja o de gás ideal. Ela é definida por meio da Tabela 1.1 e ilustrada na Figura 1.4.

Para os nossos propósitos, consideraremos apenas o comportamento do ar padrão na *troposfera*, camada mais próxima à terra, com espessura de 11 km. Nela, a temperatura é dada em função da altitude por:

$$T = T_o - \kappa z \qquad (1.19)$$

Nessa expressão, $\kappa = 0{,}0065$ K/m. Considerando o ar como um gás ideal com constante $R = 0{,}287$ kJ/(kg·K), lembrando que $p = \rho RT$, e $dp = -\rho g dz$, obtemos:

$$\frac{dp}{p} = -\frac{g}{RT} dz \qquad (1.20)$$

Consequentemente:

$$\frac{dp}{p} = -\frac{g}{R} \cdot \frac{dz}{T_o - \kappa z} \qquad (1.21)$$

Essa equação pode ser integrada do nível do mar até uma altitude z, resultando em:

$$\int_{p_o}^{p} \frac{dp}{p} = -\frac{g}{R} \int_0^z \frac{dz}{T_o - \kappa z} \qquad (1.22)$$

Logo:

$$\ln\frac{p}{p_o} = \frac{g}{\kappa R} \ln \frac{T_o - \kappa z}{T_o} \qquad (1.23)$$

Obtemos, então:

$$p = p_o \left(\frac{T_o - \kappa z}{T_o}\right)^{g/kR} \qquad (1.24)$$

No Apêndice C apresentamos a Tabela C.3, na qual se encontram propriedades do ar em função da altitude determinadas utilizando-se esse conjunto de equações.

Tabela 1.1 Atmosfera padrão

Altitude (km)	Temperatura (K)	Taxa de variação da temperatura (K/km)	Pressão (Pa)	Massa específica (kg/m³)
0	288,15	–6,5	101325,00	1,225
11	216,65	0,0	22632,06	0,364
20	216,65	+1,0	5474,89	8,803 E-2
32	228,65	+2,8	868,02	1,322 E-2
47	270,65	0,0	110,91	1,428 E-3
51	270,65	–2,8	66,94	8,616 E-4
71	214,65	–2,0	3,96	6,421 E-5
84,852	186,95		0,37	6,958 E-6

1.3 MEDINDO A PRESSÃO

A propriedade pressão, grandeza de cunho mecânico, é usualmente medida por intermédio da quantificação de um dos seus possíveis efeitos sobre os materiais em contato com um fluido pressurizado, por exemplo: a pressão de um fluido sobre uma superfície pode causar sua deformação, e a medida dessa deformação pode ser correlacionada com a pressão do fluido. Esse fato permite a criação de inúmeros tipos de dispositivos destinados a esse fim. A seguir, apresentaremos alguns medidores de coluna de líquido e os do tipo Bourdon.

1.3.1 Medindo a pressão atmosférica

Como vimos, a pressão atmosférica também é chamada de *pressão barométrica*, por ser medida por um instrumento chamado barômetro. Na Figura 1.5, apresentamos o desenho esquemático de um barômetro, o qual é basicamente constituído por um recipiente e por um tubo de vidro fechado em uma das suas extremidades. O tubo é inicialmente preenchido com mercúrio e depois é, com os devidos cuidados, vertido sobre o recipiente, que também contém certa quantidade inicial desse fluido. Verificamos, então, o aparecimento de uma coluna de mercúrio com altura h, sobre a qual, no interior do tubo, é gerada uma região na qual há vapor de mercúrio na pressão de saturação à temperatura na qual o mercúrio estiver, que, usualmente, é a ambiente. Como essa pressão é muito baixa, em geral adotamos a hipótese simplificadora de que na região ocupada pelo vapor de mercúrio a pressão absoluta é nula, o que corresponde à situação de vácuo absoluto.

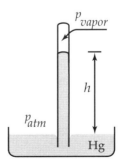

Figura 1.5 Barômetro

Apoiados nessa hipótese, afirmamos que a pressão exercida pela coluna de mercúrio com altura h é igual à pressão absoluta exercida pela atmosfera. Dessa forma, para determinar a pressão atmosférica, é suficiente realizar a medida da altura h dessa coluna, calculando-se em seguida a pressão pelo uso da expressão:

$$p_{atm} = \gamma_{Hg} h \qquad (1.25)$$

Nessa expressão, γ_{Hg} é o peso específico do mercúrio.

Observamos que, devido ao fato de a pressão atmosférica poder ser indicada pela altura de uma coluna de mercúrio, tornou-se de uso corrente a unidade de pressão *milímetros de mercúrio*, mmHg, que não é de uso recomendado. Note que: 760 mmHg = 1 atm = 101325 Pa. Uma unidade similar, também de uso não recomendado, mas frequentemente encontrada, é o *metro de coluna de água*, mca, que em essência é a pressão causada por uma coluna estática de água com um metro de altura.

1.3.2 Tubo piezométrico

Consiste apenas em um tubo vertical conectado ao ambiente que encerra um líquido cuja pressão se deseja medir, com sua extremidade superior sujeita à pressão atmosférica. Veja a Figura 1.6.

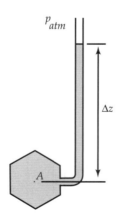

Figura 1.6 Piezômetro

A pressão do líquido no ponto A é dada por:

$$p_A = \gamma h + p_{atm} \qquad (1.26)$$

Nessa expressão, γ é o peso específico do líquido. Consequentemente:

$$p_m = p - p_{atm} = \gamma h \qquad (1.27)$$

O uso de tubos piezométricos ou piezômetros é limitado, porque não podemos utilizá-los para substâncias não líquidas e porque, à medida que as pressões a serem medidas crescem, necessita-se de tubos com alturas também crescentes, o que pode tornar o seu uso inviável.

1.3.3 Manômetros em U

Manômetros em U são instrumentos de medida destinados à determinação de uma diferença entre pressões, e quando uma delas é a atmosférica, o resultado da média será a pressão manométrica – veja a Figura 1.7. Nesse tipo de manômetro, a medida de pressão é realizada pela medida do deslocamento de um fluido manométrico, permitindo a determinação de pressões de gases e de líquidos não miscíveis com o fluido manométrico.

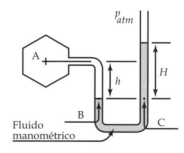

Figura 1.7 Manômetro em U

Os fluidos manométricos devem ter massa específica bem conhecida, sendo frequentemente utilizados o mercúrio, água, álcool etílico e óleos.

No manômetro da Figura 1.7, como os pontos B e C estão posicionados sobre uma reta horizontal em uma massa contínua de fluido, a pressão do fluido no recipiente A é avaliada como se segue.

$$p_B = \gamma h + p_A \qquad (1.28)$$

$$p_C = \gamma_m H + p_{atm} \quad (1.29)$$

$$p_B = p_C \Rightarrow p_A - p_{atm} = \gamma_m H - \gamma h \quad (1.30)$$

Nessa expressão, γ_m é o peso específico do fluido manométrico e γ é o peso específico do fluido presente no recipiente A. Observe que a diferença $p_A - p_{atm}$ é igual à pressão manométrica do fluido em A.

1.3.4 Manômetros de Bourdon

Um dos métodos mais utilizados para medir a pressão de um fluido é observar a deformação provocada pela ação do fluido sobre um corpo sólido. O manômetro de Bourdon, que opera segundo esse método, é basicamente constituído por um tubo em forma helicoide que se deforma quando submetido à pressão interna, provocando o movimento de um ponteiro que indica, em uma escala previamente calibrada, a pressão manométrica do fluido. Veja a Figura 1.8.

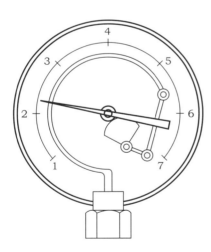

Figura 1.8 Manômetro de Bourdon

1.4 EXERCÍCIOS RESOLVIDOS

Er1.1 Considere o tanque esquematizado na Figura Er1.1. A pressão indicada pelo manômetro M_1 é igual a 50 kPa, a cota B é igual a 10 m e a cota A é igual a 2,0 m. Considere que o conjunto está a 20°C e que a pressão atmosférica local é igual a 95 kPa. Qual é o valor da leitura proporcionada pelo manômetro M_2?

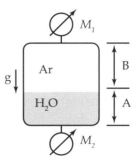

Figura Er1.1

Solução

a) Dados e considerações
- A = 2,0 m, B = 10 m e p_o = 95 kPa.
- A água está a 20°C, então: ρ = 998,2 kg/m³.
- O ar está em contato com a água, também está a 20°C e será tratado como um gás ideal com constante R = 0,287 kJ/(kg · K).

b) Análise e cálculos

O manômetro M_1 indica a pressão manométrica do ar com o qual ele está em contato; ou seja: a pressão manométrica do ar no topo do tanque é igual a 50 kPa. Assim, a pressão absoluta correspondente, p_1, será:

$$p_1 = 50 + 95 = 145 \text{ kPa}$$

Consequentemente, a massa específica do ar será:

$$\rho_{ar} = \frac{p}{RT} = \frac{(95 + 50)}{(0{,}287 \cdot 293{,}15)} =$$
$$= 1{,}723 \text{ kg/m}^3$$

Seja p_a a pressão manométrica exercida pelo ar sobre a superfície da água. Considerando a massa específica do ar constante ao longo da altura, obtemos:

$p_a = \gamma_{ar} B + p_{M1} = \rho_{ar} g B + p_{M1} =$
$= 0,17 + 50 = 50,17$ kPa

Ou seja:

$p_a - p_{M1} = 0,17$ kPa

Essa diferença de pressões, que neste caso é da ordem de 0,3%, é usualmente considerada muito pequena, acarretando duas hipóteses geralmente adotadas em cálculos envolvendo manometria. A primeira consiste no fato de que, se a pressão variar muito pouco, a massa específica do ar realmente pode ser considerada constante ao longo da ordenada z. A segunda hipótese é a de que, já que a pressão do ar varia fracamente com a altura, podemos desprezar a contribuição da altura da coluna de ar em cálculos manométricos simples.

A pressão lida pelo manômetro M_2, p_{M2}, é a pressão manométrica da água em contato com esse instrumento, que está posicionado no fundo do reservatório. Assim, ela deve ser dada por:

$p_{M2} = \rho g A + p_a = 69,75$ kPa

Er1.2 Considere o tanque esquematizado na Figura Er1.2. Esse tanque é dividido internamente de forma que dois ambientes distintos são criados.

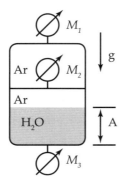

Figura Er1.2

No superior, há ar e, no inferior, há água na fase líquida e ar. Sabe-se que A = 3,5 m e que as leituras dos manômetros M_1 e M_3 são, respectivamente, 2,0 bar e 5,0 bar. Supondo que a água esteja a 20°C, determine a leitura do manômetro M_2.

Solução

a) Dados e considerações
- A = 3,5 m.
- A pressão lida pelo manômetro M_1 é: $p_{M1} = 2,0$ bar = 200 kPa.
- A pressão lida pelo manômetro M_3 é: $p_{M3} = 5,0$ bar = 500 kPa.
- A água está a 20°C, então: $\rho = 998,2$ kg/m³.

O peso específico do ar é muito menor do que o da água, assim a sua pressão será considerada uniforme ao longo da altura.

Todas as pressões estão determinadas na escala manométrica.

b) Análise e cálculos
O manômetro M_1 indica a pressão manométrica p_{M1} do ar com o qual ele está em contato. Assim, a pressão do ar presente no ambiente no qual o manômetro M_2 está instalado será igual a 200 kPa.

O manômetro M_3 indica a pressão manométrica p_{M3} da água com a qual ele está em contato. Assim, a pressão que a água exerce no fundo do tanque é igual a 500 kPa.

O manômetro M_2 mede a diferença entre a pressão p_a do ar em contato com a superfície da água e a pressão p_{M1}, consequentemente:

$p_{M2} = p_a - p_{M1} \Rightarrow p_a = p_{M1} + p_{M2}$

A pressão p_{M3} é:

$p_{M3} = \rho g A + p_a = \rho g A + p_{M1} + p_{M2}$

Logo:

$p_{M2} = p_{M3} - \rho g A - p_{M1} = 500000 - 998{,}2 \cdot 9{,}81 \cdot 3{,}5 - 200000 = 265727$ Pa $= 265{,}7$ kPa

Er1.3 Um manômetro em U é utilizado para medir a pressão de água a 20°C que escoa em uma tubulação, conforme indicado na Figura Er1.3. O fluido manométrico é mercúrio, cuja densidade relativa é igual a 13,55. Sabendo que $h = 20$ cm, $H = 45$ cm e que a pressão atmosférica local é igual a 94 kPa, pede-se para calcular a pressão manométrica e a absoluta do fluido no ponto A.

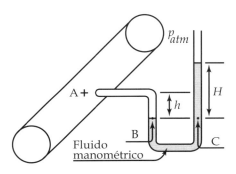

Figura Er1.3

Solução

a) Dados e considerações
- A água está a 20°C, então: $\rho = 998{,}2$ kg/m³ e $\gamma = 9792$ N/m³.
- A densidade relativa do mercúrio é $d_{rm} = 13{,}55$. Logo: $\gamma_m = 13{,}55 \cdot 9{,}81 \cdot 1000 = 132926$ N/m³.
- $h = 20$ cm; $H = 45$ cm; $p_{atm} = 94$ kPa.

b) Análise e cálculos

Os pontos B e C estão localizados em uma porção contínua de fluido e sobre uma mesma horizontal. Podemos então afirmar que:

$p_B = \gamma h + p_A$; $p_C = \gamma_m H + p_{atm}$

$p_B = p_C \Rightarrow p_A - p_{atm} = \gamma_m H - \gamma h$

A pressão manométrica do fluido no ponto A será dada por:

$p_{mA} = p_A - p_{atm} = \gamma_m H - \gamma h$

$p_{mA} = 57{,}9$ kPa

A pressão absoluta em A, p_a é dada por:

$p_a = p_{mA} + p_{atm} = 151{,}9$ kPa

Er1.4 Quando se utiliza manômetros em U, uma forma de aumentar a precisão da leitura da medida de pressão é a utilização de manômetros inclinados, como podemos ver na Figura Er1.4. Se o fluido manométrico utilizado no manômetro ilustrado nesta figura for óleo com densidade relativa 0,83, se o ângulo de inclinação α for igual a 30° e se a leitura proporcionada for $L = 50$ mm, qual deve ser a pressão manométrica do ar existente no recipiente A?

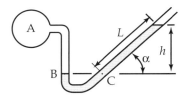

Figura Er1.4

Solução

a) Dados e considerações
- A densidade relativa do óleo é $d_r = 0{,}83$.
Logo: $\gamma = d_r \rho g = 0{,}83 \cdot 1000 \cdot 9{,}81 = 8142$ N/m³.
- $L = 50$ mm; $\alpha = 30°$.

b) Análise e cálculos

Os pontos B e C estão localizados em uma porção contínua de fluido e sobre uma mesma horizontal. Podemos então afirmar que:

$p_B = p_C$

Como o fluido no recipiente A é ar e o seu peso específico é muito menor do que o do fluido manométrico, podemos desprezar a contribuição da pressão causada pela coluna de ar sobre o ponto B e afirmar que:

$p_B = p_A$

Então, temos:

$p_A = p_B = p_c = \gamma L sen\alpha + p_{atm}$

$p_A - p_{atm} = \gamma L sen\alpha = 204$ Pa

Er1.5 Em uma unidade industrial, observou-se, em um dos ramos de um manômetro tipo U que utiliza mercúrio como fluido manométrico, o depósito acidental de 3,0 cm³ de um fluido na fase líquida com massa específica igual 850 kg/m³. Sabendo que o diâmetro interno do tubo é igual a 8,0 mm e que as suas extremidades estão abertas para a atmosfera, pede-se para calcular o desnível entre a superfície do mercúrio em contato com o ar e a superfície em contato com o fluido.

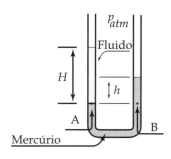

Figura Er1.5

Solução

a) Dados e considerações
- A massa específica do fluido é: ρ_o = 850 kg/m³, então seu peso específico será: $\gamma_o = 9,81 \cdot 850 = 8339$ N/m³.
- A densidade relativa do mercúrio é $d_r = 13,55$.
- Logo: $\gamma = 13,55 \cdot 9,81 \cdot 1000 = 132926$ N/m³.
- O volume do fluido é $V_o = 3,0$ cm³ e o diâmetro interno do tubo é $D = 8,0$ mm.

b) Análise e cálculos
Deseja-se calcular a altura h.
A altura da coluna de fluido é dada por: $H = \dfrac{4 V_o}{\pi D^2} = 59,7$ mm.

Os pontos A e B estão localizados em uma porção contínua de fluido e sobre uma mesma horizontal. Adotando a escala manométrica de pressões, podemos então afirmar que:

$p_B = \gamma h$;

$p_A = \gamma_o H$

Logo: $p_A = \gamma_o H = p_B = \gamma h$.

Consequentemente: $h = \dfrac{\gamma_o}{\gamma} H = 3,74$ mm.

1.5 EXERCÍCIOS PROPOSTOS

Ep1.1 Considere o tanque esquematizado na Figura Ep1.1. A pressão indicada pelo manômetro M_1 é igual a 50 kPa. A cota A é igual a 2,0 m e a cota B é igual a 0,2 m.

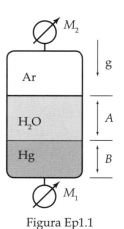

Figura Ep1.1

Considere que a densidade relativa do mercúrio é igual a 13,55 e que a água esteja a 20°C. Qual é o valor da leitura proporcionada pelo manômetro M_2?

Resp.: 3,8 kPa.

Ep1.2 Considere a montagem ilustrada na Figura Ep1.2. Nesta figura vemos um tanque subdividido em duas partes. Em uma delas há ar e água e na outra há hélio. A pressão indicada pelo manômetro M_3 é igual a 500 kPa e a pressão indicada pelo manômetro M_2 é igual a 200 kPa. Sabendo que a pressão atmosférica local é igual a 93 kPa, que a temperatura ambiente é igual a 35°C, que $A = 1,0$ m e que $B = 2,0$ m, pede-se para calcular a pressão absoluta do ar e a pressão indicada pelo manômetro M_1.

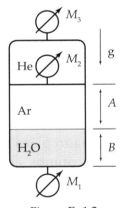

Figura Ep1.2

Resp.: 793 kPa; 719,5 kPa.

Ep1.3 No tanque ilustrado na Figura Ep1.3, as dimensões A, B e C são, respectivamente, 1,0 m, 30 cm e 500 mm. Sabendo que a pressão atmosférica local é igual a 94 kPa e que a pressão indicada pelo manômetro M_1 é igual a 800 kPa, pede-se para determinar os valores indicados pelos demais manômetros.

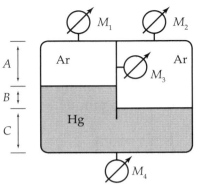

Figura Ep1.3

Resp.: 839,9 kPa; –39,9 kPa; 906,3 kPa.

Ep1.4 Na Figura Ep1.4, tem-se um recipiente rígido que contém mercúrio, água na fase líquida e ar preso em uma cavidade interna. São dadas as seguintes dimensões: $A = 10$ cm; $B = 3,0$ m; $C = 30$ cm; $D = 1,0$ m. Sabe-se que a pressão atmosférica local é igual a 95 kPa e que a massa específica da água é igual a 1000 kg/m³. Considerando que a densidade relativa do mercúrio é igual a 13,6, determine a pressão manométrica do ar preso na cavidade e as pressões absolutas reinantes nos pontos a, b e c.

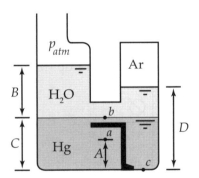

Figura Ep1.4

Resp.: 22,5 kPa; 151,1 kPa; 124,4 kPa; 164,5 kPa.

Ep1.5 Observe o tanque de seção circular com diâmetro interno igual a 3,0 m ilustrado na Figura Ep1.5. Considere que: o fluido manométrico é mercúrio com densidade relativa igual a 13,6; a massa específica da água é igual a 1000 kg/m³; a densidade relativa da gasolina é igual a 0,80; b

= 0,20 m, a = 1,0 m, c = 0,5 m e h = 400 mm. Tomando cuidado com as unidades, determine a pressão manométrica exercida pela água no fundo do tanque e o volume de gasolina armazenado no tanque.

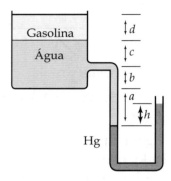

Figura Ep1.5

Resp.: 43,6 kPa; 33,1 m³.

Ep1.6 Considere o arranjo esquematizado na Figura Ep1.6. O manômetro tipo Bourdon indica que a pressão do ar é igual a 20 kPa. Sabe-se que a = 1,0 m, b = 30 cm e c = 3,0 m. Considerando que a pressão atmosférica local é igual 722 mmHg e que a temperatura do arranjo é igual à ambiente, 20°C, determine a pressão absoluta que a água exerce no fundo do tanque e a altura h da coluna de mercúrio.

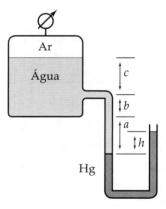

Figura Ep1.6

Resp.: 148,3 kPa; 0,467 m.

Ep1.7 Os tanques A e B ilustrados na Figura Ep1.7 contêm, respectivamente, água a 0,7 MPa e etanol a 0,5 MPa. Sabendo que a temperatura ambiente é igual a 20°C e que a altura L é igual a 1,8 m, pede-se para determinar a deflexão h do manômetro em U.

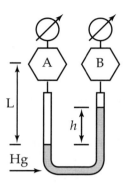

Figura Ep1.7

Resp.: 1,63 m.

Ep1.8 Os tanques A e B ilustrados na Figura Ep1.7 contêm, respectivamente, água e etanol. Sabendo que a temperatura ambiente é igual a 20°C, que a altura L é igual a 1,8 m e que a pressão manométrica em A é igual a 200 kPa, determine a pressão manométrica em B para que a deflexão do manômetro, h, seja nula.

Resp.: 203,7 kPa.

Ep1.9 Entre os diversos medidores de vazão utilizados industrialmente, existe um denominado placa de orifício. As placas mais comuns são constituídas por discos metálicos com um orifício central montado em uma tubulação, conforme a esquematizado na Figura Ep1.9. O escoamento do fluido através da placa produz uma diferença de pressão que permite que a vazão seja determinada. Considerando que o fluido que escoa no tubo é água na fase líquida a 20°C, que o fluido manométrico é óleo com densidade relativa igual a 0,82 e que a deflexão do manômetro é igual a 75 mm, determine a diferença de pressão da água em escoamento medida pelo manômetro.

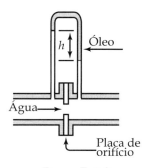

Figura Ep1.9

Resp.: 131 Pa.

Ep1.10 Um manômetro inclinado – veja a Figura Ep1.10 – é utilizado para medir a pressão de ar em uma tubulação. O fluido manométrico é um óleo com densidade relativa igual 0,83. Se a deflexão h for igual a 6 mm, qual será a pressão manométrica do ar na tubulação?

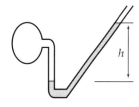

Figura Ep1.10

Resp.: 48,9 Pa.

Ep1.11 Considere a montagem esquematizada na Figura Ep1.11, que está a 20°C. Sabendo que a deflexão do manômetro é igual a 145 mm, determine a diferença de pressões medida.

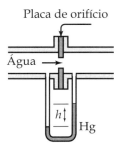

Figura Ep1.11

Resp.: 17,9 kPa.

Ep1.12 Acidentalmente, ocorre o depósito de 2 cm³ de água em um manômetro de mercúrio destinado à medida de diferença de pressões em uma tubulação de transporte de um óleo com densidade relativa igual a 0,82, conforme esquematizado na Figura Ep1.12. Sabendo que a temperatura ambiente é igual a 20°C e que o diâmetro interno do tubo do manômetro é igual a 5 mm, pede-se para determinar a deflexão h do manômetro no caso de a diferença de pressões medida ser igual a 1000 mmca.

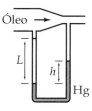

Figura Ep1.12

Resp.: 80 mm.

Ep1.13 Suponha que no exercício Ep1.12 o manômetro proporcione uma leitura de $h = 100$ mm. Qual é o valor da diferença de pressões medida em mmca?

Resp.: 1273 mmca.

Ep1.14 O tanque A da Figura Ep1.14 contém glicerina e o B contém água, estando os dois fluidos a 20°C. Sabendo que $m = 2,5$ m e que $n = 0,8$ m, pede-se para determinar a deflexão h no manômetro de mercúrio.

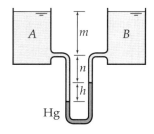

Figura Ep1.14

Resp.: 70 mm.

Ep1.15 O tanque A da Figura Ep1.14 contém glicerina e o B contém água, estando os dois fluidos a 20°C. Sabe-se que $m = 5,0$ m, $n = 1,0$ m, os diâmetros internos dos tanques são iguais a 1,0 m e o diâmetro interno da tubulação que forma o manômetro em U é igual a 5 mm. Considere que a densidade relativa da glicerina seja igual a 1,26 e que a do mercúrio seja 13,55. Determine a deflexão h no manômetro de mercúrio e o volume de água que deve ser adicionado no tanque B para que o desnível h seja anulado.

Resp.: 128 mm; 1,24 m³.

Ep1.16 Em um determinado local, um barômetro indica a pressão de 720 mmHg. Qual é o valor da pressão local em pascal? Considere que a densidade relativa do mercúrio é igual a 13,55.

Resp.: 95,7 kPa.

Ep1.17 Observe a Figura Ep1.17, na qual há dois tanques cilíndricos de mesma altura. Sabe-se que a pressão atmosférica local é igual a 100 kPa, a temperatura ambiente é igual a 20°C, $A = 1,0$ m, $B = 3,0$ m, $L = 5$ m, $D_1 = 0,2$ m, $D_2 = 0,5$ m, a massa específica da água é igual a 1000 kg/m³ e a do óleo é igual a 800 kg/m³. Supondo-se que as válvulas 1 e 2 estão abertas e que a 3 está fechada, determine o valor da dimensão C.

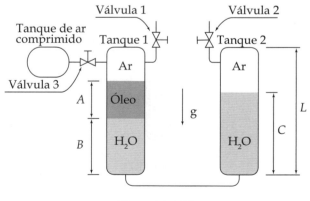

Figura Ep1.17

Resp.: 3,8 m.

Ep1.18 Observe a Figura Ep1.17. Suponha que, estando os tanques na condição descrita na questão Ep1.17, a válvula 1 seja fechada, a válvula 2 permaneça aberta e que a válvula 3 seja ligeiramente aberta, de forma que ar penetre no tanque 1, fazendo com que o nível superior do óleo baixe, ficando 10 cm abaixo do nível superior da água no tanque 2. Determine a pressão manométrica do ar aprisionado no tanque 1.

Resp.: 2,94 kPa.

Ep1.19 Observe a Figura Ep1.17, na qual há dois tanques cilíndricos de mesma altura. Sabe-se que a pressão atmosférica local é igual a 100 kPa, a temperatura ambiente é igual a 20°C, $A = 1,0$ m, $B = 3,0$ m, $L = 5$ m, $D_1 = 0,2$ m, $D_2 = 0,5$ m, a massa específica da água é igual a 1000 kg/m³ e a do óleo é igual a 800 kg/m³. Suponha que, inicialmente, as válvulas 1 e 2 estão abertas e que a 3 está fechada, de forma que a pressão do ar nos tanques 1 e 2 sejam iguais à atmosférica. Nessa situação, as válvulas 1 e 2 são fechadas e, a seguir, a válvula 3 é ligeiramente aberta, de forma a injetar ar no tanque 1, aumentando a sua pressão e fazendo com que o nível superior do óleo fique 20 cm abaixo do nível da água no tanque 2. Considerando que a temperatura de todos os fluidos seja mantida igual a 20°C durante o processo, pede-se para determinar a pressão manométrica final do ar em cada um dos tanques.

Ep1.20 Na Figura Ep1.17, há dois tanques cilíndricos de mesma altura. Sabe-se que a pressão atmosférica local é igual a 100 kPa, $A = 1,0$ m, $B = 3,0$ m, $L = 5$ m, $D_1 = 0,2$ m, $D_2 = 0,5$ m, a massa específica da água é igual a 1000 kg/m³ e a do óleo é igual a 800 kg/m³. Considere que, inicialmente, as válvulas 1 e 2 estão abertas e a 3 está fechada. Nessa situação, a válvula 1 é fechada e a válvula 3 é aberta, permitindo a passagem de ar comprimido para o tanque 1 até que a pressão do ar no tanque 1 seja tal que toda a água seja transferida para o tanque 2, restando no tanque 1 apenas óleo. Pede-se para determinar a pressão absoluta final do ar no tanque 1 e a cota C ao final do processo.

Resp.: 134,1 kPa; 4,28 m.

Ep1.21 Nas cavidades A e B do recipiente ilustrado na Figura Ep1.21, tem-se ar. Sabe-se que $a = 30$ cm, $b = 30$ cm e $c = 60$ cm. Sabendo que a pressão atmosférica local é igual a 720 mmHg e que a densidade relativa do mercúrio é igual a 13,55, pede-se para determinar:

a) A pressão absoluta do ar na cavidade A.
b) A leitura do manômetro M_1.

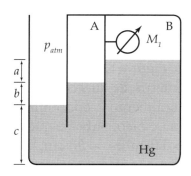

Figura Ep1.21

Resp.: 55,8 kPa; 39,9 kPa.

Ep1.22 Observe a Figura Ep1.22. Nela, uma quantidade de ar permanece aprisionada por um reservatório metálico com peso próprio igual a 800 N, formando uma interface com área de 0,10 m² com a água. Sabe-se que a massa específica da água é igual a 998,2 kg/m³ e que a do mercúrio é igual a 13550 kg/m³. Desprezando o peso próprio da massa de ar e o do manômetro, determine:

a) A pressão manométrica do ar aprisionado.
b) A cota x.
c) A cota h.

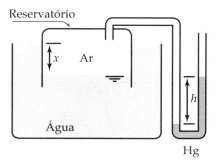

Figura Ep1.22

Resp.: 8,00 kPa; 0,817 m; 60,2 mm.

Ep1.23 Na Figura Ep1.23, há um tanque rígido dotado de uma placa interna que o divide em duas partes. Na parte superior, tem-se água pressurizada por ar e, na parte inferior, tem-se óleo. Sabe-se que as densidades relativas da água, óleo e mercúrio são, respectivamente: 1,0, 0,8 e 13,6. Sabe-se também que $a = 0,3$ m, $b = c = 1,0$ m, $h = 0,3$ m e que o manômetro M_1 indica a pressão 50 kPa. Observando que o mercúrio é o fluido manométrico, pede-se para determinar a pressão indicada pelo manômetro M_2.

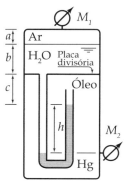

Figura Ep1.23

Resp.: 34,9 kPa.

Ep1.24 Na Figura Ep1.24, tem-se um fluido desconhecido mantido sob pressão com ar comprimido. Sabe-se que $A = 700$ mm, $B = 300$ mm e que a pressão manométrica do ar comprimido é igual a 3,0 mca. Considerando que a densidade relativa do mercúrio é igual a 13,6, calcule o peso específico do fluido desconhecido.

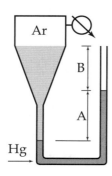

Figura Ep1.24

Resp.: 63,96 kN/m³.

Ep1.25 Observe a Figura Ep1.25, na qual há dois tanques cilíndricos de mesma altura. Sabe-se que a pressão atmosférica local é igual a 100 kPa, a temperatura ambiente é igual a 20°C, $A=1,0$ m, $B=3,0$ m, $C=4,8$ m, $L=5$ m, $D_1 = 0,2$ m, $D_2 = 0,5$ m, a massa específica da água é igual a 1000 kg/m³ e a do óleo é igual a 800 kg/m³.

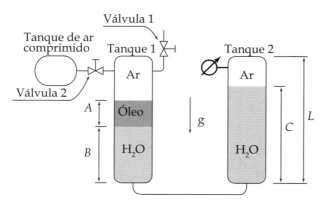

Figura Ep1.25

Supondo-se que as válvulas 1 e 2 estão fechadas e que a pressão manométrica do ar no tanque 1 é igual 100 kPa, determine a pressão absoluta do ar no tanque 2.

Resp.: 190,2 kPa.

Ep1.26 O tanque da Figura Ep1.26 contém ar e água a 20°C. Sabendo que $a = 1,0$ m, $b = 1,5$ m; $c = 2,0$ m, a pressão indicada pelo manômetro M_1 é igual a 1,3 bar e a pressão atmosférica local é igual a 95 kPa, pede-se para determinar as pressões lidas pelos manômetros M_2 e M_3 e a pressão absoluta no fundo do tanque.

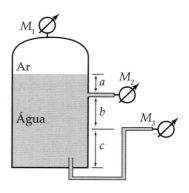

Figura Ep1.26

Resp.: 139,8 kPa; 154,5 kPa; 249,5 kPa.

Ep1.27 Na Figura Ep1.27, tem-se um manômetro de mercúrio que foi acidentalmente contaminado com água e óleo. Sabe-se que $b = 20$ cm, $d = 10$ cm e c = 50 cm. Considerando que o óleo tem densidade relativa igual a 0,82 e que o manômetro está a 20°C, pede-se para determinar a altura a.

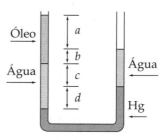

Figura Ep1.27

Ep1.28 Se na Figura Ep1.27 $a = 1,0$ m, $b = 0,5$ m e $c = 0,2$ m, qual deve ser o valor de d? Considere que o óleo tem densidade relativa igual a 0,82 e que o manômetro está a 20°C.

Ep1.29 Na Figura Ep1.29, $a = 1,0$ m, $b = 0,8$ m, $c = 1,6$ m, $d = 1,4$ m, $f = 0,5$ m e o desnível lido no manômetro em U é $e = 0,8$ m. Considerando que o óleo tem densidade relativa igual a 0,82 e que o manômetro está a 20°C, pede-se para determinar a leitura dos manômetros M_1 e M_2.

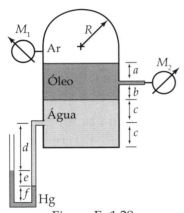

Figura Ep1.29

Resp.: 54,7 kPa; 62,7 kPa.

Ep1.30 Na Figura Ep1.29, $a = 1,0$ m; $b = 0,8$ m; $c = 1,6$ m; $d = 1,4$ m, $f = 0,5$ m e o desnível lido no manômetro é $e = 0,8$ m. Suponha que o óleo tem densidade relativa igual a 0,82, o raio do tanque é igual a 0,8 m, o volume inicial de ar armazenado no tanque é igual a 2,5 m³ e o manômetro está a 20°C. Nessas condições, sabendo-se que a pressão atmosférica local é igual a 100 kPa, impedindo-se a entrada de ar no tanque e mantendo-se a temperatura no seu interior constante, drena-se água do tanque até que a leitura do manômetro seja reduzida a $e = 0,6$ m. Pede-se para determinar as novas pressões indicadas pelos manômetros M_1 e M_2 ao final desse processo.

Ep1.31 Uma empresa pretende transportar um fluido com peso específico igual a 22 kN/m³ através de uma tubulação. Para tal, esse fluido é previamente armazenado em um tanque rígido pressurizado com ar comprimido. Veja a Figura Ep1.31. Ao abrir a válvula, o fluido escoa para a tubulação, e a pressão do ar no tanque diminui. Considere que, inicialmente, a válvula está fechada, a pressão manométrica do ar é igual a 6,1 bar e a pressão do fluido indicada pelo manômetro M_2 é igual a 6,6 bar. A válvula é aberta por um determinado intervalo de tempo, é fechada a seguir e, então, a pressão lida no manômetro M_2 torna-se igual a 3,0 bar. Sabe-se que o processo pode ser tratado como sendo isotérmico, que o diâmetro do tanque é igual a 2,0 m, $b = 20$ cm e que o volume interno total do tanque é igual a 10,0 m³. Pede-se para determinar o volume de fluido retirado do tanque. Adote $p_{atm} = 100$ kPa.

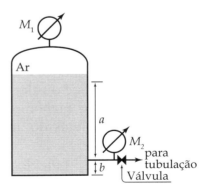

Figura Ep1.31

Resp.: 2,11 m³.

Ep1.32 Nas câmaras A e B da Figura Ep1.32, tem-se ar. Sabe-se que a densidade relativa do mercúrio é igual a 13,55 e que o manômetro M_1 indica a pressão de

50 kPa, que $b = 400$ mm e que $c = 600$ mm. Determine o valor da pressão indicada pelo manômetro M_2 e o valor da cota a.

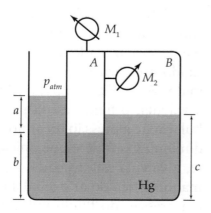

Figura Ep1.32

Ep1.33 Nas câmaras A e B da Figura Ep1.33, tem-se ar. Sabe-se que a densidade

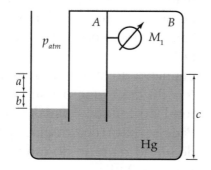

Figura Ep1.33

relativa do mercúrio é igual a 13,6 e que $a = b = 300$ mm e $c = 1000$ mm. Se a pressão atmosférica local é igual a 94 kPa, determine o valor da pressão indicada pelo manômetro M_1 e as pressões absolutas do ar nas câmaras A e B.

Resp.: 40,03 kPa; 53,98 kPa; 13,95 kPa.

Ep1.34 Nas câmaras A e B da Figura Ep1.34, tem-se ar. Sabe-se que o êmbolo com massa $m = 10$ kg pode deslizar sem atrito no tubo cujo diâmetro interno é igual a 10 cm. Sabe-se que $c = 500$ mm. Determine as pressões manométricas do ar em A e em B.

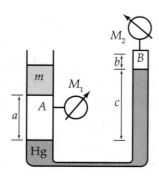

Figura Ep1.34

Resp.: 12,49 kPa; -53,97 kPa.

Ep1.35 O tanque da Figura Ep1.35 contém ar, água e mercúrio a 20°C. Sabendo que $h = 1,2$ m, $a = 4,0$ m, $b = 0,8$ m, $c = 1,0$ m, que a pressão atmosférica local é igual a 720 mmHg e o diâmetro do tanque é igual a 1,2 m, pede-se para determinar:

a) A pressão absoluta do ar armazenado no tanque.

b) A pressão manométrica exercida pelo mercúrio no fundo do tanque.

c) A nova leitura do manômetro em U observada após a válvula de descarga do tanque ser utilizada para reduzir a cota b à metade, em condição de processo isotérmico.

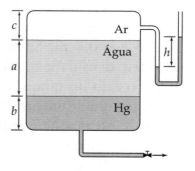

Figura Ep1.35

Resp.: 255,2 kPa; 305,0 kPa; 0,651 m.

Ep1.36 Nas câmaras A e B da Figura Ep1.34, tem-se ar. Sabe-se que o êmbolo com massa $m = 10$ kg pode deslizar sem atrito no tubo cujo diâmetro interno é igual a 10 cm e que $a = 100$ mm. Suponha que, nessa condição, seja aplicada uma massa adicional de 10,0 kg sobre o êmbolo, o que promove o aumento da pressão do ar. No início desse processo, todo o conjunto está a 20°C, o volume do ar presente na câmara A é o quádruplo do volume presente na câmara B e $c = 200$ mm. Considerando que o processo causado pela adição da massa de 10,0 kg seja isotérmico, que a pressão atmosférica local é igual a 100 kPa e que o diâmetro interno da câmara B é igual à metade do diâmetro do êmbolo, determine as pressões manométricas do ar em A e em B ao final do processo.

Ep1.37 Observe a Figura Ep1.37. As densidades relativas do mercúrio e da água são $d_{Hg} = 13,55$ e $d_{H2O} = 1,0$. São da-

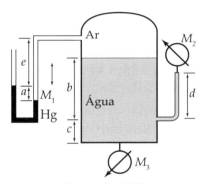

Figura Ep1.37

dos: $a = 1,8$ m; $b = 5,0$ m; $c = 1,3$ m; $d = 2,8$ m e $e = 1,7$ m. Determine a pressão manométrica do ar e as pressões indicadas pelos manômetros M_2 e M_3.

Ep1.38 Em um determinado processo produtivo, um vaso de aço inoxidável é preenchido com uma substância líquida com densidade relativa igual a 2,7. O peso do conjunto vazio é igual a 600 N, sendo que o peso da parte cônica é igual a 240 N. Considere que $R = 0,60$ m, $d = R/20$ e que a conexão entre a parte cônica e a superior é realizada por meio de 24 parafusos. Pede-se para calcular a força que cada parafuso deve exercer para sustentar a parte cônica e os efeitos da pressão do fluido. Pede-se também para determinar a pressão manométrica na seção de admissão da válvula quando ela estiver fechada.

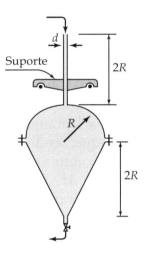

Figura Ep1.38

Resp.: 2,76 kN; 79,5 kPa

Ep1.39 Um tanque cilíndrico com raio igual a 1,2 m contém ar, inicialmente, na pressão absoluta de 2 bar e a 20°C. Veja a Figura Ep1.39. Mantendo a válvula fechada, óleo com densidade relativa igual a 0,82 é bombeado vagarosamente para o interior do tanque até ocupar 2/3 do seu volume, em um processo que pode ser considerado isotérmico.

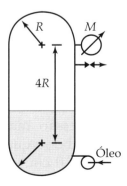

Figura Ep1.39

Sabendo-se que a pressão atmosférica local é igual a 95 kPa, pede-se para determinar, ao final do processo, a pressão absoluta exercida pelo óleo no fundo do tanque e a pressão lida pelo manômetro M.

Ep1.40 O tanque cilíndrico da Figura Ep1.40, com raio igual a 0,6 m, contém óleo com massa específica igual a 810 kg/m³. Em um determinado instante, a pressão lida pelo manômetro M_1 é igual a 220 kPa e a pressão lida pelo manômetro M_2 é igual a 230 kPa. Nessa condição, a válvula é aberta, permitindo que o óleo seja lentamente descarregado do tanque, sendo que a válvula é fechada quando a pressão lida pelo manômetro M_2 é reduzida a 150 kPa. Considerando que o processo é isotérmico, pede-se para determinar a massa de óleo descarregada. Considere que a pressão atmosférica local é igual a 95 kPa.

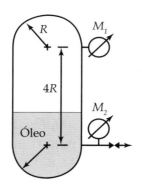

Figura Ep1.40

Resp.: 449,8 kg.

Ep1.41 Observe a Figura Ep1.41. Nela o tanque A, com diâmetro igual a 20 cm, está instalado no interior do tanque B, cuja pressão interna é medida pelo manômetro M_1, que indica a pressão manométrica de 120 kPa. Sabe-se que: a = 10 cm, b = c = d = 20 cm, e = 30 cm, h = 10 cm e que o fluido manométrico é mercúrio. Considerando que as densidades relativas do mercúrio e da água são iguais a 13,55 e 1,0 e que a pressão atmosférica local é igual a 700 mmHg, pede-se para determinar: as pressões absolutas do ar armazenado no tanque A e no B; a pressão absoluta do mercúrio na seção de entrada da válvula; a pressão indicada pelo manômetro M_2; e a pressão manométrica (em relação à pressão atmosférica local) que a água exerce na superfície do mercúrio.

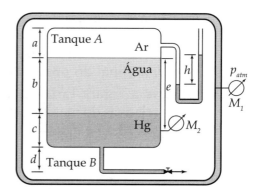

Figura Ep1.41

Resp.: 226,3 kPa; 213,0 kPa; 281,5 kPa; 28,5 kPa; 135,3 kPa.

Ep1.42 Em uma câmara pressurizada a 20°C, um barômetro instalado em seu interior apresenta a leitura de 1180 mmHg. No interior dessa câmara, existe um equipamento internamente pressurizado no qual se encontra instalado um manômetro de Bourdon, que mede a pressão no interior do equipamento e está exposto à pressão reinante na câmara.

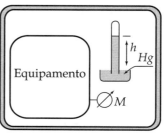

Figura Ep1.42

Esse manômetro indica a pressão de 450 kPa. Determine a pressão absoluta no interior do equipamento.

Resp.: 607,3 kPa.

Ep1.43 O escoamento de um fluido, com massa específica igual a 780 kg/m³, através do sifão da Figura Ep1.43 encontra-se interrompido pelo fechamento de uma válvula. Sabe-se que $M = 1,0$ m, $N = 3,0$ m, $L = 0,5$ m, $S = 1,2$ m e que a pressão atmosférica local é igual a 94 kPa. Determine a pressão absoluta do fluido na seção mais elevada do sifão, na seção de entrada da válvula e no fundo do tanque.

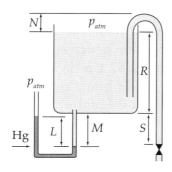

Figura Ep1.43

Resp.: 71 kPa; 162 kPa; 152,8 kPa.

Ep1.44 Observe a Figura Ep1.44. Sabe-se que $a = 0,2$ m, $b = 1,8$ m, $c = 2,5$ m, $d = 0,5$ m, $e = 1,6$ m.

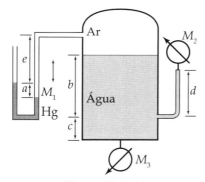

Figura Ep1.44

Sabe-se também que as densidades relativas da água e do mercúrio são iguais, respectivamente, a 1,0 e 13,55. Determine as pressões indicadas pelos manômetros M_1, M_2 e M_3.

Ep1.45 Sabendo-se que a pressão atmosférica local é igual a 95 kPa, que a densidade relativa do mercúrio é igual a 13,55 e a da água é igual a 1, pede-se para determinar a pressão manométrica e a absoluta do ar contido no recipiente da Figura Ep1.45. Considere que $a = 1,3$ m, $b = 0,5$ m e $h = 0,3$ m.

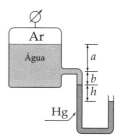

Figura Ep1.45

Resp.: –57,5 kPa; 37,5 kPa.

Ep1.46 Observe o manômetro inclinado ilustrado na Figura Ep1.46. Pretende-se medir a pressão manométrica máxima de ar presente na câmara A, que deve ser igual a 2,0 kPa. Sabendo que o diâmetro D é muito maior do que o diâmetro do tubo, que $M = 1,0$ m e que o fluido manométrico é um óleo com densidade relativa igual a 0,82, pede-se para avaliar a deflexão esperada.

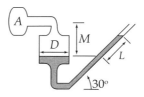

Figura Ep1.46

Resp.: 497 mm.

Ep1.47 Um manômetro em U foi construído com tubos cujos diâmetros são desiguais. Veja a Figura Ep1.47. O diâmetro maior é igual a 10 mm, e o menor, igual a 5 mm. Considere que o fluido manométrico é mercúrio com densidade relativa igual a 13,55 e que se pretende usá-lo para determinar a pressão de ar. Se o desnível observado no manômetro for igual a 120 mm e se *a* = 200 mm, qual é o valor da pressão manométrica medida? Se a válvula for aberta permitindo que a pressão em A se torne igual à atmosférica, qual será o novo valor de *L*?

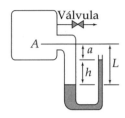

Figura Ep1.47

Resp.: 15,95 kPa; 296 mm.

Ep1.48 Um manômetro em U foi construído com tubos cujos diâmetros são desiguais. Veja a Figura Ep1.48. O diâmetro maior é igual a 10 mm, e o menor, igual a 5 mm. Considere que o fluido manométrico é mercúrio com densidade relativa igual a 13,55 e que se pretende usá-lo para determinar a pressão de água a 20°C no nível *A*. Se o desnível observado no manômetro for igual a 120 mm e se *a* = 200 mm, qual é o valor da pressão manométrica medida? Se a válvula for aberta permitindo que a pressão em *A* se torne igual à atmosférica, qual será o novo valor de *L*?

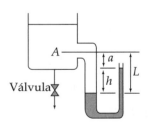

Figura Ep1.48

Resp.: 12,82 kPa; 300 mm.

Ep1.49 Um manômetro em U foi construído com tubos cujos diâmetros são desiguais. Veja a Figura Ep1.47. O diâmetro maior é igual a 15 mm, e o menor, igual a 5 mm. Considere que o fluido manométrico é mercúrio com densidade relativa igual a 13,55 e que se pretende usá-lo para determinar a pressão de água salgada com densidade relativa igual a 1,1. Se o desnível observado no manômetro for igual a 180 mm e se *a* = 200 mm, qual é o valor da pressão manométrica medida?

Resp.: 19,8 kPa

Ep1.50 Observe a Figura Ep1.50. Nela há um recipiente com ar, óleo e água conectado a outro no qual existe um barômetro cujo fluido barométrico é o mercúrio, com densidade relativa igual a 13,55. Sabe-se que: $a=1,0$ m; $b=3,0$ m; $c=2,5$ m; $d=1,0$ m; $e = 2,5$ m; $f = 0,5$ m; $h = 0,6$ m; o fluido manométrico também é o mercúrio; a densidade relativa do óleo é 0,82 e a da água é 1,0. Considerando que a pressão atmosférica local é igual a 100 kPa e que a válvula está fechada, pede-se para determinar:

a) A pressão manométrica da água na entrada da válvula.
b) A pressão manométrica do ar.
c) A altura de coluna de fluido no barômetro.

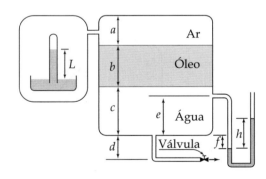

Figura Ep1.50

Resp.: 84,7 kPa; 26,2 kPa; 0,949 m.

Ep1.51 Ao recipiente ilustrado na Figura Ep1.51 está conectado um manômetro em U que tem um dos seus ramos em contato com o ar ambiente. O recipiente é dotado de duas placas divisórias que criam, na parte superior interna do recipiente, três regiões nas quais há ar. São dados: $a = 10$ cm, $b = 20$ cm, $c = 30$ cm, $d = 15$ cm, $e = c$. Sabendo que a densidade relativa do mercúrio é igual a 13,6, pede-se para determinar as pressões indicadas pelos manômetros M_1, M_2 e M_3 indicados na figura.

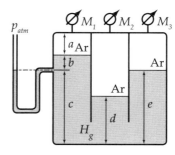

Figura Ep1.51

CAPÍTULO 2

FORÇAS CAUSADAS POR FLUIDOS EM REPOUSO

Já vimos que a pressão em um meio fluido em repouso varia na direção vertical e se mantém constante na direção horizontal. Consideremos, agora, uma superfície submersa em uma massa fluida estática. O fluido agirá sobre essa superfície, aplicando-lhe pressão que poderá variar ao longo de suas dimensões, podendo resultar em uma força líquida aplicada a essa superfície. Analisaremos a seguir esse fenômeno e complementaremos nosso estudo sobre for-

ças causadas por fluidos em repouso estudando efeitos da tensão superficial.

2.1 FORÇAS HIDROSTÁTICAS SOBRE SUPERFÍCIES PLANAS SUBMERSAS

Consideremos a superfície submersa em um meio fluido esquematizada na Figura 2.1. Um fluido com massa específica ρ é contido em um recipiente que

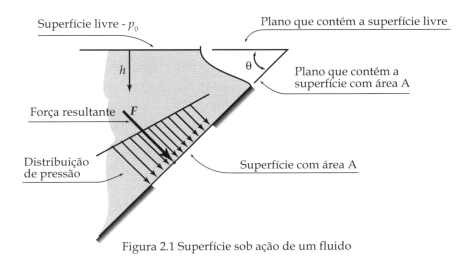

Figura 2.1 Superfície sob ação de um fluido

apresenta uma superfície plana inclinada, na qual identificamos uma superfície com área A sujeita à pressão p exercida pelo fluido.

As questões que se colocam são: qual é a magnitude força resultante da ação do fluido sobre a área A? Onde se localiza o ponto de aplicação dessa força? Para responder essas questões, integraremos a pressão ao longo da área A. Para tal, consideraremos o sistema de coordenadas indicado na Figura 2.2.

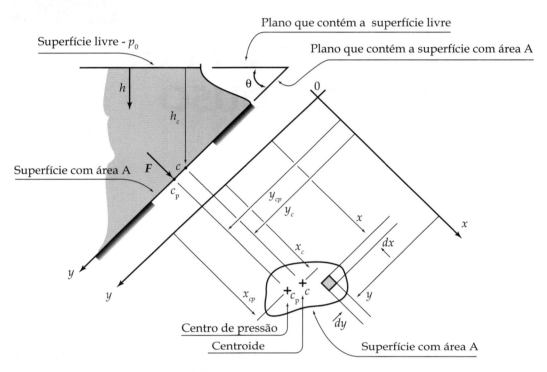

Figura 2.2 Sistema de coordenadas

Antes de iniciar o trabalho algébrico, devemos entender como foi estabelecido o sistema de coordenadas que utilizaremos. O eixo x coincide com a intersecção entre o plano que contém a superfície livre e o plano que contém a área A sobre a qual o fluido exerce a força F. O eixo y é perpendicular ao eixo x e repousa sobre o plano que contém a superfície A. Assim, podemos, com auxílio das coordenadas x e y, descrever a geometria, a posição e propriedades da área A, por exemplo: observando a Figura 2.2, notamos que o centroide dessa área está posicionado em $x = x_c$ e $y = y_c$.

Além das coordenadas x e y, utilizaremos também a coordenada h, vertical, positiva no sentido descendente, cuja origem repousa sobre a superfície livre do fluido. Assim, a posição do centroide da área A está localizado em $h = h_c$.

A distribuição de pressão sobre a área A varia linearmente com a altura h e é dada por:

$$p = p_0 + \rho g h = p_0 + \gamma h \qquad (2.1)$$

Essa distribuição de pressão produz uma força resultante F, a qual pode ser visualizada na Figura 2.1. Seja $F = |F|$ a magnitude dessa força, então:

$$F = \int_A p\, dA \qquad (2.2)$$

$$F = \int_A (p_0 + \gamma h)\, dA = p_0 A + \gamma \int_A h\, dA \qquad (2.3)$$

Observando que $h = y\, sen\theta$, obtemos:

$$F = p_0 + \gamma \int_A y\,sen\theta\,dA = p_0 + \gamma sen\theta \int_A y\,dA \quad (2.4)$$

Lembrando que x_c e y_c são as coordenadas do centroide em relação aos eixos y e x, e que $y_c = \frac{1}{A}\int_A y\,dA$, obtemos:

$$F = p_0 A + \gamma sen\theta \int_A y\,dA = p_0 A + \gamma y_c sen\theta A \quad (2.5)$$

Finalmente, como $y_c sen\theta$ é igual à distância do centroide à superfície livre, h_c, resulta:

$$F = (p_0 + \gamma h_c)A \quad (2.6)$$

Notemos que $p_0 + \gamma h_c$ é a pressão reinante no centroide; assim, a magnitude da força F será dada por essa pressão multiplicada pela área A. Observe que, se as duas faces da área A estiverem sujeitas à pressão atmosférica, a contribuição dessa pressão será anulada e a força líquida aplicada pelo fluido a essa superfície será dada por:

$$F = \gamma h_c A \quad (2.7)$$

Determinemos, agora, a posição do ponto de aplicação da força F na área A denominado *centro de pressão*, identificado na Figura 2.2 como c_p. Sejam x_{cp} e y_{cp} as suas coordenadas em relação aos eixos y e x. O momento da força F em relação ao eixo x é dado por:

$$Fy_{cp} = \int_A yp\,dA \quad (2.8)$$

Considerando por hipótese que a pressão p_0 coincide com a pressão atmosférica local e que esta não contribui para a formação da força líquida aplicada pelo fluido à superfície com área A, temos:

$$\gamma h_c A y_{cp} = \int_A y\gamma h\,dA = \int_A y\gamma y\,sen\theta\,dA = \gamma sen\theta \int_A y^2\,dA \quad (2.9)$$

Sabendo que $\overline{I}_{xx} = \int_A y^2\,dA$ é o momento de inércia da área A em relação ao eixo x e que $h_c = y_c sen\theta$, podemos concluir que:

$$y_{cp} = \frac{\overline{I}_{xx} sen\theta}{h_c A} = \frac{\overline{I}_{xx}}{y_c A} \quad (2.10)$$

Seja I_{xx} o momento de inércia da área A em relação a um sistema de coordenadas com origem no centroide e com eixos paralelos aos eixos x e y. Aplicando o teorema dos eixos paralelos, obtemos o seguinte resultado:

$$y_{cp} = y_c + \frac{I_{xx} sen\theta}{h_c A} = y_c + \frac{I_{xx}}{y_c A} \quad (2.11)$$

Determinemos, agora, a coordenada x_{cp}.

O momento da força F em relação ao eixo y é dado por:

$$Fx_{cp} = \int_A xp\,dA \quad (2.12)$$

Agindo de forma similar ao procedimento anterior, teremos:

$$\gamma h_c A x_{cp} = \int_A x\gamma h\,dA = \int_A x\gamma y\,sen\theta\,dA = \gamma sen\theta \int_A xy\,dA \quad (2.13)$$

Sabendo que $\overline{I}_{xy} = \int_A xy\,dA$ é o produto de inércia da área A e que $h_c = y_c sen\theta$, podemos concluir que:

$$x_{cp} = \frac{\overline{I}_{xy} sen\theta}{h_c A} = \frac{\overline{I}_{xy}}{y_c A} \quad (2.14)$$

Seja I_{xy} o produto de inércia da área A determinado em relação a um sistema de coordenadas com origem no centroide e com eixos paralelos aos eixos x e y. Aplicando o teorema dos eixos paralelos, obtemos o seguinte resultado:

$$x_{cp} = x_c + \frac{I_{xy} sen\theta}{h_c A} = x_c + \frac{I_{xy}}{y_c A} \quad (2.15)$$

Observamos que obtivemos duas equações, (2.11) e (2.15), por meio das quais podemos determinar a posição do centro de pressão. Observamos que, para aplicar essas equações, temos duas alternativas. A primeira consiste na realização das integrações necessárias à determinação de momentos e de produtos de inércia de superfícies planas com diversas geometrias, e a segunda consiste em se aproveitar, sempre que possível, de resultados já anteriormente obtidos. Assim sendo, fornecemos no Apêndice A um conjunto de propriedades de figuras planas disponíveis na literatura, incluindo-se momentos de inércia, que facilitarão sobremaneira os cálculos a serem realizados.

2.2 FORÇAS HIDROSTÁTICAS SOBRE SUPERFÍCIES CURVAS SUBMERSAS

A força resultante sobre uma superfície curva submersa em um fluido estático pode ser determinada por meio da avaliação das magnitudes das suas componentes horizontal e vertical. Para tal, observemos a Figura 2.3. Nela indicamos um volume de fluido ABC delimitado pela superfície horizontal AB, pela vertical AC e pela superfície curva BC.

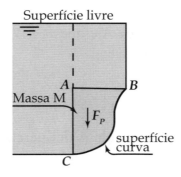

Figura 2.3 Fluido sobre superfície curva

Fazendo um diagrama de corpo livre da massa fluida M contida no volume ABC – veja a Figura 2.4 –, verificamos que ele está sujeito a forças horizontais e verticais. Analisaremos primeiro as horizontais.

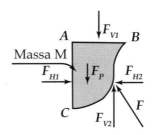

Figura 2.4 Forças sobre fluido

A força horizontal F_{H1} é aquela aplicada pelo fluido à massa fluida M ao longo da superfície vertical AC, e a força F_{H2} é a componente horizontal da força F aplicada pela superfície curva à massa M. Como o fluido presente no volume ABC está em repouso, concluímos que, necessariamente, os módulos dessas duas forças são iguais, $|F_{H1}| = |F_{H2}|$. Lembrando que o módulo da força aplicada pelo fluido à superfície curva é igual ao módulo da força aplicada pela superfície curva ao fluido, concluímos: *a componente horizontal da força aplicada pelo fluido à superfície curva é igual à força que seria aplicada pelo fluido à projeção, na direção vertical, dessa superfície.*

Analisemos agora as forças verticais. A força F_{V1} é a força aplicada pela massa fluida que está em repouso acima da superfície AB sobre essa superfície e é igual ao seu peso. A força F_P é a força peso da massa fluida M, e a força F_{V2} é a componente vertical da força F. Como a massa M está em repouso, verificamos que: $|F_{V1}| + |F_P| = |F_{V2}|$. Ou seja: *o módulo da componente vertical da força aplicada por um fluido a uma superfície curva é igual ao módulo do peso de fluido sobre essa superfície.* Pode ser demonstrado que a linha de ação da força vertical passa pelo centro de gravidade da massa fluida que a promove.

Devemos observar que, em determinadas situações, nós não observamos a existência material de água sobre uma superfície, e sim os efeitos que a água eventualmente existente sobre uma superfície produziria. Para analisar essa situação, sugerimos o estudo do problema resolvido Er2.5.

2.3 FORÇA DE EMPUXO

Todo corpo submerso ou parcialmente submerso em um meio fluido estático é sujeito a uma força vertical denominada *força de empuxo*, ou simplesmente *empuxo*, causada pela distribuição de pressões aplicada pelo fluido a esse corpo.

Para avaliar essa força, consideremos a Figura 2.5. Nela temos um corpo sólido com volume V submerso em um meio fluido com massa específica ρ invariável com a posição. Esse corpo está sujeito a uma força vertical aplicada pelo fluido sobre a sua superfície superior, F_s, e a uma força aplicada pelo fluido sobre a sua superfície inferior, F_I. Consideremos que o volume do fluido presente sobre o corpo seja igual a V_s. Nessas condições, podemos afirmar que a magnitude da força F_s é igual ao peso do fluido que ocupa o volume V_s, ou seja:

$$F_s = |F_s| = \rho g V_s = \gamma V_s \qquad (2.16)$$

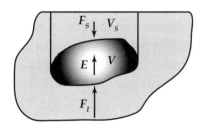

Figura 2.5 Empuxo

A magnitude da força F_I é igual à magnitude do peso do fluido que estaria sobre a superfície inferior do corpo, ou seja:

$$F_I = |F_I| = \rho g V_s + \rho g V \qquad (2.17)$$

Assim, a força devida à distribuição de pressões aplicada pelo fluido sobre o corpo, a força de empuxo E, será dada por:

$$E = F_I - F_s = \rho g V_s + \\ + \rho g V - \rho g V_s = \rho g V = \gamma V \qquad (2.18)$$

Ou seja: *a magnitude da força de empuxo é igual ao volume do fluido deslocado pelo corpo multiplicado pelo peso específico desse fluido*. Observamos que o corpo sobre o qual age a força de empuxo não precisa ser necessariamente sólido; pode ser, por exemplo, uma bolha de vapor em água fervente.

Se a massa específica do material constituinte do corpo for menor que a do fluido, o corpo boiará, permanecendo parcialmente submerso, mas ainda assim a força de empuxo será igual em módulo ao peso do fluido deslocado.

Devemos observar que a força de empuxo age na direção vertical, no sentido ascendente, e a sua linha de ação passa pelo centroide do volume do fluido deslocado. E notamos que esse centroide não necessariamente coincide com o centro de gravidade do corpo, o que poderá causar o aparecimento de momento no corpo.

2.4 EFEITOS DA TENSÃO SUPERFICIAL

Consideremos uma gota de um líquido em repouso sobre uma superfície. Essa gota poderá ter uma das formas indicadas na Figura 2.6, na qual podemos observar que o ângulo θ de contato entre a gota e a superfície pode ser maior ou menor do que 90°. Então, dizemos que o líquido molha a superfície ($\theta > 90°$), caso contrário dizemos que o fluido não molha a superfície ($\theta < 90°$). Independentemente da forma da gota, constatamos que, para que essa forma exista e seja mantida, há a necessidade de haver forças atrativas entre moléculas que sejam capazes de aglutiná-las dando a forma que observamos, e a superfície do líquido se comporta como se ele estivesse recoberto por uma fina membrana sujeita a uma tensão, a qual denominamos *tensão superficial*. Assim, há dois aspectos a serem observados, quais sejam: o ângulo de contato e a magnitude da tensão superficial.

Figura 2.6 Superfície molhada e não molhada

No Sistema Internacional, a unidade de tensão superficial é N/m. No Apêndice B apresentamos valores para a tensão superficial da água em função da sua temperatura.

Em medidas de pressão nas quais se utilizam manômetros em U, o efeito da tensão superficial produz um *menisco* curvo que pode causar imprecisões de leitura. A tensão superficial também pode promover a ascensão ou depressão do fluido em um tubo, e, como esse efeito é pronunciado quando o diâmetro do tubo é muito pequeno, denominamos esse efeito de *ascensão* ou *depressão capilar*, conforme ilustrado na Figura 2.7. Essa questão é analisada no exercício resolvido Er2.8.

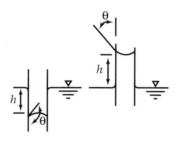

Figura 2.7 Ascensão e depressão capilares

2.5 EXERCÍCIOS RESOLVIDOS

Er2.1 Um tanque que contém água na fase líquida a 20°C é dotado de uma comporta retangular vertical com altura $B = 2{,}0$ m e largura $A = 1{,}2$ m.

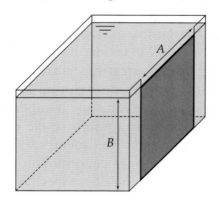

Figura Er2.1-a

Veja a Figura Er2.1-a. Pede-se para determinar o módulo e a distância tomada na vertical do centro de pressão até a superfície livre da força aplicada pela água à comporta.

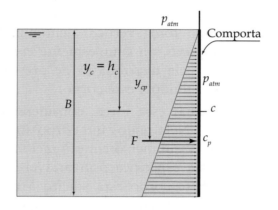

Figura Er2.1-b

Solução

a) Dados e considerações
- A água está a 20°C, então:
  $\rho = 998{,}2$ kg/m³ e
  $\gamma = 998{,}2 \cdot 9{,}81 = 9792$ N/m³.
- $A = 1{,}2$ m; $B = 2{,}0$ m.

Tanto a superfície do fluido como a face externa da porta de inspeção estão sujeitas à pressão atmosférica; assim, determinaremos a força líquida aplicada pela água à porta considerando que sobre ela age apenas a distribuição de pressão manométrica indicada na figura.

b) Análise e cálculos

Como a pressão manométrica no interior do fluido varia linearmente, observamos a formação de um perfil de distribuição de pressões triangular conforme esquematizado na Figura Er2.1-b.

Note que, como a porta de inspeção é retangular, o seu centroide está localizado à sua meia altura, logo:

$$h_c = \frac{B}{2}$$

O módulo da força aplicada pela água é igual à pressão no centroide da porta multiplicada pela sua área:

$$F = \gamma h_c AB = \gamma \left(\frac{B}{2}\right) AB =$$
$$= 9797 \cdot 2 \cdot 1,2 = 23,5 \text{ kN}$$

Desejamos agora determinar a posição da linha de ação da força F. Ela é dada por:

$$y_{cp} = y_c + \frac{I_{xx} \text{sen}\theta}{h_c A} = y_c + \frac{I_{xx}}{y_c A}$$

Sabemos que $y_c = h_c = 0,5B$ e que

$$\overline{I}_{xx} = \frac{AB^3}{12}, \text{ logo:}$$

$$y_{cp} = \frac{B}{2} + \frac{AB^3}{12(B/2)AB} = \frac{2}{3}B$$

Ou seja, neste caso a linha de ação da força F está a 1,33 m da superfície do fluido.

Er2.2 Um tanque que contém água na fase líquida a 20°C é dotado de uma porta de inspeção retangular com altura $B = 1,0$ m e largura $A = 0,6$ m. Veja a Figura Er2.2-a.

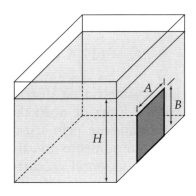

Figura Er2.2-a

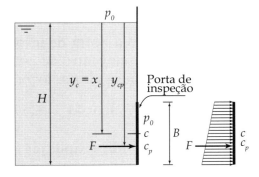

Figura Er2.2-b

Sabendo que o nível de água no tanque é $H = 5,0$ m, pede-se para determinar o módulo e a distância tomada na vertical do centro de pressão até a superfície livre da força aplicada pela água à comporta.

Solução

a) Dados e considerações
 • A água está a 20°C, então:
   ρ = 998,2 kg/m³ e
   γ = 998,2·9,81 = 9792 N/m³.
 • $H = 5,0$ m; $A = 0,6$ m; $B = 1,0$ m.
Tanto a superfície do fluido como a face externa da porta de inspeção estão sujeitas à pressão atmosférica. Assim, determinaremos a força líquida aplicada pela água à porta considerando que sobre ela age apenas a distribuição de pressão manométrica indicada na figura.

b) Análise e cálculos
Note que, como a porta de inspeção é retangular, o seu centroide está localizado à sua meia altura, logo:

$$h_c = H - (B/2)$$

O módulo da força aplicada pela água é igual à pressão no centroide da porta multiplicada pela sua área:

$$F = \gamma h_c AB = \gamma(H - (B/2))AB =$$
$$= 9792(5,0 - 0,5)0,6 \cdot 1,0 = 26,4 \text{ kN}$$

Desejamos agora determinar a posição da linha de ação da força F. Ela é dada por:

$$y_{cp} = y_c + \frac{I_{xx} \text{sen}\theta}{h_c A} = y_c + \frac{I_{xx}}{y_c A}$$

O momento de inércia da área A, tomado em relação aos eixos que passam pelo seu centroide, é dado, conforme indicado no Apêndice E, por:

$$I_{xx} = \frac{AB^3}{12}; \text{ logo}$$

$I_{xx} = 0,6 \cdot 1,0^3 / 12 = 0,05 \text{ m}^4$.

Sabemos que
$y_C = h_C = H - B/2 = 4,5$ m.

Substituindo os valores conhecidos, obtemos:

$y_{cp} = 4,5 + \left(\dfrac{0,05}{(4,5 \cdot 0,6 \cdot 1,0)} \right) = 4,52$ m.

Er2.3 Observe o tanque com água a 20°C esquematizado na Figura Er2.3. Nele há duas portas de inspeção, A e B, que têm largura $w = 2,0$ m (dimensão perpendicular ao plano da figura). Considere que $a = 1,2$ m, $b = 1,5$ m, $m = 4,0$ m, $n = 3,0$ m e que a comporta A está inclinada de 45°. Determine o módulo da força aplicada pela água a cada uma das portas e a posição dos seus respectivos centros de pressão.

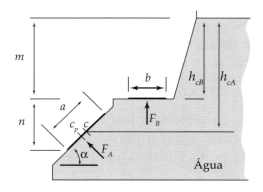

Figura Er2.3

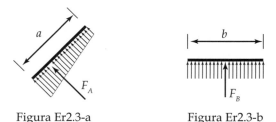

Figura Er2.3-a   Figura Er2.3-b

Solução

a) Dados e considerações
- A água está a 20°C, então: $\rho = 998,2$ kg/m³ e $\gamma = 9792$ N/m³.
- São dados: $a = 1,2$ m; $b = 1,5$ m; $m = 4,0$ m; $n = 3,0$ m; e $\alpha = 45°$.
- A dimensão perpendicular à figura é $w = 2,0$ m.

Temos duas forças a determinar, que denominaremos F_A e F_B, aplicadas pela água, respectivamente, nas portas de inspeção A e B.

Tanto a superfície do fluido quanto a face externa da porta de inspeção estão sujeitas à pressão atmosférica. Assim, determinaremos as forças líquidas F_A e F_B aplicadas pela água às portas considerando que sobre elas agem distribuições de pressão manométricas.

b) Análise e cálculos

Inicialmente conduziremos as determinações referentes à porta B.

Note que a porta de inspeção B é retangular e está posicionada na horizontal, então o seu centroide está posicionado em $h_{cB} = m$ e a distribuição de pressão ao longo desta porta é uniforme, conforme indicado na Figura Er2.3-b.

Podemos afirmar então que:

$F_B = \gamma h_{cB} B w = 117,5$ kN

Devido à simetria da distribuição de pressões, a linha de ação dessa força passa exatamente pelo seu centroide. Observe que somente no caso de uma superfície horizontal, o centro de pressão da força aplicada pelo fluido coincide com o centroide da superfície.

Avaliemos, agora, a força aplicada à porta A.

Note que, como a porta de inspeção é retangular, o seu centroide está localizado à sua meia altura, logo:

$h_{cA} = m + n - (a/2)\cos 45° = 6,576$ m

O módulo da força aplicada pela água é igual à pressão no centroide da porta multiplicada pela sua área:

$F = \gamma h_{cA} A = 154,5$ kN

Desejamos agora determinar a posição da linha de ação da força F. Ela é dada por:

$$y_{cp} = y_c + \frac{I_{xx}}{y_c A}$$

O momento de inércia da área A tomado em relação aos eixos que passam pelo seu centroide é dado, conforme indicado no Apêndice A, por:

$$I_{xx} = \frac{wa^3}{12}$$

Sabemos que $y_c = \dfrac{h_c}{\cos 45°} = 9,299$ m

e que $I_{xx} = 0,288$ m^4.

Logo: $y_{cp} = 9,312$ m e $h_{cp} = 6,585$ m.

Er2.4 Na Figura Er2.4 temos uma comporta que retém água a 20°C, com raio R igual a 2,0 m e largura w igual a 6,0 m articulada em A.

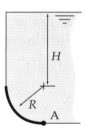

Figura Er2.4

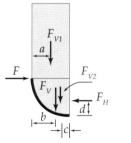 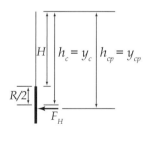

Figura Er2.4-a   Figura Er2.4-b

Sabendo que a altura H é igual a 10,0 m, pede-se para calcular a magnitude da componente horizontal e a da vertical da força aplicada pela água à comporta e a magnitude da força F necessária para manter a comporta fechada.

Solução

a) Dados e considerações
- A água está a 20°C, então: $\rho = 998,2$ kg/m³ e $\gamma = 9792$ N/m³.
- São dados: $R = 2,0$ m, $H = 10,0$ m e $w = 6,0$ m.

Tanto a superfície do fluido como a face externa da comporta estão sujeitas à pressão atmosférica. Assim, determinaremos as forças líquidas aplicadas pela água à comporta considerando que sobre ela age distribuição de pressão manométrica.

b) Análise e cálculos

Inicialmente, determinaremos a componente horizontal da força aplicada pela água à comporta. Devemos nos lembrar que essa força é equivalente à força que seria aplicada pela água à projeção em um plano vertical da comporta, conforme indicado na Figura Er2.4-b.

Note que, como a projeção da porta de inspeção é retangular, o seu centroide está localizado à sua meia altura, logo:

$h_c = H + R/2 = 11,0$ m

O módulo da força aplicada pela água é igual à pressão no centroide da porta multiplicada pela sua área:

$F_H = \gamma h_c R w = 1292,5$ kN

Desejamos agora determinar a posição da linha de ação da força F_H. Ela é dada por:

$$y_{cp} = y_c + \frac{I_{xx} \operatorname{sen}\theta}{h_c A} = y_c + \frac{I_{xx}}{y_c A}$$

O momento de inércia da área A, tomado em relação aos eixos que passam pelo seu centroide, é dado, conforme indicado no Apêndice A, por:

$$I_{xx} = \frac{wR^3}{12} = 4,0 \text{ m}^4$$

Sabemos que $y_c = h_c = 11,0$ m e que $I_{xx} = 4,0$ m^4.

Logo: $y_{cp} = 11,03$ m.

Consequentemente:

$d = H + R - y_{cp} = 0,97$ m.

Determinaremos, agora, a componente vertical da força aplicada pela água à comporta. Para tal, dividiremos a água presente sobre a comporta em duas porções. A primeira corresponde ao volume de um paralelepípedo de água com altura H, largura R e profundidade w, e a segunda corresponde ao volume de água de ¼ de cilindro na posição horizontal com raio R e profundidade w.

A força aplicada pela primeira porção, F_{V1}, à comporta é igual ao seu peso próprio:

$F_{V1} = \gamma HRw = 1175$ kN

Sua linha de ação é aquela que passa sobre o seu centro de gravidade, logo:

$a = R / 2 = 1,0$ m

Analisaremos, agora, os efeitos da segunda porção de água. A força aplicada por ela é igual ao seu peso próprio:

$F_{V2} = \gamma w\pi R^2 / 4 = 184,6$ kN

A sua linha de ação é aquela que passa sobre o seu centro de gravidade. Conforme indicado no Apêndice E, temos:

$c = 4R / 3\pi = 0,849$ m

A componente da força vertical aplicada pela água à comporta será:

$F_V = F_{V1} + F_{V2} = 1360$ kN

Para determinar a sua linha de ação, devemos nos lembrar que os efeitos mecânicos da força F_V deverão ser equivalentes à soma dos efeitos mecânicos das forças F_{V1} acrescentados aos da F_{V2}. Assim sendo, podemos impor que o momento em relação ao ponto A de F_V deve ser igual à soma dos momentos em relação ao mesmo ponto das forças F_{V1} e F_{V2}. Consequentemente:

$(R-b)F_V = aF_{V1} + cF_{V2}$

$b = 1,021$ m

Observe que b necessariamente deverá ser menor do que R.

Finalmente, poderemos determinar o módulo da força F. A somatória dos momentos das forças aplicadas à comporta deverá ser nula, já que ela está em equilíbrio mecânico. Logo:

$FR = F_H d + F_V(R-b)$

$F = 1293$ kN

Er2.5 Na Figura Er2.5 temos uma comporta com raio R igual a 1,4 m e largura w igual a 5,0 m articulada em A.

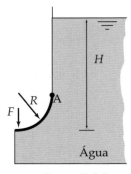

Figura Er2.5

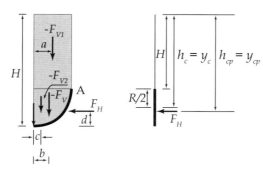

Figura Er2.5-a Figura Er2.5-b

Sabendo que a altura H é igual a 9,0 m, pede-se para calcular a magnitude da componente horizontal e a da vertical da força aplicada pela água à comporta e a magnitude da força F necessária para manter a comporta fechada.

Solução

a) Dados e considerações
- Supondo que a água esteja a 20°C: $\rho = 998,2$ kg/m³ e $\gamma = 9792$ N/m³.
- São dados: $R = 1,4$ m; $H = 9,0$ m; e $w = 5,0$ m.

Tanto a superfície do fluido quanto a face externa da comporta estão sujeitas à pressão atmosférica. Assim, determinaremos as forças líquidas aplicadas pela água à comporta considerando que sobre ela age distribuição de pressão manométrica.

b) Análise e cálculos

Inicialmente, determinaremos a componente horizontal da força aplicada pela água à comporta. Devemos nos lembrar de que essa força é equivalente à força que seria aplicada pela água à projeção em um plano vertical da comporta, conforme indicado na Figura Er2.5-b.

Note que, como a projeção em um plano vertical da porta de inspeção é retangular, o seu centroide está localizado à sua meia altura, logo:

$h_c = H - R/2 = 8,3$ m

O módulo da força aplicada pela água é igual à pressão no centroide da porta multiplicada pela sua área:

$F_H = \gamma h_c R w = 568,9$ kN

Desejamos agora determinar a posição da linha de ação da força F_H. Ela é dada por:

$$y_{cp} = y_c + \frac{I_{xx} sen\theta}{h_c A} = y_c + \frac{I_{xx}}{y_c A}$$

O momento de inércia da área A, tomado em relação aos eixos que passam pelo seu centroide, é dado, conforme indicado no Apêndice E, por:

$$I_{xx} = \frac{wR^3}{12} = 1,143 \text{ m}^4$$

Sabemos que $y_c = h_c = 8,3$ m e que $I_{xx} = 1,143$ m⁴.
Logo: $y_{cp} = 8,32$ m
Consequentemente:
$d = H - y_{cp} = 0,68$ m.

Determinaremos, agora, a componente vertical da força aplicada pela água à comporta. Observamos que não há água sobre a comporta, entretanto verificamos que a distribuição de pressões aplicada pela água à comporta é numericamente igual à distribuição de pressões que seria aplicada pela quantidade de água que estivesse sobre a comporta. Assim, para efeito de cálculo, suporemos que há água sobre a comporta, lembrando, naturalmente, que a força resultante dessa suposição terá o mesmo módulo, mesma direção, porém, sentido inverso da força real.

Adotando o mesmo procedimento do exercício resolvido Er2.4, dividiremos a água supostamente presente sobre a comporta em duas porções. A primeira corresponde ao volume de um paralelepípedo de água com altura $H - R$, largura R e profundidade w, e a segunda corresponde ao volume de água de ¼ de cilindro na posição horizontal com raio R e profundidade w.

A força aplicada pela primeira porção, F_{V1}, à comporta é igual ao seu peso próprio:

$F_{V1} = \gamma(H - R)Rw = 520,9$ kN

Sua linha de ação é aquela que passa sobre o seu centro de gravidade, logo:

$a = R / 2 = 0,7$ m

Analisaremos, agora, os efeitos da segunda porção de água. A força aplicada por ela é igual ao seu peso próprio:

$F_{V2} = \gamma w \pi R^2 / 4 = 75,4$ kN

A sua linha de ação é aquela que passa sobre o seu centro de gravidade. Conforme indicado no Apêndice E, temos:

$c = 4R / 3\pi = 0,594$ m

A componente da força vertical aplicada pela água à comporta será:

$F_V = F_{V1} + F_{V2} = 596,3$ kN

Para determinar a sua linha de ação, devemos nos lembrar de que os efeitos mecânicos da força F_V deverão ser equivalentes à soma dos efeitos mecânicos das forças F_{V1} acrescentados aos da F_{V2}. Assim sendo, podemos impor que o momento em relação ao ponto A de F_V deve ser igual à soma dos momentos em relação ao mesmo ponto das forças F_{V1} e F_{V2}. Consequentemente:

$bF_V = aF_{V1} + cF_{V2}$
$b = 0,687$ m

Observe que b necessariamente deve ser menor do que R.

Finalmente, poderemos determinar o módulo da força F. A somatória dos momentos das forças aplicadas à comporta deverá ser nula, já que ela está em equilíbrio mecânico. Logo:

$FR = F_H(R - d) + F_V(R - b)$
$F = 596,3$ kN

Er2.6 Observe a Figura Er2.6. Nela está esquematizada uma comporta destinada a reter água a 20°C cuja largura é igual a 22 m. A face da comporta em contato com a água é curva e é descrita pela equação $z = ax^{2,45}$, na qual o coeficiente a é igual a 0,085 m$^{-1,45}$. São dados: $L = 12$ m e $M = 8,1$ m. Pede-se para determinar:

a) a magnitude da componente horizontal da força aplicada pela água à comporta;
b) a magnitude da componente vertical da força aplicada pela água à comporta;
c) o momento da força aplicada pela água à comporta em relação ao eixo, perpendicular ao plano da figura, que passa pelo ponto A.

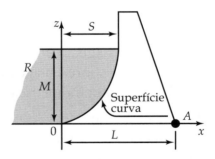

Figura Er2.6-a

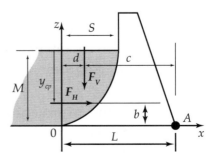

Figura Er2.6-b

Solução

a) Dados e considerações
- A água está a 20°C, logo: $\rho = 998{,}2$ kg/m³ e $\gamma = 9792$ N/m³.
- São dados: $L = 12$ m; $M = 8{,}1$ m; e $w = 22{,}0$ m.
- Tanto a superfície do fluido como a face externa da comporta estão sujeitas à pressão atmosférica. Assim, determinaremos as forças líquidas aplicadas pela água à comporta considerando que sobre ela age distribuição de pressão manométrica.

b) Análise e cálculos

Inicialmente determinaremos a componente horizontal da força aplicada pela água à comporta. Devemos nos lembrar de que essa força é equivalente à força que seria aplicada pela água à projeção da superfície curva em um plano vertical.

Como a projeção da superfície curva em um plano vertical é retangular, o seu centroide está localizado à sua meia altura, logo:

$$h_c = M/2 = 4{,}05 \text{ m}$$

O módulo da força aplicada pela água é igual à pressão no centroide da área projetada multiplicada pela própria área:

$$F_H = \gamma h_c M w = 7{,}067 \text{ kN}$$

Desejamos agora determinar a posição da linha de ação da força F_H. Como a distribuição de pressões sobre a área projetada é triangular, temos:

$$y_{cp} = \frac{2M}{3}$$

Em consequência, o braço da força horizontal em relação ao eixo de referência é dado por:

$$b = \frac{M}{3} = 2{,}7 \text{ m}$$

Determinaremos, agora, a componente vertical da força aplicada pela água à comporta. Observamos que a componente vertical da força devida à distribuição de pressões aplicada pela água à comporta é numericamente igual ao peso da água existente sobre a comporta. A linha de ação dessa força passa pelo dentro de gravidade do fluido, e essa componente é orientada no sentido ascendente, conforme pode ser visto na Figura Er2.6-a.

Para determinar o peso da água sobre a comporta, precisamos determinar o seu volume. Como não dispomos de uma expressão já pronta para determinar o volume, optamos por determiná-lo avaliando, inicialmente, a área 0DE por meio de processo de integração. Veja a Figura Er2.6-b.

A área A é dada por:

$$A_R = \int_0^S (M - z)dx = \int_0^S (M - 0{,}085 x^{2,45})dx =$$
$$= \left[Mx - \frac{0{,}085 x^{3,45}}{3{,}45} \right]_0^S = \left[MS - \frac{0{,}085 S^{3,45}}{3{,}45} \right]$$

Logo: $A_R = 36{,}95$ m².

Para avaliar quantitativamente o volume, precisamos determinar S. Como $M = 8{,}1$ m, temos:

$$M = 0{,}085\, S^{2,45} \Rightarrow S = 6{,}42 \text{ m}$$

Assim, o volume de fluido sobre a comporta é: $\forall = w A_R = 812{,}9$ m³.

Consequentemente:

$$F_V = \gamma \forall \Rightarrow F_V = 7{,}960 \text{ MN}$$

Para determinar o braço c da força vertical em relação ao eixo de referência é necessário, primeiramente, determinar a posição do centroide da figura plana 0DE.

$$d = \frac{1}{A_R}\int_0^S (M-z)x\,dx = \frac{1}{A_R}$$

$$\int_0^S (M - 0{,}0851 x^{2,45})x\,dx \frac{1}{A_R}$$

$$\left(M\frac{S^2}{2} - \frac{0{,}0851 S^{4,45}}{4{,}45}\right)$$

$d = 7{,}013$ m

$c = L - d = 4{,}987$ m

Finalmente, podemos determinar o momento da força aplicada pela água à comporta em relação ao eixo que passa pelo ponto A. Considerando o momento anti-horário positivo, temos:

$M = F_V c - F_H b = 20{,}62$ MN·m

Er2.7 Uma esfera com densidade relativa igual a 0,4 e diâmetro igual a 0,5 m é presa ao fundo de uma piscina por um cabo com volume desprezível e peso igual a 20 N. Veja a Figura Er2.7. Considerando que a esfera está totalmente imersa na água e que a água está a 20°C pede-se para avaliar a força de tração no cabo.

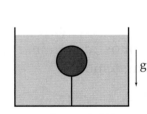
Figura Er2.7

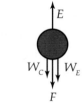
Figura Er2.7-a

Solução

a) Dados e considerações
 • Diâmetro da esfera: $D = 0{,}5$ m.
 • Peso do cabo: $W_C = 20$ N.
 • Densidade relativa da esfera: $d = 0{,}4$; logo a sua massa específica será igual a $\rho_E = 1000 d = 400$ kg/m³.
 • Como a água está a 20°C, temos: $\rho = 998{,}2$ kg/m³.

b) Análise e cálculos
Façamos, inicialmente, o diagrama de corpo livre da esfera. Sabemos que ela está sujeita às seguintes forças: empuxo E, peso próprio W_E, peso do cabo W_C e a força de tração no cabo F. Como a esfera está em equilíbrio mecânico, temos:

$E = W_C + F + W_E$

A força de empuxo é dada pelo produto do peso específico do fluido pelo volume do fluido deslocado:

$$E = \rho g V = \rho g \frac{\pi D^3}{6}$$

O peso da esfera é dado por:

$$W_E = \rho_E g V = \rho_E g \frac{\pi D^3}{6}$$

Consequentemente, teremos:

$$F = (\rho - \rho_E) g \frac{\pi D^3}{6} - W_C =$$

$$= (998{,}2 - 400)9{,}81\frac{\pi 0{,}5^3}{6} - 20 = 364{,}1 \text{ N}$$

Er2.8 Um corpo cônico com raio da base R encontra-se imerso em água e óleo, conforme indicado na Figura Er2.8. Sabendo que a água tem massa específica $\rho_a = 1000$ kg/m³ e que o óleo tem massa específica $\rho_o = 800$ kg/m³, pede-se para determinar a densidade relativa do corpo.

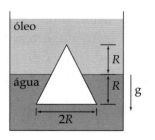
Figura Er2.8

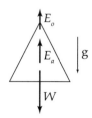
Figura Er2.8-a

Solução

a) Dados e considerações
Utilizaremos os índices *a*, *o* e *c* para denominar grandezas referentes, respectivamente, à água, ao óleo e ao corpo cônico.
- Raio da base do corpo: $R = 0{,}20$ m.
- Massa específica da água: $\rho_a = 1000$ kg/m³.
- Massa específica do óleo: $\rho_o = 800$ kg/m³.
- Massa específica do corpo: ρ_c.
- Densidade relativa do corpo: d_c.

b) Análise e cálculos
Façamos, inicialmente, o diagrama de corpo livre do corpo – veja a Figura Er2.8-a. Sabemos que ele está sujeito às seguintes forças:
- Empuxo E causado pela água e pelo óleo que pode ser avaliado como a soma de duas forças de empuxo: E_a causada pela água e E_o devida ao óleo.
- Peso próprio, W_c.

Como o corpo está em equilíbrio mecânico, temos:

$$\sum F = E_0 + E_a - W = 0$$

Sabendo que o volume de um cone é dado por $\varpi R^2 h/3$, onde R é o raio da base do cone e h é a sua altura, podemos calcular as forças de empuxo e o peso do corpo.

Observando que o raio da base da parte do cone imerso em óleo é igual a $R/2$, obtemos:

$$E_0 = \rho_0 g V_0 = \rho_0 g \frac{\pi (R/2)^2 R}{3} = \rho_0 g \frac{\pi R^3}{12}$$

$$E_a = \rho_a g V_a = \rho_a g \left[\frac{\pi R^2 2R}{3} - \frac{\pi R^3}{12} \right] =$$

$$= \rho_a g \frac{7\pi R^3}{12}$$

Observando que a massa específica da água é igual à massa específica de referência para a determinação da densidade relativa, obtemos:

$$W_C = \rho_a g d_C V_C = \rho_a g d_C \frac{2\pi R^3}{3}$$

Como a somatória das forças é nula, obtemos:

$$W_C = \rho_0 g \frac{\pi R^3}{12} + \rho_a g \frac{7\pi R^3}{12} = \rho_a g d_C \frac{2\pi R^3}{3}$$

Com alguma manipulação algébrica chegamos a:

$$d_C = \left(\frac{d_0 + 7}{8} \right) = 0{,}975$$

Finalmente, verificamos que a densidade relativa do corpo cônico não depende das suas dimensões.

Er2.9 Considere a Figura Er2.9, na qual vemos um tubo de vidro limpo vertical parcialmente imerso em água com diâmetro interno igual a 1,0 mm. Devido ao efeito da tensão superficial, a água sobe no tubo uma altura h. Determine-a.

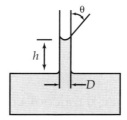
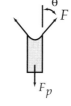

Figura Er2.9   Figura Er2.9-a

Solução

a) Dados e considerações
- Observe a Figura Er2.9-a. Nela ilustramos um diagrama de corpo livre da porção fluida que subiu no tubo de vidro. A força F é devida à tensão superficial Y, e a força F_p é o peso da porção fluida.

- Para a água, o ângulo de contato é aproximadamente igual a zero e, estando a água a 20°C, sua tensão superficial será: Y = 0,0727 N/m.
- D = 1,0 mm.

b) Análise e cálculos

Como a porção fluida está em equilíbrio mecânico, temos:

- $F = F_p$
- $F = \pi D Y \cos\theta$ e $F_p = \gamma r \dfrac{D^2}{4} h$
- Então: $h = \dfrac{4Y\cos\theta}{\gamma D}$.
- Conhecendo a tensão superficial da água, para o tubo com diâmetro interno igual a 1,0 mm, temos h = 29,7 mm.

2.6 EXERCÍCIOS PROPOSTOS

Ep2.1 Uma piscina retangular tem largura, comprimento e profundidade iguais, respectivamente, a 10,0 m, 25,0 m e 3,5 m. Supondo que ela esteja completamente cheia, determine a força aplicada pela água e a distância do seu respectivo ponto de aplicação à superfície livre para cada uma das paredes laterais da piscina. Considere que a água está a 20°C.

Resp.: 600 kN; 2,33 m; 1500 kN; 2,33 m.

Ep2.2 Um grande tanque de álcool etílico, d_r = 0,8, tem uma comporta circular com diâmetro igual a 1,5 m em uma das suas faces verticais, de forma que o topo da comporta fique 6,5 m abaixo da superfície livre do álcool. Determine a magnitude da força aplicada na comporta pelo álcool e a distância do centro de pressão da força à superfície livre desse fluido.

Resp.: 100,3 kN; 7,27 m.

Ep2.3 Resolva o exercício Ep2.2 supondo que a comporta tem forma retangular com altura 1,2 m e largura 0,8 m.

Resp.: 53,5 kN; 7,12 m.

Ep2.4 Um arquiteto projetou um grande aquário no qual pessoas podem visualizar os peixes através de comportas elípticas posicionadas em uma parede vertical. Sabe-se que a altura das comportas é igual a 1,0 m, que a sua largura é igual a 0,75 m e que a sua extremidade superior está 4,0 m abaixo do nível da água desse grande aquário. Pede-se para determinar a força resultante da água em uma comporta e a distância do ponto de aplicação desta força à superfície livre da água.

Resp.: 26,0 kN; 4,51 m.

Ep2.5 Um tanque cilíndrico vertical com diâmetro igual a 1,0 m armazena 12 m³ de um fluido com densidade relativa igual a 2,5. Veja a Figura Ep2.5. O fundo do tanque é constituído por uma placa metálica horizontal na qual está instalada uma porta de inspeção quadrada articulada em um dos seus lados. Sabendo que a porta de inspeção tem lado L = 800 mm, pede-se para calcular a pressão manométrica exercida pelo fluido no fundo do tanque e força F que deve ser aplicada no lado oposto ao articulado para mantê-la fechada.

Figura Ep2.5

Resp.: 374,7 kPa; 119,9 kN.

Ep2.6 Um grande tanque que contém água a 20°C tem uma comporta triangular com altura m = 1,0 m e largura p = 0,8 m articulada em B, conforme pode ser observado na Figura Ep2.6. Sabendo que $n = 2,0$ m e que $q = 2,0$ m e considerando que a comporta forma um ângulo de 45° com a horizontal, pede-se para determinar o módulo da força aplicada à comporta pela água, a distância do centro de pressão à superfície livre e a magnitude da força que precisa ser aplicada perpendicularmente à comporta em A para mantê-la fechada.

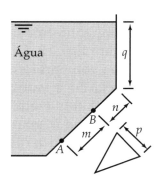

Figura Ep2.6

Resp.: 14,3 kN; 3,66 m; 4,92 kN.

Ep2.7 A comporta esquematizada na Figura Ep2.7 tem largura $w = 4,0$ m e altura $L = 4,0$ m, é articulada em A e o seu peso pode ser considerado desprezível. Sabendo-se que o ângulo α é igual a 30° e que a altura h é igual a 3,0 m, pede-se para calcular a magnitude da força aplicada pela água à comporta e a da força F necessária para manter a comporta fechada.

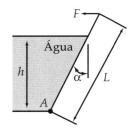

Figura Ep2.7

Resp.: 203,7 kN; 67,9 kN.

Ep2.8 Um vaso de pressão utilizado em um processo químico contém uma substância com densidade relativa igual a 1,8 sob pressão promovida por vapor de água a 4,0 MPa (manométrica). O vaso é dotado de uma porta de inspeção com diâmetro de 40 cm, conforme indicado na Figura Ep2.8. Sabendo que a altura H é igual a 5,0 m e que a porta é fixada à flange com 12 parafusos, pede-se para calcular a força que deve ser exercida por cada um dos parafusos para equilibrar a força hidrostática aplicada pelo fluido à porta.

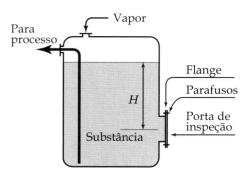

Figura Ep2.8

Resp.: 42,8 kN.

Ep2.9 Foi construído para experimento laboratorial um dispositivo que contém água e ar enclausurado separados por um êmbolo que pode se mover sem atrito, conforme esquematizado na Figura Ep2.9. Inicialmente, $M = N = 1,2$ m, a altura L é igual a 2,0 m, a altura H é igual a 1,9 m, o conjunto está na temperatura de 20°C e a pressão manométrica exercida pelo ar comprimido sobre a água é igual a 20 kPa. A válvula existente na rede de ar comprimido é então aberta, permitindo que ar seja transferido lentamente para o interior do dispositivo até que a altura M seja reduzida à metade. Sabendo-se que o diâmetro D é igual a 1,0 m, que a pressão atmosférica local é igual a 100 kPa e supondo que, durante o processo, a temperatura do conjunto é mantida constante, pede-se para calcular:

a) A pressão manométrica final do ar existente sob o êmbolo.
b) A massa de ar transferida para o interior do dispositivo.
c) As pressões lidas no manômetro no início e no fim do processo.

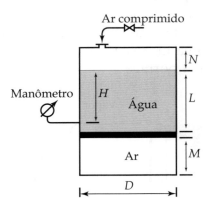

Figura Ep2.9

Resp.: 179,2 kPa; 3,02 kg; 38,6 kPa; 172,3 kPa.

Ep2.10 Observe a Figura Ep2.10. Água a 20°C é pressurizada com ar comprimido de sorte que a pressão indicada pelo manômetro é igual a 2,0 bar. Sabendo-se que a comporta é articulada em A, que ela pesa 5000 N, que é quadrada com lado igual a 0,8 m e que a altura L é igual a 5,0 m, pede-se para calcular a força F necessária para manter a comporta fechada.

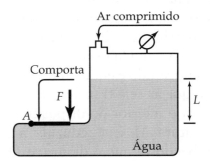

Figura Ep2.10

Resp.: 77,2 kN.

Ep2.11 Um grande tanque de álcool etílico, cuja densidade relativa é igual a 0,8, tem uma comporta circular com diâmetro igual a 1,5 m em uma das suas faces verticais, de forma que o topo da comporta fique 6,5 m abaixo da superfície livre do álcool. Determine a magnitude da força aplicada na comporta pelo álcool e a distância do centro de pressão da força à superfície livre desse fluido.

Resp.: 100,5 kN; 7,27 m.

Ep2.12 Um reservatório de água tem uma comporta circular com diâmetro $D = 2,0$ m, conforme esquematizado na Figura Ep2.12. Considere que o plano da comporta está inclinado 45° em relação à vertical, a altura H é igual a 8,0 m e que a massa específica da água é igual a 1000 kg/m³. Pede-se para determinar a magnitude da força aplicada pela água à comporta, a distância medida na vertical entre o ponto de aplicação dessa força e a superfície livre e a magnitude da força F necessária para manter a comporta na posição indicada na figura. Considere que a comporta tem peso desprezível e observe que a comporta é articulada em A.

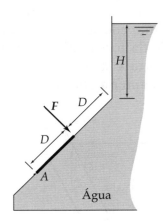

Figura Ep2.12

Resp.: 311,9 kN; 10,13 m; 156,0 kN.

Ep2.13 Observe a Figura Ep2.13. A comporta é construída em concreto com densidade relativa igual a 2,4, é prismática com $L = 0,5$ m e com largura $w = 3,0$ m e pode se movimentar em torno da articulação A. Supondo que a altura H é igual a 4,0 m e que α = 45°, calcule a magnitude da força aplicada pela água à comporta, a distância medida na vertical do centro de pressão da força aplicada pela água à comporta até a superfície livre da água e a magnitude da força F necessária para manter a comporta fechada.

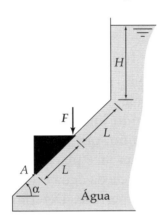

Figura Ep2.13

Resp.: 66,5 k; 4,53 m; 45,0 kN.

Ep2.14 Um bloco prismático de seção quadrada com lado a = 1,0 m e comprimento w = 2,0 m encontra-se em repouso sobre uma parede com espessura desprezível, conforme esquematizado na Figura Ep2.14. Sabe-se que a massa específica da água é igual a 1000 kg/m³ e que o desnível h é igual a 20 cm. Determine o peso específico do óleo. Se a densidade relativa do óleo fosse igual a 0,8, qual seria a magnitude da força aplicada pelo óleo ao bloco?

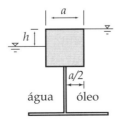

Figura Ep2.14

Resp.: 6,23 kN/m³; 11,1 kN.

Ep2.15 A comporta esquematizada na Figura Ep2.7 tem largura w = 5,0 m, altura L = 6,0 m e é articulada em A. Sabendo-se que a comporta é constituída por um material cuja massa específica é igual a 7850 kg/m³, tem espessura igual a 30 mm, que a altura h é igual a 4,0 m e que a massa específica da água é igual a 1000 kg/m³, pede-se para calcular a magnitude da força aplicada pela água à comporta e a da força F necessária para manter a comporta fechada. Suponha que o ângulo α seja igual a 30°.

Ep2.16 Uma sala de controle de uma unidade industrial é pressurizada com ar a 20°C para evitar a entrada de pó. A pressão manométrica no seu interior é igual a 3,0 mmca. Qual deve ser a força que um homem deve aplicar à maçaneta de uma porta com 2,1 m de altura por 90 cm de largura para abri-la? Observe que a maçaneta dista 80 cm das dobradiças.

Resp.: 31,3 N.

Ep2.17 Um bloco prismático de seção quadrada com comprimento w = 2,0 m encontra-se em repouso sobre uma parede com espessura desprezível, conforme esquematizado na Figura Ep2.14. Sabe-se que a massa específica da água é igual a 1000 kg/m³ e que o desnível h é igual a 25 cm e que a massa específica do óleo é igual a 800 kg/m³. Determine a dimensão a e a magnitude das forças aplicadas pelo óleo e pela água ao bloco.

Ep2.18 Uma caixa-d'água com corpo cilíndrico tem fundo semiesférico, conforme indicado na Figura Ep2.18. Supondo que h = 6,0 m, R = 2,5 m e que a massa específica da água é igual a 1000 kg/m³, determine a força aplicada pela água ao fundo da caixa d'água e o seu centro de pressão.

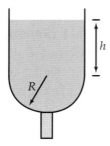

Figura Ep2.18

Resp.: 1477 kN; intersecção eixo-fundo.

Ep2.19 Observe a Figura Ep2.19. Sabendo que o raio R é igual a 3,0 m, a altura H é igual a 18 m e a massa específica da água é igual a 1000 kg/m³, determine o módulo da força aplicada pela água à superfície curva vertical e a posição do seu centro de pressão.

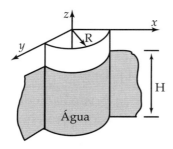

Figura Ep2.19

Ep2.20 Considere a Figura Ep2.20. A comporta é cilíndrica com raio $R = 0,8$ m e com largura $w = 2,0$ m. Essa comporta pode se movimentar em torno da articulação B. A altura, h, é igual a 4,0 m. Considere a massa específica da água igual a 1000 kg/m³. Desprezando quaisquer eventuais efeitos causados pela massa da comporta, calcular as magnitudes da componente horizontal e da vertical da força aplicada pela água à comporta e a magnitude da força F necessária para manter a comporta fechada, sabendo que sua linha de ação passa pelo centro geométrico da comporta.

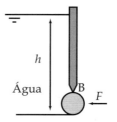

Figura Ep2.20

Resp.: 100,5 kN; 19,7 kN; 98,7 kN.

Ep2.21 Um hemisfério com densidade relativa igual a 0,7 e raio igual a 50 cm é mantido imerso em água a 20°C por um fio, que o prende de forma que a sua face plana esteja paralela à superfície da água e a 2,0 m abaixo dessa superfície. Determine a força aplicada pela água à superfície curva do hemisfério, a força aplicada pela água à superfície plana e a força de tração exercida pelo fio.

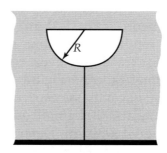

Figura Ep2.21

Resp.: 17,9 kN; 15,4 kN; 766 N.

Ep2.22 Na Figura Ep2.22, tem-se uma comporta com raio R igual a 1,5 m e largura w igual a 5,0 m, articulada em A, que retém água a 20°C. Sabendo que a altura H é igual a 8,0 m, pede-se para calcular a magnitude da componente horizontal e a da vertical da força aplicada pela água à comporta e a magnitude da força F necessária para manter a comporta fechada.

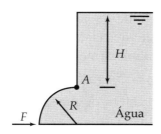

Figura Ep2.22

Resp.: 642,5 kN; 611,1 kN; 642,3 kN.

Ep2.23 Na Figura Ep2.23, tem-se uma comporta com raio R igual a 1,0 m e largura w igual a 3,0 m, articulada em A, que retém água a 20°C.

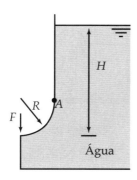

Figura Ep2.23

Sabendo que a altura H é igual a 8,0 m, pede-se para calcular as magnitudes da componente horizontal e da vertical da força aplicada pela água à comporta e a magnitude da força F necessária para manter a comporta fechada.

Resp.: 220,3 kN; 228,7 kN; 228,7 kN.

Ep2.24 Um tanque que contém água a 20°C é dotado de uma calota esférica com raio R igual a 400 mm posicionada conforme indicado na Figura Ep2.24. Sabendo que a altura L é igual a 4,1 m, pede-se para determinar o módulo da força aplicada pela água à calota.

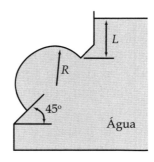

Figura Ep2.24

Resp.: 20,7 kN.

Ep2.25 Uma peça com a geometria indicada na Figura Ep2.25 está imersa em um fluido com densidade relativa 1,2. Considerando que d_1 = 1,0 m, d_2 = 2,0 m, m = 2,0 m e n = 5,0 m, determine os módulos da componente horizontal e da vertical da força aplicada pelo fluido a essa peça.

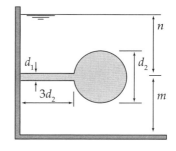

Figura Ep2.25

Resp.: 46,2 kN; 104,8 kN.

Ep2.26 Água a 20°C encontra-se armazenada em um grande reservatório no qual há uma comporta, conforme esquematizado na Figura Ep2.26.

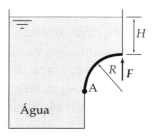

Figura Ep2.26

Sabe-se que a largura da comporta (perpendicular ao plano da figura) é

$w = 5$ m, que $H = 4,0$ m, e que o seu raio é igual a 1,2 m. Determine a magnitude das componentes horizontal e vertical da força nela aplicada pela água e, também, a magnitude da força F necessária para mantê-la fechada.

Resp.: 270,2 kN; 250,1 kN; 250,1 kN.

Ep2.27 Observe a Figura Ep2.27. Sabendo que o centro do corpo esférico está 2,1 m abaixo da superfície livre da água, determine a força de empuxo aplicada ao corpo esférico com diâmetro $D = 1,2$ m imerso em água e apoiado sobre uma haste cilíndrica com diâmetro $d = 0,3$ m.

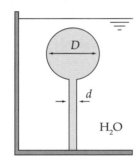

Figura Ep2.27

Ep2.28 Um corpo constituído por um material desconhecido boia em água com massa específica igual a 1000 kg/m³, de forma que apenas 20% do seu volume permanece exposto ao ar ambiente. Qual é o valor da densidade relativa do material do corpo?

Resp.: 0,8.

Ep2.29 Para identificar o local do naufrágio de um antigo navio, um mergulhador fixa à carcaça do navio uma boia sinalizadora esférica utilizando uma corda com comprimento igual a 40 m que pesa aproximadamente 2,0 N/m. Considerando-se que a boia apresenta densidade relativa igual a 0,25 e que ela deverá ter, no máximo, metade do seu volume submerso, pede-se para determinar o diâmetro mínimo da boia. Desconsidere o volume da corda e suponha que a densidade relativa da água do mar é aproximadamente igual a 1,01.

Resp.: 354 mm.

Ep2.30 Uma esfera de material plástico preenchida com ar é aprisionada por cabos submersa em água, conforme indicado na Figura Ep2.30. Considere que a água está a 20°C, a densidade relativa da esfera é igual a 0,1 e o seu diâmetro é igual a 45 cm. Determine a tensão em cada um dos cabos que aprisionam a esfera.

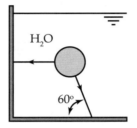

Figura Ep2.30

Resp.: 242,7 N; 485,5 N.

Ep2.31 Observe a Figura Ep2.31. Nela temos um corpo cilíndrico com altura $h = 1,2$ m, diâmetro 0,25 m e com densidade relativa igual a 0,6. Sabendo que a densidade relativa do óleo é igual a 0,80 e que a da água é igual a 1,0, determine a força de tração no cabo que mantém o corpo submerso.

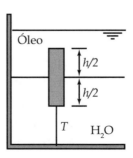

Figura Ep2.31

Resp.: 173 N.

Ep2.32 Na Figura Ep2.32, tem-se um bloco forma prismática com $a = 1,0$ m, $b = 3,0$ m, imerso em água a 20°C. Ele é constituído por um material com densidade igual a 0,6, tem largura $w = 3,0$ m e é articulado em M. Nele está suspenso um corpo esférico com densidade relativa igual a 1,5, de forma que, na posição indicada na figura ($\alpha = 90°$), o conjunto está em equilíbrio mecânico. Pede-se para calcular a força de empuxo aplicada sobre o bloco, a tensão no cabo que interliga o bloco ao corpo esférico e o diâmetro desse corpo.

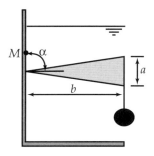

Figura Ep2.32

Resp.: 11,75 kN; 1,66 m.

Ep2.33 Observe a Figura Ep2.33. Uma barra cilíndrica com densidade relativa igual a 0,7, comprimento de 5,0 m e diâmetro igual a 10 cm encontra-se totalmente submersa em água na fase líquida com massa específica igual a 1000 kg/m³.

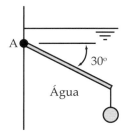

Figura Ep2.33

A barra é articulada em A e na sua outra extremidade está suspenso, por um cabo com volume e massa desprezíveis, um corpo esférico cuja densidade relativa é igual a 1,4. Supondo que o conjunto está em equilíbrio mecânico e que os efeitos de atrito na articulação podem ser desprezados, determine a força de tração no cabo e o diâmetro do corpo esférico.

Resp.: 57,8 N; 304 mm.

Ep2.34 Uma barra de seção transversal quadrada de lado 10 cm, com comprimento igual a 5,0 m e constituída por um material com densidade relativa igual a 1,35, está submersa em água, com massa específica igual a 1000 kg/m³, na posição horizontal, conforme esquematizado na Figura Ep2.34. A barra é articulada em A e é suspensa pela sua outra extremidade por um cabo ligado a um corpo esférico com densidade relativa 0,2. Sabendo que o corpo esférico tem apenas metade do seu volume imerso, pede-se para determinar o seu diâmetro e a força de tração no cabo.

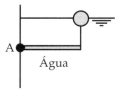

Figura Ep2.34

Resp.: 0,382 m; 85,8 N.

Ep2.35 Na Figura Ep2.35, tem-se dois corpos cilíndricos atados por um cabo. O corpo superior tem 80% do seu volume imerso em óleo e o corpo inferior está totalmente imerso em água. Sabe-se que os dois corpos têm altura igual a 300 mm e diâmetro igual a 100 mm, que os pesos específicos do óleo e da água são respectivamente iguais a 8,2 kN/m³ e 9,8 kN/m³. Desprezando a massa e o volume do cabo e sabendo que o peso específico do material constituinte do cilindro superior é igual a 5,0 kN/m³, pede-se para determinar o peso específico do material constituinte do cilindro inferior e a força de tração no cabo.

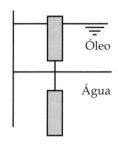

Figura Ep2.35

Resp.: 11,36 kN/m³; 3,68 N.

Ep2.36 Um iceberg flutua expondo apenas 8% do seu volume. Se o seu peso específico for igual a 9800 N/m³, qual deve ser o peso específico da água do mar?

Resp.: 10650 N/m³.

Ep2.37 Observe a Figura Ep2.37. Para manter a comporta com peso igual a 30 kN, optou-se por aplicar-lhe um peso cilíndrico de aço cuja massa específica é igual a 7830 kg/m³, imerso em água. Sabe-se que $H = 5,0$ m, $L = 0,8$ m, $\alpha = 30°$, a largura da comporta e o comprimento do corpo cilíndrico são iguais a 4,0 m e que a água está a 20°C.

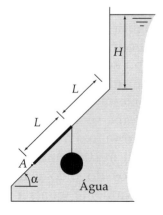

Figura Ep2.37

Pede-se para determinar a magnitude da força aplicada pela água à comporta, a distância medida na vertical do centro de pressão da força aplicada pela água à comporta até a superfície livre da água e o diâmetro mínimo do corpo cilíndrico que faça com que a comporta permaneça fechada.

Resp.: 175,5 kN; 5,602 m; 0,636 m.

Ep2.38 Observe a Figura Ep2.38. A comporta é prismática com $a = 0,5$ m, $b = 1,2$ m e com largura $w = 2,0$ m. Essa comporta pode se movimentar em torno da articulação M. A altura c é igual a 3,0 m. Considere que a massa específica da água seja igual a 1000 kg/m³ e que a comporta é de madeira com densidade relativa igual a 0,7. Calcule a magnitude da força horizontal e da vertical aplicada pela água à comporta e a magnitude da força horizontal F necessária para abrir a comporta.

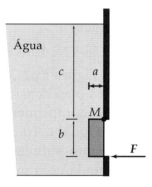

Figura Ep2.38

Resp.: 84,8 kN; 11,8 kN; 44,0 kN.

Ep2.39 Observe a Figura Ep2.39. A comporta é prismática com $a = 0,577$ m, $b = 1,0$ m e largura $w = 4,0$ m. Essa comporta pode se movimentar em torno da articulação M. A altura, c, é igual a 3,0 m. Considere que o peso específico da água seja igual a 9800 N/m³ e que a comporta é de madeira com densidade relativa igual a 0,7. Calcule a magnitude da força F_R aplicada pela água sobre a superfície inclinada da comporta, a distância do centro de pressão da força F_R à articulação e a magnitude da força horizontal F necessária para abrir a comporta.

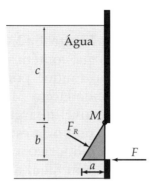

Figura Ep2.39

Resp.: 158,4 kN; 0,605 m; 71,2 kN.

Ep2.40 Observe a Figura Ep2.40. A comporta prismática com $L = 1,0$ m e com largura $w = 5,0$ m é fabricada com madeira com densidade relativa igual a 0,7 e pode se mover sem atrito em torno da articulação A.

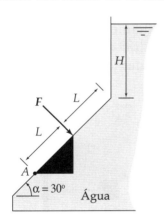

Figura Ep2.40

A altura H é igual a 1,25 m. Considerando que a água está a 20°C, calcule a magnitude da força F_a aplicada pela água à comporta, o ângulo observado entre essa força e a horizontal e a magnitude da força F necessária para manter a comporta fechada.

Resp. 107,2 kN; 62,8° (ângulo com a horizontal); 49,1 kN.

Ep2.41 Uma barra com comprimento $L = 2,0$ m e área de seção transversal igual a $A = 100$ cm², constituída por um material com densidade relativa igual a 0,6, encontra-se articulada no ponto M, conforme indicado na Figura Ep2.41. A ela encontram-se atrelados dois corpos cilíndricos com área de seção 200 cm², sendo que um deles tem massa específica igual a 1200 kg/m³, e o outro, 400 kg/m³. Sabendo que a altura dos corpos cilíndricos é $h_1 = 1,0$ m e que a barra e os corpos estão imersos em água com massa específica igual a 1000 kg/m³, pede-se para determinar a tração no cabo que liga o corpo totalmente submerso à barra, a tração no cabo que liga o corpo parcialmente submerso à barra e a altura imersa do corpo com massa específica menor.

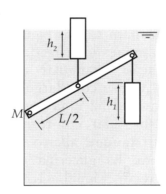

Figura Ep2.41

Resp.: 39,2 N; 0; 0,40 m.

Ep2.42 Apresenta-se na Figura Ep2.42 dois tanques interligados por uma tubulação retangular com altura $L = 1,0$ m e com largura $w = 1,2$ m, na qual há uma comporta que pode bascular em torno do eixo A. No tanque aberto para a atmosfera, há glicerina com densidade relativa igual a 1,26 e, no outro, há água com massa específica igual a 1000 kg/m³. Sabe-se que $M = 5,0$ m e que

$h = 1,5$ m. Considerando que, em primeira aproximação, as posições dos centros de pressão coincidem com as dos centroides e que o peso da comporta pode ser desprezado, determine a magnitude das forças aplicadas pela glicerina e pela água à comporta e a pressão manométrica do ar para que a comporta seja mantida fechada.

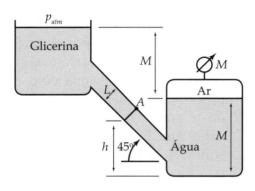

Figura Ep2.42

Resp.: 100,7 kN; 100,7 kN; 69,8 kPa.

Ep2.43 Apresentam-se na Figura Ep2.43 dois tanques interligados por uma tubulação retangular com altura $L = 1,0$ m e com largura $w = 0,5$ m, na qual há uma comporta que pode bascular em torno do eixo A. No tanque aberto para a atmosfera, há glicerina com densidade relativa igual a 1,26 e, no outro, há água com massa específica igual a 1000 kg/m³. Sabe-se que $H = 5,0$ m e que $h = 1,0$ m.

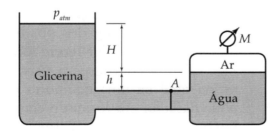

Figura Ep2.43

Desprezando as diferenças de cota entre centros de pressão e supondo que a comporta está fechada e em equilíbrio mecânico, determine a magnitude da força aplicada pela água à comporta e a pressão manométrica do ar para que a comporta seja mantida fechada.

Resp.: 40,2 kN; 65,6 kPa.

Ep2.44 Observe a Figura Ep2.44. Nela há um tanque que contém água a 20°C, mantida no tanque por uma comporta articulada em M com espessura desprezível e largura $w = 1,2$ m. A essa comporta está engastado um corpo cilíndrico com comprimento também igual a 1,2 m, cuja densidade relativa é igual a 7,85. Desprezando o volume e a massa da barra utilizada para engastar o corpo na comporta e sabendo-se que $a = 2,0$ m, $b = 20$ cm, $c = 30$ cm e $d = 1,0$ m, pede-se para calcular:

a) a magnitude da força aplicada pela água à comporta;
b) a distância do centro de pressão dessa força à superfície livre;
c) o diâmetro mínimo do corpo cilíndrico para o qual a comporta permanece fechada.

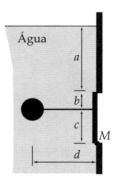

Figura Ep2.44

Resp.: 13,22 kN; 2,26 m; 224 mm.

Ep2.45 Observe a Figura Ep2.45. Nela, tem-se uma comporta que retém água a 20°C. Sabe-se que $L = 1,0$ m, $H = 2,0$ m e que a largura da comporta é $w = 1,0$ m. Determine a magnitude da força aplicada pela água à comporta e a magnitude da força F necessária para manter a comporta fechada.

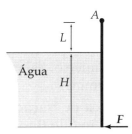

Figura Ep2.45

Resp.: 19,6 kN; 15,2 kN.

Ep2.46 Observe a Figura Ep2.45. Nela, tem-se uma comporta que retém água a 20°C. Sabe-se que $L = 1,0$ m e que a largura da comporta é $w = 5,0$ m. Considerando que a força aplicada pela água à comporta é igual a 50 kN, pede-se para calcular o valor de H.

Resp.: 1,43 m.

Ep2.47 Considere a Figura Ep2.47. A comporta é construída com um material com densidade relativa igual a 1,4, tem seção quadrangular com lado $L = 0,5$ m, tem largura $w = 3,0$ m e pode se movimentar em torno da articulação A.

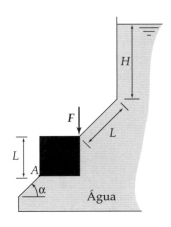

Figura Ep2.47

Supondo que a altura H é igual a 2,0 m e que $\alpha = 45°$, calcule a magnitude da componente horizontal da força aplicada pela água à comporta, a magnitude da componente vertical da força aplicada pela água à comporta e a magnitude da força F necessária para manter a comporta fechada.

Resp.: 38,2 kN; 41,9 kN; 34,3 kN.

Ep2.48 Tem-se na Figura Ep2.48 uma comporta com altura $c = 0,8$ m articulada em A que é mantida fechada devido ao peso de um corpo esférico de aço com densidade relativa igual a 7,85. Suponha que a massa específica da água seja igual a 1000 kg/m³, que a largura da comporta medida perpendicularmente à figura seja $w = 5,0$ m, $d = 5,0$ m e $b = 0,6$ m. Sabendo que $a = 1,2$ m, pede-se para determinar:

a) a magnitude da força aplicada pela água à comporta;

b) a distância da linha de ação da força aplicada pela água à comporta até a superfície livre;

c) o raio mínimo do corpo esférico requerido para manter a comporta fechada.

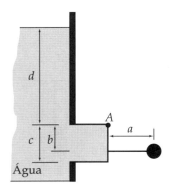

Figura Ep2.48

Resp.: 211,9 kN; 5,409 m; 607 mm.

Ep2.49 Um corpo cilíndrico com diâmetro $d = 300$ mm e altura $H = 1,2$ m é constituído por dois materiais diferentes. Veja a Figura Ep2.49. Sua parte inferior com altura $a = 200$ mm tem densidade relativa $d_{ri} = 3,0$ e a sua parte superior tem densidade relativa $d_{rs} = 0,2$. Sabendo que a massa específica da água é igual a 1000 kg/m³, pede-se para determinar o peso do corpo e a dimensão b.

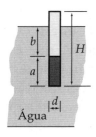

Figura Ep2.49

Resp.: 554,7 N; 0,6 m.

Ep2.50 Um corpo cilíndrico com diâmetro $d = 300$ mm e altura $H = 1,2$ m é constituído por dois materiais diferentes. Veja a Figura Ep2.50. Sua parte inferior com altura $a = 150$ mm tem densidade relativa $d_{ri} = 3,0$ e a sua parte superior tem densidade relativa $d_{rs} = 0,2$. Sabendo que esse corpo está preso ao fundo do tanque por um tirante e que a massa específica da água é igual a 1000 kg/m³, pede-se para determinar o empuxo aplicado sobre ele e a tração no tirante.

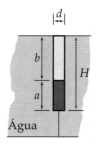

Figura Ep2.50

Resp.: 832,1 N; 277,4 N.

Ep2.51 Uma barra cilíndrica com densidade relativa igual a 0,95, comprimento $L = 6,0$ m e área de seção transversal igual a 200 cm² está parcialmente imersa em água com massa específica igual a 1000 kg/m³, conforme indicado na Figura Ep2.51. Nessa barra, que pode se mover sem atrito em torno da articulação A, está presa uma boia esférica com densidade relativa igual a 0,2 que tem metade do seu volume imerso. Sabendo que $h = 1,0$ m, determine:

a) a força de tração no cabo quando o ângulo θ for igual a 30°;
b) o raio da boia esférica para que o ângulo θ seja igual a 30°;
c) o ângulo θ de repouso da barra se a boia esférica for eliminada.

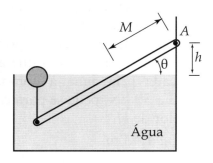

Figura Ep2.51

Resp.: 36,0 N; 143 mm; 48,2°.

Ep2.52 Considere a Figura Ep2.52. A comporta é cilíndrica com diâmetro $d = 1,0$ m e espessura $a = 0,3$ m. Essa comporta pode se movimentar em torno da articulação M.

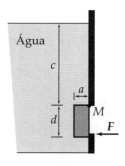

Figura Ep2.52

Considere que a massa específica da água seja igual a 1000 kg/m³, que a comporta é de um material com densidade relativa igual a 0,6 e que $c = 2,0$ m. Calcule a magnitude da força horizontal e da vertical aplicada pela água à comporta e a magnitude da força horizontal F necessária para abrir a comporta.

Resp.: 19,3 kN; 2,31 kN; 9,97 kN.

Ep2.53 Em um grande tanque paralelepipédico, existe um ressalto interno com a forma de um quarto de cilindro, conforme ilustrado na Figura Ep2.53. Sabe-se que o raio R é igual a 2,0 m, que L = 5,0 m, M = 3,0 m e N = 3,0 m. Considerando que o tanque esteja repleto de água com massa específica igual a 1000 kg/m³, determine:
a) o módulo da força vertical que a água aplica ao ressalto;
b) o módulo da força horizontal que a água aplica ao ressalto;
c) o ângulo de inclinação da linha de ação da força resultante que a água aplica ao ressalto em relação a um plano horizontal.

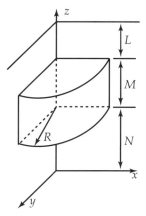

Figura Ep2.53

Resp.: 92,5 kN; 541 kN; 9,7°.

Ep2.54 Um corpo com volume invariável, pesado em uma balança laboratorial, apresenta peso igual a 432,0 N. A seguir, o corpo é liberado no fundo de um tanque que contém água a 20°C e, então, observa-se seu movimento ascendente com aceleração igual a 2,3 m/s². Determine a densidade relativa desse corpo.

Resp.: 0,81.

Ep2.55 A comporta da Figura Ep2.55 é rígida, tem peso desprezível e é articulada em A. Ela é mantida na posição indicada pela força F. Sabendo que a água está a 20°C, $\alpha = 45°$, que a largura da comporta é igual a 5,0 m e que L = 3 m, pede-se para determinar o módulo da:
a) força aplicada na parte inclinada da comporta;
b) força aplicada na parte vertical da comporta;
c) força F necessária para manter a comporta fechada.

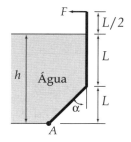

Figura Ep2.55

Resp.: 934,8 kN; 220,3 kN; 352,5 kN.

Ep2.56 A comporta da Figura Ep2.56 tem largura w = 2,0 m, raio R = 1,0 m, e é constituída por um material com densidade relativa igual a 2,5. Sabendo que a comporta é articulada em A e que a água tem massa específica igual a 1000 kg/m³, determine a altura H que fará com que a comporta inicie a sua abertura e a magnitude da força aplicada pela água à comporta quando H = 2R.

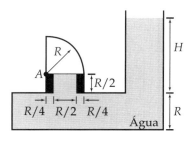

Figura Ep2.56

Resp.: 3,83 m; 14,7 kN.

Ep2.57 Observe a Figura Ep2.57. Nela a água com massa específica igual a 1000 kg/m³ é impedida de vazar através de um orifício por um tampão cônico com densidade relativa igual a 3,2. Sabendo que $R = 0,6$ m e que $D = 0,3$ m, determine o valor máximo de H para o qual a água permanecerá sem vazar. Determine também a magnitude da força F aplicada pela água ao tampão quando H for igual a R.

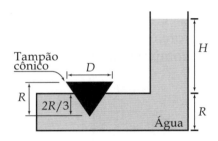

Figura Ep2.57

Resp.: 1,31 m; 226 N.

Ep2.58 Na Figura Ep2.58, tem-se óleo com densidade relativa igual a 0,82 e água com massa específica igual a 1000 kg/m³. Sabendo que $L = 1,2$ m e que a largura da comporta é $w = 3,0$ m, determine:

a) a magnitude da força aplicada pelo óleo à superfície 1;

b) a distância, medida na vertical, do centro de pressão da força aplicada na superfície 1 até a superfície livre;

c) as magnitudes das forças aplicadas pela água às superfícies 2 e 3.

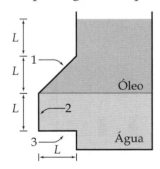

Figura Ep2.58

Resp.: 73,7 kN; 1,87 m; 90,7 kN; 111,9 kN.

Ep2.59 A comporta da Figura Ep2.59 é mantida na posição indicada pela força F. Sabe-se que:
- a massa específica da água é aproximadamente igual a 1000 kg/m³;
- a densidade relativa do óleo é igual a 0,82;
- $\alpha = 60°$;
- a largura da comporta é igual a 4,0 m;
- cada metro quadrado de comporta tem massa de 100 kg;
- $L = 3$ m.

Para a posição da comporta ilustrada na Figura Ep2.55, pede-se para determinar os módulos: da força aplicada pela água na parte inclinada da comporta; da força aplicada pelo óleo na parte vertical da comporta; e da força F necessária para manter a comporta fechada.

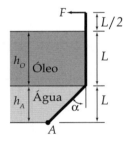

Figura Ep2.59

Ep2.60 Devido a um acidente ecológico, uma comporta destinada à retenção de água, $\rho = 1000$ kg/m³, deve resistir a uma carga adicional causada por uma substância oleosa com massa específica igual a 840 kg/m³. Veja a Figura Ep2.60. Sabendo que a comporta é articulada em A, $\alpha = 90°$, $a = 1,2$ m, $b = 1,0$ m e $c = 3,2$ m e que a largura da comporta é igual a 4,5 m, determine:

a) a força aplicada pela substância oleosa à comporta;

b) a força aplicada pela água à comporta;

c) a força que o batente deve aplicar na comporta.

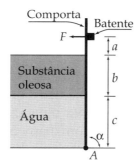

Figura Ep2.60

Resp.: 16,48 kN; 306,4 kN; 82,94 kN.

Ep2.61 Alguém, pensando em reduzir a força F aplicada à comporta da Figura Ep2.55, sugeriu alterar a geometria da comporta, tornando-a igual à ilustrada na Figura Ep2.61, articulada em A e mantendo a força F aplicada na comporta na direção horizontal. A largura da comporta é igual a 5,0 m, $\alpha = 45°$ e $L = 3$ m. Essa ação de fato resulta na redução de força pretendida? Para responder a essa pergunta, desprezando os efeitos causados pelo peso da comporta, determine:
a) a força aplicada na parte inclinada da comporta;
b) a força aplicada na parte vertical da comporta;
c) a força F necessária para manter a comporta fechada.

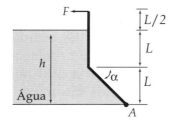

Figura Ep2.61

Resp.: 934,8 kN; 220,3 kN; 352,5 kN.

Ep2.62 Observe a comporta ilustrada na Figura Ep2.61. Ela é articulada em A, tem largura igual a 5,0 m, $\alpha = 45°$ e $L = 3$ m. Considerando que a comporta é de aço e que ela tem espessura tal que apresenta densidade superficial igual a 75 kg/m², pede-se para calcular:
a) a força aplicada na parte inclinada da comporta;
b) a força aplicada na parte vertical da comporta;
c) a força F necessária para manter a comporta fechada.
Resp.: 934,8 kN; 220,3 kN; 440,3 kN.

Ep2.63 Na Figura Ep2.63, tem-se um bloco de forma prismática com $a = 0,6$ m e $b = 3,0$ m, imerso em água a 20°C. Ele é constituído por um material com densidade igual a 0,6, tem largura $w = 3,0$ m e é articulado em M. Nele está suspenso um corpo esférico com densidade relativa igual a 1,5, de forma que, na posição indicada na figura, o conjunto está em equilíbrio mecânico. Sabendo-se que o diâmetro do corpo esférico é igual a 1,2 m, pede-se para calcular a força de empuxo aplicada sobre o bloco, a tensão no cabo que interliga o bloco ao corpo esférico e o ângulo α.

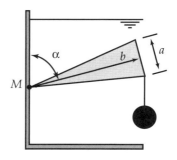

Figura Ep2.63

Ep2.64 As dimensões do bloco prismático da Figura Ep2.64 são $a = 1,0$ m e $b = 3,0$ m, e ele está imerso em água, $\rho = 1000$ kg/m³. É constituído por um material com densidade igual a 0,5, tem largura $w = 3,0$ m e é articulado em A. Nele está suspenso um corpo esférico com densidade relativa igual a 1,5, de forma que, na posição indicada na figura, o conjunto está em equilíbrio mecânico e o batente não aplica nenhuma força sobre o bloco. Pede-se para calcular a tensão no cabo que interliga o bloco ao corpo esférico, o raio desse corpo e a força aplicada ao batente se o corpo esférico for removido.

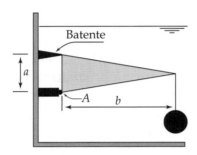

Figura Ep2.64

Resp.: 7357 N; 0,71 m; 22,07 kN.

Ep2.65 O corpo esquematizado na Figura Ep2.65 é constituído por dois tipos de materiais. A sua haste cilíndrica, com diâmetro $d = 0,2$ m, tem densidade relativa igual a 1,2, e a sua parte esférica, com diâmetro $D = 1,2$ m, tem densidade relativa igual a 1,8. Sabendo-se que $n = 3,0$ m, $m = 4,2$ m, que esse corpo está imerso em um fluido com densidade relativa igual a 1,4 e que $a = 2,0$ m, pede-se para determinar:

a) a componente horizontal da força aplicada pelo fluido ao corpo;

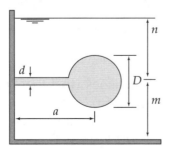

Figura Ep2.65

b) a componente vertical da força aplicada pelo fluido ao corpo;
c) o momento aplicado pelo corpo à parede vertical que o sustenta.

Resp.: 1,29 kN; 13,0 kN; 7,04 kN·m.

Ep2.66 O tanque esquematizado na Figura Ep2.66 tem diâmetro muito grande e está acoplado a um canal horizontal de descarga com diâmetro $D = 1,2$ m, cujo comprimento é $L = 17,2$ m. A descarga de água a 20°C é realizada por meio de uma comporta inclinada 60° em relação a horizontal. Sabendo-se que $H = 5,4$ m, determine:

a) a magnitude da força aplicada pela água à comporta;
b) a distância medida ao longo da comporta do centro de pressão ao centroide da comporta;
c) a magnitude da força F_R que deve ser aplicada à comporta para mantê-la fechada.

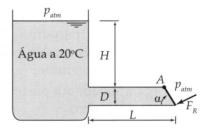

Figura Ep2.66

Resp.: 76,7 kN; 17 mm; 39,3 kN.

Ep2.67 Dois tanques contendo duas substâncias com densidades relativas iguais a 2,8 e 0,8 estão acoplados e o diâmetro da tubulação de interligação é igual a 300 mm. Sabe-se que os fluidos são impedidos de se misturarem por uma comporta com lado $L = 500$ mm articulada em A e que a dimensão a é igual a 1,0 m. Determine a dimensão b mínima para garantir que o fluido mais denso não escorra para o tanque com o fluido menos denso.

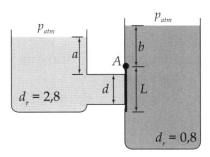

Figura Ep2.67

Resp.: 0,83 m.

Ep2.68 Com o objetivo de manter estável o nível de um tanque de um fluido cuja massa específica é igual a 1200 kg/m³, um estudante de engenharia propõe a solução esquematizada na Figura Ep2.68. Nesta montagem, à medida que a altura H aumenta, aumenta a pressão exercida pelo fluido na placa. Considere que a esfera está presa à placa por um cabo com peso e volume desprezível, a densidade relativa do material constituinte da esfera é igual a 7,8, $L = 4$ cm, e que a placa é quadrada e articulada em A. Sabendo que o diâmetro do orifício é $D = 6$ cm, que a massa da placa é igual a 0,5 kg, e que o raio da esfera é igual a 8 cm, pede-se para determinar:

a) a força de empuxo aplicada sobre a esfera;
b) a altura máxima H para o qual não se observa vazamento através do orifício.

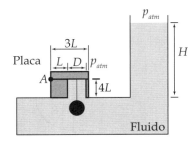

Figura Ep2.68

Resp.: 25,3 N; 4,46 m.

Ep2.69 Uma comporta com largura $w = 5,0$ m que retém água com massa específica igual a 1000 kg/m³ é mantida fechada pela ação de um peso esférico com densidade relativa igual a 7,85 e diâmetro igual a 1,3 m. Veja a Figura Ep2.69. Sabe-se que $a = 2,0$ m, $b = 0,8$ m e $c = 1,2$ m. Pede-se para determinar a altura máxima de água d para a qual a comporta ainda permanece fechada. Quando o nível da água retida for máximo, qual será a magnitude da força aplicada pela água à comporta e a distância vertical do centro de pressão até a superfície livre?

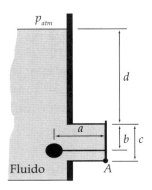

Figura Ep2.69

Resp.: 3,98 m; 269,4 kN; 4,60 m.

Ep2.70 Uma comporta com largura $w = 5,0$ m que retém água com massa específica igual a 1000 kg/m³ é mantida fechada pela ação de um peso esférico com densidade relativa igual a 7,85. Veja a Figura Ep2.70. Sabe-se que $a = 2,0$ m, $b = 0,8$ m, $c = 1,2$ m e $d = 3,0$ m. Pede-se para determinar:

a) a força aplicada pela água à comporta;
b) a distância do centro de pressão da força aplicada pela água à comporta até a superfície livre;
c) o diâmetro mínimo do peso esférico que ainda mantém a comporta fechada.

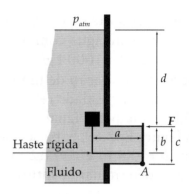

Figura Ep2.70

Resp.: 211,9 kN; 3,63 m; 1,2 m.

Ep2.71 Uma comporta com largura $w = 400$ mm retém água com massa específica igual a 1000 kg/m³. A essa comporta, está ligado um objeto cúbico com aresta igual a 300 mm e densidade relativa igual a 0,2 por meio de uma haste rígida. Veja a Figura Ep2.70. Sabe-se que $a = 600$ mm, $b = 300$ mm, $c = 500$ mm e $d = 1,0$ m. Pede-se para determinar:

a) a força aplicada pela água à comporta;
b) a distância do centro de pressão da força aplicada pela água à comporta até a superfície livre;
c) a magnitude da força F necessária para manter a comporta fechada.

Ep2.72 Na Figura Ep2.72, tem-se uma barra com seção circular articulada em A, com diâmetro igual a 15 cm, comprimento igual a $4L$, sendo $L = 1,2$ m, e densidade relativa igual a 0,6. A esfera 1, fixa à extremidade livre da barra, tem diâmetro igual a 0,4 m e é constituída por um material com densidade relativa igual a 0,2. A esfera 2, fixa à barra por um cabo com peso e diâmetro desprezíveis, tem diâmetro desconhecido e sua densidade relativa é igual a 7,85. Considerando que o ângulo θ é igual a 60°, que $h = 0,5$ m e que a massa específica da água é igual a 1000 kg/m³, determine:

a) o empuxo aplicado somente sobre a barra;
b) o diâmetro da esfera 2;
c) a força de tração no cabo.

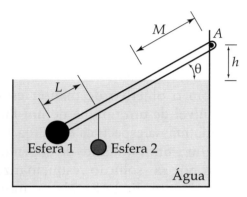

Figura Ep2.72

Resp.: 732 N; 252 mm; 564 N.

Ep2.73 A comporta da Figura Ep2.73 é articulada em M e retém água a 20°C. Sabendo que $R = 1,2$ m e que a largura da comporta é igual a 3,0 m e a sua densidade relativa é igual a 1,3, pede-se para determinar:

a) o peso da comporta;
b) a magnitude da força aplicada pela água à comporta;
c) a distância tomada na vertical do centro de pressão à superfície livre;
d) a magnitude da força necessária para manter a comporta fechada.

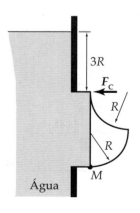

Figura Ep2.73

Ep2.74 A comporta da Figura Ep2.74 é articulada em M e retém água a 20°C. Sabendo que $R = 1,6$ m e que a largura da comporta é igual a 4,0 m e a sua densidade relativa é igual a 1,5, pede-se para determinar:

a) o peso da comporta;
b) a magnitude da força aplicada pela água à comporta;
c) a distância tomada na vertical do centro de pressão à superfície livre;
d) a magnitude da força necessária para manter a comporta fechada.

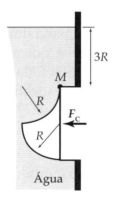

Figura Ep2.74

Ep2.75 A comporta com seção transversal triangular da Figura Ep2.75 é articulada em M e retém água a 20°C. Sabendo que $R = 1,0$ m e que a largura da comporta é igual a 4,0 m e a sua densidade relativa é igual a 1,25, pede-se para determinar:

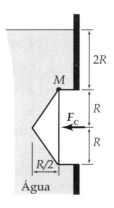

Figura Ep2.75

a) a magnitude da componente horizontal da força aplicada pela água à comporta;
b) a magnitude da componente vertical da força aplicada pela água à comporta;
c) a magnitude da força necessária para manter a comporta fechada.

Resp.: 293,8 kN; 24,5 kN; 326,4 kN.

Ep2.76 Uma piscina repleta com água a 20°C tem, em uma das suas faces verticais, um ressalto com a forma de meio cilindro vertical. Veja a Figura Ep2.76. Sabe-se que $L = 2,0$ m, $M = 2,5$ m, $N = 0,85$ m e $R = 1,2$ m. Determine a força resultante aplicada pela água ao ressalto e o ângulo que a linha de ação dessa força faz com a horizontal.

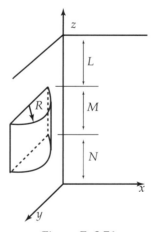

Figura Ep2.76

Resp.: 198,8 kN; 16,2°.

Ep2.77 A comporta com seção transversal retangular da Figura Ep2.77 é articulada em A e retém água a 20°C. Deseja-se que ela abra automaticamente quando a altura H de água represada atingir 6,0 m. Sabendo que dimensão L é igual a 1,5 m, a dimensão M é igual a 1,0 m, que a sua largura w é igual a 3,0 e que a sua massa específica é igual a 7850 kg/m³, pede-se para determinar:

a) a sua espessura;
b) a força aplicada pela água à comporta que produz a sua abertura automática;
c) a distância medida na vertical da linha de ação da força aplicada à comporta pela água até a superfície livre;
d) a força que o batente N aplica na comporta quando H = 4,0 m.

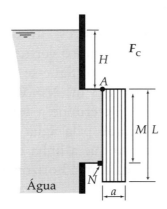

Figura Ep2.77

Resp.: 0,752 m; 191 kN; 6,51 m; 31,8 kN.

Ep2.78 A comporta com seção transversal retangular da Figura Ep2.78 é articulada em A e retém água a 20°C. Deseja-se que ela abra automaticamente quando a altura H de água represada atingir 1,0 m. Sabendo que dimensão L é igual a 1,70 m, M é igual a 1,0 m, a sua largura w é igual a 3,0 m, a sua massa específica é igual a 7850 kg/m³ e que o ângulo de inclinação da comporta em relação à horizontal é igual a 60°, pede-se para determinar:

a) a sua espessura;
b) a força aplicada pela água à comporta que produz a sua abertura automática;
c) a distância medida na vertical da linha de ação da força aplicada à comporta pela água até a superfície livre.

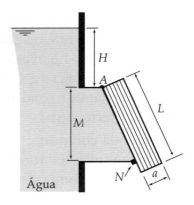

Figura Ep2.78

Ep2.79 Na Figura Ep2.79, observa-se uma barra com comprimento igual a 5 m e área de seção transversal igual a 100 cm² parcialmente imersa em água. Sabe-se que as densidades relativas da barra, da esfera e da água são iguais, respectivamente, a 0,2, 1,2 e 1,0 e que 70% do comprimento da barra encontra-se imerso. Pergunta-se:

a) Qual é o módulo da força de tração observada no cabo que sustenta a esfera?
b) Qual é o diâmetro da esfera?

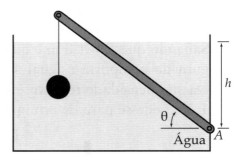

Figura Ep2.79

Resp.: 71,1 N; 0,41 m.

Ep2.80 Na Figura Ep2.80, observa-se um tanque dotado de uma descarga de água com diâmetro interno igual a 100 mm. Para controlar o nível de água, foi instalada uma pequena comporta quadrada com lado igual a 125 mm articulada em A, na qual se encontra afixada uma esfera com densidade relativa igual a 0,6. Sabendo que $M = 30$ cm, que o nível máximo h deve ser igual a 2,0 m e que, quando a água atinge o nível máximo, a esfera deve ter apenas 50% do seu volume imerso, pergunta-se: qual deve ser o diâmetro da esfera? Despreze o peso e o volume da haste que sustenta a esfera e admita que a massa específica da água é igual a 1000 kg/m³.

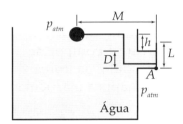

Figura Ep2.80

Resp.: 111 mm.

Ep2.81 Na superfície interna vertical de um tanque industrial que contém um fluido com densidade relativa igual a 1,22, está fixado um dispositivo com forma hemisférica com raio igual a 0,35 m e densidade relativa igual a 3,2. Considere que a distância H seja igual a 1,9 m e que esse dispositivo esteja fixado por um único parafuso. Pede-se para calcular:

a) o módulo da componente horizontal da força aplicada pelo parafuso ao dispositivo;

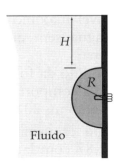

Figura Ep2.81

b) o módulo da componente vertical da força aplicada pelo parafuso ao dispositivo;
c) o ângulo que a força aplicada pelo fluido ao dispositivo faz com a horizontal.

Resp.: 10363 N; 1744 N; 5,9°.

Ep2.82 A comporta com seção transversal igual a meio círculo mostrada na Figura Ep2.82 é articulada em M e retém água com massa específica igual a 1000 kg/m³. Sabendo que $R = 1,0$ m, que a largura da comporta é $w = 3R$ e que a sua densidade relativa é igual a 1,25, pede-se para determinar:

a) a magnitude da componente horizontal da força aplicada pela água à comporta;
b) a magnitude da componente vertical da força aplicada pela água à comporta;
c) a magnitude da força F_c necessária para abrir a comporta.

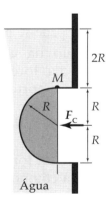

Figura Ep2.82

Resp.: 176,6 kN; 46,2 kN; 201,1 kN.

Ep2.83 Um bloco articulado com espessura $N = 50$ cm, largura $w = 4$ m, altura $S = 2,0$ m e com densidade relativa igual a 2,4 separa glicerina com densidade relativa igual a 1,26 e água com densidade relativa igual a 1. Veja a Figura Ep2.83. Sabendo que $L = 0,5$ m e que o bloco está em equilíbrio mecânico na posição indicada na figura, pede-se para determinar:

a) a força que a glicerina aplica ao bloco;
b) a componente horizontal da força que a água aplica ao bloco;
c) a componente vertical da força que a água aplica ao bloco.

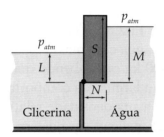

Figura Ep2.83

Resp.: 6,18 kN; 38,2 kN; 27,4 kN.

Ep2.84 A comporta articulada ilustrada na Figura Ep2.84 tem largura $w = 3$ m, retém água com massa específica igual a 1000 kg/m³ e é mantida em posição por um batente que aplica uma força horizontal à comporta. Sabendo-se que $L = 0,6$ m, $N = 1,0$ m e $M = 4,0$ m, pede-se para determinar:

a) o módulo da componente horizontal da força aplicada pela água à comporta;
b) o módulo da componente vertical da força aplicada pela água à comporta;
c) o módulo da força aplicada pelo batente à comporta;
d) o módulo da força que a articulação aplica à comporta.

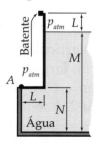

Figura Ep2.84

Resp.: 132,4 kN; 53,0 kN; 41,2 kN; 105,5 kN.

Ep2.85 A comporta articulada ilustrada na Figura Ep2.85 tem largura $w = 4$ m, retém água com massa específica igual a 1000 kg/m³ e é mantida em posição por um batente que aplica uma força F horizontal à comporta. Sabendo que o ângulo α é igual a 30°, $L = 5$ m e $H = 4,0$ m, pede-se para determinar:

a) o módulo da componente horizontal da força aplicada pela água à comporta;
b) o módulo da componente vertical da força aplicada pela água à comporta;
c) o módulo da força aplicada pelo batente à comporta;
d) o módulo da força que a comporta aplica à articulação.

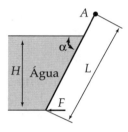

Figura Ep2.85

Ep2.86 A comporta articulada em A ilustrada na Figura Ep2.84 tem largura $w = 3$ m, retém água com massa específica igual a 1000 kg/m³ e é mantida em posição por um batente que suporta uma força horizontal máxima $F = 60$ kN. Sabendo que o peso da comporta pode ser desconsiderado, e que $L = 0,5$ m e $N = 1,0$ m, pede-se para determinar:

a) o nível máximo admissível, M, de água sem que o batente se rompa;
b) o módulo da força aplicada pela água à comporta.

Resp.: 4,63 m; 201 kN.

Ep2.87 O corpo esquematizado na Figura Ep2.87 com largura $w = 1,2$ m é constituído por um prisma construído com o material A e por um meio cilindro construído com o material B. O material A tem densidade relativa igual a 0,5 e o material B tem densidade relativa igual a 2,0. Sabe-se que esse corpo está imerso em um fluido com densidade relativa igual a 1,26, $R = 0,8$ m, $L = 3R$ e que ele está engastado em O. Pede-se para determinar:

a) a força de empuxo aplicada ao corpo;
b) o módulo do momento aplicado pelo corpo no engaste;
c) a componente vertical da força aplicada pelo corpo ao engaste;
d) a componente horizontal da força aplicada pelo corpo ao engaste.

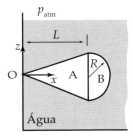

Figura Ep2.87

Ep2.88 Na superfície interna vertical de uma piscina existe uma saliência constituída por meio cilindro com comprimento $w = 3,0$ m e raio $R = 0,5$ m. Veja a Figura Ep2.88. Considerando que a massa específica da água é igual a 1000 kg/m³, determine o módulo da força que a água aplica nessa saliência e as coordenadas x e z do centro de pressão dessa força.

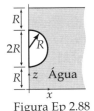

Figura Ep 2.88

Resp.: 31,6 kN; 0,183 m; 0,535 m.

Ep2.89 O bloco ilustrado na Figura Ep2.83 é mantido na posição por esforços aplicados na aresta em contato com a parede vertical. Sabe-se que o bloco tem espessura $N = 50$ cm, largura $w = 4$ m, altura $S = 2,0$ m e densidade relativa igual a 2,4. Ele separa glicerina com densidade relativa igual a 1,26 e água com densidade relativa igual a 1. Sabendo que $L = 0,5$ m e $M = 1,5$ m, pede-se para determinar:

a) a força que a glicerina aplica ao bloco;
b) a componente horizontal da força que a água aplica ao bloco;
c) a componente vertical da força que a água aplica ao bloco;
d) a força horizontal aplicada pela parede ao bloco;
e) a força vertical aplicada pela parede ao bloco;
f) o momento aplicado pela parede ao bloco.

Ep2.90 Observe a Figura Ep2.90. Nela está esquematizada uma comporta destinada a reter água a 20°C cuja largura é igual a 12 m. A parte da face da comporta em contato com a água consiste em uma superfície descrita pela função $z = 0,32x^{1,8}$. São dados: $R = 8,5$ m; $L = 10$ m; e $S = 5$ m. Considerando que a água está em contato apenas com a superfície curva, pede-se para determinar:

a) a magnitude da componente horizontal da força aplicada pela água à comporta;
b) a magnitude da componente vertical da força aplicada pela água à comporta;
c) o momento da força aplicada pela água à comporta em relação ao eixo, perpendicular ao plano da figura, que passa pelo ponto A.

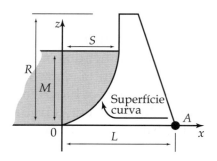

Figura Ep2.90

Resp.: 1,98 MN; 2,19 MN; 14,2 MN.m.

Ep2.91 Observe a Figura Ep2.91. Nela está esquematizada uma comporta destinada a reter água a 20°C cuja largura é igual a 12 m. Parte da face da comporta em contato com a água consiste em uma superfície vertical e parte em uma superfície curva descrita por $z = 0{,}348x^{1{,}75}$. São dados: $R = 12{,}0$ m; $L = 10$ m; e $S = 6$ m. Supondo que o nível da água está 2,6 m acima da superfície curva, pede-se para determinar:

a) a magnitude da componente horizontal da força aplicada pela água à comporta;
b) a magnitude da componente vertical da força aplicada pela água à comporta;
c) o momento da força aplicada pela água à comporta em relação ao eixo, perpendicular ao plano da figura, que passa pelo ponto A.

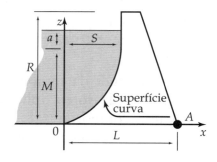

Figura Ep2.91

Ep2.92 Um bloco articulado com seção transversal triangular, largura $w = 4$ m, altura $S = 1{,}5$ m e base $N = 0{,}5$ m tem peso que pode, em primeira aproximação, ser desprezado. Esse bloco separa glicerina com densidade relativa igual a 1,26 e água com densidade relativa igual a 1. Veja a Figura Ep2.92. Sabendo que $L = 0{,}5$ m e que o bloco está em equilíbrio mecânico na posição indicada na figura, pede-se para determinar:

a) o módulo da força que a glicerina aplica ao bloco;
b) o módulo da força que a água aplica ao bloco;
c) a altura M;
d) a força que a articulação aplica ao bloco.

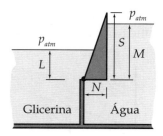

Figura Ep2.92

Resp.: 6,52 kN; 4,21 kN; 0,351 m; 4,01 kN.

Ep2.93 Um bloco articulado com seção transversal triangular, largura $w = 4$ m, altura $S = 1{,}5$ m, base $N = 0{,}5$ m e com densidade relativa igual a 1,4 separa glicerina com densidade relativa igual a 1,26 e água com densidade relativa igual a 1. Veja a Figura Ep2.92. Sabendo que $L = 0{,}5$ m e que o bloco está em equilíbrio mecânico na posição indicada na figura, pede-se para determinar:

a) o módulo da força que a glicerina aplica ao bloco;
b) o módulo da componente horizontal da força que a água aplica ao bloco;
c) a altura M;
d) a força que a articulação aplica ao bloco.

Ep2.94 A comporta da Figura Ep2.94 retém água a 20°C, tem largura igual a

3 m, a sua dimensão L é igual a 2 m e ela está inclinada formando um ângulo de 30° em relação à horizontal. Sabendo que a sua massa é igual a 2400 kg, que a sua espessura é muito pequena frente às demais dimensões e que o módulo da força F de fechamento da comporta é igual a 40 kN, pede-se para determinar:

a) a altura máxima de água, R, para a qual a comporta permanecerá fechada;
b) os módulos das componentes nas direções horizontal e vertical da força aplicada pela articulação à comporta quando o nível de água na comporta, R, for máximo.

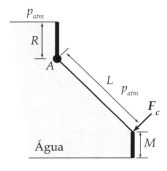

Figura Ep2.94

Resp.: 1,04 m; 25,3 kN; 20,3 kN.

Ep2.95 A comporta da Figura Ep2.95 retém um fluido com massa específica igual a 780 kg/m³. Sabe-se que a massa específica do material constituinte da comporta é igual a 2400 kg/m³, a = 300 mm, H = 2,6 m e que a largura da comporta é igual a 2,4 m. Determine o módulo da:

a) componente horizontal da força aplicada pelo fluido à comporta;
b) componente vertical da força aplicada pelo fluido à comporta;
c) força F necessária para manter a comporta na posição indicada na figura.

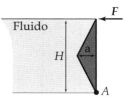

Figura Ep2.95

Resp.: 62,1 kN; 7,16 kN; 201 kN.

Ep2.96 A comporta da Figura Ep2.96 retém um fluido com peso específico igual a 10 kN/m³. Sabe-se que o peso da comporta é desprezível frente às outras forças, a = 900 mm, H = 3,0 m e que a largura da comporta é igual a 2,4 m. Determine o módulo da:

a) componente horizontal da força aplicada pelo fluido à comporta;
b) componente vertical da força aplicada pelo fluido à comporta;
c) força F necessária para manter a comporta na posição indicada na figura.

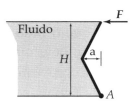

Figura Ep2.96

Resp.: 108 kN; 32,4 kN; 39,2 kN.

Ep2.97 Observe a Figura Ep2.97. Nela há uma comporta articulada em A que retém água com massa específica igual a 1000 kg/m³. Sabe-se que L = 1,0 m, H = 2,0 m e que a largura da comporta é w = 2,0 m. Determine a magnitude da força aplicada pela água à comporta, a magnitude da força F necessária para manter a comporta fechada e o módulo da força aplicada pela articulação à comporta. Considere que o peso da comporta é desprezível.

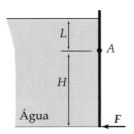

Figura Ep2.97

Resp.: 88,3 kN; 44,1 kN; 44,1 kN.

Ep2.98 Observe a Figura Ep2.98. Nela há uma comporta instalada em um tanque de grandes dimensões, articulada em A, que retém água com massa específica igual a 1000 kg/m³. Sabe-se que H = 2,0 m e que a largura da comporta é w = 2,0 m. Considere que, inicialmente, o nível da água armazenada está 1,0 m abaixo da articulação e, nesse caso, o batente aplica uma força F_I à comporta. A seguir, o nível sobe lentamente até que o módulo da força aplicada à comporta torne-se 50% maior do que o módulo da força F_I. Considerando que o peso da comporta é desprezível, determine:

a) o módulo da força inicial aplicada pela água à comporta;
b) o módulo da força final aplicada pelo batente à comporta;
c) o módulo da força final aplicada pela água à comporta;
d) o módulo da força final que a articulação aplica à comporta.

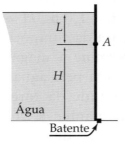

Figura Ep2.98

e) Qual será o valor da dimensão mínima de L para o qual a força aplicada pelo batente à comporta se tornará nula?

Ep2.99 Na Figura Ep2.99 está ilustrada uma comporta instalada em um tanque de grandes dimensões, articulada em M, que retém água com massa específica igual a 1000 kg/m³. Essa comporta é composta por três superfícies planas, A, B e C. Sabe-se que L = 2,0 m e que a largura da comporta é w = 6,0 m. Determine, para essa condição, o módulo da força aplicada pela água na superfície A, na B e na C e o módulo da força F necessária para manter a comporta na posição indicada na figura.

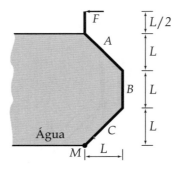

Figura Ep2.99

Resp.: 166,5 kN; 353,2 kN; 832,4 kN; 357,8 kN.

Ep2.100 Na Figura Ep2.100 está ilustrada uma comporta, com peso desprezível, instalada em um tanque de grandes dimensões, articulada em M, que retém água com massa específica igual a 1000 kg/m³. Essa comporta é composta por três superfícies planas, A, B e C. Sabe-se que L = 2,0 m e que a largura da comporta é w = 6,0 m. Determine, para essa condição, o módulo das forças aplicadas pela água na superfície A, na B, na C, o módulo da força F necessária para manter a comporta na posição indicada na figura e os módulos das componentes R_x e R_z da força aplicada pela articulação à comporta.

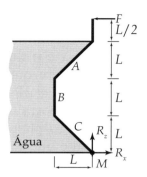

Figura Ep2.100

Ep2.101 O recipiente da Figura Ep2.101 contém mercúrio, cuja densidade relativa é 13,6, e ar. Sabe-se que $a = 15$ cm, $b = 18$ cm, $c = 30$ cm, $m = 10$ cm e que a dimensão do recipiente, perpendicular ao plano da figura, é $w = 25$ cm. Considere que a pressão atmosférica local é igual a 100 kPa. Pede-se para determinar:

a) a leitura do manômetro M_1;
b) a magnitude da força F aplicada pelo mercúrio à face lateral do recipiente;
c) a magnitude da força eficaz aplicada pelo mercúrio à face lateral do recipiente;
d) a distância d;
e) a magnitude da força F_f aplicada pelo mercúrio ao fundo do recipiente;
f) a magnitude da força eficaz aplicada pelo mercúrio ao fundo do recipiente.

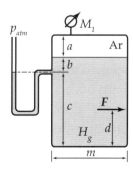

Figura Ep2.101

Ep2.102 A comporta com seção semicircular da Figura Ep2.102 é articulada em A, tem densidade relativa igual a 2,4 e retém água com massa específica igual a 1000 kg/m³. Sabe-se que o raio da comporta é igual a 1,2 m, $H = 4,0$ e que a sua largura (dimensão perpendicular ao plano da figura) é igual a 3,0 m. Pede-se para determinar:

a) a componente horizontal da força aplicada pela água à comporta;
b) a componente vertical da força aplicada pela água à comporta;
c) a magnitude da força aplicada pelo batente à comporta para mantê-la fechada.

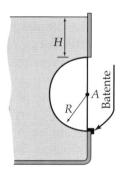

Figura Ep2.102

Resp.: 367 kN; 66,6 kN; 67,8 kN.

Ep2.103 Um corpo cônico com densidade relativa igual a 0,5, raio da base igual a 80 cm e altura igual a 2,0 m é mantido imerso em água a 20°C por um fio com peso e volume desprezíveis que o prende de forma que a sua face plana esteja paralela à superfície da água e 3,0 m abaixo dessa superfície. Determine a força aplicada pela água à superfície cônica, a força aplicada pela água à superfície plana e a força de tração exercida pelo fio.

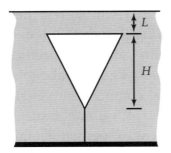

Figura Ep2.103

Resp.: 72,2 kN; 59,1 kN; 6,55 kN.

Ep2.104 Um dispositivo destinado a experimento laboratorial didático é dotado de uma comporta articulada em A, ilustrada na Figura Ep2.104, que separa dois fluidos que estão a 20°C. O fluido 1 é água e o fluido 2 é glicerina. Considere que $M = 5$ cm, $N = 15$ cm, que a largura da comporta (dimensão perpendicular ao plano da figura) é $w = 20$ cm e que ela está apoiada no fundo do dispositivo, o qual aplica uma força normal à superfície da comporta. Desprezando os efeitos do peso da comporta, e sabendo que a comporta está inclinada 45° em relação à vertical, determine a magnitude das seguintes forças aplicadas à comporta: pela glicerina, pela água, pelo fundo do dispositivo e pela articulação.

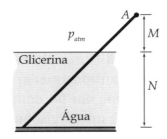

Figura Ep2.104

Resp.: 39,3 N; 31,1 N; 6,13 N; 2,04 N.

Ep2.105 Um dispositivo destinado a experimento laboratorial didático é dotado de uma comporta articulada em A, ilustrada na Figura Ep2.105, que separa dois fluidos que estão a 20°C. O fluido 1 é água e o fluido 2 é glicerina. Considere que $M = 10$ cm, $N = 10$ cm, $L = 20$ cm, que a largura da comporta (dimensão perpendicular ao plano da figura) é $w = 30$ cm e que ela está apoiada em uma quina existente no fundo do dispositivo, a qual aplica uma força F_R normal à superfície da comporta.

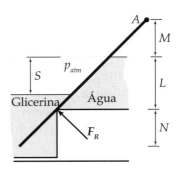

Figura Ep2.105

Desprezando os efeitos do peso da comporta, e sabendo que a comporta está inclinada 45° em relação à vertical, determine o valor da dimensão S que faz com que a magnitude da força F_R se torne nula.

Resp.: 25,1 mm.

Ep2.106 Um corpo esférico com raio igual a 40 cm e densidade relativa igual a 0,6 é mantido submerso em um fluido armazenado em um tanque cuja densidade relativa é igual a 1,1. Veja a Figura Ep2.106. Ele é impedido de se movimentar verticalmente por um cabo com volume desprezível, comprimento igual a 2,0 m, que pesa 10 N por metro e se encontra ancorado no fundo do tanque. Determine a força de empuxo aplicada pelo fluido ao corpo e a força que o cabo aplica ao corpo.

Figura Ep2.106

Resp.: 2,89 kN; 1,32 kN.

Ep2.107 Um corpo esférico com raio igual a 50 cm e densidade relativa igual a 0,6 é mantido submerso em um fluido armazenado em um tanque cuja densidade relativa é igual a 1,2. Veja a Figura Ep2.106. Ele é impedido de se movimentar verticalmente por um cabo com volume desprezível, comprimento igual a 3,0 m, que pesa 20 N por metro e se encontra ancorado no fundo do tanque. Determine a força de empuxo aplicada pelo fluido ao corpo e a força de ancoragem que o fundo do tanque aplica ao cabo.

Resp.: 6,16 kN; 3,02 kN.

3 CAPÍTULO

FLUIDOS EM MOVIMENTO DE CORPO RÍGIDO

Quando observamos um fluido em movimento, notamos que, via de regra, suas partículas fluidas têm velocidades diferentes, causando um movimento relativo entre elas, o que, por sua vez, causa o aparecimento de tensões de cisalhamento. Entretanto, há situações nas quais podemos identificar um tipo de movimento no qual, embora as partículas possam ter velocidades diferentes, não ocorre movimento relativo entre elas, não se observando o aparecimento de tensões de cisalhamento. Neste caso, as partículas se movimentam em conjunto, formando um bloco que se comporta como se fosse um corpo rígido. Este é o fenômeno que ocorre quando, por exemplo, colocamos certa massa de água em um balde e, com auxílio de uma corda, fazemos o balde se movimentar em movimento circular com velocidade de rotação adequada.

Estudaremos movimento de fluidos como corpos rígidos em duas situações particulares distintas. A primeira consiste na situação em que a massa fluida se movimenta segundo uma trajetória retilínea com aceleração constante, e a segunda é aquela em que a massa fluida se movimenta percorrendo uma trajetória circular com velocidade angular constante.

3.1 FLUIDO EM MOVIMENTO DE CORPO RÍGIDO COM ACELERAÇÃO CONSTANTE

Considere uma massa fluida armazenada em um recipiente em repouso, conforme ilustrado na Figura 3.1. Se pudermos dizer que, em um determinado instante, a pressão em um ponto desse fluido é função apenas da posição desse ponto, $p = p(x,y,z)$, podemos, utilizando a regra da cadeia, afirmar que:

$$dp = \frac{\partial p}{\partial x}dx + \frac{\partial p}{\partial y}dy + \frac{\partial p}{\partial z}dz \qquad (3.1)$$

Figura 3.1 Pressão em um ponto

No capítulo 2 obtivemos os seguintes resultados:

$$-\frac{\partial p}{\partial x} = \rho a_x \quad (3.2a)$$

$$-\frac{\partial p}{\partial y} = \rho a_y \quad (3.2b)$$

$$-\frac{\partial p}{\partial z} = \gamma + \rho a_z \quad (3.2c)$$

Utilizando esses resultados e a Equação (3.1), obtemos:

$$dp = -\rho a_x dx - \rho a_y dy - \rho(g + a_z) dz \quad (3.3)$$

Consideremos, agora, uma massa fluida sujeita a uma aceleração a, conforme ilustrado na Figura 3.2. Podemos integrar a Equação (3.3) entre as posições 1 e 2, obtendo:

$$\int_1^2 dp = -\int_1^2 \rho a_x dx - \int_1^2 \rho a_y dy - \int_1^2 \rho(g + a_z) dz \quad (3.4)$$

$$p_2 - p_1 = -\rho a_x (x_2 - x_1) - \rho a_y (y_2 - y_1) - \rho(a_z + g)(z_2 - z_1) \quad (3.5)$$

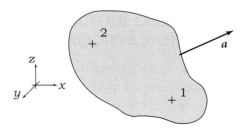

Figura 3.2 Massa fluida acelerada

Se o movimento da massa fluida puder ser descrito apenas pelas variáveis independentes x e z, a Equação (3.5) será reduzida a:

$$p_2 - p_1 = -\rho a_x (x_2 - x_1) - \rho(a_z + g)(z_2 - z_1) \quad (3.6)$$

Consideremos o movimento de uma massa de fluido contida em um recipiente paralelepipédico, conforme indicado na Figura 3.3, e sejam 1 e 2 pontos da superfície livre do fluido, a qual está na pressão atmosférica, fazendo com que p_1 seja igual a p_2. Aplicando a Equação (3.6), obtemos:

$$a_x(x_2 - x_1) + (a_z + g)(z_2 - z_1) = 0 \quad (3.7)$$

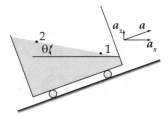

Figura 3.3 Recipiente com fluido em movimento

Utilizando essa expressão e lembrando que $tg\theta = (z_2 - z_1)/(x_1 - x_2)$, obtemos:

$$\frac{z_2 - z_1}{x_1 - x_2} = \frac{a_x}{a_z + g} = tg\theta \quad (3.8)$$

Assim, como estamos considerando que o fenômeno corre com aceleração constante ao longo do tempo, verificamos que, neste caso, o ângulo θ também será constante.

3.2 FLUIDO EM MOVIMENTO DE CORPO RÍGIDO COM VELOCIDADE ANGULAR CONSTANTE

Consideremos um recipiente na forma cilíndrica, posicionado com seu eixo de simetria na vertical, que esteja girando em torno do seu eixo de simetria com velocidade angular ω constante, e que o fluido contido nesse recipiente esteja em movimento de corpo rígido. Veja a Figura 3.4. Nessas condições, uma partícula qualquer da massa fluida está sujeita a uma aceleração constituída pela soma da aceleração da gravidade e da aceleração centrípeta que está agindo no plano horizontal.

Conforme já visto, a aceleração da gravidade causa a variação da pressão ao longo do eixo vertical descrita por:

$$\frac{\partial p}{\partial z} = -\gamma \quad (3.9)$$

Devemos, agora, analisar os efeitos da aceleração centrípeta e, para tal, observaremos o elemento fluido indicado na Figura 3.4, que estará sujeito ao conjunto de forças horizontais esquematizadas na Figura 3.5.

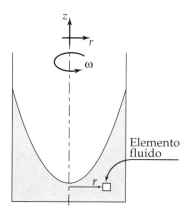

Figura 3.4 Recipiente em movimento de rotação

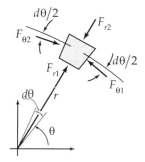

Figura 3.5 Forças sobre elemento fluido

Os módulos das forças $F_{\theta 1}$ e $F_{\theta 2}$ são iguais a $pdrdz$.

O módulo da força F_{r1} é igual a $prd\theta dz$.

O módulo da força F_{r2} é igual a $\left(p + \dfrac{\partial p}{\partial r}dr\right)(r+dr)d\theta dz$.

Conhecendo as forças que agem no elemento fluido, podemos aplicar a segunda lei de Newton na direção r:

$$\sum F_r = -ma_r \qquad (3.9)$$

Observe que o sinal negativo da Equação (3.9) decorre do fato de que a aceleração centrípeta a_r age no sentido negativo de r.

$$F_{r1} + F_{\theta 1}sen\dfrac{d\theta}{2} + F_{\theta 2}sen\dfrac{d\theta}{2} -$$
$$-F_{r2} = -ma_r \qquad (3.10)$$

Considerando que $sen(d\theta/2) \approx (d\theta/2)$, observando que $m = \rho\, rdrd\theta dz$ e substituindo os valores conhecidos das forças, obtemos:

$$prd\theta dz + 2pdrdz\dfrac{d\theta}{2} - \left(p + \dfrac{\partial p}{\partial r}dr\right)$$
$$(r+dr)d\theta dz = -\rho rdrd\theta dza_r \qquad (3.11)$$

Sabemos que o módulo da aceleração centrípeta é dado por:

$$a_r = r\omega^2 \qquad (3.12)$$

Substituindo a Equação (3.12) na (3.11), desprezando o termo de segunda ordem e simplificando, obtemos:

$$\dfrac{\partial p}{\partial r} = \rho r\omega^2 \qquad (3.13)$$

Assim, o diferencial de pressão será dado por:

$$dp = \dfrac{\partial p}{\partial r}dr + \dfrac{\partial p}{\partial z}dz = \rho r\omega^2 dr - \gamma dz \qquad (3.14)$$

Para obter uma expressão que descreva como a pressão varia entre dois pontos 1 e 2 quaisquer da massa fluida girando em movimento de corpo rígido, podemos integrar a Equação (3.14), obtendo:

$$p_2 - p_1 = \rho\dfrac{\omega^2}{2}\left(r_2^2 - r_1^2\right) - \gamma\left(z_2 - z_1\right) \qquad (3.15)$$

Verificamos, então, que a pressão, além de variar linearmente na direção z, varia de forma quadrática na direção r.

Devemos observar que a superfície livre do fluido está na pressão atmosférica. Assim, se optarmos por escolher o ponto 1 na intersecção do eixo z ($r_1 = 0$) com a superfície do fluido, e por escolher o ponto 2 em outra posição qualquer sobre a superfície livre ($r_2 = r$), verificaremos que a aplicação da Equação (3.15) resultará em:

$$z_2 = \frac{\omega^2 r^2}{2g} + z_1 \qquad (3.16)$$

o que nos mostra claramente que a superfície livre apresentará a forma de um paraboloide de revolução. Podemos notar também que, se a aceleração centrípeta for muito maior do que a gravitacional, a superfície tenderá a assumir forma cilíndrica.

3.3 EXERCÍCIOS RESOLVIDOS

Er3.1 O recipiente de forma paralelepipédica esquematizado na Figura Er3.1 contém água a 20°C. Sabendo que esse recipiente é submetido à aceleração horizontal constante $a_x = 3{,}0$ m/s², pede-se para determinar o ângulo de inclinação da superfície livre da água.

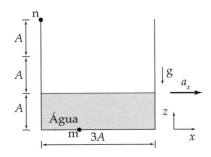

Figura Er3.1

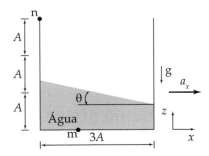

Figura Er3.1-a

Solução

a) Dados e considerações
   São dados: $a_x = 3{,}0$ m/s²; o fluido é água a 20°; e adotamos $g = 9{,}81$ m/s².

b) Análise e cálculos
   Devido à aceleração à qual a massa de água é submetida, sua superfície se inclinará atingindo o ângulo θ conforme indicado na Figura Er3.1-a. O valor da tangente deste ângulo é dado por:

$$tg\theta = \frac{a_x}{a_z + g}$$

Logo: $tg\theta = 0{,}306$ e $\theta = 17{,}0°$.

Notemos que o ângulo de inclinação da superfície livre não depende da massa específica do fluido, ou seja, seja qual for o fluido, o ângulo de inclinação será o mesmo para a aceleração considerada.

Er3.2 Considere o recipiente descrito no Exercício Er3.1. Considere que $A = 0{,}5$ m. Qual deverá ser o valor da aceleração a_x que faça com que a água toque o ponto n? Nessa situação, qual será a pressão manométrica exercida pela água no ponto m?

Solução

a) Dados e considerações
   - Como a água está a 20°C, sua massa específica será: $\rho = 998{,}2$ kg/m³.
   - $A = 0{,}5$ m, adotamos $g = 9{,}81$ m/s².
   - a_x = desconhecida.
   - O volume da água permanecerá constante.

b) Análise e cálculos
   Como o volume da água permanecerá constante, podemos afirmar que o volume inicial será igual ao final:
   $3A^2 w = 3AwL/2$

   onde w é a largura e wL é a área de contato da água com o fundo do recipiente. Logo, $L = 2A$, a seção transversal da massa de água tem a forma triangular e a água atingirá a posição ilustrada na Figura Er3.2. Note que, dependendo do volume inicial da água e da aceleração, a forma da seção transversal poderia ser trapezoidal.

   O ângulo θ será dado por:
   $tg\,\theta = 3A/2A = 1{,}5$.

   Como:
   $$tg\theta = \frac{a_x}{a_z + g}$$

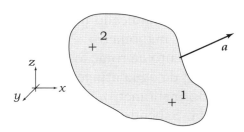

Figura 3.2 Massa fluida acelerada

então, obteremos:
$a_x = g tg\theta = 14,7$ m/s².

Para determinar a pressão no ponto m, utilizaremos a Equação (3.6).

$$p_2 - p_1 = -\rho a_x (x_2 - x_1) - \rho(a_z + g)(z_2 - z_1)$$

Aplicando essa equação entre os pontos m e n, resulta:

$$p_m - p_n = -\rho a_x (x_m - x_n) - \rho(a_z + g)(z_m - z_n)$$

Observando que: $x_m = A$; $z_m = 0$; $x_n = 0$; $z_n = 3A$; $a_z = 0$ e a pressão no ponto n é atmosférica e, na escala manométrica, é nula, obtemos:

$$p_m = -\rho a_x A - \rho g(-3A) = \rho A(3g - a_x)$$

$\Rightarrow p_m = 7,34$ kPa

Er3.3 Um recipiente cilíndrico contém água a 20°C e está girando sobre seu eixo vertical com velocidade de rotação constante ω.

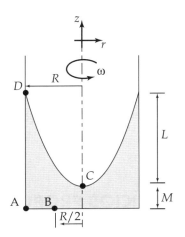

Figura Er3.3

Solução

Sabendo que $R = 10$ cm, $M = 5,0$ cm e $L = 8$ cm, determine a velocidade de rotação e a pressão manométrica nos pontos A e B.

a) Dados e considerações
- Como a água está a 20°C, sua massa específica será: $\rho = 998,2$ kg/m³.
- $R = 0,10$ m, $M = 5,0$ cm, $L = 8$ cm, e adotamos $g = 9,81$ m/s².
- A origem do eixo z coincide com a sua intersecção com o fundo do recipiente.

b) Análise e cálculos
- Cálculo da velocidade de rotação
A diferença entre as pressões reinantes entre dois pontos 1 e 2 no meio fluido é dada pela Equação (3.15):

$$p_2 - p_1 = \rho \frac{\omega^2}{2}(r_2^2 - r_1^2) - \gamma(z_2 - z_1)$$

Observemos que os pontos D e C estão localizados sobre a superfície livre, estando na pressão atmosférica. Usando a expressão acima, obtemos:

$$\rho \frac{\omega^2}{2}(r_D^2 - r_C^2) = \gamma(z_D - z_C)$$

Sabemos que $r_C = 0$ e que $z_D - z_C = L$, então: $\omega = \sqrt{\dfrac{2\gamma L}{\rho r_D^2}} = \sqrt{\dfrac{2gL}{r_D^2}}$.

Observe que a velocidade de rotação não depende das características do fluido.

Substituindo os valores conhecidos, obtemos: $\omega = 12,53$ rad/s $= 1,99$ rps.

- Cálculo da pressão em A
Aplicando a Equação (3.15) entre os pontos C e A, obtemos:

$$p_A - p_C = \rho \frac{\omega^2}{2}(r_A^2 - r_C^2) - \gamma(z_A - z_C).$$

Observe que: $z_C = M = 0,05$ m; $z_A = 0$; $r_C = 0$; $r_A = R = 0,10$ m; $p_C = 0$ (na escala manométrica).

Substituindo-se os valores conhecidos, obtemos:

$$p_A = 998{,}2 \frac{12{,}53^2}{2}(0{,}1^2) - 998{,}2 \cdot$$
$$\cdot\, 9{,}81(-0{,}05) = 1273 \text{ Pa}$$

- Cálculo da pressão em B
Aplicando a Equação (3.15) entre os pontos C e B, obtemos:

$$p_B - p_C = \rho \frac{\omega^2}{2}(r_B^2 - r_C^2) - \gamma(z_B - z_C).$$

Observe que: $z_C = M = 0{,}05$ m; $z_B = 0$; $r_C = 0$; $r_B = R/2 = 0{,}05$ m; $p_C = 0$ (na escala manométrica).

Substituindo-se os valores conhecidos, obtemos:

$$p_B = 998{,}2 \frac{12{,}53^2}{2}(0{,}05^2) - 998{,}2 \cdot$$
$$\cdot\, 9{,}81(-0{,}05) = 686 \text{ Pa}$$

Er3.4 O manômetro em U ilustrado na Figura Er3.4 contém água a 20°C e está em repouso.

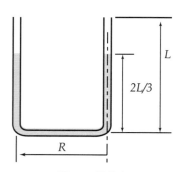

Figura Er3.4

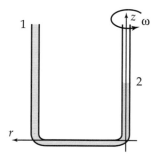

Figura Er3.4-a

Conforme indicado na Figura Er3.4-a, esse manômetro é colocado em movimento de rotação, de forma que o nível da água atinge o topo da perna do manômetro, mas não é derramada. Sabendo que $R = 0{,}1$ m e $L = 0{,}3$ m, pede-se para determinar a velocidade de rotação.

Solução

a) Dados e considerações
- Como a água está a 20°C, sua massa específica será: $\rho = 998{,}2$ kg/m³.
- $R = 0{,}10$ m, $L = 0{,}3$ m, e adotamos $g = 9{,}81$ m/s².
- As origens dos eixos z e r coincidem com a sua intersecção.

b) Análise e cálculos
- Cálculo da velocidade de rotação

A diferença entre as pressões reinantes entre dois pontos 1 e 2 no meio fluido é dada pela Equação (3.15):

$$p_2 - p_1 = \rho \frac{\omega^2}{2}(r_2^2 - r_1^2) - \gamma(z_2 - z_1)$$

Como essas pressões são iguais e $r_2 = 0$, obtemos: $0 = \rho \frac{\omega^2}{2}(-r_1^2) - \gamma(z_2 - z_1)$.

Observemos que $r_1 = R = 0{,}1$, que o nível da superfície 1 subiu $L/3$ e que o da superfície 2 desceu $L/3$ porque não houve derrame de água. Assim, $z_2 - z_1 = -2L/3 = -0{,}2$ m.

Substituindo os valores conhecidos na equação anterior, resulta:

$$\omega = \sqrt{\frac{2 \cdot 9{,}81 \cdot 0{,}2}{0{,}1^2}} = 19{,}8 \text{ rad/s} =$$

$$= 3{,}15 \text{ rps}$$

3.4 EXERCÍCIOS PROPOSTOS

Ep3.1 O recipiente de forma paralelepipédica esquematizado na Figura Ep3.1

contém água a 20°C. Sabendo que esse recipiente é submetido a aceleração constante a_x = 2,0 m/s² e que a_z = 0, pede-se para determinar o ângulo de inclinação da superfície livre da água.

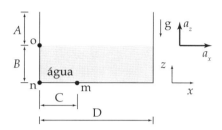

Figura Ep3.1

Resp.: 11,5°.

Ep3.2 O recipiente de forma paralelepipédica esquematizado na Figura Ep3.1 contém água a 20°C. Sabendo que a componente da aceleração a_z é nula, A = 0,5 m, B = 0,8 m, C = 0,3 m e D = 1,0 m, pede-se para determinar a aceleração máxima na direção x tal que toda a água permaneça no recipiente.

Resp.: 9,81 m/s².

Ep3.3 O recipiente de forma paralelepipédica esquematizado na Figura Ep3.1 contém água a 20°C. Sabendo que a componente da aceleração a_z é nula, A = 0,5 m, B = 0,8 m, C = 0,3 m e D = 1,0 m, pede-se para determinar as pressões nos pontos m, n e o quando a água for submetida à aceleração na direção x de +2,0 m/s².

Resp.: 8832 Pa; 8232 Pa; 998 Pa.

Ep3.4 O recipiente de forma paralelepipédica esquematizado na Figura Ep3.1 contém água a 20°C. Sabendo que A = 0,5 m, B = 0,8 m, C = 0,3 m e D = 1,0 m, pede-se para determinar as pressões nos pontos m, n e o quando a água for submetida à aceleração a = 1,0 i + 3,0 k m/s.

Resp.: 10,43 kPa; 10,73 kPa; 499,1 Pa

Ep3.5 O tubo em U ilustrado na Figura Ep3.5 está inicialmente em repouso e contém água a 20°C. Ele é colocado em rotação sobre a sua perna direita com velocidade igual a 10 rad/s. Sabendo que R = 0,1 m e L = 0,36 m, determine a pressão no ponto A e o quanto se espera que o nível 2 baixe em relação à sua posição original.

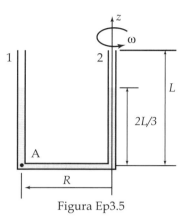

Figura Ep3.5

Resp.: 2,6 kPa; 2,55 cm.

Ep3.6 O tubo em U ilustrado na Figura Ep3.6 está inicialmente em repouso e contém água a 20°C. Sabendo que R = 0,1 m e L = 0,36 m, determine a velocidade de rotação para a qual a água começa a derramar.

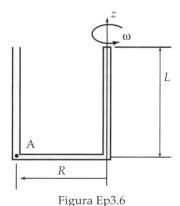

Figura Ep3.6

Resp.: 139,8 rad/s.

Ep3.7 O recipiente cilíndrico da Figura Ep3.7 contém água a 20°C. Sabe-se que: R = 0,12 m; L = 0,18 m; M = 0,05 m; e N = 0,02 m. Determine:

a) a velocidade de rotação ω;
b) a velocidade de rotação que faria com que a água começasse a derramar.

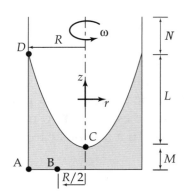

Figura Ep3.7

Resp.: 15,7 rad/s; 17,3 rad/s.

Ep3.8 O recipiente cilíndrico da Figura Ep3.7 contem água a 20°C. Sabe-se que: $R = 0,12$ m; $L = 0,18$ m; $M = 0,05$ m; e $N = 0,02$ m. Determine:
a) a velocidade de rotação do recipiente;
b) a velocidade de rotação que faz com que a superfície livre da água toque o fundo do recipiente;
c) o volume de água derramado quando a superfície da água toca o fundo do recipiente.

Ep3.9 A Figura Ep3.9 ilustra um recipiente cilíndrico que contém um fluido, com massa específica igual a 2250 kg/m³, em repouso. Sabe-se que $R = L = M = 0,20$ m. Determine a velocidade de rotação que faz com que a pressão absoluta exercida pelo fluido, em repouso, no ponto A seja acrescida em 2% quando o recipiente entrar em movimento. Considere que a pressão atmosférica local seja igual a 100 kPa.

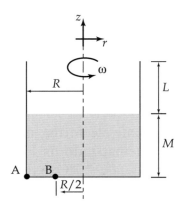

Figura Ep3.9

Ep3.10 O recipiente cilíndrico da Figura Ep3.7 contém água a 20°C. Sabe-se que: $R = 0,15$ m; $L = 0,20$ m; $M = 0,05$ m; e $N = 0,05$ m. Determine a velocidade de rotação do cilindro e as pressões em A e em B.

Resp.: 13,2 rad/s; 2,45 kPa; 979 Pa.

CAPÍTULO 4

FLUIDOS EM MOVIMENTO

Nos capítulos anteriores referentes à mecânica dos fluidos, estudamos o comportamento de fluidos em repouso. Iniciaremos agora o estudo dos fluidos em movimento.

Já conhecemos algumas propriedades necessárias ao estudo da mecânica dos fluidos, tais como: pressão, massa específica, volume específico e temperatura. Entretanto, é necessário conhecer outras, e uma de importância fundamental é a denominada *viscosidade*. A seguir, além de conhecer novas propriedades, a partir delas discutiremos as características gerais e aspectos cinemáticos dos escoamentos.

4.1 DESCRIÇÃO DOS ESCOAMENTOS

Ao estudar mecânica, costuma-se, por exemplo, observar um corpo em movimento, acompanhando-o, e para descrever seu movimento estabelece-se uma função que forneça as suas coordenadas em função do tempo e, a partir dessa função, poderemos obter outras funções que descrevam a velocidade e a aceleração do corpo também em função do tempo. Esse procedimento é denominado *método lagrangiano* e consiste em uma metodologia de análise bastante útil; entretanto, aplicá-la acarreta observar e descrever o comportamento de uma partícula fluida ao longo do tempo, o que é, de maneira geral, inadequado ao estudo de mecânica dos fluidos.

A segunda opção consiste em analisar o comportamento das partículas em determinadas posições ao longo do tempo. Esse procedimento é denominado *método euleriano* e a sua aplicação nos leva a criar funções que descrevem, por exemplo, a velocidade das partículas em uma determinada região em cada instante de tempo; essa função é denominada campo de velocidades. De maneira geral, em mecânica dos fluidos esse é o método de análise utilizado.

4.2 VELOCIDADES

No caso de um fluido em movimento, observamos que a posição relativa das partículas que o compõem altera-se no decorrer do tempo, fazendo com que, em cada ponto do escoamento, ocorram velocidades diferentes. Denominamos *campo de velocidade* à função $V = V(x,y,z,t)$, que descreve como a velocidade de um fluido varia em função das ordenadas x, y, z e t. Essa função, por ser usualmente vetorial, é representada por meio das componentes da velocidade nas direções das ordenadas utilizadas:

$$V(x,y,z,t) = V_x(x,y,z,t)\mathbf{i} + V_y(x,y,z,t)\mathbf{j} + V_z(x,y,z,t)\mathbf{k} \quad (4.1)$$

Observamos que as componentes V_x, V_y e V_z da velocidade $V = V(x,y,z,t)$ são grandezas escalares.

Ao estudar um fluido em movimento, identificamos superfícies através das quais ele escoa e superfícies que limitam o seu escoamento. Por exemplo, na Figura 4.1 observamos um fluido escoando no interior de um tubo. Observações experimentais nos permitem afirmar que o fluido em contato com uma parede sólida adquire a velocidade da parede. Essa afirmação é conhecida como *princípio da aderência* ou *condição de não deslizamento*. Essa condição faz com que, em uma seção transversal de um duto onde ocorre um escoamento, seja identificada uma variação de velocidade do fluido em função da posição. Chamamos *perfil de velocidades em uma determinada seção* à *distribuição das velocidades nessa seção*, que é descrita, muitas vezes, por uma função matemática. No caso ilustrado na Figura 4.1, o perfil de velocidade na seção A é descrito pela função $V = V(r,x,\theta,t)$.

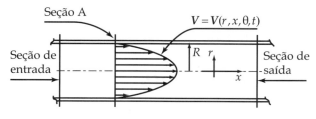

Figura 4.1 Perfil de velocidades na seção A

4.3 VISCOSIDADE

Consideremos um fluido escoando sobre uma superfície. Como já mencionado, verificamos que uma partícula fluida em contato com essa superfície adquire a sua velocidade. Por exemplo, se a superfície estiver imóvel, qualquer partícula fluida em contato com ela também estará imóvel, mas se a superfície estiver em movimento, tal como a pá de um ventilador, as partículas fluidas em contato com a pá adquirem a velocidade da pá.

Imaginemos um fluido escoando entre duas superfícies delimitadas por duas placas planas paralelas, uma fixa e outra se movimentando com velocidade U devido à aplicação de uma força F, conforme ilustrado na Figura 4.2. Devido ao efeito de aderência, observaremos um perfil de velocidades no qual a velocidade do fluido será nula junto à superfície fixa e igual a U quando em contato com a móvel. Como partículas fluidas vizinhas apresentam velocidades diferentes, observamos o aparecimento de uma tensão de cisalhamento, simbolizada pela letra grega τ (tau), cuja dimensão depende do gradiente de velocidade. Para a maioria dos fluidos comuns, como água, óleos, gasolina, querosene, etanol, metanol, ar e outros gases, essa dependência é expressa por:

$$\tau_{yx} = \mu \frac{\partial u}{\partial y} \quad (4.2)$$

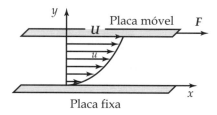

Figura 4.2 Fluido entre placas paralelas

Essa expressão representa matematicamente a *Lei da Viscosidade de Newton*, que estabelece uma proporcionalidade entre a tensão de cisalhamento e o gradiente de velocidades, sendo que o coeficiente de proporcionalidade, μ, é uma propriedade do fluido que recebe as denominações: *coeficiente de viscosidade*, *viscosidade dinâmica*, *viscosidade absoluta* ou, ainda, *viscosidade*.

No Sistema Internacional, sua unidade é kg/(m · s), igual a N · s/m², que é igual a Pa.s.

Observe que a tensão de cisalhamento é simbolizada utilizando-se um índice duplo, onde o primeiro nos informa que a tensão age em um plano perpendicular ao eixo denominado por esse índice e o segundo indica a direção de atuação dessa tensão; ou seja, na Equação (4.2), a tensão τ_{yx} atua em um plano perpendicular ao eixo y e na direção x.

A correlação entre tensão e gradiente de velocidade de um fluido nem sempre pode ser descrita pela Equação (4.2). No caso de essa equação ser aplicável, denominamos o fluido *newtoniano* e, em caso contrário, *não newtoniano*.

A viscosidade de um fluido varia com a temperatura, e esse comportamento pode ser descrito por equações empíricas. No caso de se pretender descrever o comportamento da viscosidade de líquidos, pode-se utilizar a equação de Andrade:

$$\mu = A e^{B/T} \tag{4.3a}$$

Para descrever o comportamento da viscosidade de gases em função da temperatura, pode-se utilizar a equação de Sutherland:

$$\mu = \frac{CT^{3/2}}{T + S} \tag{4.3b}$$

Nessas expressões, A, B, C e S são constantes que dependem do comportamento de cada fluido e T é a temperatura medida em uma escala absoluta. Assim, para usar uma curva desse tipo para descrever o comportamento da viscosidade de um determinado fluido, basta determinar duas constantes, A e B ou C e S, o que requer apenas o conhecimento preliminar da viscosidade absoluta do fluido em duas temperaturas distintas. Entretanto, além dessas expressões, existem diversas outras já desenvolvidas para inúmeros fluidos; no Apêndice B apresentam-se algumas correlações disponíveis na literatura.

Para determinar a viscosidade do ar a baixas pressões, podemos utilizar a Equação (4.4), derivada da equação de Sutherland, na qual devemos entrar com a temperatura na escala kelvin, obtendo a viscosidade em Pa.s:

$$\mu = \frac{145,8 \cdot T^{3/2}}{T + 110,4} \tag{4.4}$$

É comum, na análise de problemas de mecânica dos fluidos, nos depararmos com a razão entre a viscosidade absoluta e a massa específica do fluido, a qual denominamos *viscosidade cinemática*, simbolizada pela letra grega nü, ν.

$$\nu = \frac{\mu}{\rho} \tag{4.5}$$

Como tanto a viscosidade como a massa específica variam com a temperatura, observamos que a viscosidade cinemática também varia com a temperatura. No Sistema Internacional, sua unidade é m²/s.

Pretendendo ilustrar graficamente o comportamento da viscosidade dinâmica da água em função da temperatura, apresentamos a Figura 4.3. É importante observar que, para temperaturas da ordem de 20ºC, a viscosidade dinâmica da água é cerca de 50 vezes maior do que a do ar, e que a viscosidade dinâmica do óleo SAE 10W é aproximadamente 100 vezes maior do que a da água.

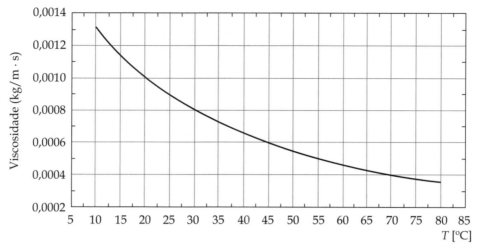

Figura 4.3 Viscosidade dinânima da água na fase líquida

4.4 O NÚMERO DE REYNOLDS E O DE MACH

A análise de um problema de mecânica dos fluidos pode, muitas vezes, ser bastante simplificada pelo uso de conjuntos de variáveis que, quando adequadamente agrupadas, formam *grupos adimensionais*. Tendo em vista que estamos iniciando o estudo dos fluidos em movimento, optamos por apresentar o grupo adimensional mais utilizado no estudo da mecânica dos fluidos: o número de Reynolds e, também, o número de Mach, que é um adimensional muito conhecido, já que é frequentemente mencionado nos meios de comunicação para, por exemplo, ilustrar a velocidade de aviões militares.

O número de Reynolds, Re, é definido como:

$$Re = \frac{\rho V x}{\mu} = \frac{V x}{\nu} \qquad (4.6)$$

Nessa equação, V é a velocidade característica do escoamento do fluido, x é um comprimento característico e ρ, μ e ν são, respectivamente, a massa específica, a viscosidade e a viscosidade cinemática do fluido. Por exemplo: no escoamento de um fluido no interior de um duto com seção transversal circular, V será a velocidade média do fluido e o comprimento característico será o diâmetro do duto.

Observemos que uma força inercial é dada por:

$$F_i = m\frac{dV}{dt} = m\frac{dV}{ds}\frac{ds}{dt} = mV\frac{dV}{ds} \qquad (4.7)$$

Considerando que a massa m pode ser associada à massa específica do fluido multiplicada pela terceira potência do comprimento característico x e que a derivada da velocidade em relação à posição s pode ser associada à relação V/x, podemos afirmar que:

$$F_i \propto \rho x^2 V^2 \qquad (4.8)$$

onde o símbolo $\propto$ deve ser lido como "correlaciona-se com".

Similarmente, podemos considerar que uma força viscosa é dada por:

$$F_{visc} = \tau A = \mu \frac{du}{dy} A \qquad (4.9)$$

Considerando que a área pode ser correlacionada com o quadrado do comprimento característico x e que du/dy pode ser correlacionada com V/x, podemos afirmar que:

$$F_{visc} \propto \mu x V \qquad (4.10)$$

Assim, teremos:

$$\frac{F_i}{F_{visc}} \propto \frac{\rho x^2 V^2}{\mu x V} = \frac{\rho V x}{\mu} = Re \quad (4.11)$$

Ou seja: o número de Reynolds representa a relação entre forças de inércia e forças viscosas do escoamento. Dessa forma, verificamos que escoamentos que apresentam baixos números de Reynolds são aqueles em que as forças viscosas desenvolvem um papel importante e, similarmente, escoamentos que apresentam números de Reynolds elevados são aqueles em que as forças inerciais têm um papel mais importante do que as viscosas.

O número de Mach, Ma, é definido como:

$$Ma = \frac{V}{c} \quad (4.12)$$

Nessa equação, V é a velocidade do escoamento e c é a velocidade do som no fluido nas condições nas quais o escoamento está ocorrendo. Quando o fluido puder ser modelado como um gás ideal, a velocidade do som nesse meio poderá ser expressa por:

$$c = \sqrt{kRT} \quad (4.13)$$

Nessa expressão, k é a relação entre os calores específicos a pressão e a volume constante, R é a constante do gás e T é a sua temperatura medida em uma escala absoluta.

Devemos observar que, quando a velocidade do escoamento for maior do que a do som no fluido em movimento, ou seja: quando $Ma > 1$, dizemos que o escoamento é *supersônico*; quando o número de Mach for unitário, o escoamento será denominado *sônico* e, naturalmente, quando o número de Mach for inferior à unidade, dizemos que o escoamento é *subsônico*. O número de Mach representa a correlação entre forças inerciais e de compressibilidade.

4.5 CARACTERÍSTICAS GERAIS DE ESCOAMENTOS

Os escoamentos podem ser descritos pelas suas características básicas, que envolvem aspectos tais como os efeitos da viscosidade, do comportamento da velocidade etc., e o uso desse procedimento de descrição leva, naturalmente, ao estabelecimento de critérios gerais de classificação dos escoamentos.

4.5.1 Escoamentos permanentes

Escoamentos *permanentes* ou que ocorrem em *regime permanente* são aqueles nos quais as suas propriedades não variam com o tempo. Dessa forma, podemos dizer que a derivada em relação ao tempo de qualquer propriedade de um escoamento em regime permanente é nula. Muitas vezes os escoamentos permanentes também são denominados escoamentos em estado estacionário.

No caso de ocorrer variações com o tempo de propriedades do escoamento, o denominamos *transiente*, *transitório* ou em *regime transitório*.

4.5.2 Escoamentos viscosos e não viscosos

Em diversas situações, os efeitos causados pela viscosidade de um fluido não desempenham um papel de importância no escoamento ou, ainda, a desconsideração dos efeitos viscosos ao se estudar um fenômeno nos leva a cometer imprecisões nos cálculos perfeitamente admissíveis; por outro lado, há situações nas quais os efeitos viscosos são de fundamental importância. Assim, trataremos como *escoamentos não viscosos* ou *invíscidos* aqueles nos quais os efeitos viscosos não os influenciam de forma significativa, o que, do ponto de vista matemático, é equivalente a considerar que a viscosidade do fluido é nula. Similarmente, denominaremos *escoamentos viscosos* aqueles em que o papel da viscosidade for considerado importante.

Para ilustrar essas situações, consideremos o escoamento de um fluido sobre um corpo. Sabemos que, em uma região muito próxima da superfície do corpo sobre a qual ocorre o escoamento, os efeitos viscosos podem ser muito importantes e, nesse caso, deve-se estudar o escoamento levando-se em consideração esse fato. Em regiões mais distantes do corpo, os efeitos viscosos, de maneira geral, não exercem efeitos dominantes sobre o escoamento e podem ser desconsiderados, o que leva à adoção da hipótese de que o fluido pode ser tratado como sendo não viscoso, ou seja: sua viscosidade pode ser considerada nula. Por exemplo, consideremos o vento agindo sobre um cabo elétrico. Em uma região muito próxima do cabo, o escoamento deverá ser tratado como sendo viscoso, mas, à medida que nos distanciarmos do cabo, veremos que os efeitos da viscosidade tornam-se desprezíveis e, então, poderemos tratar o escoamento como sendo não viscoso.

4.5.3 Escoamentos internos e externos

Os escoamentos podem ocorrer em regiões delimitadas por superfícies e, nesse caso, são denominados *escoamentos internos*. O escoamento interno mais comum é o de água em tubulações, por exemplo, o que ocorre em uma residência. Em outras situações observamos o escoamento de um fluido sobre um corpo, por exemplo, o escoamento de ar sobre um edifício ou sobre um veículo. Nesse caso, o denominamos *escoamento externo*.

4.5.4 Escoamentos laminares e turbulentos

Da nossa experiência do dia a dia, podemos observar que os escoamentos podem ocorrer segundo o *regime laminar* ou segundo o *regime turbulento*. Imagine alguém abrindo vagarosamente uma torneira de água que não tenha dispositivo aerador. No início da abertura, observamos um fio de água que corresponde a um escoamento no qual as partículas d'água se movimentam de forma ordenada, como se o escoamento se desse pelo movimento de lâminas de fluido superpostas. Esse regime de escoamento é denominado *laminar*. Continuemos imaginando que alguém continua abrindo a torneira; o comportamento do escoamento se modificará, mostrando que as partículas fluidas se movimentam com certo grau de desorganização. Esse regime de escoamento é denominado *turbulento* e é caracterizado pelo fato de o vetor velocidade em qualquer ponto do escoamento apresentar flutuações randômicas.

Se considerarmos o escoamento de um fluido no interior de um tubo, verificaremos que à medida que a velocidade média do escoamento aumenta, o regime inicialmente laminar sofre uma transição para turbulento. A transição é influenciada não apenas pela velocidade média do escoamento, mas também pelas características do fluido e do tubo. Esse efeito foi estudado experimentalmente, tendo sido verificado que, para escoamento em tubos, a transição geralmente ocorre para números de Reynolds variando entre 2000 e 4000. Embora a transição entre os regimes ocorra em faixas de números de Reynolds, usualmente adotamos valores abaixo dos quais denominamos os escoamentos laminares e acima dos quais os denominamos turbulentos. Para o escoamento em dutos, esse valor, denominado número de Reynolds crítico, é frequentemente citado como sendo 2300. Para escoamento entre placas planas paralelas, adota-se usualmente, para o número de Reynolds crítico, o valor de 1500.

4.5.5 Escoamentos compressíveis e incompressíveis

Ao longo de um escoamento, a massa específica do fluido pode alterar-se significativamente ou não. Escoamentos nos quais essa variação pode ser considerada desprezível são denominados incompressíveis e, naturalmente, escoamentos compressíveis são aqueles nos quais a variação da massa específica tem um papel importante, não podendo ser desprezada.

Da nossa experiência do dia a dia, sabemos que é relativamente fácil mudar o volume de uma massa de ar pela aplicação de uma força, por exemplo, quando enchemos manualmente o pneu de uma bicicleta. Por outro lado, sabemos que o volume dos líquidos varia muito pouco quando submetidos a esforços de compressão. De maneira geral, a massa específica dos líquidos varia fracamente com a pressão e, por esse motivo, tratamos frequentemente os líquidos como fluidos incompressíveis, o que é razoável quando as variações de pressão são moderadas. Por outro lado, a massa específica de gases e vapores varia acentuadamente com a pressão, o que nos leva a tratá-los como fluidos compressíveis.

Os efeitos de compressibilidade em escoamentos, por exemplo, de gases e vapores, se manifestam quando a velocidade característica do escoamento aumenta, acarretando a elevação do número de Mach. Usualmente, consideramos que um escoamento é incompressível quando $Ma \leq 0,3$; assim, lembrando que nas condições ambientes a velocidade do som no ar é da ordem de 340 m/s, poderemos tratar o escoamento de ar ambiente com velocidades de até cerca de 100 m/s como sendo incompressível. Os escoamentos de líquidos, salvo raras exceções, são tratados como sendo incompressíveis.

4.5.6 Escoamentos uni, bi e tridimensionais

Consideremos o escoamento de um fluido descrito pelo campo de velocidades $V = V(x,y,z,t)$. Essa função, usualmente apresentada na forma vetorial, é genericamente dada por:

$$V(x,y,z,t) = V_x(x,y,z,t)\boldsymbol{i} + \\ + V_y(x,y,z,t)\boldsymbol{j} + V_z(x,y,z,t)\boldsymbol{k}$$

Observamos que as componentes V_x, V_y e V_z são grandezas escalares e que cada uma delas pode ser função das variáveis x, y, z e t.

Tendo em vista que não necessariamente um campo de velocidades depende das três variáveis espaciais, classificamos os escoamentos quanto ao número dessas variáveis que são necessárias para descrever o comportamento desse campo. No caso de ser necessária apenas uma variável espacial, dizemos que o escoamento é *unidimensional*. No caso de serem necessárias duas, denominamos o escoamento *bidimensional* e, finalmente, no caso de se necessitar três, o chamamos *tridimensional*.

4.6 ASPECTOS CINEMÁTICOS DOS ESCOAMENTOS

Discutiremos agora aspectos cinemáticos dos escoamentos.

4.6.1 Linhas de corrente e trajetórias

Em determinadas situações, desejamos métodos alternativos de descrição de um escoamento. Um deles consiste em observar a evolução da posição das partículas fluidas ao longo do tempo. O conjunto de infinitas posições ocupadas por uma partícula ao longo de um intervalo de tempo é a sua trajetória nesse intervalo, e a linha formada por esse conjunto de posições é denominada linha de trajetória.

Outra forma de descrever um escoamento consiste na identificação das linhas de corrente, que são linhas constituídas por um conjunto de infinitos pontos tais que o vetor velocidade das partículas com centro de gravidade em cada um desses pontos tem direção tangencial a elas. Veja a Figura 4.4, na qual se pode observar uma partícula fluida com velocidade V na posição r sobre uma linha de corrente. Como o vetor velocidade é tangente à linha, observamos que o vetor velocidade V e dr têm a mesma direção, o que resulta em:

$$V \times dr = 0 \qquad (4.14)$$

Essa equação é utilizada para determinar expressões matemáticas que descrevem linhas de corrente, o que será discutido no capítulo 11.

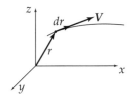

Figura 4.4 Linha de corrente

O fato de o vetor velocidade ser sempre tangente a uma linha de corrente acarreta que, em hipótese alguma, uma partícula fluida pode *atravessar* uma linha de corrente. Esse fato nos permite imaginar em um escoamento um conjunto composto por um número infinito de linhas de corrente formando um tubo, o qual não existe materialmente, mas que cumpre a função básica de um tubo, que é a de limitar uma região de escoamento.

4.6.2 Aceleração

Consideremos o escoamento de um fluido em um bocal convergente, Figura 4.5, e observemos o comportamento da velocidade das partículas no ponto 1. Essa velocidade poderá ser variável ou não. Se ela estiver variando ao longo do tempo, observamos uma alteração no vetor velocidade, o que nos permite dizer que existe uma aceleração no ponto 1 que denominamos *aceleração local*. Consideremos, agora, o movimento de uma partícula fluida partindo da posição 1 no instante t_1 com a velocidade V_1 até atingir a posição 2 no instante t_2 com a velocidade V_2. Naturalmente, podemos considerar que o módulo da velocidade V_2 é maior do que o da V_1. Assim, verificamos a existência de aceleração, que está associada à evolução da posição da partícula ao longo do tempo, e a denominamos *aceleração convectiva*. Observe que, mesmo em condição de regime permanente, a aceleração convectiva poderá ser não nula.

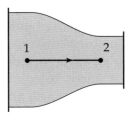

Figura 4.5 Escoamento em bocal

Seja V a velocidade e a a aceleração da partícula. Lembrando que a velocidade é uma função de quatro variáveis, x, y, z e t, podemos desenvolver a derivada da velocidade em relação à variável tempo utilizando a regra da cadeia, o que resulta em:

$$a = \frac{\partial V}{\partial t} + \frac{\partial V}{\partial x}\frac{\partial x}{\partial t} + \frac{\partial V}{\partial y}\frac{\partial y}{\partial t} + \frac{\partial V}{\partial z}\frac{\partial z}{\partial t} \qquad (4.15)$$

Sabendo que $\partial x/\partial t = V_x$; $\partial y/\partial t = V_y$ e $\partial z/\partial t = V_z$, podemos modificar a Equação (4.15), obtendo:

$$a = \underbrace{\frac{DV}{Dt}}_{\text{Aceleração total}} = \underbrace{\frac{\partial V}{\partial t}}_{\text{Aceleração local}} + \underbrace{V_x \frac{\partial V}{\partial x} + V_y \frac{\partial V}{\partial y} + V_z \frac{\partial V}{\partial z}}_{\text{Aceleração convectiva}} \qquad (4.16)$$

que é uma equação vetorial. A derivada $D\mathbf{V}/Dt$ é denominada *derivada material* ou *substancial*. Podemos definir o operador D/Dt como:

$$\frac{D}{Dt} = \frac{\partial}{\partial t} + V_x \frac{\partial}{\partial x} + V_y \frac{\partial}{\partial y} + V_z \frac{\partial}{\partial z} \quad (4.17)$$

A aceleração a pode ser entendida como a soma vetorial de suas três componentes segundo os eixos x, y e z:

$$\mathbf{a} = a_x \mathbf{i} + a_y \mathbf{j} + a_z \mathbf{k} \quad (4.18)$$

Nessa equação:

$$a_x = \frac{DV_x}{Dt} = \frac{\partial V_x}{\partial t} + V_x \frac{\partial V_x}{\partial x} + V_y \frac{\partial V_x}{\partial y} + V_z \frac{\partial V_x}{\partial z} \quad (4.19a)$$

$$a_y = \frac{DV_y}{Dt} = \frac{\partial V_y}{\partial t} + V_x \frac{\partial V_y}{\partial x} + V_y \frac{\partial V_y}{\partial y} + V_z \frac{\partial V_y}{\partial z} \quad (4.19b)$$

$$a_z = \frac{DV_z}{Dt} = \frac{\partial V_z}{\partial t} + V_x \frac{\partial V_z}{\partial x} + V_y \frac{\partial V_z}{\partial y} + V_z \frac{\partial V_z}{\partial z} \quad (4.19c)$$

Se o escoamento ocorrer em regime permanente, ou seja, se a aceleração local for nula, esse conjunto de equações será reduzido a:

$$a_x = V_x \frac{\partial V_x}{\partial x} + V_y \frac{\partial V_x}{\partial y} + V_z \frac{\partial V_x}{\partial z} \quad (4.20)$$

$$a_y = V_x \frac{\partial V_y}{\partial x} + V_y \frac{\partial V_y}{\partial y} + V_z \frac{\partial V_y}{\partial z} \quad (4.21)$$

$$a_z = V_x \frac{\partial V_z}{\partial x} + V_y \frac{\partial V_z}{\partial y} + V_z \frac{\partial V_z}{\partial z} \quad (4.22)$$

que corresponde à aceleração convectiva.

Em determinadas circunstâncias, pode ser conveniente expressar a aceleração do fluido utilizando outros sistemas de coordenadas; nessa situação, podemos utilizar o operador D/Dt expresso nas coordenadas convenientes. Expressões para esse operador e para a aceleração em coordenadas cartesianas, cilíndricas e esféricas são apresentadas nas Tabelas 4.1 e 4.2.

Tabela 4.1 Derivada substancial em coordenadas cilíndricas e esféricas

Coordenadas	Derivada substancial ou material	Equação
Cilíndricas	$\dfrac{D}{Dt} = \dfrac{\partial}{\partial t} + V_r \dfrac{\partial}{\partial r} + \dfrac{V_\theta}{r}\dfrac{\partial}{\partial \theta} + V_z \dfrac{\partial}{\partial z}$	(4.23)
Esféricas	$\dfrac{D}{Dt} = \dfrac{\partial}{\partial t} + V_r \dfrac{\partial}{\partial r} + \dfrac{V_\theta}{r}\dfrac{\partial}{\partial \theta} + \dfrac{V_\varphi}{r\,\text{sen}\,\theta}\dfrac{\partial}{\partial \varphi}$	(4.24)

Tabela 4.2 Aceleração em coordenadas cilíndricas e esféricas

Coordenadas	Aceleração	Equação
Cilíndricas	$a_r = \dfrac{\partial V_r}{\partial t} + V_r \dfrac{\partial V_r}{\partial r} + \dfrac{V_\theta}{r}\dfrac{\partial V_r}{\partial \theta} + V_z \dfrac{\partial V_r}{\partial z} - \dfrac{V_\theta^2}{r}$	(4.25a)
	$a_\theta = \dfrac{\partial V_\theta}{\partial t} + V_r \dfrac{\partial V_\theta}{\partial r} + \dfrac{V_\theta}{r}\dfrac{\partial V_\theta}{\partial \theta} + V_z \dfrac{\partial V_r}{\partial z} + \dfrac{V_r V_\theta}{r}$	(4.25b)
	$a_z = \dfrac{\partial V_z}{\partial t} + V_r \dfrac{\partial V_z}{\partial r} + \dfrac{V_\theta}{r}\dfrac{\partial V_z}{\partial \theta} + V_z \dfrac{\partial V_z}{\partial z}$	(4.25c)
Esféricas	$a_r = \dfrac{\partial V_r}{\partial t} + V_r \dfrac{\partial V_r}{\partial r} + \dfrac{V_\theta}{r}\dfrac{\partial V_r}{\partial \theta} + \dfrac{V_\varphi}{r\,\text{sen}\,\theta}\dfrac{\partial V_r}{\partial \varphi} + \dfrac{V_\varphi^2 + V_\theta^2}{r}$	(4.26a)

(continua)

Tabela 4.2 Aceleração em coordenadas cilíndricas e esféricas (continuação)

Coordenadas	Aceleração	Equação
Esféricas	$a_\theta = \dfrac{\partial V_\theta}{\partial t} + V_r \dfrac{\partial V_\theta}{\partial r} + \dfrac{V_\theta}{r}\dfrac{\partial V_\theta}{\partial \theta} + \dfrac{V_\varphi}{r\,sen\theta}\dfrac{\partial V_\theta}{\partial \varphi} + \dfrac{V_r V_\theta - V_\theta^2 \cot g\theta}{r}$	(4.26b)
	$a_\varphi = \dfrac{\partial V_\varphi}{\partial t} + V_r \dfrac{\partial V_\varphi}{\partial r} + \dfrac{V_\theta}{r}\dfrac{\partial V_\varphi}{\partial \theta} + \dfrac{V_\varphi}{r\,sen\theta}\dfrac{\partial V_\varphi}{\partial \varphi} + \dfrac{V_r V_\varphi - V_\theta V_\varphi \cot g\theta}{r}$	(4.26c)

4.7 ESCOAMENTOS DE FLUIDOS NÃO VISCOSOS: A EQUAÇÃO DE BERNOULLI

Ao analisar um escoamento, com muita frequência podemos adotar a hipótese de que o fluido em movimento é não viscoso. Naturalmente, essa é uma hipótese bastante restritiva, mas que em determinadas situações nos permite tratar problemas que envolvem os escoamentos com maior facilidade, nos conduzindo a soluções bastante satisfatórias.

Possivelmente, a ferramenta mais utilizada na análise de escoamentos não viscosos é a equação de Bernoulli, assim denominada em homenagem a Daniel Bernoulli, e obtida a partir da análise do movimento de uma partícula fluida.

Observemos a Figura 4.6. Nela mostramos uma partícula fluida cilíndrica com comprimento ds e área de seção transversal dA que se movimenta sobre uma linha de corrente com velocidade V. Consideremos que o fluido é não viscoso, as únicas forças que atuam sobre ela são a força peso e as forças de pressão que atuam nas faces com área A.

Note que consideramos que o resultado líquido da distribuição de pressões ao longo da sua superfície lateral da partícula fluida é nulo.

Aplicando a segunda lei de Newton à partícula, resulta:

$$pdA - \left(p + \dfrac{\partial p}{\partial s}ds\right)dA -$$
$$-\rho g\,ds\,dA\,sen\theta = \rho\,ds\,dA\,a_s \quad (4.27)$$

E a aceleração é dada por:

$$a_s = V\dfrac{\partial V}{\partial s} + \dfrac{\partial V}{\partial t} \quad (4.28)$$

Adotando a hipótese de escoamento em regime permanente, verificamos que $\partial V/\partial t$ é nula e, em consequência, temos:

$$-\dfrac{\partial p}{\partial s}ds\,dA - \rho g\,ds\,dA\,sen\theta =$$
$$= \rho\,ds\,dA\,V\dfrac{\partial V}{\partial s} \quad (4.29)$$

$$-\dfrac{\partial p}{\partial s} - \rho g\,sen\theta - \rho V\dfrac{\partial V}{\partial s} = 0 \quad (4.30)$$

$$dz = ds\,sen\theta \quad \Rightarrow \quad sen\theta = \dfrac{\partial z}{\partial s} \quad (4.31)$$

Assim, observando que $V(\partial V/\partial s) = \partial(V^2/2)/\partial s$, reescrevemos a Equação (4.30) como:

$$\dfrac{\partial p}{\partial s} + \rho g\dfrac{\partial z}{\partial s} + \rho\dfrac{\partial}{\partial s}\left(\dfrac{V^2}{2}\right) = 0 \quad (4.32)$$

Acrescentando a hipótese de que o escoamento é de um fluido incompressível, podemos afirmar que a sua massa específi-

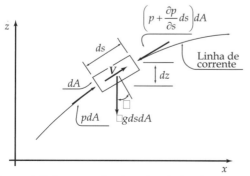

Figura 4.6 Elemento fluido sobre linha de corrente

ca é constante ao longo da linha de corrente. Assim:

$$\frac{\partial}{\partial s}\left(p + \rho\frac{V^2}{2} + \rho g z\right) = 0 \qquad (4.33)$$

Para que essa derivada seja nula, devemos ter, necessariamente, sobre uma linha de corrente:

$$p + \rho\frac{V^2}{2} + \rho g z = \text{constante} \qquad (4.34)$$

Dessa forma, se tomarmos dois pontos 1 e 2 sobre uma linha de corrente, obteremos:

$$p_1 + \rho\frac{V_1^2}{2} + \rho g z_1 = p_2 + \rho\frac{V_2^2}{2} + \rho g z_2 \qquad (4.35)$$

ou

$$\frac{p_1}{\gamma} + \frac{V_1^2}{2g} + z_1 = \frac{p_2}{\gamma} + \frac{V_2^2}{2g} + z_2 \qquad (4.36)$$

Tanto a Equação (4.34) como as Equações (4.35) e (4.36) são conhecidas como sendo a equação de Bernoulli.

Cabe, neste momento, relembrar:
- a equação de Bernoulli deve ser aplicada sobre uma linha de corrente.
- por hipótese, o fluido é não viscoso e incompressível.
- o escoamento ocorre em regime permanente.

Devemos observar que todos os termos da Equação (4.36) têm unidade de comprimento e são denominados cargas:
- $\dfrac{p}{\gamma}$: *carga de pressão*.
- $\dfrac{V^2}{2g}$: *carga de velocidade* ou *cinética*.
- z : *carga potencial*, de *altura* ou *hidrostática*.

Combinações desses termos também recebem denominações especiais. A soma dos três é denominada *carga total* e a soma da carga de pressão com a carga potencial é denominada *carga piezométrica*.

Como a hipótese fundamental para o desenvolvimento da equação de Bernoulli é a de que o fluido é não viscoso, não poderemos nos esquecer de que, no caso de a viscosidade do fluido desempenhar um papel significativo, os dois membros da Equação (4.36) não serão tratados como se fossem iguais e a diferença entre eles será denominada *perda de carga,* sendo simbolizado por h_L.

Voltemos a nossa atenção à Equação (4.34). Ela é dimensionalmente homogênea e, assim, cada um dos seus termos tem a mesma unidade, pressão. Esse fato nos leva a denominar os seus termos da seguinte maneira:
- p = pressão estática ou termodinâmica;
- $\rho V^2/2$ = pressão dinâmica;
- $\rho g z$ = pressão hidrostática.

A soma dos três termos é denominada pressão total.

Considere, agora, um fluido escoando sobre um corpo conforme ilustrado na Figura 4.7. As linhas de corrente do escoamento contornam o corpo, entretanto uma delas tem seu fim sobre a superfície do corpo em um ponto denominado ponto 0, no qual a velocidade da partícula é nula. Esse ponto é denominado ponto de estagnação.

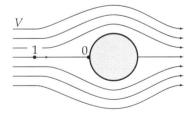

Figura 4.7 Ponto de estagnação

Para avaliar a pressão nesse ponto, podemos aplicar a equação de Bernoulli entre os pontos 1 e 0 sobre a linha de corrente de interesse, resultando em:

$$\frac{p_o}{\gamma} + \frac{V_o^2}{2g} + z_o = \frac{p_1}{\gamma} + \frac{V_1^2}{2g} + z_1 \qquad (4.37)$$

Supondo que a linha de corrente está localizada sobre uma horizontal, ou seja, $z_o = z_1$, que $V_o = 0$ e que a pressão e a velocidade do fluido no ponto 1 sejam iguais àquelas do escoamento de corrente livre, obtemos:

$$p_o = p + \rho \frac{V^2}{2} \qquad (4.38)$$

Observamos, então, que a pressão de estagnação é igual à de corrente livre, p, acrescida de $\rho V^2/2$. Esse termo, que corresponde ao aumento de pressão devido à redução da velocidade, é denominado pressão dinâmica, e a pressão no ponto de estagnação, p_0, é denominada pressão de estagnação.

4.8 LINHA DE ENERGIA E PIEZOMÉTRICA

Voltemos à Equação (4.36). Todos os seus termos têm unidade de comprimento e são chamados cargas, e ela garante que em qualquer ponto de um escoamento a soma das cargas será sempre a mesma, desde que respeitadas as hipóteses que validem a aplicação da equação de Bernoulli. Com base nessa assertiva podemos construir a Figura 4.8, na qual há uma tubulação, e, nessa tubulação, identificamos sobre a linha de corrente central da tubulação dois pontos: 1 e 2.

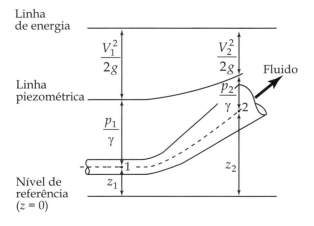

Figura 4.8 Linha de energia e piezométrica

A linha denominada *linha de energia* corresponde ao conjunto de infinitos pontos que dista do *nível de referência* à altura:

$$\frac{p}{\gamma} + \frac{V^2}{2g} + z$$

que é a carga total do escoamento.

Uma segunda linha denominada linha piezométrica corresponde ao conjunto de infinitos pontos que distam do nível de referência à altura:

$$\frac{p_1}{\gamma} + z_1$$

que é a soma das cargas de elevação e de pressão.

Observe que:

- $\frac{p_1}{\gamma} + z_1 =$ altura da linha piezométrica no ponto 1;

- $\frac{p_2}{\gamma} + z_2 =$ altura da linha piezométrica no ponto 2.

Entretanto, se o escoamento for o de um fluido real, os efeitos viscosos causarão uma redução da carga total do escoamento à medida que ele se desenvolve, de forma que a distância da linha de energia ao nível de referência irá diminuindo à medida que caminhamos no sentido do escoamento.

4.9 O TUBO DE PITOT

Considere um escoamento com velocidade V no qual imergimos um dispositivo, conforme indicado na Figura 4.9. Esse dispositivo, denominado *tubo de Pitot*, é constituído por dois tubos concêntricos convenientemente curvados e soldados e é acoplado a um medidor de pressão diferencial, que pode ser, por exemplo, um manômetro em U. O tubo de Pitot é dotado de um orifício central, cujo diâmetro coincide com o diâmetro interno do tubo interno e que é destinado a medir a pressão de estagnação do escoamento. O tubo externo é dotado de um conjunto de pequenos orifícios, usualmente 4 a 12, localizados lateralmente, os quais permitem medir a pressão estática do escoamento.

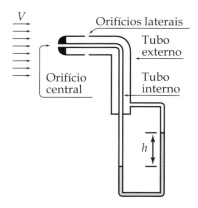

Figura 4.9 - Tubo de Pitot

De maneira geral, devemos escolher tubos de Pitot com diâmetros externos significativamente inferiores às dimensões da região onde ocorre o escoamento, de forma a não provocar perturbações que induzam a erros de medição inesperados.

Considerando que, nas proximidades do tubo de Pitot, o escoamento pode ser tratado como incompressível e não viscoso, é válida a equação de Bernoulli. Utilizando o índice "o" para indicar propriedades de estagnação e indicando as propriedades do fluido escoando na velocidade V sem o uso de índices, a aplicação da equação de Bernoulli resulta em:

$$\frac{p_o}{\gamma} + \frac{V_o^2}{2g} + z_o = \frac{p}{\gamma} + \frac{V^2}{2g} + z \qquad (4.39)$$

Observando que $z_o = z$ e $V_o = 0$, obtemos:

$$V = \left[2\frac{(p_o - p)}{\rho} \right]^{1/2} \qquad (4.40)$$

Essa equação permite a avaliação da velocidade V por intermédio da determinação experimental da diferença entre as pressões de estagnação e estática.

Esse instrumento de medida apresenta algumas limitações. Uma delas é que, ao se tentar medir baixas velocidades, obtêm-se diferenças de pressões que exigem instrumentos muito precisos. Outra limitação consiste no fato de que erros de alinhamento do tubo de Pitot com o escoamento podem promover sérios erros de medição.

4.10 VAZÕES

Em muitas situações desejamos quantificar a passagem de fluido através de uma superfície tal como a Seção A ilustrada na Figura 4.10, na qual o perfil de velocidades é descrito pela função $V = V(r, x, \theta, t)$. Por esse motivo necessitamos, preliminarmente, compreender o significado dos termos *vazão volumétrica*, $\dot{V}$, e *vazão mássica*, $\dot{m}$.

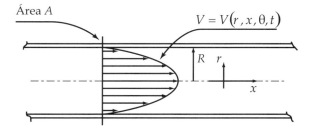

Figura 4.10 - Escoamento através da área A

Consideremos, inicialmente, uma superfície imaginária com área A através da qual escoa um fluido com velocidade V, conforme indicado na Figura 4.11, sendo a velocidade V dada por:

$$V(x,y,z,t) = V_x(x,y,z,t)\boldsymbol{i} + \\ + V_y(x,y,z,t)\boldsymbol{j} + V_z(x,y,z,t)\boldsymbol{k} \qquad (4.41)$$

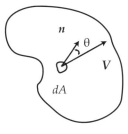

Figura 4.11 Fluido escoando através de superfície

Observamos que as componentes V_x, V_y e V_z da velocidade $V = V(x,y,z,t)$ são grandezas escalares.

Nessa superfície identificamos um elemento de área dA caracterizado pelo versor n. A vazão volumétrica através da área A é o volume de fluido que escoa através dessa área por unidade de tempo. Tradicionalmente, denomina-se a vazão volumétrica simplesmente vazão. Se considerarmos apenas o elemento de área dA, o volume de fluido que escoa através dele no intervalo infinitesimal de tempo dt será:

$$d\forall = V\,dt\,dA\cos\theta = \mathbf{V}\cdot\mathbf{n}\,dt\,dA \quad (4.42)$$

Como a velocidade poderá variar ao longo da superfície A, para obter o volume escoado através de A na unidade de tempo devemos realizar a integração dessa expressão. Assim, obtemos:

$$\dot{\forall} = \int_A (\mathbf{V}\cdot\mathbf{n})\,dA \quad (4.43)$$

A unidade de vazão volumétrica no Sistema Internacional de Unidades é m³/s.

Como a velocidade pode variar ponto a ponto em uma superfície, é muitas vezes conveniente utilizar a velocidade média do fluido através desta área, V_m. Nós a definimos como:

$$V_m = \frac{\dot{\forall}}{A} = \frac{1}{A}\int_A (\mathbf{V}\cdot\mathbf{n})\,dA \quad (4.44)$$

O uso do produto escalar $\mathbf{V}\cdot\mathbf{n}$ é muito útil porque, dependendo do valor do ângulo formado entre o vetor velocidade e o versor, atribui sinal positivo ou negativo ao resultado da integração. Como, por convenção, o versor de uma superfície de controle é sempre positivamente orientado para *fora* dele, o sinal atribuído pelo produto escalar nos indica o sentido de escoamento do fluido e, assim, verificamos se o fluido está entrando ou saindo do volume de controle.

A unidade de vazão no Sistema Internacional de Unidades é m³/s.

Consideremos agora o transporte de massa do fluido através da superfície A. A vazão mássica através desta área é a massa de fluido que escoa através dela por unidade de tempo. Como a massa específica pode variar ao longo da superfície, devemos promover um processo de integração.

$$d\dot{m} = \rho d\dot{\forall} = \rho V dA\cos\theta = \rho\mathbf{V}\cdot\mathbf{n}\,dA \quad (4.45)$$

$$\dot{m} = \int_A d\dot{m} = \int_A \rho d\dot{\forall} = \int_A \rho(\mathbf{V}\cdot\mathbf{n})\,dA \quad (4.46)$$

Novamente relembramos a utilidade da utilização do produto escalar, que nos indica o sentido de escoamento do fluido, de forma a identificarmos se o fluido está entrando ou saindo do volume de controle.

A unidade de vazão mássica no Sistema Internacional de Unidades é kg/s.

4.11 CONSERVAÇÃO DA MASSA EM UM VOLUME DE CONTROLE

A essência do princípio da conservação da massa está no fato de que a matéria, nos limites da física clássica, é indestrutível, e a forma matemática de fazer essa afirmação depende, por exemplo, de estarmos fazendo uma análise integral ou diferencial. Assim, a seguir nos dedicaremos a apresentar matematicamente esse princípio por intermédio de análise integral e, para tanto, consideraremos um volume de controle em um espaço cartesiano no qual se encontra em um meio fluido em movimento, como ilustrado na Figura 4.12.

Para esse volume de controle, podemos enunciar o princípio da conservação da massa da seguinte forma: "A soma algébrica da taxa de variação da massa presente no interior do volume de controle com a taxa líquida de transferência de massa através da superfície desse volume de controle é nula".

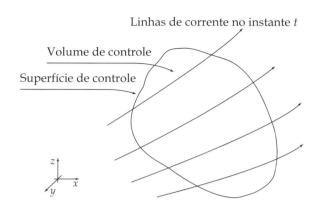

Figura 4.12 Volume de controle

Observe que:

$\dfrac{\partial m_{VC}}{\partial t} =$ taxa de variação da massa presente no interior do volume de controle;

$-\int_{SC} \rho V \cdot n dA =$ taxa líquida de transferência de massa através da superfície de controle, já que a superfície de controle é fechada.

Observe que o sinal negativo existente na expressão acima para a taxa líquida de transferência de massa está relacionado com o produto escalar da velocidade pelo versor normal. Se o produto é positivo, massa está saindo do volume de controle e a taxa de variação de massa deve ser negativa; similarmente, se o produto for negativo, massa deve estar entrando no volume de controle e a taxa de variação deve ser positiva.

Podemos, então, afirmar que:

$$\dfrac{\partial m_{VC}}{\partial t} = -\int_{SC} \rho V \cdot n dA \qquad (4.47)$$

Relembrando, nessa equação:

ρ é a massa específica do fluido;

- $V = V_x \boldsymbol{i} + V_y \boldsymbol{j} + V_z \boldsymbol{k}$ é a velocidade do fluido, grandeza vetorial, ao se movimentar através superfície do volume de controle;
- n é o versor normal ao elemento de área da superfície de controle dA; e
- $V \cdot n$ é o produto escalar do vetor velocidade pelo versor normal.

Observando que $\int_{VC} \rho d\mathcal{V} = m_{VC}$, substituindo essa expressão na Equação (4.47) e reordenando, obtemos:

$$\dfrac{\partial}{\partial t}\int_{VC} \rho d\mathcal{V} + \int_{SC} \rho V \cdot n \, dA = 0 \qquad (4.48)$$

A Equação (4.48) representa matematicamente, na forma integral, o princípio da conservação da massa para um volume de controle.

Os termos dessa equação têm os seguintes significados:

$$\dfrac{\partial}{\partial t}\int_{VC} \rho d\mathcal{V} = \dfrac{\partial m_{VC}}{\partial t} = \begin{bmatrix} \text{Taxa de variação} \\ \text{temporal da} \\ \text{massa presente} \\ \text{no interior do} \\ \text{volume de controle.} \end{bmatrix}$$

$$\int_{SC} \rho V \cdot n \, dA = \begin{bmatrix} \text{Taxa líquida} \\ \text{de transferência} \\ \text{de massa através} \\ \text{da superfície} \\ \text{de controle.} \end{bmatrix}$$

4.12 SIMPLIFICAÇÃO PARA UM NÚMERO FINITO DE ENTRADAS E DE SAÍDAS

Para a aplicação da Equação (4.48), utilizamos frequentemente hipóteses simplificadoras.

A primeira se refere às regiões da superfície de controle nas quais ocorre escoamento, e consiste em considerar que: *uma superfície de controle tem um número finito de seções através das quais ocorre transferência de massa, denominadas seções de entrada ou de saída* e nas quais as suas propriedades e as do fluido serão identificadas, respectivamente, pelos índices e e s.

A segunda hipótese se refere ao vetor velocidade. Consideraremos que, ao definir uma seção de entrada ou de saída de um volume de controle, seremos capazes de estabelecê-la de forma que, em cada um dos infinitos pontos que a constituem, os vetores velocidade terão sempre a mesma direção dos versores que a caracterizam.

Consideremos a seção de entrada com área A_e mostrada na Figura 4.13. Como o versor n é sempre positivamente orientado para o exterior do volume de controle, o produto escalar do vetor representativo da velocidade pelo versor será negativo nas seções de entrada e positivo nas de saída.

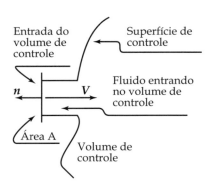

Figura 4.13 Entrada de um volume de controle

Lembrando que a vazão mássica de uma substância através de uma área A é dada por:

$$\dot{m} = \int_A \rho V \cdot n \, dA \quad (4.49)$$

podemos reescrever a Equação (4.48) como:

$$\frac{\partial m_{VC}}{\partial t} - \sum \dot{m}_e + \sum \dot{m}_s = 0 \quad (4.50)$$

que é uma forma bastante útil de apresentação da equação integral da conservação da massa para um volume de controle.

4.13 USANDO O CONCEITO DE ESCOAMENTO UNIFORME

Frequentemente tem-se ou deseja-se informações referentes aos valores médios das propriedades do escoamento nas seções onde ele ocorre. Assim, em certas circunstâncias, para simplificar o estudo do escoamento de um fluido em uma determinada seção, poderemos adotar a hipótese de escoamento uniforme. Um escoamento é dito *uniforme se todas as propriedades do fluido são uniformes (iguais ponto a ponto) na seção de escoamento*. Entretanto, deve ser considerado que essas propriedades, embora iguais ponto a ponto, podem variar com o tempo. Usualmente denominamos *seção uniforme* aquela em que consideramos o escoamento uniforme.

Dessa forma, tratar um escoamento como sendo uniforme significa imaginar que o escoamento real foi substituído por um virtual cujas propriedades nas seções de interesse são uniformes e iguais à média daquelas do escoamento original nas mesmas seções. Como esse conceito é adequado para a representação de uma gama bastante ampla de fenômenos, frequentemente ele é aplicado na solução de problemas de engenharia.

Avaliemos a integral de superfície $\int_{SC} \rho V \cdot n \, dA$ em seções uniformes de superfícies de controle nas quais o vetor velocidade tem a mesma direção do versor normal que representa a superfície na qual ocorre o escoamento. Como a hipótese de escoamento uniforme garante que tanto a massa específica quanto a velocidade não variam com a posição ao longo da superfície, teremos para uma seção de entrada:

$$\int_A \rho V \cdot n \, dA = -\rho_e V_e A_e \quad (4.51)$$

O sinal negativo da Equação (4.51) deriva do fato de que, como massa está entrando no volume de controle, o produto escalar $V \cdot n$ apresenta sinal negativo.

Similarmente, para uma seção de saída, teremos:

$$\int_A \rho V \cdot n \, dA = \rho_s V_s A_s \quad (4.52)$$

Utilizando esses resultados, e imaginando que o volume de controle tem um número finito de entradas e de saídas, simplificamos a Equação (4.50), obtendo:

$$\frac{\partial m_{vc}}{\partial t} - \sum \rho_e V_e A_e + \sum \rho_s V_s A_s = 0 \qquad (4.53)$$

Essa equação pode ser apresentada em termos de vazões volumétricas. Lembrando que a vazão volumétrica em uma seção é dada por:

$$\dot{V} = \int_A V \cdot n \, dA \qquad (4.54)$$

teremos para as condições de escoamento uniforme:

$$\frac{\partial m_{vc}}{\partial t} - \sum \rho_e \dot{V}_e + \sum \rho_s \dot{V}_s = 0 \qquad (4.55)$$

4.14 PROPRIEDADES DE ALGUNS FLUIDOS

Para auxiliar a solução de exercícios, apresentamos valores para massa específica e viscosidade dinâmica de alguns fluidos na Tabela 4.3, que é um extrato da Tabela B.6 do Apêndice B.

Tabela 4.3 Propriedades de alguns fluidos a 20°C e 1 bar

Substância	Massa específica (kg/m³)	Viscosidade dinâmica (Pa.s)
Água	998,2	1,00 E-3
Ar seco	1,189	1,80 E-5
Etanol	789	1,19 E-3
Glicerina	1260	1,49
Mercúrio	13550	1,56 E-3
Óleo SAE 30	891	0,29

4.15 EXERCÍCIOS RESOLVIDOS

Er4.1 Água na fase líquida a 20°C escoa entre duas placas planas paralelas infinitas distantes uma da outra $h = 10$ mm, conforme indicado na Figura Er4.1. Como o escoamento é laminar, seu perfil de velocidades é parabólico e a sua velocidade máxima é igual a $U_{max} = 9{,}0$ m/s. Determine o perfil de velocidades $u = f(y)$, a velocidade média do escoamento, a tensão de cisalhamento no plano de simetria do escoamento e junto às placas.

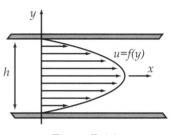

Figura Er4.1

Solução

a) Dados e considerações
 - O escoamento é laminar e o perfil de velocidades é parabólico.
 - $U_{max} = 9{,}0$ m/s e $h = 10$ mm.

b) Análise e cálculos
 - Determinação do perfil de velocidades

Como perfil é parabólico, e observando o sistema de ordenadas indicado na Figura Er4.1, obtemos: $u = ay^2 + by + c$.

Sabemos que:
- quando $y = 0$, temos $\frac{du}{dy} = 0$;
- quando $y = 0$, temos $u = U_{max}$;
- quando $y = \frac{h}{2}$, temos $u = 0$.

Devido à primeira afirmativa, temos:
$$\frac{du}{dy} = 2a(0) + b = 0 \quad \Rightarrow \quad b = 0.$$

Devido à segunda, temos:
$$U_{max} = a(0)^2 + b(0) + c \Rightarrow c = U_{max}.$$

Devido à terceira e já utilizando os resultados obtidos, temos:

$$0 = a\left(\frac{h}{2}\right)^2 + U_{max} \Rightarrow a = -U_{max}\left(\frac{2}{h}\right)^2$$

Estando as constantes a, b e c determinadas, verificamos que o perfil de velocidades será:

$$u = U_{max}\left[1 - 4\left(\frac{y}{h}\right)^2\right] =$$
$$= 9{,}0\left[1 - 4\left(\frac{y}{h}\right)^2\right] = 9{,}0 - 36000y^2$$

que é a função matemática que representa o perfil de velocidades entre as placas.

- Determinação da velocidade média do escoamento

A velocidade média de um escoamento é dada por: $\bar{V} = \dfrac{\dot{V}}{A} = \dfrac{1}{A}\int_A (\mathbf{V}\cdot\mathbf{n})dA$.

Para uma largura arbitrária w, utilizando o perfil de velocidade já determinado, temos:

$$\bar{V} = \frac{\dot{V}}{A} = \frac{1}{A}\int_A (\mathbf{V}\cdot\mathbf{n})dA =$$
$$= \frac{1}{wh}\int_{-h/2}^{+h/2}\left[U_{max}\left(1 - 4\left(\frac{y}{h}\right)^2\right)\right]wdy.$$

Resolvendo, temos:

$$\bar{V} = \frac{2}{3}U_{max} = \frac{2}{3}9{,}0 = 6{,}0 \text{ m/s}$$

- Determinação das tensões de cisalhamento

Como sabemos o perfil de distribuição de velocidades entre as placas, podemos determinar o perfil de distribuição de tensões:

$$\tau = \mu\frac{du}{dy} = -72000\,\mu y$$

Sabemos que $y = 0$ no plano de simetria, então a tensão de cisalhamento nesse plano é nula.

A superfície da placa inferior em contato com a água está no plano $y = h/2 = 0{,}005$ mm. Considerando que a viscosidade absoluta da água é igual a 0,001 Pa.s, obtemos para a tensão de cisalhamento nesse plano o valor de 0,36 Pa.

Sabemos também que a superfície da placa superior em contato com a água está no plano $y = h/2 = 0{,}005$ mm. Considerando que a viscosidade absoluta da água é igual a 0,001 Pa.s, obtemos para a tensão de cisalhamento nesse plano o valor de –0,36 Pa.

Er4.2 Um eixo com raio $R = 25{,}4$ mm é suportado por um mancal de deslizamento com largura $L = 50$ mm. A folga radial existente entre o eixo e o mancal é igual a 0,4 mm e é preenchida com óleo cuja viscosidade é igual a 0,2 Pa.s. Considerando que o perfil de velocidades do óleo na folga é linear, determine o torque necessário para girar o mancal na velocidade de 1750 rpm.

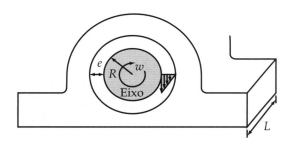

Figura Er4.2

Solução

a) Dados e considerações
- $R = 25{,}4$ mm; $L = 50$ mm; $e = 0{,}4$ mm; $\mu = 0{,}2$ Pa.s; e $w = 1750$ rpm.
O perfil de velocidades é linear na folga.

b) Análise e cálculos

O torque será igual à força F resistiva aplicada pelo óleo à superfície do eixo multiplicada pelo raio R: $T = FR$.

A força será dada pela tensão de cisalhamento na superfície do eixo multiplicada pela área de contato eixo--óleo: $F = \tau 2\pi R L$.

Sabemos que: $\tau = \mu \dfrac{du}{dy}$. Precisamos, então, determinar o perfil de velocidades para calcular a tensão de cisalhamento.

Consideremos o perfil de velocidades detalhado na Figura Er4.2-a, na qual a velocidade máxima do óleo é igual à velocidade periférica do eixo, $V = wR$. Como, por hipótese o perfil é linear, temos:

$u = ay + b$

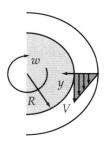

Figura Er4.2-a

Sabemos, pelo princípio da aderência, que em $y = 0$ temos $u = 0$ e em $y = e$ temos $u = V = wR$. Isso resulta em:

$0 = a(0) + b \Rightarrow b = 0$

$wR = a(e) \Rightarrow a = \dfrac{wR}{e}$

O perfil de velocidades será: $u = \dfrac{wR}{e} y$.

A tensão de cisalhamento na superfície do eixo será: $\tau = \mu \dfrac{wR}{e}$.

O que resulta no torque:
$T = \mu \dfrac{wR}{e} 2\pi R L R = 2\pi \mu L \dfrac{wR^3}{e}$.

Lembrando que $w = 2\pi \dfrac{1750}{60}$, temos:
$T = 0,47$ Nm.

Er4.3 Um bloco com massa igual a 5,0 kg desliza sobre um plano inclinado 30º com a horizontal que está lubrificado com uma camada de óleo com viscosidade dinâmica igual a 0,1 Pa.s cuja espessura é igual a 0,5 mm.

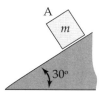

Figura Er4.3

Desprezando a resistência do ar, e sabendo que a área de contato entre o bloco e o plano inclinado é igual a 0,1 m² determine a velocidade terminal do bloco.

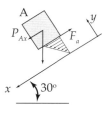

Figura Er4.3-a

Solução

a) Dados e considerações
- $m = 5$ kg; $A_c = 0,1$ m²; $h = 0,5$ mm; $\mu = 0,1$ Pa.s.

O perfil de velocidades é linear.

b) Análise e cálculos

A velocidade terminal é atingida quando a aceleração é nula. Assim, necessariamente:

$F_a = P_{Ax}$

Como o perfil de velocidade é linear, obtemos:

$F_a = \tau A_C = \mu \dfrac{\Delta V}{\Delta y} A_C = \mu \dfrac{V}{h} A_C$

A componente do peso do bloco na direção x é: $P_{Ax} = mg\,sen30º$.

Assim, obtemos:

$F_a = \mu \dfrac{V}{h} A_C = mg\,sen30º \Rightarrow$

$V = \dfrac{h}{\mu A_C} mg\,sen30º =$

$= \dfrac{0,0005}{0,1 \cdot 0,1} 5 \cdot 9,81 sen30º = 1,23$ m/s

Er4.4 Um bloco com massa igual a 5,0 kg desliza sobre um plano inclinado 30° com a horizontal que está lubrificado com uma camada de óleo cuja espessura h é igual a 0,5 mm. Desprezando a resistência do ar e supondo que o perfil de velocidades no óleo seja linear, determine o tempo necessário para que o bloco, a partir do repouso, atinja metade da sua velocidade terminal.

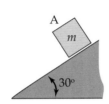
Figura Er4.4

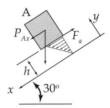
Figura Er4.4-a

Solução

a) Dados e considerações
 - $m = 5$ kg; $A_c = 0,1$ m²; $h = 0,5$ mm; $\mu = 0,1$ Pa.s; e $\alpha = 30°$.
 O perfil de velocidades é linear.

b) Análise e cálculos
 A velocidade terminal do bloco já foi determinada no Exercício Er4.3:

$$V = \frac{h}{\mu A_C} mg\,sen\alpha =$$

$$= \frac{0,0005}{0,1 \cdot 0,1} 5 \cdot 9,81\,sen30° = 1,23 \text{ m/s}$$

Assim sendo, deseja-se determinar o tempo necessário para que a velocidade do bloco atinja o valor de 0,613 m/s.

O corpo parte do repouso, sendo acelerado pela ação gravitacional. Assim, necessariamente:

$$P_{Ax} - F_a = ma = m\frac{dV}{dt}$$

Como o perfil de velocidade é linear, a força aplicada pelo fluido ao corpo é dada por:

$$F_a = \tau A_C = \mu \frac{\Delta V}{\Delta y} A_C = \mu \frac{V}{h} A_C$$

A componente do peso do bloco na direção x é: $P_{Ax} = mg\,sen\alpha$.

Assim, obtemos:

$$mg\,sen\alpha - \mu \frac{V}{h} A_C = m \frac{dV}{dt} \Rightarrow$$

$$\frac{dV}{dt} + \frac{\mu A_C}{hm} V - g\,sen\alpha = 0$$

Façamos uma mudança de variáveis. Seja:

$$a = \frac{\mu A_C}{hm} \;;\; b = g\,sen\alpha$$

$$w = \frac{\mu A_C}{hm} V - g\,sen\alpha \Rightarrow w = aV - b \Rightarrow$$

$$\Rightarrow dw = a\,dV$$

e a nova equação a ser resolvida é:

$$\frac{1}{a}\frac{dw}{dt} + w = 0 \Rightarrow \frac{dw}{dt} = -aw \Rightarrow$$

$$\Rightarrow dt = -\frac{1}{a}\frac{dw}{w}$$

Integrando, obtemos:

$$\int_0^t dt = -\frac{1}{a}\int_0^V \frac{dw}{w} = -\frac{1}{a} ln\,w \Big|_0^V \Rightarrow$$

$$\Rightarrow t = -\frac{hm}{\mu A_C} ln\left(\frac{\mu A_C}{hm} V - g\,sen\alpha\right)_0^V$$

$$-\frac{\mu A_C}{hm} t = ln\left(\frac{\mu A_C}{hm} V - g\,sen\alpha\right) -$$

$$- ln(-g\,sen\alpha) = ln\left(1 - \frac{\frac{\mu A_C}{hm} V}{g\,sen\alpha}\right)$$

$$-\frac{\mu A_C}{hm} t = ln\left(1 - \frac{\mu A_C}{hmg\,sen\alpha} V\right) \Rightarrow$$

$$\Rightarrow t = -\frac{hm}{\mu A_C} ln\left(\frac{\mu A_C}{hmg\,sen\alpha} V - 1\right)$$

Substituindo-se os valores conhecidos, obtemos:

$t = 0,092$ s

Er4.5 Dois blocos A e B com massas M_a = 10 kg e M_b = 5 kg encontram-se unidos por um fio de massa desprezível e estão apoiados sobre um plano inclinado, conforme indicado na Figura Er4.5. Sabe-se que entre os blocos e o sólido está formada uma película de óleo lubrificante com espessura h = 0,2 mm, cada uma das áreas de contato entre os blocos A e B e o sólido é igual a 0,05 m² e que a viscosidade do óleo é igual a 0,1 Pa.s. Supondo que o perfil de velocidades na camada de óleo seja linear, pede-se para determinar a velocidade terminal dos blocos e a tensão no cabo para essa condição.

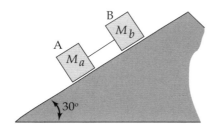

Figura Er4.5

Solução

a) Dados e considerações
 • M_a = 10 kg; M_b = 5 kg; A_c = 0,05 m²; h = 0,2 mm; e μ = 0,1 Pa.s.
 O perfil de velocidades é linear.

b) Análise e cálculos
 Veja a Figura Er4.5-a. Os dois blocos têm a mesma velocidade terminal porque a massa do bloco A é maior do que a do bloco B e o cabo é mantido tracionado.

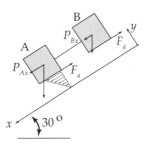

Figura Er4.5-a

A força aplicada pelo fluido ao bloco A é igual à aplicada pelo fluido ao bloco B porque os perfis de velocidades e as áreas de contato são iguais.

Sendo a aceleração nula, obtemos para o conjunto de blocos:

$2F_a = P_{Ax} + P_{Bx}$

Como os perfis de velocidade são lineares, obtemos:

$F_a = \tau A_C = \mu \dfrac{\Delta V}{\Delta y} A_C = \mu \dfrac{V}{h} A_C.$

As componentes dos pesos dos blocos na direção x são:

$P_{Ax} = M_a g sen 30°$ e $P_{Bx} = M_b g sen 30°.$

Assim, obtemos:

$2F_a = 2\mu \dfrac{V}{h} A_C = (M_a + M_b) g sen 30°.$

$V = \dfrac{h}{2\mu A_C}(M_a + M_b) g sen 30° =$

$= 1,48$ m/s.

Observando as forças aplicadas ao bloco A, notamos que a tração no cabo é dada por:

$T + F_a = P_{Ax} \Rightarrow$

$\Rightarrow T = M_a g sen 30° - \mu \dfrac{V}{h} A_C = 12,3$ N.

Er4.6 Água a 20°C escoa em um duto com diâmetro interno igual a 40 mm. Determine a vazão acima da qual poderemos denominar o escoamento turbulento.

Solução

a) Dados e considerações
 • Fluido: água a 20°C. Logo, ρ = 998,2 kg/m³ e μ = 1,00 E-3 Pa.s.
 • D = 40 mm = 0,040 m.

b) Análise e cálculos
 Embora a transição do regime laminar para turbulento no duto ocorra em um intervalo de números de

Reynolds, optamos por adotar um valor abaixo do qual tratamos o escoamento como laminar e acima do qual tratamos como turbulento, e o denominamos número de Reynolds crítico. Para um tubo, o valor adotado é $Re_c = 2300$.

Assim, a vazão acima da qual podemos denominar o escoamento turbulento é aquela que é caracterizada por $Re_c = 2300$. Para um tubo:

$$Re = \frac{\rho V D}{\mu} = \frac{VD}{\nu}$$

Substituindo nessa expressão os valores conhecidos, obtemos:

$$V = \frac{\mu Re}{\rho D} \Rightarrow V = 0{,}0577 \text{ m/s}$$

que é uma velocidade usualmente considerada muito baixa para a água escoando em um duto.

A vazão é dada por: $\dot{V} = AV = 0{,}073$ litros/s.

Er4.7 Um fluido escoa apresentando um campo de velocidades dado por $V = 5xt\mathbf{i} - 3y\mathbf{j}$. Considerando que para x e y em m e t em s essa expressão nos dá a velocidade em m/s, desejamos que seja determinada a velocidade e a aceleração da partícula fluida no ponto (1,2) no instante $t = 3$ s.

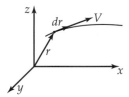

Figura Er4.7

Solução

a) Dados e considerações
Inicialmente observamos que:
- o campo de velocidades descrito por $V = 5xt\mathbf{i} - 3y\mathbf{j}$ é bidimensional, ou seja, o escoamento é plano;
- o campo de velocidades é função do tempo, logo o escoamento não é permanente;
- o módulo da componente da velocidade na direção $\mathbf{i}$ é $V_x = 5xt$ e o módulo da componente da velocidade na direção $\mathbf{j}$ é $V_y = -3y$.

b) Análise e cálculos
Determinaremos, inicialmente, a velocidade da partícula.

Como $V = 5xt\mathbf{i} - 3y\mathbf{j}$, no ponto (1,2) e no instante $t = 3{,}0$ s, substituindo os valores das coordenadas e do tempo, temos:

$V = 15\mathbf{i} - 6\mathbf{j}$ m/s, que é a velocidade desejada.

Para determinar a aceleração da partícula, devemos nos lembrar que:

$$\mathbf{a} = \frac{D\mathbf{V}}{Dt} = \frac{\partial \mathbf{V}}{\partial t} + V_x \frac{\partial \mathbf{V}}{\partial x} + V_y \frac{\partial \mathbf{V}}{\partial y} + V_z \frac{\partial \mathbf{V}}{\partial z}$$

E que a aceleração $\mathbf{a}$ é dada por $\mathbf{a} = a_x\mathbf{i} + a_y\mathbf{j} + a_z\mathbf{k}$, onde:

$$a_x = \frac{DV_x}{Dt} = \frac{\partial V_x}{\partial t} + V_x \frac{\partial V_x}{\partial x} + V_y \frac{\partial V_x}{\partial y} + V_z \frac{\partial V_x}{\partial z}$$

$$a_y = \frac{DV_y}{Dt} = \frac{\partial V_y}{\partial t} + V_x \frac{\partial V_y}{\partial x} + V_y \frac{\partial V_y}{\partial y} + V_z \frac{\partial V_y}{\partial z}$$

$$a_z = \frac{DV_z}{Dt} = \frac{\partial V_z}{\partial t} + V_x \frac{\partial V_z}{\partial x} + V_y \frac{\partial V_z}{\partial y} + V_z \frac{\partial V_z}{\partial z}$$

Como o escoamento é plano, $V_z = 0$, concluímos que $a_z = 0$; como $V_x = 5xt$ e $V_y = -3y$, temos:

$$a_x = 5x + 5xt(5t) - 3y(0) =$$
$$= 5x + 25xt^2 = 5x(1+5t^2) \text{ m/s}^2$$
$$a_y = 0 + 5xt(0) - 3y(-3) = 9y \text{ m/s}^2$$

E a aceleração será dada por:
$$\boldsymbol{a} = 5x(1+5t^2)\boldsymbol{i} + 9y\boldsymbol{j} \text{ m/s}^2.$$

No ponto (1,2) e no instante $t = 3,0$ s, temos: $\boldsymbol{a} = 230\boldsymbol{i} + 18\boldsymbol{j}$ m/s².

Er4.8 Água a 20°C escoa através de um bocal promovendo um jato que é lançado no meio ambiente, conforme indicado na Figura Er4.8. As áreas das seções de entrada e de saída do bocal são, respectivamente, $A_1 = 10$ cm² e $A_2 = 2$ cm², e a velocidade média da água na seção de entrada do bocal é $V_1 = 4,0$ m/s. Considerando os efeitos viscosos desprezíveis, determine a pressão manométrica da água na seção de entrada do bocal.

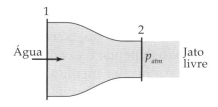

Figura Er4.8

Solução

a) Dados e considerações
Inicialmente observamos que:
- O fluido é água a 20°C, logo: $\mu = 1,00$ E-3 Pa.s; $\rho = 998,2$ kg/m³.
- $A_1 = 10$ cm²; $A_2 = 2$ cm²; e $V_1 = 4,0$ m/s.

As hipóteses adotadas para a solução do problema são:
- Os efeitos viscosos são desprezíveis, ou seja: a viscosidade do fluido é aproximadamente nula.
- O escoamento é uniforme nas seções 1 e 2.
- O escoamento ocorre em regime permanente.
- O fluido é incompressível.

b) Análise e cálculos
Com base nesse conjunto de hipóteses, podemos aplicar a equação de Bernoulli entre dois pontos localizados sobre uma linha de corrente.

Consideremos a linha de corrente indicada na Figura Er4.8-a. Aplicando a equação de Bernoulli entre os pontos e e s, obtemos:

$$\frac{p_e}{\gamma} + \frac{V_e^2}{2g} + z_e = \frac{p_s}{\gamma} + \frac{V_s^2}{2g} + z_s$$

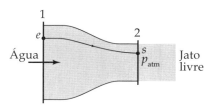

Figura Er4.8-a

Como o escoamento é uniforme, podemos dizer que $V_e = V_1$ e que $V_s = V_2$.

Sabemos que, como o bocal tem o seu eixo de simetria posicionado na horizontal, $z_e = z_s$.

Adotando a escala manométrica de pressões, como a pressão p_s é igual à atmosférica, temos: $p_s = 0$. Obtemos, então:

$$\frac{p_1}{\gamma} + \frac{V_1^2}{2g} = \frac{V_2^2}{2g} \Rightarrow p_1 = \frac{\rho(V_2^2 - V_1^2)}{2}$$

O enunciado nos fornece a velocidade de entrada no bocal e os valores das áreas das seções transversais de entrada e de saída do bocal. Aplicando o princípio de conservação da massa para o volume de controle delimitado pelas seções 1 e 2 e pela superfície interna do bocal, levando em consideração as hipóteses adotadas, obtemos:

$$\dot{m}_1 = \dot{m}_2 \Rightarrow \rho_1 A_1 V_1 = \rho_2 A_2 V_2$$

Como o fluido é incompressível, a massa específica é constante ($\rho_1 = \rho_2$), o que resulta em:

$$V_2 = \frac{A_1}{A_2} V_1$$

Combinando essa expressão com o resultado da aplicação da equação de Bernoulli, obtemos a pressão desejada:

$$p_1 = \frac{\rho}{2}\left[\left(\frac{A_1}{A_2}\right)^2 - 1\right] V_1^2$$

Como a água está a 20°C, sua massa específica é igual a 998,2 kg/m³:

$$p_1 = \frac{998,2}{2}\left[\left(\frac{10}{2}\right)^2 - 1\right] 4^2 \Rightarrow$$

$p_1 = 191,7$ kPa

Er4.9 Um fluido é descarregado de um tanque muito grande através de um orifício na sua base – veja a Figura Er4.9. Estime a velocidade de descarga da água quando o nível do tanque h for igual a 4,0 m.

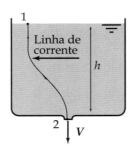

Figura Er4.9

Solução

a) Dados e considerações
- Pede-se V_2 para $h = 4,0$ m.
As hipóteses adotadas para a solução do problema são:
- Os efeitos viscosos são desprezíveis, ou seja, a viscosidade do fluido é aproximadamente nula.
- O escoamento é uniforme no orifício.
- O escoamento ocorre em regime permanente.
- O fluido é incompressível.
- O tanque tem grande diâmetro e assim podemos considerar $V_1 \cong 0$.
- As pressões p_1 e p_2 são iguais à atmosférica.

b) Análise e cálculos
Com base nesse conjunto de hipóteses, podemos aplicar a equação de Bernoulli entre dois pontos localizados sobre a linha de corrente ilustrada na Figura Er4.9, resultando em:

$$\frac{p_1}{\gamma} + \frac{V_1^2}{2g} + z_1 = \frac{p_2}{\gamma} + \frac{V_2^2}{2g} + z_2$$

Como o escoamento é uniforme na seção ao longo do orifício de descarga, podemos dizer que a velocidade no ponto 2 corresponde à velocidade de descarga do fluido.

Observando que $V_1 \cong 0$, $p_1 = p_2$ e que $z_1 - z_2 = h$, obtemos:
$V_2 = \sqrt{2gh} = 8,86$ m/s.

Devemos notar que, devido ao fato de termos considerado o fluido como não viscoso, o resultado obtido não depende das suas propriedades. Assim, na medida em que essa hipótese for aceitável, poderemos dizer que a velocidade de descarga não depende do fluido em si.

Er4.10 Água a 20°C é lançada no meio ambiente após escoar através de um bocal convergente-divergente, conforme esquematizado na Figura Er4.10. Os diâmetros do bocal são: $d_1 = 5$ cm; $d_2 = 3,2$ cm; e $d_3 = 4$ cm.

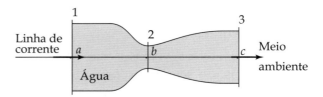

Figura Er4.10

Sabendo que a água é admitida nesse bocal com a velocidade $V_1 = 5,0$ m/s, que a pressão atmosférica local é igual a 100 kPa e desprezando-se os efeitos viscosos, pede-se para estimar a velocidade e a pressão da água na garganta e na seção de admissão do bocal.

Solução

a) Dados e considerações
- Fluido: o fluido é água a 20°C; logo: $\mu = 1,00$ E-3 Pa.s; $\rho = 998,2$ kg/m³;
- $d_1 = 5$ cm; $d_2 = 3,2$ cm; e $d_3 = 4$ cm.
- $p_{atm} = 100$ kPa.

As hipóteses adotadas para a solução do problema são:
- os efeitos viscosos são desprezíveis, ou seja, a viscosidade do fluido é aproximadamente nula;
- o escoamento é uniforme nas seções 1, 2 e 3;
- o escoamento ocorre em regime permanente;
- o fluido é incompressível;
- o eixo de simetria do bocal é horizontal.

b) Análise e cálculos

Denominemos, inicialmente, dois volumes de controle. O primeiro, delimitado pelas seções 1, 2 e pela superfície interna do bocal, será denominado VC_1; o segundo, delimitado pelas seções 1, 3 e pela superfície interna do bocal, denominado VC_2.

Como conhecemos a velocidade de entrada no bocal e a sua geometria, aplicaremos a equação da conservação da massa ao volume de controle VC_1. Devido às hipóteses adotadas, obteremos como resultado:

$$\dot{m}_1 = \dot{m}_2 \Rightarrow \rho_1 A_1 V_1 = \rho_2 A_2 V_2 \Rightarrow$$

$$V_2 = 12,21 \text{ m/s}$$

Aplicando a equação da conservação da massa ao volume de controle VC_2, obtemos:

$$\dot{m}_1 = \dot{m}_3 \Rightarrow \rho_1 A_1 V_1 = \rho_3 A_3 V_3 \Rightarrow$$

$$V_3 = 7,81 \text{ m/s}$$

Avaliemos, agora, a pressão na seção de admissão do bocal. Para tal, podemos aplicar a equação de Bernoulli entre dois pontos localizados sobre uma linha de corrente. Por esse motivo, elegeremos para trabalhar a linha de corrente indicada na Figura Er4.8.

Aplicando a equação de Bernoulli entre os pontos a e c, obtemos:

$$\frac{p_a}{\gamma} + \frac{V_a^2}{2g} + z_a = \frac{p_c}{\gamma} + \frac{V_c^2}{2g} + z_c$$

Sabemos que, como o bocal tem o seu eixo de simetria posicionado na horizontal, $z_a = z_b = z_c$.

Adotando a escala manométrica de pressões, lembrando que a pressão de descarga é igual à atmosférica, temos: $p_c = 0$. Obtemos, então:

$$\frac{p_a}{\gamma} + \frac{V_a^2}{2g} = \frac{V_c^2}{2g} \Rightarrow p_a = \frac{\rho(V_c^2 - V_a^2)}{2}$$

Como os escoamentos nas seções 1, 2 e 3 são uniformes, sabemos que $V_1 = V_a$, $V_2 = V_b$ e $V_3 = V_c$.

Como a água está a 20°C, sua massa específica é igual a 998,2 kg/m³. Logo:

$$p_a = \frac{998,2}{2}\left[7,81^2 - 5,0^2\right] = p_1$$

$$\Rightarrow p_1 = 18,0 \text{ kPa}$$

Avaliemos, agora, a pressão na garganta do bocal. Aplicando a equação de Bernoulli entre os pontos b e c, obtemos:

$$\frac{p_b}{\gamma} + \frac{V_b^2}{2g} + z_b = \frac{p_c}{\gamma} + \frac{V_c^2}{2g} + z_c$$

Lembrando que $z_b = z_c$, que optamos por trabalhar com a escala manométrica de pressões, que $p_c = 0$, obtemos:

$$p_b = \frac{998,2}{2}\left[7,81^2 - 12,21^2\right] =$$

$$\Rightarrow p_2 = -43,91 \text{ kPa}$$

Ou seja: a pressão na garganta do bocal é menor do que a ambiente.

Er4.11 Para medir a velocidade de ar a 50°C e com a pressão manométrica de 2,0 bar, optou-se pelo uso de um tubo de Pitot acoplado a um manômetro em U que utiliza óleo como fluido manométrico. Sabendo que a densidade relativa do óleo é igual a 0,82, que a pressão atmosférica local é igual a 93 kPa e que a deflexão no manômetro é igual a 200 mm, pergunta-se: qual é o valor da velocidade medida?

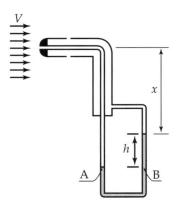

Figura Er4.11

Solução

a) Dados e considerações
São dados:
- fluido: ar a 50°C a $p_{man} = 2,0$ bar.
- fluido manométrico: óleo com $d_r = 0,82$.
- pressão atmosférica local: 93 kPa.

As hipóteses adotadas para a solução do problema são:
- os efeitos viscosos são desprezíveis no campo de escoamento próximo ao tubo de Pitot, ou seja: a viscosidade do fluido é aproximadamente nula;
- o escoamento ocorre em regime permanente;
- o fluido é compressível, mas a sua massa específica permanece constante no entorno do tubo Venturi;
- o escoamento ocorre na horizontal.

b) Análise e cálculos

Conforme visto no item 4.8, a velocidade do escoamento é correlacionada com a pressão de estagnação p_o, com a pressão estática p e com a massa específica do ar, ρ, por meio da Equação (4.52):

$$V = \left[2\frac{(p_o - p)}{\rho}\right]^{1/2}$$

Avaliemos inicialmente a massa específica do ar que está na temperatura $T = 50°C$ e na pressão manométrica $p = 2,0$ bar $= 200$ kPa. Tratando-o como um gás ideal com constante igual a 0,287 kJ/(kg·K), lembrando que tanto a temperatura quanto a pressão devem ser tomadas em escalas absolutas e que a pressão atmosférica local é igual a 93 kPa, obtemos:

$$\frac{p}{\rho} = RT \Rightarrow \rho = (200 + 93) /$$

$$(0,287 \cdot (50 + 273,15)) \Rightarrow$$

$$\rho = 3,159 \text{ kg/m}^3$$

Determinemos, agora, a diferença entre as pressões de estagnação e estática. Para isso, vamos analisar o manômetro utilizado para medi-la.

Observe os pontos A e B da Figura Er4.9. Eles estão localizados sobre uma horizontal em uma massa contínua de fluido e, então, as pressões nesses pontos serão iguais, $p_A = p_B$.

Essas pressões serão iguais a:

$p_A = \gamma h + \gamma x + p_o$

$p_B = \gamma_{óleo} h + \gamma x + p$

Nessas equações o peso específico do ar é $\gamma = \rho g$ e o do óleo é $\gamma_{óleo} = \rho_{óleo} g$. Manipulando essas equações, obtemos: $p_o - p = (\gamma_{óleo} - \gamma) h$.

Como a densidade relativa do óleo é igual a 0,82, sua massa específica será igual a 820 kg/m³.

E a diferença de pressões desejada será:

$p_o - p = (820 - 3,159) \cdot 9,81 \cdot 0,200 =$
$= 1603$ Pa.

Logo: $V = \left[2 \dfrac{(p_o - p)}{\rho} \right]^{1/2} = 31,9$ m/s

4.16 EXERCÍCIOS PROPOSTOS

Ep4.1 Utilizando um procedimento experimental, um engenheiro determinou a viscosidade de um óleo a 20°C e a 100°C, obtendo, respectivamente, os seguintes valores: 1,0 Pa.s e 0,01 Pa.s. Estime a viscosidade desse óleo a 60°C.

Resp.: 0,076 Pa.s.

Ep4.2 Estime a viscosidade de um gás a 150°C sabendo que esse fluido apresenta a 0°C e a 100°C viscosidades iguais a 10-5 Pa.s e 1,5 E-5 Pa.s.

Resp.: 1,76 E-5 Pa.s.

Ep4.3 Água a 20°C escoa entre duas placas planas paralelas horizontais estáticas que distam entre si 2,0 mm, conforme esquematizado na Figura Ep4.3. Sabe-se que a velocidade média da água é igual a 0,5 m/s. Adotando o sistema de ordenadas sugerido na figura, pede-se para determinar: o número de Reynolds do escoamento e verificar se ele é laminar ou turbulento; a velocidade máxima do escoamento e o perfil de velocidades do escoamento em função dessa velocidade; e a tensão de cisalhamento para $y = 0$ e $y = 0,5$ mm.

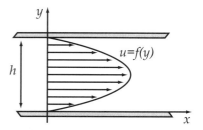

Figura Ep4.3

Ep4.4 Determine a força necessária para puxar um bloco de aço depositado sobre uma superfície lisa horizontal recoberta por uma fina camada de óleo lubrificante com velocidade constante igual a 5,0 m/s. Suponha que a área de contato entre o bloco e a superfície seja igual a 0,1 m², a espessura do filme de óleo formado entre o bloco e a superfície seja igual a 0,1 mm, a viscosidade do óleo seja 0,1 Pa.s e que o perfil de velocidades no filme de óleo seja linear.

Resp.: 500 N.

Ep4.5 Em um equipamento mecânico, utiliza-se um guia cilíndrico com diâmetro externo $d = 50$ mm, lubrificado com óleo com viscosidade dinâmica 0,2 Pa.s, sobre o qual desliza um apoio anular. Veja a Figura Ep4.5.

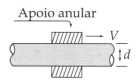

Figura Ep4.5

Determine a força necessária para movimentar o apoio com velocidade de 1 m/s considerando que a folga existente entre as partes é igual a 0,1 mm e que o comprimento do apoio é igual a 50 mm.

Resp.: 15,7 N.

Ep4.6 Considere um cilindro giratório e uma cavidade cilíndrica fixa concêntricos com 0,1 m de comprimento. Sabe-se que o raio do cilindro é $r_1 = 25$ mm e que a folga radial entre o cilindro e a cavidade é igual a 2,0 mm.

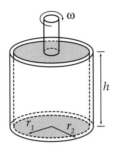

Figura Ep4.6

Supondo que a distribuição de velocidades do fluido presente entre a superfície externa do cilindro giratório e a cavidade fixa é linear e que o cilindro gira a 200 rpm, determine a viscosidade do fluido se o torque aplicado no cilindro giratório for igual a 0,002 N·m. Considere que haja fluido apenas entre as superfícies verticais.

Resp.: 0,0195 Pa.s.

Ep4.7 Considere um cilindro giratório e uma cavidade cilíndrica fixa concêntricos com altura $h = 0,1$ m, conforme ilustrado na Figura Ep4.6. Sabe-se que o raio externo do cilindro é $r_1 = 25$ mm e que a folga radial entre o cilindro e a cavidade é igual a 2,0 mm. Supondo que a distribuição de velocidades do fluido presente entre a superfície externa do cilindro giratório e a cavidade fixa é por uma expressão do tipo: $V(r) = (a/r) - br$ e que o cilindro gira a 200 rpm, determine a viscosidade do fluido se o torque aplicado no cilindro giratório for igual a 0,002 N·m. Considere que haja fluido apenas entre as superfícies verticais.

Ep4.8 Dois blocos A e B com massas $M_a = 14$ kg e $M_b = 15$ kg encontram-se apoiados sobre um sólido com faces inclinadas, conforme indicado na Figura Ep4.8. Os blocos encontram-se unidos por um fio de massa desprezível apoiado sobre uma roldana que se movimenta sem atrito.

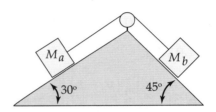

Figura Ep4.8

Sabe-se que entre os blocos e o sólido está formada uma película de óleo lubrificante com espessura de 0,2 mm, as áreas de contato entre os blocos A e B e o sólido são iguais a 100 cm² e que a viscosidade dinâmica do óleo é igual a 0,1 Pa.s. Supondo que o perfil de velocidades na camada de óleo seja linear, pede-se para determinar a tensão no cabo e a velocidade terminal dos blocos.

Resp.: 86,4 N; 3,54 m/s.

Ep4.9 Um óleo lubrificante tem viscosidade igual a 0,10 Pa.s na temperatura de 300 K e 0,01 Pa.s a 400 K. Estime a sua viscosidade a 77°C.

Resp.: 0,0268 Pa.s.

Ep4.10 Considere o viscosímetro esquematizado na Figura Ep4.6. Considere, agora, que somente há fluido entre a superfície horizontal inferior do cilindro móvel e a superfície horizontal da cavidade e que a folga entre essas superfícies é igual a 1,0 mm. Sabe-se que o diâmetro externo do cilindro móvel é igual a 120 mm, que a viscosidade do fluido existente nesta folga é igual a 0,1 Pa.s e que o perfil de velocidades desenvolvido é linear. Pergunta-se: qual deve ser o torque necessário para fazer o cilindro móvel girar a 300 rpm?

Ep4.11 Uma placa de aço com massa igual a 10 kg escorrega sobre um fino filme de óleo lubrificante existente sobre um plano inclinado de 20°. Considere que a superfície de contato entre a placa e o plano tem área igual a 100 cm², que a espessura do filme é igual a 0,2 mm e que a viscosidade dinâmica do óleo é igual a 0,05 Pa.s. Calcule a velocidade terminal da placa supondo que o perfil de velocidades no óleo seja linear.

Resp.: 13,4 m/s.

Ep4.12 Uma força horizontal com módulo igual a 10 N é aplicada em uma placa de aço com massa igual a 10 kg, inicialmente em repouso, depositada sobre uma superfície horizontal lisa recoberta por uma fina camada de óleo lubrificante. Devido à ação da força, o bloco é movimentado segundo uma trajetória retilínea durante o período de 5 s, após o qual a força é anulada. Suponha que a área de contato entre o bloco e a superfície seja igual a 1000 cm², a espessura do filme de óleo formado entre o bloco e a superfície seja igual a 0,1 mm, a viscosidade do óleo seja igual a 0,1 Pa.s e que o perfil de velocidades no filme de óleo seja linear. Determine o espaço percorrido pelo bloco e a sua velocidade terminal.

Ep4.13 Na Figura Ep4.13 está esquematizado um eixo de acionamento de um equipamento que gira a 1200 rpm apoiado em dois mancais de deslizamento com largura igual a 80 mm. Os diâmetros do eixo sobre os quais estão montados os mancais são iguais a 50 mm e 65 mm. Supondo que o óleo lubrificante tenha viscosidade 0,1 Pa.s e que nos dois mancais a folga entre o eixo e o mancal é a mesma, 0,5 mm, pede-se para determinar a potência e o torque necessários para vencer os efeitos viscosos. Para a solução do problema, considere que os perfis de velocidades formados sejam lineares.

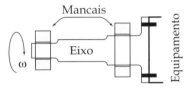

Figura Ep4.13

Resp.: 79,4 W; 0,632 N·m.

Ep4.14 Uma placa de aço com massa igual a 10 kg, depositada sobre uma superfície horizontal lisa recoberta por uma fina camada de óleo lubrificante, é movimentada segundo uma trajetória retilínea por uma força constante horizontal F, de forma que em determinado instante sua velocidade é igual a 5,0 m/s e sua aceleração é igual a 3 m/s². Suponha que a área de contato entre a placa e a superfície seja igual a 100 cm², a espessura do filme de óleo formado entre a placa e a superfície seja igual a 0,1 mm, a viscosidade do óleo seja igual a 0,1 Pa.s e que o perfil de velocidades no filme de óleo seja linear. Determine o módulo da força F.

Ep4.15 Água com massa específica 1000 kg/m³ e viscosidade dinâmica 0,001

Pa.s escoa com $Re = 2000$ em um tubo com diâmetro interno igual a 4 mm. Avalie a tensão de cisalhamento junto à superfície interna do tubo e na posição definida por $r = 1,0$ mm.

Resp.: 1,0 Pa; 0,5 Pa.

Ep4.16 Água na fase líquida a 20°C escoa em um duto com diâmetro interno igual a 50 mm. Considerando que a transição do regime de escoamento de laminar para turbulento se dá quando $Re = 2300$, pergunta-se: qual é a velocidade média do escoamento para a qual ocorre essa transição?

Resp.: 0,046 m/s.

Ep4.17 Resolva o problema Ep4.16 considerando que o fluido é ar a 150 kPa (abs.) e 27°C.

Resp.: 0,491 m/s.

Ep4.18 Um escoamento plano é descrito pelo perfil de velocidade $V = 2xt\,i - 2yt\,j$, onde as variáveis x e y são medidas em metros e o tempo t em segundos, resultando em velocidade em m/s. Determine ao módulo da velocidade do escoamento no ponto (3,2) no instante $t = 3,0$ s.

Resp.: 21,6 m/s.

Ep4.19 Um escoamento plano é descrito pelo perfil de velocidade $V = 4(x+y)t\,i - 2(x-y)\,j$, onde as variáveis x e y são medidas em metros e o tempo t em segundos, resultando em velocidade em m/s. Determine o módulo da velocidade do escoamento no ponto (3,3) quando $t = 1,0$ s.

Resp.: 24 m/s.

Ep4.20 Um escoamento plano é descrito pelo perfil de velocidade $V = 4xt\,i - 2y\,j$, onde as variáveis x e y são medidas em metros e o tempo t em segundos, resultando em velocidade em m/s. Determine a aceleração do escoamento no ponto (2,2) no instante $t = 2,0$ s.

Resp.: $a = 136i + 8j$.

Ep4.21 Um escoamento plano é descrito pelo perfil de velocidade $V = 4(x+y)t\,i - 2(x-y)\,j$, onde as variáveis x e y são medidas em metros e o tempo t em segundos, resultando em velocidade em m/s. Determine a aceleração do escoamento neste ponto (1,1) quando $t = 1,0$ s.

Resp.: $a = 40i - 16j$ m/s².

Ep4.22 Um escoamento plano é descrito pelo perfil de velocidade $V = 4y\,i + 2xt\,j$, onde as variáveis x e y são medidas em metros e o tempo t em segundos, resultando em velocidade em m/s. Determine a aceleração do escoamento no ponto (1,1) no instante $t = 1,0$ s.

Resp.: $a = 8i + 10j$ m/s²

Ep4.23 Um escoamento plano é descrito pelo seguinte perfil de velocidade $V = 4yt\,i + 3xt\,j$ onde as variáveis x e y são medidas em metros e o tempo t em segundos, resultando em velocidade em m/s. Determine o módulo da aceleração do escoamento no ponto (1,1) no instante $t = 1,0$ s.

Resp.: 21,9 m/s².

Ep4.24 Um escoamento plano é descrito pelo seguinte perfil de velocidade $V = 2x^2 i + 2y^2 j$ onde as variáveis x e y são medidas em metros e o tempo t em segundos, resultando em velocidade em m/s. Determine os módulos da velocidade e da aceleração do fluido no ponto (2,2).

Resp.: 11,3 m/s; 90,5 m/s².

Ep4.25 Água a 20°C escoa em um bocal convergente com diâmetros de entrada e de saída iguais a, respectivamente, 6 cm e 3 cm, produzindo um jato que é lançado em um ambiente à pressão atmosférica. Se a velocidade de saída do jato é igual a 40 m/s, determine a velocidade e a pressão manométrica da água na entrada no bocal. Considere que os efeitos viscosos sejam desprezíveis.

Resp.: 10 m/s; 748,7 kPa.

Ep4.26 Considere a Figura Ep4.26. O tanque cilíndrico, com diâmetro igual a 3,0 m, é alimentado com 20 m³/h de água a 20°C. No fundo do tanque há um furo com diâmetro igual a 5 cm. Considere que a água é um fluido não viscoso. Determine a vazão mássica de água através do furo no instante em que a cota h for igual a 4,0 m e a velocidade com a qual o nível da água está se movimentando nesse mesmo instante.

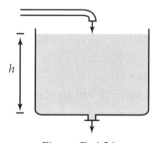

Figura Ep4.26

Resp.: 17,4 kg/s; 1,7 mm/s (descendo).

Ep4.27 Um tanque cilíndrico vertical – veja a Figura Ep4.26 – com diâmetro igual a 4,0 m e altura interna igual a 10 m existente em uma unidade industrial recebe dejetos líquidos de diversas procedências à razão de 25 m³/h. Considere que esses dejetos podem ser considerados como se fossem água a 20°C, que a viscosidade da água pode ser desprezada e que os dejetos são descarregados à pressão atmosférica através de um tubo muito curto com diâmetro interno igual a 55 mm. Pergunta-se:

a) O tanque transbordará?
b) Qual é a altura máxima do nível de dejetos no tanque?
c) Qual é a vazão volumétrica máxima de descarga dos dejetos?

Resp.: não; 0,435 m; 25 m³/h.

Ep4.28 Um fluido com massa específica 740 kg/m³ escoa em um tubo inclinado 30° com a horizontal no sentido ascendente. O tubo apresenta, conforme ilustrado na Figura Ep4.28, uma expansão de diâmetro de modo que, na sua parte inferior, o seu diâmetro interno é igual a 30 mm e, na superior, igual a 50 mm. Sabendo que os comprimentos m e n são iguais a, respectivamente, 8,0 m e 6,0 m e que a pressão manométrica e a velocidade média do fluido na seção 1 são iguais a 50 kPa e 5,0 m/s, pede-se para determinar a pressão manométrica e a velocidade do fluido na seção 3.

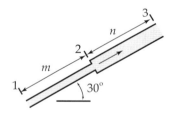

Figura Ep4.28

Resp.: 1,8 m/s; 7,23 kPa.

Ep4.29 Água a 20°C é armazenada em um tanque de seção cilíndrica cujo diâmetro interno é igual a 1000 mm. Veja a Figura Ep4.29. A esse tanque está conectada uma tubulação horizontal com comprimento de 3,0 m e diâmetro interno igual a 20 mm. Se $h = 5,0$ m e se pudermos desprezar os efeitos viscosos, qual será a vazão esperada? Qual é a velocidade média mínima no duto para a qual ainda podemos considerar o escoamento turbulento?

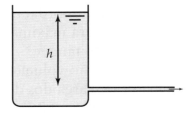

Figura Ep4.29

Resp.: 3,11 litros/s; 0,115 m/s.

Ep4.30 Uma caixa-d'água, com área de sua seção transversal igual a 5,0 m², é alimentada à razão de 36 m³/h e descarregada através de um orifício com diâmetro igual a 40 mm. Considere que a velocidade média de saída da água possa ser avaliada, mesmo que pobremente, em função do nível da água acima do orifício (h), partindo da hipótese de que a viscosidade da água é nula. Em um determinado instante, o nível da caixa-d'água é igual a 3,0 m. Para esse instante, considerando que a água está a 20°C, estime a vazão volumétrica de descarga da caixa e a taxa de variação do nível da caixa com o tempo.

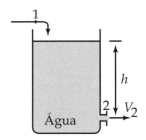

Figura Ep4.30

Resp.: 9,64 litros/s; 4,27 mm/min.

Ep4.31 Considere a Figura Ep4.31. O tanque cilíndrico tem diâmetro igual a 1,0 m e contém água a 20°C. Na parede lateral do tanque há um orifício com diâmetro igual a 2,0 cm. Considere que a água é um fluido não viscoso e que o ar existente sobre a superfície da água é mantido na pressão manométrica de 20 kPa por um suprimento externo. Determine a vazão volumétrica de água através do furo no instante em que a cota h for igual a 2,0 m. Se a vazão mássica de água através do furo for igual a 2,8 kg/s, qual será a velocidade com a qual o nível da água está se movimentando?

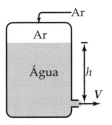

Figura Ep4.31

Resp.: 2,8 L/s; 3,6 mm/s.

Ep4.32 Aquaristas costumeiramente realizam um trabalho que consiste em aspirar água próxima ao fundo do aquário utilizando um sifão. Veja a Figura Ep4.32. O objetivo dessa ação é o de retirar, juntamente com a água, detritos depositados, melhorando assim a qualidade da água que permanece no aquário.

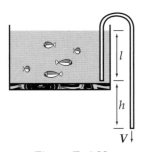

Figura Ep4.32

Suponha que o sifão seja constituído por uma mangueira plástica com diâmetro interno igual a 10 mm, que as dimensões l e h sejam, respectivamente, 500 mm e 300 mm. Considerando que o aquário está a 28°C e que a perda de carga no escoamento pode ser desprezada, determine a vazão de água aspirada.

Resp.: 0,31 litros/s.

Ep4.33 Considere o esquema da Figura Ep4.32. Suponha que o sifão seja constituído por uma mangueira plástica com diâmetro interno igual a 12 mm, que a dimensões l seja igual a 300 mm. Considerando que o aquário está a 20°C e que a perda de carga no escoamento pode ser desprezada, determine o valor da dimensão h para a qual o número de Reynolds do escoamento se torna igual a 40000. Determine, para essa condição, a vazão de água descarregada do aquário.

Ep4.34 Como visto ao estudar termodinâmica, quando reduzimos a pressão de um líquido mantendo a sua temperatura constante, podemos eventualmente promover a sua vaporização. Esse efeito pode ser observado em escoamentos nos quais, localmente, a pressão do fluido é reduzida, atingindo a sua pressão de saturação e formando bolhas de vapor que, ao implodirem, promovem danos físicos aos materiais presentes na sua vizinhança. Esse fenômeno é denominado cavitação. Água a 20°C escoa em um bocal convergente divergente com diâmetros $d_1 = d_3 = 5,0$ cm e $d_2 = 2,5$ cm, conforme indicado na Figura Ep4.34. A pressão absoluta na seção de descarga do bocal é igual a 120 kPa.

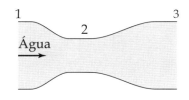

Figura Ep4.34

Supondo que os efeitos viscosos podem ser desprezados e que o escoamento ocorre em regime permanente, determine a vazão mássica máxima de água através do bocal de forma que efeitos de cavitação não sejam observados.

Resp.: 7,77 kg/s.

Ep4.35 Em um equipamento de aplicação de defensivos agrícolas em lavouras, a pulverização de uma solução aquosa de um determinado tipo de defensivo é promovida pela passagem de ar comprimido através de um bocal convergente-divergente. A redução da pressão na garganta do bocal suga o defensivo que é admitido na corrente de ar, sendo por ela pulverizado e lançado no meio ambiente. Considere que as propriedades da solução podem ser tomadas como sendo iguais às da água a 20°C, $d_1 = d_3 = 2,4$ cm, $d_2 = 0,8$ cm, $H = 200$ mm, que o ar seja descarregado do dispositivo a 20°C, que $p_{atm} = 95$ kPa e que os efeitos viscosos podem ser desprezados. Supondo, em primeira aproximação, que o escoamento do ar seja incompressível, determine a pressão manométrica máxima na garganta do bocal para a qual a solução é sugada pelo ar em movimento. Para essa condição, pede-se para avaliar a vazão mássica mínima de ar requerida para que o equipamento inicie sua operação.

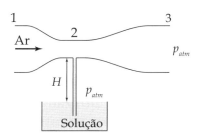

Figura Ep4.35

Resp.: –1,96 kPa; 3,36 g/s.

Ep4.36 Um tubo Venturi é um instrumento destinado à medida da vazão de fluidos cuja geometria se assemelha à de um bocal convergente-divergente, conforme esquematizado na Figura Ep4.36. A medição de vazão se dá por meio da medição da diferença entre as pressões estáticas do escoamento entre a seção de entrada do tubo Venturi e a sua garganta, que no caso esquematizado é realizada por intermédio de um manômetro em U. Desprezando os efeitos viscosos, desenvolva uma expressão que forneça a vazão volumétrica através do tubo Venturi em função das seguintes grandezas: diâmetro da seção de entrada do instrumento, d_1, diâmetro da sua garganta, d_2, massa específica do fluido escoando, ρ, massa específica do fluido manométrico, ρ_m, e da deflexão do manômetro, h.

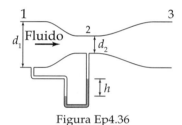

Figura Ep4.36

Resp.: $(\pi d_2^2 / 4)\sqrt{\dfrac{2gh(\rho_m - \rho)}{\rho(1 - (d_2/d_1)^4)}}$.

Ep4.37 Vazão de água a 20°C é medida com um tubo Venturi conforme esquematizado na Figura Ep4.36. Sabendo-se que $d_1 = 6$ cm, $d_2 = 3$ cm, que a pressão absoluta na seção 3 é igual a 120 kPa, que o fluido manométrico utilizado é mercúrio, e que os efeitos viscosos podem ser desprezados, pede-se para determinar, quando a deflexão do manômetro for igual a 100 mm, a vazão de água e a pressão absoluta na garganta do medidor.

Resp.: 3,63 litros/s; 7,68 kPa.

Ep4.38 Um jato de água a 20°C é produzido por um bocal convergente e lançado sobre uma placa, conforme esquematizado na Figura Ep4.38. Sabe-se que $d_1 = 4,0$ cm, $d_2 = 2,0$ cm, que $h_1 = 200$ mm, $L = 300$ mm e que os dois manômetros utilizam mercúrio como fluido manométrico. Considerando os efeitos viscosos desprezíveis, pede-se para determinar a vazão mássica de água, a pressão manométrica na seção de entrada do bocal e a deflexão do manômetro 2.

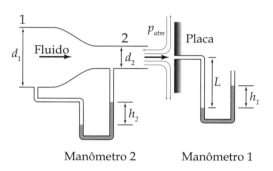

Figura Ep4.38

Resp.: 2,16 kg/s; 22,2 kPa; 180 mm.

Ep4.39 Um bocal produz um jato de água a 20°C que sustenta uma placa, conforme indicado na Figura Ep4.39.

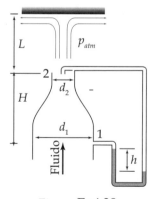

Figura Ep4.39

Determine a vazão mássica de água, a pressão na seção de admissão do bocal e a pressão de estagnação da água na placa sabendo que o fluido manométrico é mercúrio, $L = 1,0$ m, $H = 2,0$ m, $h = 150$ mm, que os diâmetros nas seções 1 e 2 são, respectivamente, 5 cm e 2 cm e que os efeitos viscosos podem ser desprezados.

Resp.: 11,9 kg/s; 722,6 kPa; 711,7 kPa.

Ep4.40 Utiliza-se um tubo de Pitot para medir a velocidade do ar que escoa em um duto a 2,0 bar (man.) e 300 K. O fluido manométrico utilizado é óleo com massa específica igual a 800 kg/m³. A diferença de altura dos níveis das colunas de óleo lida no manômetro é igual a 15,0 mm e a pressão atmosférica local é igual a 93 kPa. Pergunta-se: qual é o valor medido da velocidade do ar? Para medir essa velocidade, seria razoável utilizar mercúrio no manômetro? Considere que a densidade relativa do mercúrio é igual a 13,6. Justifique sua resposta.

Resp.: 8,31 m/s; não.

Ep4.41 Desejando-se determinar a vazão mássica de um óleo com densidade relativa igual a 0,8 em um duto horizontal com diâmetro interno igual a 100 mm, fez-se uma medida de velocidade na linha de centro do duto utilizando-se um tubo de Pitot. O diferencial de pressões medido foi igual a 200 mmca. Sabendo-se que a viscosidade dinâmica do óleo é igual a 0,1 Pa.s, e supondo que a velocidade medida é representativa da velocidade média do escoamento, pede-se para determinar a vazão mássica de óleo no duto. A hipótese de que a velocidade medida é representativa da velocidade média do escoamento é razoável? Justifique a sua resposta.

Resp.: 13,9 kg/s; não.

Ep4.42 Desejando-se determinar a vazão mássica de ar a 300 K e 2,0 bar (man.) em um duto horizontal com diâmetro interno igual a 500 mm, fez-se uma medida de velocidade na linha de centro do duto utilizando-se um tubo de Pitot. Sabendo-se que a pressão atmosférica local é igual a 93 kPa e que o diferencial de pressões medido foi igual a 600 mmca. Pergunta-se: qual é o valor da velocidade medida?

Resp.: 58,8 m/s.

Ep4.43 Em um recipiente cilíndrico vertical, armazena-se água a 20°C, conforme ilustrado na Figura Ep4.43. Supondo que a viscosidade da água pode ser desprezada, desconsiderando-se os efeitos da resistência do ar e sabendo-se que $N = 0,8$ m, $M = 1,0$ m e $L = 0,5$ m, determine a velocidade da água na seção de descarga e a pressão manométrica do ar para que o jato formado atinja o solo a uma distância $x = 2,5$ m.

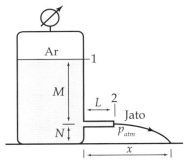

Figura Ep4.43

Resp.: 4,95 m/s; 2,45 kPa.

Ep4.44 A Figura Ep4.44 ilustra um eixo maciço de alumínio com diâmetro $D = 20$ mm que gira com rotação constante desenrolando o fio conforme o corpo esférico com massa M desce. A folga entre o eixo e cada um dos mancais é uniforme, igual a 0,2 mm, e foi preenchida com óleo cuja viscosidade a 20°C é 0,05 Ns/m². Considerando-se que o corpo esférico é, também, de alumínio com densidade relativa igual a 2,66 e raio igual a 25 mm, a aceleração da gravidade é igual a 9,81 m/s², L = 30 mm e o perfil de velocidade na folga é linear, pede-se para determinar:

a) a velocidade de rotação do eixo;
b) a tensão de cisalhamento no óleo junto à superfície do eixo.

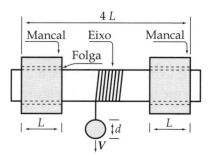

Figura Ep4.44

Resp.: 1728 rpm; 453 Pa.

Ep4.45 Um eixo acionado por um motor elétrico gira em um mancal lubrificado com óleo a 200 rpm. O óleo possui viscosidade absoluta μ = 0,72 Ns/m², conforme mostrado na Figura Ep4.45. Sabe-se que o diâmetro do eixo é igual a 100 mm, L = 120 mm e a folga radial existente entre o eixo e o mancal é igual a 0,3 mm.

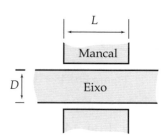

Figura Ep4.45

Determine a perda de potência nesse apoio considerando que o perfil de velocidades desenvolvido no óleo é linear. Lembre-se que potência pode ser definida como o produto do torque pela velocidade angular.

Resp.: 99,2 W.

Ep4.46 Um bloco cilíndrico com diâmetro D = 5,0 cm e comprimento L = 10,0 cm desliza sobre uma meia calha com raio igual a 2,52 cm, inclinada 30° em relação à horizontal, conforme indicado na Figura Ep4.46. Entre o bloco e a meia calha existe um fino filme de óleo lubrificante com espessura h = 0,2 mm, cuja viscosidade dinâmica é igual a 0,2 Pa.s, que preenche uma folga radial. Sabendo que a densidade relativa do bloco é igual 7,85, pede-se para calcular a velocidade terminal do bloco, supondo que o perfil de velocidades no óleo seja linear, e a tensão de cisalhamento na camada de óleo junto à meia calha.

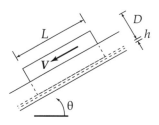

Figura Ep4.46

Resp.: 0,963 m/s; 963 Pa.

Ep4.47 O tanque da Figura Ep4.47 é abastecido com água a 20°C com vazão volumétrica de 0,030 m³/s. Água é descarregada pela seção 2, de diâmetro D_2 = 0,1 m, com velocidade média de 3 m/s. Qual deve ser o menor diâmetro D_3 para satisfazer a condição de escoamento laminar e, simultaneamente, manter o nível do reservatório inalterado? Qual é o valor da velocidade média observada na seção 3 que satisfaz o quesito anterior?

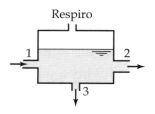

Figura Ep4.47

Resp.: 3,56 m; 6,48 E-4 m/s.

Ep4.48 Calcule a velocidade ao longo do escoamento de corrente livre de ar em condições atmosféricas que atinge transversalmente um cilindro longo de 50 mm de diâmetro sabendo que a pressão de estagnação absoluta observada é de 101 kPa. A pressão atmosférica local é 95 kPa e a temperatura ambiente é 27°C.

Resp.: 104,3 m/s

Ep4.49 Um escoamento apresenta o seguinte campo de velocidades: $V = (x/t)i$, onde para x em m e t em s obtém-se a velocidade em m/s.

a) Classifique esse escoamento quanto ao regime (permanente ou transitório).

b) Desenvolva a expressão de seu campo de acelerações a.

Ep4.50 Determine a velocidade máxima de descida do pistão cilíndrico ilustrado na Figura Ep4.50 com peso $W = 10$ N e diâmetro $D_e = 30,0$ mm, sabendo que o diâmetro interno do cilindro-guia é $D_i = 30,4$ mm e que este é lubrificado com óleo lubrificante com massa específica 800 kg/m³ e viscosidade cinemática 8 E-5 m²/s.

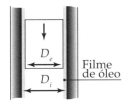

Figura Ep4.50

Determine, também, a tensão de cisalhamento no óleo lubrificante a 0,1 mm da superfície externa do pistão. Admita que a distribuição de velocidades no óleo seja linear, que a altura do pistão é $L = 15$ cm e que o ar ambiente não produza nenhum efeito sobre o pistão.

Resp.: 2,21 m/s; 707 Pa.

Ep4.51 Água com massa específica igual a 1000 kg/m³ escoa através de um bocal convergente, conforme indicado na Figura Ep4.51, e a velocidade média do escoamento na seção 1 é igual a 4,0 m/s. Sabendo que o bocal produz um jato que é lançado no meio ambiente que está na pressão de 100 kPa, a área da seção 1 é igual a 5 cm², a da seção 2 é 2 cm², que os efeitos viscosos podem ser desprezados e que a massa específica do mercúrio é igual a 13500 kg/m³, pede-se para determinar a pressão absoluta na seção 1 e o desnível H observado no manômetro de mercúrio.

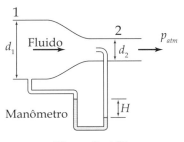

Figura Ep4.51

Resp.: 142,0 kPa; 65 mm.

Ep4.52 Água com massa específica igual a 1000 kg/m³ escoa através de um bocal convergente, conforme indicado na Figura Ep4.52, formando um jato que é lançado no meio ambiente. As áreas das seções 1 e 2 são, respectivamente, 5 cm² e 2 cm² e a altura de coluna de água, h, é igual a 6,0 m.

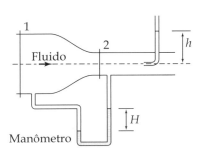

Figura Ep4.52

Sabendo que a água pode, nesse caso, ser tratada como um fluido não viscoso, pede-se para determinar a velocidade da água na seção 2, a vazão mássica de água através do bocal e o desnível H observado no manômetro de mercúrio. Considere que a densidade relativa do mercúrio é igual a 13,5.

Resp.: 10,9 m/s; 2,17 kg/s; 403 mm.

Ep4.53 Utiliza-se um tubo de Pitot para medir a velocidade do ar na linha de centro de uma tubulação com diâmetro de 300 mm. A pressão absoluta do ar é 150 kPa e a sua temperatura é 50°C. O fluido manométrico utilizado é óleo com massa específica igual a 800 kg/m³ e a diferença de altura dos níveis das colunas de óleo lida no manômetro é igual a 25,0 mm. Pede-se para determinar a massa específica do ar e o valor da velocidade medida.

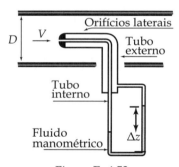

Figura Ep4.53

Resp.: 1,617 kg/m³; 15,6 m/s.

Ep4.54 A velocidade do ar na linha de centro de uma tubulação com diâmetro de 300 mm é medida utilizando-se um tubo de Pitot. Veja a Figura Ep4.53. Suponha que o ar esteja na condição-padrão, massa específica igual a 1,225 kg/m³, que o fluido manométrico utilizado é óleo, massa específica igual a 800 kg/m³, e que a diferença de altura dos níveis das colunas de óleo lida no manômetro é igual a 40,0 mm. Pede-se para determinar a velocidade medida.

Res.: 22,6 m/s

Ep4.55 Água com massa específica igual a 998,2 kg/m³ escoa através de um bocal convergente, conforme indicado na Figura Ep4.55. Sabe-se que $L = 5,0$ m, $M = 1,5$ m, $H = 500$ mm e que o fluido manométrico é mercúrio com massa específica igual a 13550 kg/m³. Pede-se para determinar:

a) a pressão manométrica da água na linha de centro da seção 1;
b) a pressão manométrica de estagnação na seção 1;
c) a velocidade da água na seção 2;
d) a relação entre os diâmetros das seções 1 e 2.

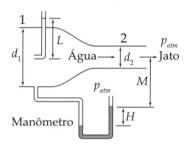

Figura Ep4.55

Resp.: 46,9 kPa; 49,0 kPa; 9,91 m/s; 2,20.

Ep4.56 A caixa-d'água, massa específica igual a 1000 kg/m³, esquematizada na Figura Ep4.56 tem diâmetro interno igual a 3,0 m e é alimentada com a vazão de 10,8 m³/h e descarrega água para o meio ambiente através de um tubo com diâmetro interno igual a 30 mm, formando um jato vertical. Sabendo-se que, em determinado momento, $a = 300$ mm, $b = 500$ mm, $c = 1000$ mm, que o fluido manométrico é mercúrio com massa específica igual a 13550 kg/m³ e que os efeitos viscosos podem ser desprezados, pede-se para determinar:

a) a altura h;
b) a vazão mássica de água que forma o jato;

c) a velocidade na seção 2 quando a altura do jato atingir 1,0 m;

d) o valor da cota *h* da água no tanque quando o jato alcançar a altura de 1,0 m.

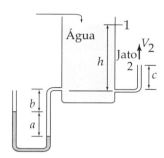

Figura Ep4.56

Resp.: 3,27 m; 4,71 kg/s; 4,43 m/s; 2,0 m.

Ep4.57 A caixa-d'água esquematizada na Figura Ep4.56 tem diâmetro interno igual a 3,0 m e descarrega água para o meio ambiente através de um tubo com diâmetro interno igual a 30 mm, formando um jato vertical. Considere que *c* = 500 mm, a vazão de alimentação da caixa-d'água é tal que a altura do jato formado é constante, o fluido manométrico é mercúrio com massa específica igual a 13550 kg/m³, a água tem massa específica igual a 1000 kg/m³ e que os efeitos viscosos podem ser desprezados. Qual é a vazão de alimentação da caixa-d'água? Se *b* = 200 mm, qual é o valor da dimensão *a* quando a altura do jato for igual a 2,0 m?

Ep4.58 Óleo com massa específica igual a 800 kg/m³ e viscosidade dinâmica igual a 0,1 Pa.s escoa em regime laminar em um tubo cujo diâmetro interno é igual a 40 mm. A velocidade do óleo no centro do tubo é determinada utilizando-se um tubo de Pitot conforme ilustrado na Figura Ep4.53. Sabe-se que o fluido manométrico utilizado é água, ρ = 998,2 kg/m³, e que a diferença de altura dos níveis das colunas de água lida no manômetro, Δz, é igual a 400 mm. Pede-se para determinar a vazão de óleo no tubo.

Resp.: 2,82 m³/h.

Ep4.59 Observe a Figura Ep4.59. Nela temos um bocal convergente através do qual escoa água com massa específica igual a 1000 kg/m³. Sabe-se que *L* = 1,0 m, *M* = 2,0 m, d_1 = 50 mm, d_2 = 25 mm, que a deflexão do manômetro 2 é h_2 = 662 mm e que nos dois manômetros utiliza-se mercúrio como fluido manométrico cuja densidade relativa é igual a 13,6. Considerando que os efeitos viscosos podem ser desprezados, avalie a velocidade média na seção 2, a pressão dinâmica da água na seção 1 e a deflexão do manômetro 1.

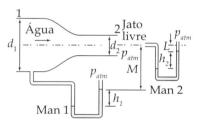

Figura Ep4.59

Resp.: 12,0 m/s; 4,50 kPa; 705 mm.

Ep4.60 Um bloco com massa igual a 10 kg desliza sobre um plano inclinado recoberto por uma camada de óleo lubrificante cuja viscosidade é igual a 0,15 Pa.s. Considere que o ângulo formado entre o plano inclinado e a horizontal é igual a 30°, que a área de contato entre o bloco e o plano inclinado é igual a 0,1 m² e que o perfil de velocidades observado no óleo é linear. Sabendo que a velocidade terminal do bloco é igual a 2,0 m/s, pede-se para determinar a tensão de cisalhamento no fluido e a espessura da camada de óleo lubrificante.

Resp.: 490,5 Pa; 0,61 mm.

Ep4.61 Um estudante de engenharia, querendo fazer uma determinação aproximada da medida de vazão de um fluido com peso específico a 10,8 kN/m³, optou por instalar um medidor Venturi em uma tubulação vertical, conforme indicado na Figura Ep4.61. Considere que o diâmetro interno da garganta do medidor Venturi é igual 40 mm, o diâmetro interno da seção de entrada do medidor Venturi é igual a 50 mm, L = 200 mm e o fluido manométrico é mercúrio com densidade relativa igual a 13,6. Desprezando os efeitos viscosos e sabendo que H = 50 mm, estime a diferença entre as pressões nas seções 1 e 2, a velocidade do fluido na garganta do medidor e a vazão mássica de fluido na tubulação.

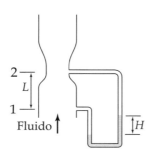

Figura Ep4.61

Resp.: 8,29 kPa; 4,34 m/s; 6,01 kg/s.

Ep4.62 Um tanque cilíndrico vertical – veja a Figura Ep4.62 – com diâmetro igual a 1,2 m e altura interna igual a 4,0 m existente em uma unidade industrial recebe dejetos líquidos de diversas procedências à razão de 10 L/s. Considere que esses dejetos têm propriedades iguais à da água, massa específica igual a 1000 kg/m³, e são descarregados à pressão atmosférica através de um tubo muito curto com diâmetro interno igual a 40 mm. Desprezando-se os efeitos viscosos, pergunta-se:

a) Qual é a vazão mássica de descarga da água quando o nível da água está 1,0 m acima do fundo do tanque?
b) Considere que o tanque está inicialmente vazio. Se receber continuamente a vazão de 10 L/s, ele transbordará? Prove!
c) Considere que o tanque inicialmente está vazio. Se ele receber continuamente a vazão de 10 L/s, qual será o volume máximo de dejetos no tanque?

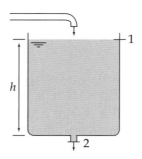

Figura Ep4.62

Resp.: 5,56 kg/s; não; 3,65 m³.

Ep4.63 O tanque cilíndrico vertical ilustrado na Figura Ep4.63 contêm óleo, d_o = 0,72, e água, d_a = 1,0. Sabe-se que a = 5,0 m, b = 3,0 m, c = 1,0 m, d = 12,0 m e que as áreas das seções de entrada e de saída do bocal são iguais a, respectivamente, 9 cm² e 3 cm².

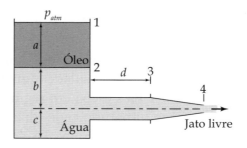

Figura Ep4.63

Considerando-se que esse escoamento pode ser considerado aproximadamente permanente e desprezando-se os efeitos viscosos, pede-se para determinar a pressão da água na seção de entrada do bocal e a vazão de água observada na seção de descarga do bocal.

Resp.: 57,6 kPa; 3,41 L/s.

Ep4.64 Considere que a pressão causada pelo jato produzido pelo bocal da Figura Ep4.64 no centro do disco seja igual a 15 kPa. Considere, também, que a densidade do óleo seja $d_o = 0,78$, a da água seja $d_a = 1,0$, $b = 1,0$ m e as áreas das seções de entrada e de saída do bocal sejam iguais a, respectivamente, 9 cm² e 3 cm². Considerando-se que esse escoamento pode ser considerado aproximadamente permanente, que o diâmetro do tanque é igual a 3,0 m, e desprezando-se os efeitos viscosos, pede-se para determinar o volume de óleo, a pressão da água na seção de entrada do bocal e a vazão de água observada na seção de descarga do bocal.

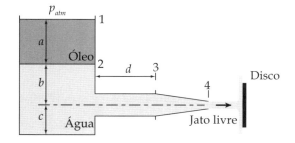

Figura Ep4.64

Resp.: 4,79 m³; 13,3 kPa; 1,64 L/s.

Ep4.65 No medidor Venturi ilustrado na Figura Ep4.65, posicionado com o seu eixo na vertical, escoa água a 20°C. Sabe-se que a pressão manométrica da água na seção 1 é igual a 20 kPa, o diâmetro interno da seção 1 é igual a 50 mm, o diâmetro interno da garganta desse instrumento é igual a 25 mm e que a distância L é igual a 1,2 m.

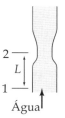

Figura Ep4.65

Supondo que os efeitos viscosos sejam desprezíveis e que a pressão atmosférica local seja igual a 95 kPa, determine a vazão de água que deverá causar a ocorrência de cavitação na garganta do Venturi.

Resp.: 7,21 L/s.

Ep4.66 O medidor Venturi ilustrado na Figura Ep4.61, posicionado com o seu eixo na vertical, recebe água a 50°C e na pressão manométrica de 0,5 bar. No início, a velocidade média da água na garganta do medidor Venturi é muito baixa; então, utilizando-se uma bomba centrífuga não mostrada na figura, a velocidade média na garganta do Venturi é aumentada até que se observa o início de um processo de cavitação. Sabe-se que o diâmetro interno da seção 1 é igual a 50 mm, o diâmetro interno da garganta desse instrumento é igual a 25 mm e que a distância L é igual a 1,5 m.

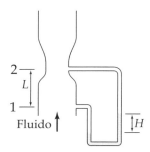

Figura Ep4.61

Supondo que o escoamento seja isotérmico, os efeitos viscosos sejam desprezíveis, a densidade relativa do mercúrio seja igual a 13,5 e que a pressão atmosférica local seja igual a 95 kPa, determine o valor de H indicado pelo manômetro e a vazão de água através do medidor Venturi quando for observado o início do processo de cavitação.

Resp.: 0,96 m; 7,84 L/s.

Ep4.67 Água com massa específica igual a 1000 kg/m³ escoa no tubo Venturi ilustrado na Figura Ep4.67. O êmbolo com diâmetro igual a 10 cm tem massa igual a 1,0 kg e pode se movimentar sem atrito. O diâmetro interno da tubulação é igual a 20 mm e o da garganta do Venturi é igual a 10 mm. Sabendo que a = 20 cm e que os efeitos viscosos podem ser desprezados, determine a vazão mássica mínima de água que mantém o êmbolo suspenso e a pressão manométrica da água na garganta do bocal.

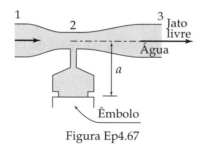

Figura Ep4.67

Resp.: 96,9 g/s; –713 Pa.

Ep4.68 No dispositivo ilustrado na Figura Ep4.68 é produzido um jato livre de água com altura igual a 2,0 m. Sabe-se que D_1 = 40 mm, D_2 = 20 mm, a = 20 cm, b = 40 cm, e que o diâmetro do êmbolo é igual a 10 cm. Sabendo também que os efeitos viscosos podem ser desprezados, que o êmbolo pode se deslocar sem atrito no pistão e que a massa específica da água é igual a 1000 kg/m³, determine a vazão mássica de água e a massa do êmbolo.

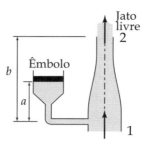

Figura Ep4.68

Resp.: 1,97 kg/s; 16,3 kg.

Ep4.69 Um pistão cilíndrico desliza no interior de um tubo inclinado 30° em relação à horizontal, conforme ilustrado na Figura Ep4.69. Sabe-se que o pistão tem peso igual a 50 N, diâmetro externo igual a 36 mm e que o tubo tem diâmetro interno igual a 36,4 mm. A superfície interna do tubo está lubrificada com óleo lubrificante com massa específica igual a 800 kg/m³ e viscosidade cinemática 8 E-5 m²/s.

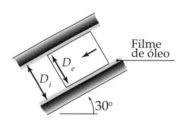

Figura Ep4.69

Admita que a distribuição de velocidades no óleo é linear, que a altura do pistão é L = 15 cm, que a folga entre o pistão e o tubo é uniforme e que o ar ambiente não produz nenhum efeito sobre o pistão. Nessas condições, determine a velocidade máxima do pistão e a tensão de cisalhamento observada a 0,05 mm da superfície interna do tubo.

Resp.: 4,61 m/s; 1474 Pa.

Ep4.70 No medidor Venturi ilustrado na Figura Ep4.70, posicionado com o seu eixo na vertical, escoa água a 20°C.

O medidor Venturi lança a água no meio ambiente, que está a 95,0 kPa, formando um jato vertical. Sabe-se que o diâmetro interno da seção 1 é igual a 50 mm, o diâmetro interno da garganta desse instrumento é igual a 25 mm, a dimensão L é igual a 1,8 m e a dimensão M é igual a 5,2 m. Supondo que os efeitos viscosos sejam desprezíveis, determine:

a) a pressão mínima na seção 1 para a qual se observará cavitação na garganta do Venturi;
b) a altura mínima do jato para a qual se observará cavitação na garganta do Venturi;
c) a vazão mássica mínima de água para a qual se observará cavitação na garganta do Venturi.

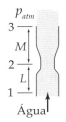

Figura Ep4.70

Resp.: 163,5 kPa; 978 mm; 8,60 L/s.

Ep4.71 Água a 20°C é transferida por gravidade de um reservatório de grandes dimensões para um segundo reservatório, conforme ilustrado na Figura Ep4.71.

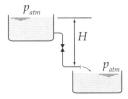

Figura Ep4.71

Sabendo que o desnível H é igual a 20 m e que os efeitos viscosos podem ser desprezados, pede-se para determinar a velocidade da água na tubulação e a vazão sabendo que o diâmetro interno da tubulação é igual a 60 mm.

Resp.: 19,81 m/s; 0,056 m³/s.

Ep4.72 Água a 20°C é transferida por gravidade de um reservatório de grandes dimensões para um segundo reservatório, conforme ilustrado na Figura Ep4.71. Sabendo que o desnível H é igual a 5 m e que os efeitos viscosos podem ser desprezados, pede-se para determinar a velocidade média da água na tubulação e o diâmetro teórico da tubulação sabendo que a vazão mássica de água na tubulação é igual a 30 kg/s.

Resp.: 9,91 m/s; 62,2 mm.

Ep4.73 Na peça especial ilustrada na Figura Ep4.73 escoa água a 20°C. Sabe-se que o diâmetro da seção de descarga é $d_2 = 3$ cm e que o diâmetro da seção de entrada é $d_1 = 9$ cm. Desprezando-se os efeitos viscosos e sabendo-se que a velocidade de descarga é igual a 20 m/s, pede-se para determinar a pressão e a vazão mássica da água na seção de entrada.

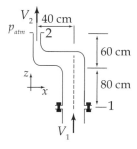

Figura Ep4.73

Resp.: 210,9 kPa; 14,1 kg/s.

Ep4.74 Água a 20°C escoa através do bocal da Figura Ep4.74 produzindo um jato livre. A área da seção de entrada do bocal é igual a 12 cm² e a área da seção de descarga é igual a 4 cm². Sabe-se que L = 2,0 m, b = 2,0 m e c = 1,0 m. Sabendo que os efeitos viscosos podem ser desprezados e que o eixo do bocal está na vertical, determine a vazão e o valor da dimensão *a*.

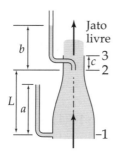

Figura Ep4.74

Resp.: 1,78 L/s; 3,89 m.

Ep4.75 Um tubo de Pitot é utilizado para determinar a vazão mássica de um óleo com densidade relativa igual a 0,82 e viscosidade dinâmica igual a 0,05 kg/m.s que escoa em um tubo com diâmetro interno igual a 50 mm, conforme ilustrado na Figura Ep4.75. O tubo de Pitot está instalado na linha de centro da tubulação e, como o escoamento do óleo é laminar, o perfil de velocidades observado é parabólico, dado por: $u = U_0 \left(1 - (r/R)^2\right)$, onde *u* é a velocidade do fluido na posição definida pelo raio *r*; *R* é o raio interno do tubo e U_0 é a velocidade máxima do fluido.

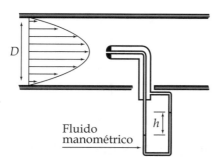

Figura Ep4.75

Sabendo que a densidade relativa do fluido manométrico é $d_r = 2,25$ e que o desnível entre as colunas de mercúrio é igual a 40 mm, determine a velocidade máxima do óleo e a sua vazão mássica.

Resp.: 1,17 m/s; 0,942 kg/s.

Ep4.76 No dispositivo ilustrado na Figura Ep4.76 escoa água a 20°C, formando um jato que é lançado com velocidade de 20 m/s no meio ambiente, que está a 95 kPa. Sabe-se que os diâmetros internos do dispositivo são: $d_1 = 60$ mm, $d_2 = 40$ mm e $d_3 = 20$ mm. Desprezando os efeitos viscosos, determine a pressão absoluta e a velocidade da água nas seções 1 e 2.

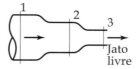

Figura Ep4.76

Resp.: 292 kPa; 2,22 m/s; 282 kPa; 5,0 m/s.

Ep4.77 No dispositivo ilustrado na Figura Ep4.77 escoa água a 20°C, formando um jato que é lançado com velocidade de 25 m/s no meio ambiente, que está a 95 kPa. Sabe-se que os diâmetros internos do dispositivo são: $d_1 = 60$ mm, $d_2 = 40$ mm e $d_3 = 20$ mm. Desprezando os efeitos viscosos, determine a pressão da água na seção 1, a velocidade na seção 2 e o desnível observado no manômetro de mercúrio. Considere que a densidade relativa do mercúrio é igual a 13,6.

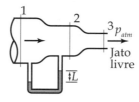

Figura Ep4.77

Resp.: 403 kPa; 6,25 m/s; 127 mm.

Ep4.78 No dispositivo ilustrado na Figura Ep4.78 escoa água a 20°C, formando um jato que é lançado no meio ambiente, que está a 95 kPa. Sabe-se que os diâmetros internos do dispositivo são: $d_1 = 60$ mm, $d_2 = 40$

mm e d_3 = 20 mm. Desprezando os efeitos viscosos e sabendo que M = 15 cm, determine a pressão dinâmica da água na seção 1, a velocidade na seção 2 e o desnível observado no manômetro de mercúrio. Considere que a densidade relativa do mercúrio é igual a 13,6.

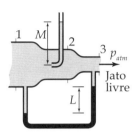

Figura Ep4.78

Resp.: 18,1 Pa; 0,43 m/s; 11,7 mm.

Ep4.79 Observe a Figura Ep4.79. Nela temos um bocal convergente através do qual escoa água com massa específica igual a 1000 kg/m³, formando um jato que é lançado no meio ambiente. Sabe-se que L = 0,5 m, d_1 = 100 mm, d_2 = 50 mm, que a deflexão do manômetro é h_2 = 150 mm e que ele utiliza como fluido manométrico mercúrio, cuja densidade relativa é igual a 13,6.

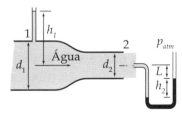

Figura Ep4.79

Considerando que os efeitos viscosos podem ser desprezados, pede-se para avaliar a velocidade média na seção 2, a pressão dinâmica da água na seção 1 e a altura h_1.

Resp.: 5,22 m/s; 852 Pa; 1,30 m.

Ep4.80 Observe a Figura Ep4.80. Nela observamos um tubo Venturi, inclinado 30° em relação à horizontal, através do qual escoa água na fase líquida a 50°C, formando um jato que é lançado no meio ambiente. Sabe-se que L = 0,5 m, M = 1,0 m, d_1 = 100 mm, d_2 = 50 mm, d_3 = 100 mm, que a deflexão do manômetro é h = 150 mm e que ele utiliza como fluido manométrico mercúrio, cuja densidade relativa é igual a 13,6.

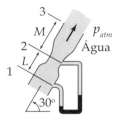

Figura Ep4.80

Considerando que os efeitos viscosos podem ser desprezados e que a pressão atmosférica local é igual a 94 kPa, pede-se para avaliar a velocidade média na seção 2, a pressão dinâmica da água na seção 1 e a velocidade na seção 1 que provoca o aparecimento de cavitação na garganta do Venturi.

Resp.: 6,33 m/s; 1,24 kPa; 3,42 m/s.

Ep4.81 No dispositivo ilustrado na Figura Ep4.81 escoa óleo com massa específica igual a 800 kg/m³, formando um jato que é lançado no meio ambiente, que está a 95 kPa. Sabe-se que as áreas das seções 1, 2 e 3 são, respectivamente, 16 cm², 8 cm² e 4 cm².

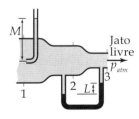

Figura Ep4.81

Desprezando os efeitos viscosos e sabendo que M = 40 cm, determine a pressão dinâmica da água na seção 1, a velocidade na seção 2 e o desnível observado no manômetro cujo fluido manométrico tem densidade relativa igual a 2,25.

Resp.: 196 Pa; 1,40 m/s; 166 mm.

Ep4.82 O dispositivo ilustrado na Figura Ep4.82 está posicionado com seu eixo de simetria na vertical. Nele escoa um fluido com densidade relativa igual a 1,1, formando um jato que é lançado no meio ambiente, que está a 95 kPa. Sabe-se que as áreas das seções 1, 2 e 3 são, respectivamente, 30 cm², 20 cm² e 10 cm². Desprezando os efeitos viscosos e sabendo que $M = 50$ cm, $N = 80$ cm, $a = 40$ cm e $c = 60$ cm, determine a vazão mássica do fluido através do dispositivo, a pressão manométrica na seção 1, a velocidade na seção 2 e o valor da dimensão b. Considere que a densidade relativa do fluido manométrico é igual a 2,75.

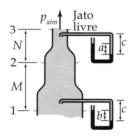

Figura Ep4.82

Resp.: 3,08 kg/s; 17,9 kPa; 1,40 m/s; 0,92 m.

Ep4.83 A tubulação vertical ilustrada na Figura Ep4.83 descarrega água a 20°C no meio ambiente, que está a 95 kPa. O diâmetro interno da tubulação é igual a 60 mm e o diâmetro interno da garganta do tubo Venturi existente na tubulação é igual a 40 mm. Desprezando os efeitos viscosos e sabendo que $H = 20$ cm, $a = 2,0$ m, $b = 40$ cm e $c = 4,0$ m, determine a vazão mássica de água através do dispositivo e as pressões manométricas nas seções 1 e 2. Considere que a densidade relativa do fluido manométrico é igual a 2,75.

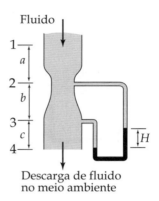

Figura Ep4.83

Resp.: 3,68 kg/s; –62,7 kPa; –46,5 kPa.

Ep4.84 Água a 20°C escoa através da tubulação ilustrada na Figura Ep4.84, na qual está instalado um medidor de vazão do tipo Venturi. O diâmetro interno da tubulação é igual a 50 mm, o diâmetro interno da garganta do Venturi é igual a 30 mm e $L = 0,5$ m. Em uma condição muito especial, observa-se que o manômetro indica uma diferença de pressão nula. Determine, para essa condição, a vazão mássica através da tubulação.

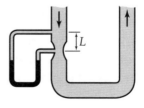

Figura Ep4.84

Resp.: 2,37 kg/s.

CAPÍTULO 5

A EQUAÇÃO DA QUANTIDADE DE MOVIMENTO

Inicialmente, devemos nos lembrar de que sistema é uma determinada quantidade fixa de massa, previamente escolhida e perfeitamente identificada, que é objeto da atenção do observador. Para um sistema, a segunda lei de Newton pode ser expressa como:

$$F = \sum F_i = \frac{dB}{dt} = \frac{dmV}{dt} \quad (5.1)$$

Nessa equação, m é a massa do sistema, t é a ordenada tempo, V é a velocidade tomada em relação a um referencial inercial, B é a quantidade de movimento, as forças aplicadas ao sistema são denominadas F_i e a sua resultante é a força F.

Ao analisar fenômenos utilizando o conceito de volume de controle, verificamos que a formulação da segunda lei de Newton acima apresentada, originalmente estabelecida para sistemas, não é adequada. Torna-se, então, necessário o desenvolvimento de uma formulação destinada à solução de questões que envolvam volumes de controle.

5.1 A EQUAÇÃO DA QUANTIDADE DE MOVIMENTO

Para transformar a Equação (5.1) em uma aplicável a volumes de controle, devemos incorporar a ela a contribuição devida à vazão mássica líquida do fluido que é transportado através da superfície de controle. Assim sendo, podemos afirmar que a equação da quantidade de movimento aplicável a um volume de controle pode ser textualmente expressa por:

$$\begin{bmatrix} \text{Resultante de} \\ \text{todas as forças} \\ \text{aplicadas ao} \\ \text{volume de controle.} \end{bmatrix} = \begin{bmatrix} \text{Taxa de variação temporal} \\ \text{da quantidade de} \\ \text{movimento da massa} \\ \text{fluida presente no interior} \\ \text{do volume de controle.} \end{bmatrix} + \begin{bmatrix} \text{Taxa líquida de} \\ \text{transferência de} \\ \text{quantidade de movimento} \\ \text{através da superfície} \\ \text{de controle.} \end{bmatrix}$$

Para transformar essa assertiva em uma sentença matemática, devemos expressar cada um de seus termos algebricamente, o que é feito a seguir.

- Resultante de todas as forças aplicadas ao volume de controle, F
  Ela é dada por:

$$F = \sum F_i \qquad (5.2)$$

Nessa expressão, o conjunto de forças F_i é composto por todas as forças aplicadas pelo meio ao volume de controle, envolvendo, por exemplo, o peso da massa fluida, forças aplicadas por superfícies sólidas (tal como a superfície interna de uma curva) à massa fluida, e assim por diante.

- Taxa de variação temporal da quantidade de movimento da massa fluida presente no interior do volume de controle, $\dot{B}$.

Para avaliar esta taxa precisamos, inicialmente, quantificar a quantidade de movimento da massa presente no interior do volume de controle, B. Esta quantidade de movimento é expressa por:

$$B = \int_{VC} V\rho \, d\forall \qquad (5.3)$$

Nessa equação, V é a velocidade da partícula fluida com volume diferencial $d\forall$ e ρ é a massa específica do fluido.

Assim sendo, a taxa de variação temporal desejada é dada por:

$$\frac{\partial B}{\partial t} = \frac{\partial}{\partial t}\int_{VC} V\rho \, d\forall \qquad (5.4)$$

- Taxa líquida de transferência de quantidade de movimento através da superfície de controle, $\dot{B}_{SC}$

Para determinar esta taxa, devemos nos lembrar de que a vazão mássica ou taxa de transferência de massa através de uma superfície com área A é dada por:

$$\dot{m}_A = \int_A \rho V \cdot n \, dA \qquad (5.5)$$

Consequentemente, a taxa de transferência de quantidade de movimento através da área A na qual observamos a vazão mássica $\dot{m}$ é dada por:

$$\dot{B}_A = \int_A V\rho V \cdot n \, dA \qquad (5.6)$$

Expressamos, então, a taxa líquida de transferência de quantidade de movimento através da superfície de controle como:

$$\dot{B}_{SC} = \int_{SC} V\rho V \cdot n \, dA \qquad (5.7)$$

Utilizando as Equações (5.2), (5.4) e (5.7), podemos expressar algebricamente a equação da quantidade de movimento para um volume de controle, resultando em:

$$F = \sum F_i = \frac{\partial}{\partial t}\int_{VC} V\rho \, d\forall +$$
$$+ \int_{SC} V\rho V \cdot n \, dA \qquad (5.8)$$

Para aplicar essa equação, devemos observar que:

- ρ é a massa específica do fluido;
- $V = V_x i + V_y j + V_z k$ é a velocidade do fluido estabelecida em relação ao volume de controle;
- o volume de controle é inercial;
- n é o versor normal ao elemento de área da superfície de controle dA;
- $V \cdot n$ é o produto escalar do vetor velocidade pelo versor normal.

Em particular, deve ser notado que, como a resultante das forças aplicadas a um sistema é igual à derivada da quantidade de movimento em relação ao tempo, o mesmo ocorrerá para um volume de controle; ou seja: a força F determinada aplicando-se a Equação (5.8) será a resultante das forças aplicadas ao volume de controle.

A força F pode ser interpretada como a soma vetorial da resultante das forças de superfície, F_s, com a resultante das forças de campo, F_g, aplicadas ao volume de controle. Conforme já estabelecido anteriormente, observamos que estamos trabalhando com substâncias simples e que o único efeito de campo que estamos considerando é o gravitacional; assim, a Equação (5.8) toma a forma:

$$F = \sum F_i = F_S + F_g = \frac{\partial}{\partial t} \int_{VC} V\rho \, d\forall + \int_{SC} V\rho V \cdot n \, dA \quad (5.9)$$

Essa é a equação integral da quantidade de movimento aplicável a um volume de controle inercial. Como não podia deixar de ser, essa equação é vetorial e pode ser transformada em um conjunto de três equações escalares. Para tal, devemos tomar as componentes de força e velocidade segundo as três direções estabelecidas pelos eixos x, y e z. Lembrando que a ação gravitacional somente se manifesta no sentido do eixo z, eixo vertical, estas três equações podem ser escritas como:

$$F_x = F_{Sx} = \frac{\partial}{\partial t} \int_{VC} V_x \rho \, d\forall + \int_{SC} V_x \rho V \cdot n \, dA \quad (5.10a)$$

$$F_y = F_{Sy} = \frac{\partial}{\partial t} \int_{VC} V_y \rho \, d\forall + \int_{SC} V_y \rho V \cdot n \, dA \quad (5.10b)$$

$$F_z = F_{Sz} + F_g = \frac{\partial}{\partial t} \int_{VC} V_z \rho \, d\forall + \int_{SC} V_z \rho V \cdot n \, dA \quad (5.10c)$$

Relembramos que o volume de controle considerado é inercial e que a velocidade V é a velocidade do fluido tomada em relação à superfície de controle.

5.2 SIMPLIFICAÇÃO PARA UM NÚMERO FINITO DE ENTRADAS E DE SAÍDAS UNIFORMES

Na aplicação da Equação (5.9), usualmente utilizamos algumas hipóteses simplificadoras, quais sejam:

- o volume de controle tem um número finito de entradas e de saídas;
- os escoamentos nas seções de entrada e de saída podem ser considerados uniformes.

Consideremos, agora, uma superfície uniforme com área A através da qual esteja ocorrendo um fluxo de massa e, por conseguinte, um fluxo de quantidade de movimento dado por:

$$\dot{B}_A = \int_A V\rho V \cdot n \, dA \quad (5.11)$$

Como o escoamento é uniforme na superfície A, considerando que a direção do vetor velocidade V coincide com a direção do versor n e que o fluido está entrando no volume de controle, o resultado da integração na área A é dado por:

$$\dot{B}_A = -\dot{m}_A V_A \quad (5.12)$$

e, se o fluido estiver saindo, obtemos:

$$\dot{B}_A = +\dot{m}_A V_A \quad (5.13)$$

Aplicando esses resultados em todas as superfícies constituintes do conjunto finito de entradas e saídas do volume de controle, obteremos:

$$F = \sum F_i = F_S + F_g = \frac{\partial B}{\partial t} - \sum V_e \dot{m}_e + \sum V_s \dot{m}_s \quad (5.14)$$

Nessa expressão, os índices e e s indicam as superfícies nas quais há entrada ou saída de massa do volume de controle.

Observe que a Equação (5.14) é vetorial e é uma forma bastante útil de apresentação da equação integral da quantidade de movimento aplicável a um volume de controle inercial.

5.3 O PROCESSO EM REGIME PERMANENTE

Dizemos que uma substância é submetida a um fenômeno em regime permanente quando suas propriedades intensivas não variam com o tempo. Assim, lembrando que a quantidade de movimento da massa presente no interior do volume de controle é uma das propriedades da substância, impor que um processo ocorre em regime permanente resulta em:

$$\frac{\partial B}{\partial t} = 0 \qquad (5.15)$$

Logo, a equação integral da conservação da quantidade de movimento, Equação (5.9), para condições de regime permanente se reduzirá a:

$$F = \sum F_i = F_S + F_g = \int_{SC} V \rho V \cdot n \, dA \qquad (5.16)$$

Se pudermos considerar que, além de o regime ser permanente, o volume de controle tem um número finito de entradas e saídas uniformes, a Equação (5.16) se reduz a:

$$F = \sum F_i = F_S + F_g = \\ = \sum V_s \dot{m}_s - \sum V_e \dot{m}_e \qquad (5.17)$$

Como a Equação (5.17) é vetorial, podemos optar por trabalhar com três equações escalares, obtidas ao se considerar as componentes de força e velocidade segundo as três direções estabelecidas pelos eixos x, y e z. Como o eixo z é vertical, sendo positivo no sentido ascendente, resulta que a ação gravitacional não será observada nas direções x e y. Assim, as três equações escalares resultantes são:

$$F_x = F_{Sx} = \sum V_{sx} \dot{m}_s - \sum V_{ex} \dot{m}_e \qquad (5.18)$$

$$F_y = F_{Sy} = \sum V_{sy} \dot{m}_s - \sum V_{ex} \dot{m}_y \qquad (5.19)$$

$$F_z = F_{Sz} + F_g = \sum V_{sz} \dot{m}_s - \sum V_{ez} \dot{m}_e \qquad (5.20)$$

Finalmente, no caso do escoamento ocorrer em regime permanente e o volume de controle ter apenas uma entrada e uma saída uniforme, a vazão mássica de entrada será igual à de saída, e esse resultado será reduzido a:

$$F = \sum F_i = F_S + F_g = \dot{m}(V_s - V_e) \qquad (5.21)$$

Ou, na forma escalar:

$$F_x = F_{Sx} = \dot{m}(V_{sx} - V_{ex}) \qquad (5.22)$$

$$F_y = F_{Sy} = \dot{m}(V_{sy} - V_{ey}) \qquad (5.23)$$

$$F_z = F_{Sz} + F_g = \dot{m}(V_{sz} - V_{ez}) \qquad (5.24)$$

5.4 ANÁLISE DAS FORÇAS DE SUPERFÍCIE

Voltemos a nossa atenção para as forças superficiais. Essas forças, também denominadas *de contato*, são devidas a uma interação física entre o meio e o volume de controle e, por esse motivo, as observamos na superfície de controle. Elas podem ser causadas pela pressão de um fluido agindo sobre a superfície de controle e, nesse caso, as denominamos *forças de pressão*. Podem ser causadas pela tensão de cisalhamento de um fluido escoando sobre uma superfície de controle, sendo denominadas *forças viscosas*. Por fim, podem ser devidas a ações mecânicas do meio sobre o volume de controle, tais como aquelas causadas pela ação de cabos, presilhas, parafusos de fixação, ancoragens etc. Devemos observar que, ao se esquematizar um diagrama de corpo livre de um volume de controle, usualmente caracterizamos estas últimas forças aplicadas pelo meio ao volume de controle como sendo *forças de ancoragem*, já que, frequentemente, se destinam a manter o volume de controle fixo.

De maneira geral, ao aplicar a Equação (5.17), consideramos as forças viscosas muito pequenas frente às demais e as desprezamos. Dessa forma, o conjunto de forças superficiais agindo sobre um volume de controle será resumidamente constituído pelas forças de pressão e de ancoragem.

Cabe uma análise das forças de pressão. Dado um volume de controle, a resultante das forças de pressão agindo sobre a sua superfície será dada por:

$$F = -\int_{SC} p\mathbf{n}\, dA \quad (5.25)$$

Nessa equação, o sinal negativo é devido ao fato de que consideramos que a pressão absoluta é uma grandeza sempre positiva, manifestando, assim, sempre um estado compressivo em relação ao elemento de área dA, e que o versor $\mathbf{n}$ se apresenta sempre na direção da pressão, porém em sentido oposto.

Consideremos, agora, um volume de controle cuja superfície externa esteja submetida a uma pressão uniforme. Nesse caso, teremos:

$$F = -\int_{SC} p\mathbf{n}\, dA = 0 \quad (5.26)$$

Esse resultado pode ser utilizado ao se considerar um volume de controle cuja superfície esteja submetida a uma distribuição de pressões não uniforme. Aplicando a Equação (5.25) e desmembrando a pressão utilizando os conceitos de pressão manométrica e pressão atmosférica local, obteremos:

$$F = -\int_{SC} p\mathbf{n}\, dA = $$
$$= -\int_{SC} p_m \mathbf{n}\, dA - \int_{SC} p_{atm} \mathbf{n}\, dA \quad (5.27)$$

Se as dimensões do volume de controle forem tais que nos permitam considerar a pressão atmosférica no seu entorno uniforme, concluiremos que a integral da pressão atmosférica ao longo da superfície de controle será nula e, nesse caso, poderemos afirmar que:

$$F = -\int_{SC} p\mathbf{n}\, dA = -\int_{SC} p_m \mathbf{n}\, dA \quad (5.28)$$

Ao trabalhar com a equação integral da quantidade de movimento, veremos que esse resultado é muito útil.

5.5 O FATOR DE CORREÇÃO DA QUANTIDADE DE MOVIMENTO

Consideremos o escoamento incompressível de um fluido em um duto com seção transversal circular que ocorre com velocidade média $\bar{V}$. Para avaliar a taxa de transferência da quantidade de movimento através de uma seção do duto, $\dot{B}_u$, adotamos frequentemente a hipótese de que o escoamento é uniforme na seção e que, em qualquer ponto dessa seção, a velocidade das partículas fluidas é igual a $\bar{V}$. Obtemos, então:

$$\dot{B}_u = \int_A \bar{V}\rho\bar{V}\cdot \mathbf{n}\, dA = \dot{m}\bar{V} = \rho A \bar{V}^2 \quad (5.29)$$

Por outro lado, se levarmos em consideração que o perfil de velocidades na seção é dado por uma função $V = V(r)$, obtemos:

$$\dot{B} = \int_A \rho V^2 dA \quad (5.30)$$

E esse resultado é ligeiramente diferente do anterior, que é impreciso devido à hipótese de escoamento uniforme. Assim, buscando obter um resultado adequado e mantendo a hipótese de escoamento uniforme, optamos pelo uso *do fator de correção de quantidade de movimento*, definido como:

$$\beta = \frac{\dot{B}}{\dot{B}_u} = \frac{\int_A \rho V^2 dA}{\rho A \bar{V}^2} = \frac{1}{A}\int_A \left(\frac{V}{\bar{V}}\right)^2 dA \quad (5.31)$$

Assim, dispondo da distribuição de velocidades na seção, $V = V(r)$, podemos determinar o valor desse fator.

Consideremos que o escoamento em um duto de seção transversal circular seja laminar. O perfil de velocidades será dado por:

$$V = V_{max}\left(1 - \left(\frac{r}{R}\right)^2\right) \quad (5.32)$$

Nessa expressão, V_{max} é a velocidade máxima do escoamento que coincide com a velocidade do fluido na linha de centro do duto. Utilizando as Equações (5.31) e (5.32), determinamos o coeficiente de correção de quantidade de movimento e obtemos β = ¾.

Se o escoamento no duto for turbulento, podemos adotar o perfil de potência:

$$V = V_{max}\left(1 - \frac{r}{R}\right)^n \quad (5.33)$$

Nessa expressão, o expoente n depende do número de Reynolds do escoamento.

Integrando, obtemos:

$$\beta = \frac{(1+n)^2(2+n)^2}{2(1+2n)(2+2n)} \quad (5.34)$$

Para o perfil clássico com $n = 1/7$, utilizando a Equação (5.34), obtemos β = 1,02.

5.6 MOMENTO DA QUANTIDADE DE MOVIMENTO

Pretendemos, agora, desenvolver uma equação equivalente à equação do momento da quantidade de movimento para um sistema, mas que seja adequada à análise de um volume de controle.

Relembremo-nos da equação do momento da quantidade de movimento para um sistema. Seja dada uma determinada massa m de uma substância que constitui o sistema e seja o um ponto em relação ao qual calcularemos todos os momentos aos quais essa massa está sujeita. O *momento da quantidade de movimento*, J, também chamado *quantidade de movimento angular*, em relação ao ponto o é dado por:

$$J_m = \int_m (r \times V) dm \quad (5.35)$$

Nessa equação, J_m é o vetor momento da quantidade de movimento, r é o vetor posição do elemento de massa dm com origem no ponto o, V é o vetor velocidade do elemento de massa dm e m é a massa da substância. Note que o símbolo × indica um produto vetorial.

Podemos afirmar, para o sistema com massa m, que:

$$\frac{dJ_m}{dt} = \sum(r \times F) \quad (5.36)$$

Ou seja, podemos afirmar que a somatória dos momentos das forças atuantes na massa m tomados em relação ao ponto o é igual à derivada em relação ao tempo do momento da quantidade de movimento da massa m tomado em relação a mesmo ponto o. Note que a velocidade está sendo tomada em relação a um referencial inercial.

Para transformar a Equação (5.36) em uma aplicável a volumes de controle, devemos incorporar a ela a contribuição devida à vazão mássica líquida do fluido que é transportado através da superfície de controle. Assim sendo, podemos afirmar que a equação integral do momento da quantidade de movimento aplicável a um volume de controle pode ser textualmente expressa por:

$$\begin{bmatrix} \text{Somatória dos} \\ \text{momentos das forças} \\ \text{atuantes em um} \\ \text{volume de controle} \end{bmatrix} = \begin{bmatrix} \text{Taxa de variação temporal} \\ \text{do momento da quantidade} \\ \text{de movimento da massa de} \\ \text{substância presente no} \\ \text{interior do volume de} \\ \text{controle} \end{bmatrix} + \begin{bmatrix} \text{Taxa líquida de} \\ \text{transferência de} \\ \text{momento da quantidade} \\ \text{de movimento através da} \\ \text{superfície de controle} \end{bmatrix}$$

Observamos que, nessa expressão textual, tanto os momentos das forças como os momentos da quantidade de movimento devem ser sempre tomados em relação ao mesmo ponto.

Para transmutar essa expressão textual em uma matemática, expressaremos a seguir cada um de seus termos algebricamente.

- Somatória dos momentos das forças atuantes no volume de controle, M. Este termo é expresso por:

$$M = \sum M_o \qquad (5.37)$$

O índice o utilizado nessa expressão indica que todos os momentos são tomados em relação ao ponto o.

- Taxa de variação temporal do momento da quantidade de movimento da massa de substância presente no interior do volume de controle, $\partial J_m / \partial t$
Seja J_m o momento da quantidade de movimento da massa m presente no interior do volume de controle:

$$J_{mVC} = \int_m (r \times V) dm =$$
$$= \int_{VC} (r \times V) \rho d\forall \qquad (5.38)$$

Logo:

$$\dot{J}_{mVC} = \frac{\partial J_{mVC}}{\partial t} =$$
$$= \frac{\partial}{\partial t} \int_{VC} (r \times V) \rho d\forall \qquad (5.39)$$

- Taxa líquida de transferência de momento da quantidade de movimento através da superfície de controle
A vazão mássica ou taxa de transferência de massa através de uma superfície com área A é dada por:

$$\dot{m}_A = \int_A \rho V \cdot n \, dA \qquad (5.40)$$

Consequentemente, a taxa de transferência de momento de quantidade de movimento através da área A na qual observamos a vazão mássica $\dot{m}$ é dada por:

$$\dot{j}_{mA} = \int_A (r \times V) \rho V \cdot n \, dA \qquad (5.41)$$

Expressamos, então, a taxa líquida de transferência de momento de quantidade de movimento através da superfície de controle como:

$$\dot{j}_{mSC} = \int_{SC} (r \times V) r V \cdot n \, dA \qquad (5.42)$$

Utilizando as Equações (5.37), (5.39) e (5.42), podemos expressar algebricamente a equação do momento da quantidade de movimento para um volume de controle, resultando em:

$$M = \sum M_o = \frac{\partial}{\partial t} \int_{VC} (r \times V) \rho \, d\forall +$$
$$+ \int_{SC} (r \times V) \rho V \cdot n \, dA \qquad (5.43)$$

que é a equação integral do momento da quantidade de movimento aplicável a volumes de controle inerciais.

Observamos que nós nos restringiremos a aplicar essa equação integral quando forem aplicáveis as seguintes hipóteses:

a) serão analisados escoamentos em volumes de controle com um número finito de entradas e de saídas;
b) os escoamentos são uniformes em todas as seções de entrada e de saída dos volumes de controle; e
c) os escoamentos ocorrem em regime permanente ou aproximadamente permanente.

No caso de escoamento ocorrendo em regime permanente, a Equação (5.43) é reduzida a:

$$M = \sum M_o = \int_{SC} (r \times V) \rho V \cdot n \, dA \qquad (5.44)$$

Se, além de o escoamento ocorrer em regime permanente, o volume de controle possuir um número finito de entradas e de saídas uniformes, nas quais os vetores velocidade V tenham a mesma direção do versor n, obtemos:

$$M = \sum M_o = \sum (r \times V) \dot{m}_s -$$
$$- \sum (r \times V) \dot{m}_e \qquad (5.45)$$

Devemos observar que essa equação é importante na análise de máquinas que tenham dispositivos em movimento de rotação em contato com fluidos, tais como: bombas centrífugas, ventiladores, turbinas etc.

Observamos ainda que, se todas as forças e momentos considerados importantes e/ou significativos em um problema agirem em um mesmo plano, a Equação (5.45) pode ser expressa como:

$$M = \sum M_o = \sum r_s V_s \dot{m}_s - \sum r_e V_e \dot{m}_e \quad (5.46)$$

5.7 EXERCÍCIOS RESOLVIDOS

Er5.1 Um jato de água a 20°C é produzido por um bocal e lançado sobre um carrinho que pode se mover sem atrito sobre uma superfície horizontal, conforme esquematizado na Figura Er5.1. Sabe-se que a área da seção transversal do jato é igual a 2,0 cm², que a velocidade média do jato é V = 20,0 m/s e que, ao se separar do carrinho, o jato forma um ângulo de 45° com a horizontal. Determine a magnitude da força horizontal R que deve ser aplicada ao carrinho para mantê-lo estático.

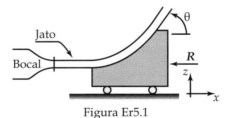

Figura Er5.1

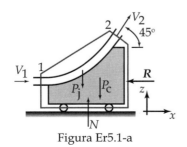

Figura Er5.1-a

Solução

a) Dados e considerações
São dados:
- Fluido: água a 20°C, logo $\rho = 998{,}2$ kg/m³.
- $A = 2{,}0$ cm²; $V = 20{,}0$ m/s; e $\theta = 45°$.

Como estamos trabalhando com equações de conservação formuladas para volume de controle, devemos, em primeiro lugar, analisar o fenômeno a ser estudado e, a seguir, eleger um volume de controle adequado e que, preferencialmente, facilite o uso das equações. Assim, optamos por trabalhar com o indicado na Figura Er5.1-a. Note que escolhemos um VC no qual as áreas nas quais observamos fluxo de massa são perpendiculares às áreas através das quais ocorrem escoamentos.

Observando o volume de controle escolhido, registramos a seguir o conjunto de hipóteses adotadas para a solução do problema.

- Os efeitos viscosos são desprezíveis.
- O escoamento é uniforme nas seções de entrada e de saída do VC.
- O escoamento ocorre em regime permanente.
- Não há transferência de energia por calor entre o volume de controle e o meio.
- O fluido é incompressível.

b) Análise e cálculos
- Avaliação de V_2

Vamos avaliar, primeiramente, a velocidade de saída V_2. Com base nas hipóteses adotadas, verificamos que podemos aplicar a equação de Bernoulli e, para tal, imaginaremos uma linha de corrente no interior do jato que intercepta a seção 2 em um ponto 2 e a seção 1 em um ponto 1. Obtemos, então:

$$\frac{p_1}{\gamma} + \frac{V_1^2}{2g} + z_1 = \frac{p_2}{\gamma} + \frac{V_2^2}{2g} + z_2$$

Considerando que a diferença $z_1 - z_2$ é desprezível e como $p_1 = p_2 = p_{atm}$, obtemos: $V_1 = V_2$.

Com base nesse resultado, podemos concluir que o módulo da velocidade da água não se altera ao longo do jato.

- Avaliação da força

Pretendemos avaliar uma força. Devemos, então, fazer um diagrama de corpo livre do volume de controle, identificando com clareza todas as forças nele atuantes. Esse diagrama é apresentado na Figura Er5.1-a e nos mostra que, na horizontal, é apenas observada a reação R e que, na vertical, identificamos o peso do carrinho, P_c, o peso do jato, P_j, e a força normal, N, aplicada pela superfície horizontal ao carrinho.

Podemos aplicar ao volume de controle a equação da quantidade de movimento na forma vetorial ou na forma escalar e, se necessário, utilizamos uma equação escalar para cada direção.

Optando pelo uso de equações escalares, obtemos para a direção x:

$$F_x = F_{Sx} = \dot{m}(V_{2x} - V_{1x})$$

Lembremo-nos do enunciado. Foi solicitada a avaliação da magnitude da força R. Como essa força atua na horizontal, basta trabalhar com a equação escalar estabelecida para a direção x. Nesse caso, a componente da velocidade de entrada no VC tomada na direção x será igual a:

$$V_{1x} = V_1 = V = 20,0 \text{ m/s}$$

A componente da velocidade de saída na direção x será:

$$V_{2x} = V_2 \cos 45° = V \cos 45° =$$
$$= 20,0 \cos 45° = 14,14 \text{ m/s}$$

A vazão mássica de água que forma o jato é dada por: $\dot{m} = \rho_1 A_1 V_1$. Como a água está a 20°C, sua massa específica será 998,2 kg/m³ e a área do jato é igual a 2 cm², teremos: $\dot{m} = 3,99$ kg/s. Logo:

$$F_x = F_{Sx} = \dot{m}(V_{2x} - V_{1x}) =$$
$$= 3,99(14,14 - 20,0) = -23,4 \text{ N}.$$

Observe que o sinal negativo indica que a força se manifesta no sentido negativo do eixo x. A magnitude de força calculada é a da componente na direção x da resultante das forças aplicadas ao volume de controle, que, neste caso, coincide com a força R.

Er5.2 Um jato de água a 20°C é produzido pela curva horizontal com redução esquematizada na Figura Er5.2 e lançado no meio ambiente. As áreas das seções de entrada e saída da curva são, respectivamente, 6,0 cm² e 2,0 cm².

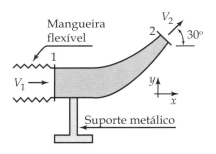

Figura Er5.2

Sabendo que a curva é ligada à tubulação de transporte de água por uma mangueira flexível e que, por esse motivo, a mangueira não aplica nenhuma força a ela, que a curva é mantida imóvel por um suporte metálico e a velocidade média de entrada da água na curva, V_1, é igual a 10 m/s, determine a magnitude da força aplicada pelo suporte à curva e o ângulo que seu vetor faz com a vertical.

Solução

a) Dados e considerações
São dados:
- Fluido: água a 20°C, logo $\rho = 998{,}2$ kg/m³.
- $A_1 = 6{,}0$ cm²; $A_2 = 2{,}0$ cm²; e $V_1 = 10{,}0$ m/s.

Repetindo o início da solução do exercício Er5.1: como estamos trabalhando com equações de conservação formuladas para volume de controle, devemos, em primeiro lugar, analisar o fenômeno a ser estudado e, a seguir, eleger um volume de controle adequado e que, preferencialmente, facilite o uso das equações. Assim, optamos por trabalhar com o indicado na Figura Er5.2-a. Note que escolhemos um VC no qual as áreas nas quais observamos fluxo de massa são perpendiculares às áreas através das quais ocorrem escoamentos.

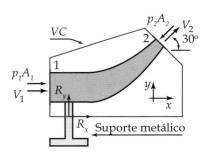

Figura Er5.2-a

Observando o volume de controle escolhido, registramos a seguir o conjunto de hipóteses adotadas para a solução do problema.

- Os efeitos viscosos são desprezíveis, o que nos permite considerar que a viscosidade do fluido é aproximadamente nula.
- O escoamento é uniforme nas seções de entrada e de saída do VC.
- O escoamento ocorre em regime permanente.
- O fluido é incompressível.
- A escala de pressões utilizada é a manométrica.

b) Análise e cálculos

Pretendemos avaliar uma força. Devemos, então, fazer um diagrama de corpo livre do volume de controle identificando com clareza todas as forças nele atuantes. Esse diagrama é apresentado na Figura Er5.2-a. Note que não estão indicadas forças gravitacionais, porque a curva está posicionada em um plano horizontal; assim, devemos apenas trabalhar com forças de superfície. Para identificá-las, devemos percorrer a superfície observando as interações entre o VC e o meio.

Assim procedendo, identificamos:
- A força $p_1 A_1$ aplicada pela água existente na mangueira flexível sobre a área A_1.
- A força $p_2 A_2$ aplicada pelo meio à área A_2.
- As forças R_x e R_y, que são as componentes da força R aplicada pelo suporte metálico ao VC.

Como no meio ambiente reina a pressão atmosférica, devemos observar que essa é a pressão reinante em toda a superfície do VC sujeita a essa pressão, incluindo-se a seção de descarga 2. Assim, a pressão p_2 também será a atmosférica, que na escala manométrica será nula. Observamos, então, que a única pressão desconhecida é a p_1.

Como a velocidade de descarga da água é desconhecida, aplicaremos, inicialmente, a equação da conservação da massa, que, respeitadas as hipóteses adotadas, se resume a:

$\dot{m} = \dot{m}_1 = \dot{m}_2 \Rightarrow \rho_1 A_1 V_1 = \rho_2 A_2 V_2$

Utilizando os dados do problema, obtemos: $\dot{m} = 5{,}99$ kg/s.

O fluido, água na fase líquida, tem por

hipótese massa específica constante, assim: $V_2 = \dfrac{A_1}{A_2} V_1$.

Utilizando os dados do problema, obtemos: $V_2 = 30$ m/s.

Devemos, agora, determinar a pressão p_2. Para tal, aplicaremos a equação de Bernoulli entre dois pontos localizados sobre uma linha de corrente. O primeiro ponto deverá estar localizado na seção 1 e o outro na seção 2, conforme esquematizado na Figura Er5.2-b.

$$\dfrac{p_1}{\gamma} + \dfrac{V_1^2}{2g} + z_1 = \dfrac{p_2}{\gamma} + \dfrac{V_2^2}{2g} + z_2$$

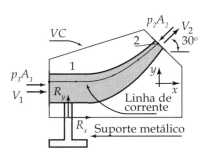

Figura Er5.2-b

Como a curva está posicionada em um plano horizontal, $z_1 = z_2$. Sabendo que a pressão manométrica em 2 é nula, obtemos:

$$p_1 = \dfrac{\rho}{2}\left(V_2^2 - V_1^2\right) = \dfrac{998,2}{2}\left(30^2 - 10^2\right) = 399,3 \text{ kPa}$$

Podemos, agora, aplicar ao volume de controle a equação da quantidade de movimento. Optando pelo uso de equações escalares e observando que as direções relevantes são as definidas pelos eixos x e y, obtemos:

$$F_x = F_{Sx} = \dot{m}\left(V_{2x} - V_{1x}\right)$$

$$F_y = F_{Sy} = \dot{m}\left(V_{2y} - V_{1y}\right)$$

Lembremo-nos que F_x e F_y são as componentes da resultante das forças aplicadas ao VC, então:

$$F_x = p_1 A_1 + R_x = \dot{m}\left(V_{2x} - V_{1x}\right) =$$
$$= \dot{m}\left(V_2 \cos 30° - V_1\right)$$

$$F_y = p_1 A_1 \cos 90° + R_y = \dot{m}\left(V_{2y} - V_{1y}\right) =$$
$$= \dot{m}\left(V_2 \sen 30° - V_1 \cos 90°\right)$$

Utilizando os dados do problema e os valores já anteriormente calculados, obtemos:

$R_x = -143,9$ N

$R_y = 89,9$ N

O módulo da resultante será:

$R = \sqrt{R_x^2 + R_y^2} = 169,7$ N.

O ângulo que essa força faz com a vertical é dado por: $tg\alpha = \dfrac{|R_x|}{R_y} \Rightarrow \alpha = 58°$.

Er5.3 Um jato de água a 20°C é produzido por um bocal e lançado sobre um carrinho que pode se mover sem atrito sobre uma superfície horizontal, distanciando-se do bocal com velocidade constante V_c, conforme esquematizado na Figura Er5.3. Sabe-se que a área da seção transversal do jato é igual a 4,0 cm², que a velocidade média do jato é $V_j = 22,0$ m/s e que, ao se separar do carrinho, o jato forma um ângulo de 30° com a horizontal. Determine a magnitude da força horizontal R que deve ser aplicada ao carrinho para mantê-lo se afastando do bocal com velocidade de $V_c = 5,0$ m/s.

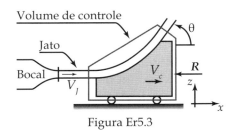

Figura Er5.3

Solução

a) Dados e considerações
São dados:
- Fluido: água a 20°C, logo $\rho = 998,2$ kg/m³.
- $A_j = 4$ cm²; $V_c = 5,0$ m/s; $V_j = 22$ m/s; e $\theta = 30°$.

Como estamos trabalhando com equações de conservação formuladas para volume de controle, devemos, em primeiro lugar, analisar o fenômeno a ser estudado e, a seguir, eleger um volume de controle adequado e que, preferencialmente, facilite o uso das equações. Assim, optamos por trabalhar com o indicado na Figura Er5.3-a. Note que escolhemos um VC no qual as áreas nas quais observamos fluxo de massa são perpendiculares às áreas através das quais ocorrem escoamentos.

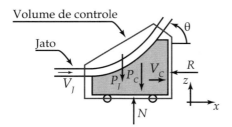

Figura Er5.3-a

Observando o volume de controle escolhido, registraremos a seguir o conjunto de hipóteses adotadas para a solução do problema.
- Os efeitos viscosos são desprezíveis, o que nos permite considerar que a viscosidade do fluido é aproximadamente nula.
- O escoamento é uniforme nas seções de entrada e de saída do VC.
- O escoamento ocorre em regime permanente.
- O fluido é incompressível.

b) Análise e cálculos
- Análise das velocidades

Devemos nos lembrar de que as velocidades V_{1x} e V_{2x} são sempre determinadas em relação a um referencial fixo ao carrinho, já que a força aplicada pelo jato sobre o carrinho depende da velocidade de aproximação do jato ao carrinho.

Assim, como o carrinho está se afastando do bocal, a velocidade com que a água escoa através da seção 1 do volume de controle é:

$V_1 = V_J - V_C = 22,0 - 5,0 = 17,0$ m/s.

Analogamente ao estudado no Er5.1, podemos aplicar a equação de Bernoulli sobre uma linha de corrente no interior do jato que intercepta a seção 2 em um ponto 2 e a seção 1 em um ponto 1. Assim, obtemos: $V_2 = V_1 = 17,0$ m/s.

- Avaliação da força

Pretendemos avaliar uma força. Devemos, então, fazer um diagrama de corpo livre do volume de controle identificando com clareza todas as forças nele atuantes. Esse diagrama é apresentado na Figura Er5.3-a e nos mostra que, na horizontal, é observada apenas a reação R e que, na vertical, identificamos o peso do carrinho, P_c, o peso do jato, P_J, e a força normal, N, aplicada pela superfície horizontal ao carrinho.

Podemos aplicar ao volume de controle a equação da conservação da quantidade na forma vetorial ou na forma escalar e, se necessário, utilizamos uma equação escalar para cada direção.

Optando pelo uso de equações escalares, obtemos para a direção x:

$F_x = F_{Sx} = \dot{m}(V_{2x} - V_{1x})$

Lembremo-nos do enunciado. Foi solicitada a avaliação da magnitude da força R. Como essa força atua na horizontal, basta trabalhar com a equação escalar estabelecida para a direção x.

Devemos nos lembrar de que as velocidades V_{1x} e V_{2x} são sempre determinadas em relação a um referencial fixo ao carrinho, já que a força produzida pelo jato sobre o carrinho depende da velocidade de aproximação do jato ao carrinho.

Nesse caso, a componente da velocidade de entrada no VC tomada na direção x será igual a:

$V_{1x} = V_1 = V_J - V_C = 22{,}0 - 5{,}0 =$
$= 17{,}0 \text{ m/s}$

A componente da velocidade de saída na direção x será:

$V_{2x} = V_2 \cos 30^\circ = V_2 \cos 30^\circ =$
$= 14{,}72 \text{ m/s}$

A vazão mássica de água que forma o jato e que atinge o carrinho é dada por: $\dot{m} = \rho_1 A_1 V_1$.

Como a água está a 20°C, sua massa específica é 998,2 kg/m³ e a área do jato é igual a 4 cm², teremos: $\dot{m} = 6{,}79$ kg/s. Logo:

$F_x = F_{Sx} = \dot{m}(V_{2x} - V_{1x}) =$
$= 6{,}79(14{,}72 - 17{,}0) = -15{,}5 \text{ N}.$

Observe que o sinal negativo indica que a força se manifesta no sentido negativo do eixo x. A magnitude de força calculada é a da componente na direção x da resultante das forças aplicadas ao volume de controle, que, neste caso, coincide com a força R.

Er5.4 Água a 20°C escoa em regime permanente através de um bocal horizontal, formando um jato e descarregando-o para a atmosfera. A área da seção transversal de entrada no bocal é igual a 12 cm² e a da seção de saída é igual a 3,0 cm². Considerando que pressão manométrica de entrada de água no bocal é igual a 5 bar e que os efeitos viscosos do escoamento no bocal são desprezíveis, pede-se para determinar a velocidade média de saída da água do bocal e a magnitude da componente horizontal da força que o bocal aplica na água.

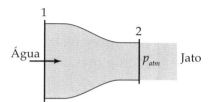

Figura Er5.4

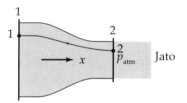

Figura Er5.4-a

Solução
a) Dados e considerações
São dados:
- Fluido: água a 20°C, logo $\rho = 998{,}2$ kg/m³.
- $A_1 = 12$ cm²; $A_2 = 3{,}0$ cm²; $p_1 = 5$ bar; e $p_2 = p_{atm}$, que na escala manométrica é nula.
- O bocal está posicionado na horizontal, logo: $z_1 = z_2$.

Volume de controle: opta-se por escolher um VC delimitado pelas seções 1 e 2 e pela superfície interna do bocal.

Observando o volume de controle escolhido, registramos a seguir o conjunto de hipóteses adotadas para a solução do problema.

- Os efeitos viscosos são desprezíveis, o que nos permite considerar que a viscosidade do fluido é aproximadamente nula.
- O escoamento é uniforme nas seções de entrada e de saída do VC.

- O escoamento ocorre em regime permanente.
- O fluido é incompressível.

b) Análise e cálculos
- Determinação da velocidade V_2

Como o escoamento é uniforme nas seções de entrada e de saída do VC, ocorre em regime permanente e o fluido é incompressível, a equação da conservação da massa resume-se a:

$$\sum \dot{m}_e = \sum \dot{m}_s$$

Para o VC escolhido, temos: $\dot{m}_1 = \dot{m}_2$
$\Rightarrow \rho A_1 V_1 = \rho A_2 V_2$.

Como o fluido é incompressível, resulta: $V_1 = A_2 V_2 / A_1$ [equação A].

Aplicando a equação de Bernoulli sobre uma linha de corrente que intercepta a seção 1 no ponto 1 e a seção 2 no ponto 2, obtemos:

$$\frac{p_1}{\gamma} + \frac{V_1^2}{2g} + z_1 = \frac{p_2}{\gamma} + \frac{V_2^2}{2g} + z_2$$

Como $z_1 = z_2$, temos:

$$\frac{p_1}{\gamma} + \frac{V_1^2}{2g} = \frac{p_2}{\gamma} + \frac{V_2^2}{2g} \quad \text{[equação B]}$$

Substituindo a equação A na equação B, resulta em:

$$\frac{V_2^2\left(1-\left(\frac{A_2}{A_1}\right)^2\right)}{2g} = \frac{p_1 - p_2}{\gamma} \Rightarrow$$

$$\Rightarrow V_2 = \sqrt{\frac{2g\dfrac{p_1-p_2}{\gamma}}{1-\left(\dfrac{A_1}{A_2}\right)^2}}$$

Substituindo-se os valores conhecidos, vem:
$V_2 = 32{,}69$ m/s

Utilizando a equação A, obtemos $V_1 = 8{,}17$ m/s.

- Determinação da vazão mássica

$$\dot{m}_1 = \dot{m}_2 = \rho A_1 V_1 = 9{,}79 \text{ kg/s}$$

- Avaliação da força aplicada pela água ao bocal

Podemos, agora, aplicar ao volume de controle a equação da quantidade de movimento. Optando pelo uso de equações escalares e observando que a força que a água aplica no bocal ocorre na direção do eixo x, obtemos:

$$F_x = F_{Sx} = \sum \dot{m}_s V_{sx} - \sum \dot{m}_e V_{ex} =$$
$$= \dot{m}_2 V_2 - \dot{m}_1 V_1$$

Lembremo-nos que F é a resultante das forças aplicadas ao VC, ou seja, F é igual à somatória das componentes de todas as forças de superfície que agem na direção x sobre o volume de controle. Consequentemente:

$$F_x = \dot{m}_2 V_2 - \dot{m}_1 V_1 = R_x + p_1 A_1 - p_2 A_2$$

Nessa expressão, R_x é a força aplicada pelo bocal ao VC. Trabalhando na escala manométrica de pressões e verificando que a vazão mássica de entrada é igual à de saída, obtemos:

$$R_x = \dot{m}_1 (V_2 - V_1) - p_1 A_1 = 9{,}79$$

$(32{,}69 - 8{,}17) - 500000 \cdot 12/10000$

$= -360$ kN

O sinal negativo indica que essa força está sendo aplicada no sentido negativo do eixo x.

Er5.5 Água a 20°C escoa em regime permanente através da conexão horizontal ilustrada na Figura Er5.5. A velocidade V_1 é igual a 10,0 m/s, as pressões manométricas nas seções 1 e 2 são, respectivamente, $p_1 = 2{,}5$ bar e

p_2 = 2,4 bar. Supondo que os efeitos viscosos não são significativos e que os diâmetros das seções 1, 2 e 3 são, respectivamente, iguais a 6,0 cm, 5,0 cm e 2,6 cm, pede-se para determinar:
a) as velocidades V_2 e V_3;
b) a pressão manométrica na seção 3, p_3;
c) as componentes nas direções x e y e a direção da força aplicada pela conexão à água.

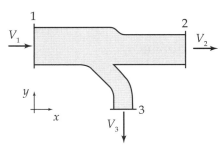

Figura Er5.5

Solução

a) Dados e considerações
São dados:
- Fluido: água a 20°C, logo ρ = 998,2 kg/m³.
- V_1 = 10,0 m/s; p_1 = 2,5 bar; e p_2 = 2,4 bar.
- d_1 = 6,0 cm; d_2 = 5,0 cm; d_3 = 2,6 cm.
- A curva está posicionada em um plano horizontal, logo: $z_1 = z_2 = z_3$.

Volume de controle: opta-se por escolher um VC delimitado pelas seções 1, 2 e 3 e pela superfície interna da conexão.

Observando o volume de controle escolhido, registramos a seguir o conjunto de hipóteses adotadas para a solução do problema.
- Os efeitos viscosos são desprezíveis, o que nos permite considerar que a viscosidade do fluido é aproximadamente nula.
- O escoamento é uniforme nas seções de entrada e de saída do VC.
- O escoamento ocorre em regime permanente.
- O fluido é incompressível.

b) Análise e cálculos
- Determinação da velocidade V_2
Aplicando a equação de Bernoulli sobre uma linha de corrente que intercepta a seção 1 no ponto 1 e a seção 2 no ponto 2, obtemos:

$$\frac{p_1}{\gamma} + \frac{V_1^2}{2g} + z_1 = \frac{p_2}{\gamma} + \frac{V_2^2}{2g} + z_2$$

Como $z_1 = z_2$: $\frac{p_1}{\gamma} + \frac{V_1^2}{2g} = \frac{p_2}{\gamma} + \frac{V_2^2}{2g}$

Nessa equação, desconhecemos apenas V_2.

$V_2 = \sqrt{2g\frac{p_1 - p_2}{\gamma} + V_1^2} =$

$= \sqrt{2\frac{250000 - 240000}{998,2} + 10^2} =$

$= 10,96$ m/s

- Determinação da velocidade V_3
Como o escoamento é uniforme nas seções de entrada e de saída do VC, ocorre em regime permanente e o fluido é incompressível, a equação da conservação da massa resume-se a:

$$\sum \dot{m}_e = \sum \dot{m}_s$$

Para o VC escolhido, temos:
$\dot{m}_1 = \dot{m}_2 + \dot{m}_3 \Rightarrow$

$\Rightarrow \rho A_1 V_1 = \rho A_2 V_2 + \rho A_3 V_3 \Rightarrow$

$\Rightarrow A_1 V_1 = A_2 V_2 + A_3 V_3 \Rightarrow$

$\Rightarrow d_1^2 V_1 = d_2^2 V_2 + d_3^2 V_3 \Rightarrow$

$\Rightarrow V_3 = \frac{d_1^2 V_1 - d_2^2 V_2}{d_3^2} = 12,74$ m/s

- Determinação das vazões mássicas
$\dot{m}_1 = \rho V_1 A_1 = 28,22$ kg/s

$\dot{m}_2 = \rho V_2 A_2 = 21,47$ kg/s

$\dot{m}_3 = \dot{m}_1 - \dot{m}_2 = 6,75$ kg/s

- Determinação da pressão p_3

Aplicando a equação de Bernoulli sobre uma linha de corrente que intercepta a seção 1 no ponto 1 e a seção 3 no ponto 3, obtemos:

$$\frac{p_1}{\gamma} + \frac{V_1^2}{2g} + z_1 = \frac{p_3}{\gamma} + \frac{V_3^2}{2g} + z_3$$

Como $z_1 = z_3$: $\frac{p_1}{\gamma} + \frac{V_1^2}{2g} = \frac{p_3}{\gamma} + \frac{V_3^2}{2g}$

Nessa equação, desconhecemos apenas p_3.

$$p_3 = p_1 + \rho \frac{V_1^2 - V_3^2}{2} \Rightarrow p_3 = 218,95 \text{ kPa}$$

- Avaliação das componentes da força aplicada pela conexão à água

Podemos, agora, aplicar ao volume de controle a equação da quantidade de movimento. Optando pelo uso de equações escalares e observando que as direções relevantes são as definidas pelos eixos x e y, obtemos:

$F_x = F_{Sx} = \sum \dot{m}_s V_{sx} - \sum \dot{m}_e V_{ex} =$
$= \dot{m}_2 V_{2x} + \dot{m}_3 V_{3x} - \dot{m}_1 V_{1x}$

$F_y = F_{Sy} = \sum \dot{m}_s V_{sy} - \sum \dot{m}_e V_{ey} =$
$= \dot{m}_2 V_{2y} + \dot{m}_3 V_{3y} - \dot{m}_1 V_{1y}$

Lembremo-nos que F_x e F_y são as componentes da resultante das forças aplicadas ao VC, e que

$V_{1x} = V_1$; $V_{2x} = V_2$; $V_{3x} = 0$; $V_{1y} = 0$; $V_{2y} = 0$ e $V_{3y} = -V_3$.

Logo:

$F_x = \dot{m}_2 V_2 - \dot{m}_1 V_1$

$F_y = -\dot{m}_3 V_3$

Sabemos que as componentes F_x e F_y são, respectivamente, iguais à somatória das componentes das forças de superfície que agem nas direções x e y sobre o volume de controle. Consequentemente:

$F_x = \dot{m}_2 V_2 - \dot{m}_1 V_1 = R_x + p_1 A_1 - p_2 A_2$

$F_y = -\dot{m}_3 V_3 = R_y + p_3 A_3$

Substituindo-se os valores conhecidos, obtemos:

$R_x = \dot{m}_2 V_2 - \dot{m}_1 V_1 - p_1 A_1 + p_2 A_2 =$
$= -282,6$ N

$R_y = -\dot{m}_3 V_3 - p_3 A_3 = -202,2$ N

As componentes da reação estão indicadas na Figura Er5.5-a. Observe que os sinais negativos indicam que as componentes se manifestam no sentido negativo dos eixos x e y.

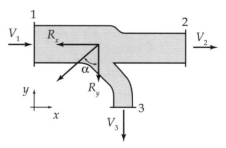

Figura Er5.5-a

O ângulo que a força resultante faz com a vertical – veja a Figura Er5.5-a – é dado por:

$$tg\alpha = \frac{|R_x|}{|R_y|} \Rightarrow \alpha = 28,7°$$

Er5.6 Um jato horizontal de água a 20°C é formado por um bocal com diâmetros $d_1 = 8$ cm e $d_2 = 2$ cm, conforme indicado na Figura Er5.6. Sabe-se que o jato apresenta na saída do bocal a velocidade média de 20 m/s e que ele incide sobre uma placa articulada em A. Considerando que os efeitos viscosos são desprezíveis, $L = 40$ cm e $M = 1{,}0$ m, pede-se para determinar a velocidade média da água na seção de entrada do bocal, a deflexão do manômetro de mercúrio e a força que deve ser aplicada na placa para mantê-la estática na posição vertical.

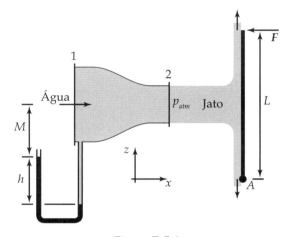

Figura Er5.6

Solução

a) Dados e considerações
São dados:
- fluido: água a 20°C, logo $\rho = 998{,}2$ kg/m³.
- $d_1 = 8$ cm; $d_2 = 2$ cm; $V_2 = 20$ m/s; $L = 40$ cm; $M = 1{,}0$ m.
- $p_2 = p_{atm}$, que na escala manométrica é nula.
- a densidade relativa do mercúrio é $d_{rHg} = 13{,}6$.
- o bocal está posicionado na horizontal, logo: $z_1 = z_2$.

Volume de controle: opta-se por escolher um VC delimitado pelas seções 1 e 2 e pela superfície interna do bocal.

Observando o volume de controle escolhido, registramos a seguir o conjunto de hipóteses adotadas para a solução do problema.

- Os efeitos viscosos são desprezíveis, o que nos permite considerar que a viscosidade do fluido é aproximadamente nula.
- O escoamento é uniforme nas seções de entrada e de saída do VC.
- O escoamento ocorre em regime permanente.
- O fluido é incompressível.

b) Análise e cálculos
- Determinação da velocidade V_1

Como o escoamento é uniforme nas seções de entrada e de saída do VC, ocorre em regime permanente e o fluido é incompressível, a equação da conservação da massa resume-se a:

$$\sum \dot{m}_e = \sum \dot{m}_s \Rightarrow \dot{m}_1 = \dot{m}_2 \Rightarrow$$

$$\Rightarrow \rho A_1 V_1 = \rho A_2 V_2$$

Como o fluido é incompressível, resulta: $V_1 = A_2 V_2 / A_1$.

Substituindo-se os valores conhecidos, obtemos: $V_1 = 1{,}25$ m/s.

- Determinação da deflexão no manômetro, h.

Aplicando a equação de Bernoulli sobre uma linha de corrente que intercepta a seção 1 no ponto 1 e a seção 2 no ponto 2, obtemos:

$$\frac{p_1}{\gamma} + \frac{V_1^2}{2g} + z_1 = \frac{p_2}{\gamma} + \frac{V_2^2}{2g} + z_2$$

Como $z_1 = z_2$, então: $\frac{p_1}{\gamma} + \frac{V_1^2}{2g} = \frac{p_2}{\gamma} + \frac{V_2^2}{2g}$.

Como, na escala manométrica, $p_2 = 0$, substituindo-se os valores conhecidos das velocidades, obtemos: $p_1 = 198{,}86$ kPa.

A deflexão do manômetro será dada por: $\gamma_{Hg} h = \gamma h + \gamma M + p_1 \Rightarrow$

$$\Rightarrow h = \frac{\gamma M + p_1}{\gamma_{Hg} - \gamma} \Rightarrow h = 1{,}69 \text{ m}.$$

- Determinação da vazão mássica
$\dot{m}_1 = \dot{m}_2 = \rho A_1 V_1 = 6,272$ kg/s
- Avaliação da força aplicada pela água à placa

Podemos, agora, aplicar ao volume de controle delimitado pela superfície externa do jato, pela seção de entrada 3 e seção de saída 3 e pela superfície molhada da placa a equação da quantidade de movimento. Veja a Figura Ep5.6-a. Optando pelo uso de equações escalares e observando que a resultante das forças aplicadas ao VC ocorre na direção do eixo x, obtemos:

$$F_x = F_{Sx} = \sum \dot{m}_s V_{sx} - \sum \dot{m}_e V_{ex} =$$
$$= \dot{m}_4 V_{4x} - \dot{m}_3 V_{3x}$$

Como $V_{4x} = 0$, temos: $F_x = -\dot{m}_3 V_{3x}$.

Lembremo-nos que F_x é a resultante das forças aplicadas ao VC, ou seja, F_x é igual à somatória das componentes de todas as forças de superfície que agem na direção x sobre o volume de controle. Consequentemente, F_x será igual à força que a placa aplica no jato. Sabendo que:

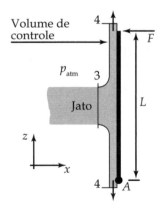

Figura Er5.6-a

$\dot{m}_3 = \dot{m}_2$ e $V_{3x} = V_3 = V_2$

obtemos: $F_x = -125,4$ N.

A força aplicada pela água à placa será: $F_a = -F_x = 125,4$ N.

- Avaliação da força F que deve ser aplicada à placa

A somatória dos momentos das forças aplicadas à placa tomados em relação à articulação A será igual a zero.

$$\sum M_A = 0 = FL + F_x \frac{L}{2} \Rightarrow$$
$$\Rightarrow F = -\frac{F_x}{2} = -62,7 \text{N}$$

O sinal negativo indica que a força age no sentido negativo do eixo x.

Er5.7 Considere o escoamento de água a 20°C através da tubulação ilustrada na Figura Er5.7.

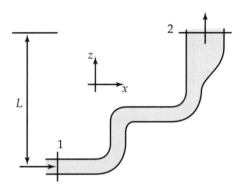

Figura Er5.7

Sabe-se que a área da seção transversal da seção 1 é igual a 0,05 m², a da seção 2 é 0,1 m², $L = 1,6$ m, a velocidade na seção 2 é 3,0 m/s, e o volume interno da tubulação delimitado pelas seções 1 e 2 é igual a 0,1 m³. Considerando que os efeitos viscosos podem ser desprezados, o escoamento é uniforme nas seções 1 e 2 e a pressão manométrica da água na seção 2 é igual a 30 kPa, determine a magnitude da força aplicada pela água à tubulação.

Solução

a) Dados e considerações
São dados:
- Fluido: água a 20°C.
- $A_1 = 0,05$ m²; $A_2 = 0,1$ m².

- $V_2 = 3{,}0$ m/s; $L = 1{,}6$ m.
- $\forall = 0{,}1$ m³ (volume interno da tubulação).

Volume de controle: optamos por trabalhar com o VC caracterizado pelas seções 1, 2 e pela superfície interna da tubulação.

Observando o volume de controle escolhido, registraremos a seguir o conjunto de hipóteses adotadas para a solução do problema.

- Os efeitos viscosos são desprezíveis.
- O escoamento é uniforme nas seções de entrada e saída do VC.
- O escoamento ocorre em regime permanente.
- O fluido, água, é incompressível, sua massa específica é igual a 998,2 kg/m³ e seu peso específico é 9792 N/m³.

b) Análise e cálculos
- Determinação da velocidade V_1

Como o escoamento é uniforme nas seções de entrada e de saída do VC, ocorre em regime permanente e o fluido é incompressível, a equação da conservação da massa resume-se a:

$$\sum \dot{m}_e = \sum \dot{m}_s$$

Para o VC escolhido, temos:

$$\dot{m}_1 = \dot{m}_2 \Rightarrow \rho A_1 V_1 = \rho A_2 V_2.$$

Como o fluido é incompressível, resulta: $V_1 = A_2 V_2 / A_1$.

Substituindo-se os valores conhecidos, obtemos: $V_1 = 6{,}0$ m/s.

- Avaliação da pressão na seção 1

Aplicando a equação de Bernoulli sobre uma linha de corrente que intercepta a seção 1 no ponto 1 e a seção 2 no ponto 2, obtemos:

$$\frac{p_1}{\gamma} + \frac{V_1^2}{2g} + z_1 = \frac{p_2}{\gamma} + \frac{V_2^2}{2g} + z_2$$

A diferença de pressões será:

$$\frac{p_1 - p_2}{\gamma} = \frac{V_2^2 - V_1^2}{2g} + z_2 - z_1 \Rightarrow$$

$$\Rightarrow p_1 - p_2 = \rho \frac{V_2^2 - V_1^2}{2} + \gamma L$$

Logo: $p_1 = 2192 + p_2 = 32192$ Pa.

- Aplicação da equação da quantidade de movimento

Podemos, agora, aplicar ao volume de controle a equação da quantidade de movimento. Optando pelo uso de equações escalares, obtemos:

$$F_x = F_{Sx} = \sum \dot{m}_s V_{sx} - \sum \dot{m}_e V_{ex} =$$
$$= \dot{m}_2 V_{2x} - \dot{m}_1 V_{1x}$$

$$F_z = F_{Sz} + F_g = \sum \dot{m}_s V_{sz} - \sum \dot{m}_e V_{ez} =$$
$$= \dot{m}_2 V_{2z} - \dot{m}_1 V_{1z}$$

Lembremo-nos que F_x e F_z são as componentes avaliadas, respectivamente, nas direções x e z da resultante das forças aplicadas ao VC, ou seja, F_x e F_z são, respectivamente, iguais às somatórias das componentes de todas as forças que agem nas direções x e z sobre o volume de controle.

Observando que $V_{1z} = V_{2x} = 0$, obtemos:

$$F_x = -\dot{m}_1 V_{1x} = R_x + p_1 A_1$$

$$F_z = \dot{m}_2 V_{2z} = R_z - p_2 A_2 - W$$

Nessas expressões, R_x e R_z são as componentes da resultante da força aplicada pela tubulação ao VC e $W = \gamma \forall$ é o peso da água contida na tubulação.

Trabalhando na escala manométrica de pressões e substituindo os valores conhecidos, obtemos:

$$R_x = -998{,}2 \cdot 0{,}05 \cdot 6{,}0 \cdot 6{,}0 -$$
$$- 32188 \cdot 0{,}05 = -3406 \text{ N}$$

$R_z = +998{,}2 \cdot 0{,}05 \cdot 6{,}0 \cdot 3{,}0 +$
$+ 30000 \cdot 0{,}1 + 9792 \cdot 0{,}1 = 4878$ N

E o módulo da força é igual a:

$F = \sqrt{R_x^2 + R_z^2} = 5949$ N

Observe que este é o módulo da força aplicada pela tubulação à água, que é igual ao módulo da força aplicada pela água à tubulação. Naturalmente, essas forças têm a mesma direção, porém sentidos opostos.

Er5.8 Parte de uma tubulação de condução de água destinada à extinção de incêndio é fixada em uma coluna do edifício fabril, conforme indicado na Figura Er5.8. A tubulação tem diâmetro interno igual a 102,2 mm e foi dimensionada para conduzir água a 10 m/s. Sabemos que $p_1 = 40$ bar e $p_2 = 39{,}0$ bar, que o suporte prende a tubulação exatamente na metade do ramo com comprimento $L = 1{,}0$ m e que esse trecho de tubulação está fixado ao restante por elementos flexíveis incapazes de transmitir forças e momentos. Determine o torque aplicado pelo suporte à tubulação.

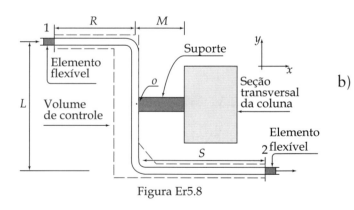

Figura Er5.8

Solução

a) Dados e considerações
São dados:
- Fluido: água a 20°C, log $\rho = 998{,}2$ kg/m³.
- $D_i = 102{,}2$ mm.
- $V = 10{,}0$ m/s.
- $p_1 = 40$ bar e $p_2 = 39{,}0$ bar, que o suporte prende a tubulação exatamente na metade do ramo com comprimento $L = 1{,}0$.

Como estamos trabalhando com equações de conservação formuladas para volume de controle, devemos analisar o fenômeno a ser estudado e, a seguir, eleger um VC adequado e que, preferencialmente, facilite o uso das equações. Assim, optamos por trabalhar com o indicado na Figura Er5.8. Esse VC corta a tubulação nas seções 1 e 2 e corta o suporte junto à tubulação, justamente onde queremos calcular o torque aplicado pelo suporte à tubulação.

Observando o VC escolhido, registraremos a seguir o conjunto de hipóteses adotadas para a solução do problema.

- Os efeitos viscosos são desprezíveis.
- O escoamento é uniforme nas seções de entrada e saída do VC.
- O escoamento ocorre em regime permanente.
- O fluido, água, é incompressível e a sua massa específica é igual a 998,2 kg/m³.

b) Análise e cálculos
- Equação da conservação da massa

O princípio da conservação da massa, sob as hipóteses adotadas, nos garante que: $\dot{m}_1 = \dot{m}_2 = \dot{m}$.

Assim sendo:

$\dot{m} = \rho A_1 V_1 = \rho A_2 V_2 \Rightarrow V_1 = V_2 = V$

$\dot{m} = \rho A V = 998{,}2 \cdot \varpi \cdot (0{,}1022^2/4) \cdot 10 = 81{,}89$ kg/s.

- Aplicação da equação do momento da quantidade de movimento

Esta equação é:

$$\sum M_o = \frac{\partial}{\partial t}\int_{VC}(r\times V)\rho\, dV +$$
$$+\int_{SC}(r\times V)\rho V\cdot n\, dA$$

Sob a hipótese de regime permanente, obtemos:

$$\sum M_o = \int_{SC}(r\times V)\rho V\cdot n\, dA$$

A aplicação da hipótese de escoamento uniforme nas seções 1 e 2 resulta em:

$$\sum M_o = -(r_1\times V_1)\dot m_1 + (r_2\times V_2)\dot m_2 =$$
$$= ((r_2\times V_2)-(r_1\times V_1))\dot m$$

Considerando os momentos anti-horários positivos, obtemos, em módulo:

$$\sum M_o = \left(\frac{L}{2}V_2 + \frac{L}{2}V_1\right)\dot m = \dot m L V =$$
$$= 818{,}9\ N\cdot m$$

Esse resultado é exatamente a somatória de todos os momentos aplicados ao volume de controle.

- Análise dos momentos aplicados ao volume de controle

Encontram-se aplicados ao volume de controle os seguintes momentos:

$-p_1 A_1\dfrac{L}{2}$ = momento aplicado pela força devida à pressão manométrica na seção de entrada 1.

$p_2 A_2\dfrac{L}{2}$ = momento aplicado pela força causada pela pressão manométrica na seção de saída 2.

T = momento aplicado pelo suporte ao tubo.

A somatória desses momentos deve ser igual a $\dot m L V$, logo:

$$+p_2 A_2\frac{L}{2} - p_1 A_1\frac{L}{2} + T = \dot m L V.$$

O que resulta em: $T = 823{,}0\ N\cdot m$.

5.8 EXERCÍCIOS PROPOSTOS

Ep5.1 Água na fase líquida a 20°C escoa através de uma curva 180°, plana, horizontal com flange, produzindo um jato conforme ilustrado na Figura Ep5.1. Sabendo que a velocidade média da água na tubulação é igual a 10,0 m/s, que a área da seção transversal da tubulação é constante e igual a 10 cm², e desprezando os efeitos gravitacionais e os viscosos produzidos pelo escoamento, determine a resultante das forças aplicada à curva pelos parafusos que a sustentam.

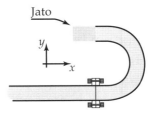

Figura Ep5.1

Resp.: -199,6 N.

Ep5.2 Água escoa em regime permanente através de um bocal horizontal descarregando para a atmosfera. A área da seção transversal de entrada no bocal é igual a 10 cm² e a da seção de saída é igual a 2,0 cm². Considerando que pressão de entrada de água no bocal é igual a 300 kPa e desprezando-se os efeitos viscosos, pede-se para determinar a velocidade de saída da água do bocal e a magnitude da força que a água aplica no bocal.

Resp.: 25,0 m/s; 200 N.

Ep5.3 Um carrinho pode deslizar, sem atrito, sobre um plano inclinado que forma um ângulo de 30° com o plano horizontal – veja a Figura Ep5.3. Um estudante de engenharia conclui que, para mantê-lo em equilíbrio, será necessária a aplicação de um jato de água com velocidade média igual a 20 m/s e com diâmetro igual a 3,0 cm paralelo ao plano inclinado. Estando a água a 20°C, qual é o valor do módulo da força aplicada pelo jato ao carrinho?

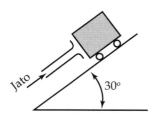

Figura Ep5.3

Resp.: 282,2 N.

Ep5.4 Um carrinho que pode se mover sobre um plano inclinado sem atrito – veja a Figura Ep5.4 – é mantido estático por um jato de água a 20°C, que é produzido por um bocal que tem diâmetros de entrada e de saída iguais a, respectivamente, 12 cm e 6 cm. Considere que tanto o peso da água sobre o carrinho quanto os efeitos viscosos podem ser desprezados. Sabendo que a massa do carrinho é igual a 10 kg, determine a pressão e a vazão da água na seção de entrada do bocal.

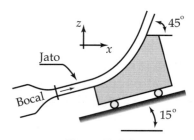

Figura Ep5.4

Resp.: 31,4 kPa; 23,2 L/s.

Ep5.5 Observe a Figura Ep5.5. Nela temos uma curva posicionada em um plano horizontal na qual escoa água (ρ = 1000 kg/m³), produzindo um jato que é lançado na atmosfera. As seções de entrada e de saída dessa curva têm áreas iguais a, respectivamente, 10 cm² e 2,5 cm². Considere que a velocidade de entrada da água na curva é igual a 4,0 m/s e que os efeitos viscosos podem ser desprezados. Determine a velocidade do jato na seção de descarga da curva, a pressão da água na seção de entrada da curva, os módulos das componentes na direção do eixo x e do eixo y da força aplicada pela curva à água.

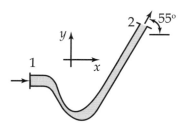

Figura Ep5.5

Resp.: 16,0 m/s; 120 kPa; 99,3 N; 52,4 N.

Ep5.6 A tubulação horizontal esquematizada na Figura Ep5.6 tem área de entrada igual a 2 cm² e área de saída igual a 10 cm². A pressão manométrica na seção de saída é igual a 400 kPa e a velocidade média nessa seção é igual a 5,0 m/s. Sabendo que água com massa específica igual a 1000 kg/m³ escoa através dela e que os efeitos viscosos podem ser desprezados, pede-se para calcular a velocidade da água na seção de entrada, a pressão manométrica na seção de entrada e o módulo da força aplicada pela água à tubulação.

Figura Ep5.6

Resp.: 25,0 m/s; 100 kPa; 280 N.

Ep5.7 Um jato horizontal de ar produzido por um bocal atinge uma placa plana vertical. Veja a Figura Ep5.7. Considere que a velocidade do ar na seção de descarga do bocal seja igual a 100 m/s, que o diâmetro de entrada do bocal é igual a 10 cm, que o de saída é igual a 2,5 cm e que todos os efeitos viscosos podem ser desprezados.

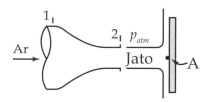

Figura Ep5.7

Estime a velocidade e a pressão manométrica do ar na seção de admissão do bocal, a força aplicada pelo ar à placa e a pressão do ar no ponto A indicado na figura. Considere que a massa específica do ar é constante e igual a 1,2 kg/m³.

Resp.: 6,25 m/s; 5,98 kPa; 5,89 N; 6,00 kPa.

Ep5.8 Um jato de água a 20°C atinge um carrinho que pode se mover sem atrito sobre um plano horizontal, conforme ilustrado na Figura Ep5.8. Sabe-se que a velocidade média de entrada do jato no bocal é igual a 4,0 m/s, que os diâmetros das seções de entrada e de saída do bocal são iguais a, respectivamente, 4 cm e 2 cm e que $L = 1,2$ m.

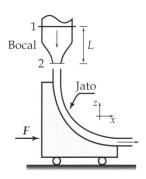

Figura Ep5.8

Considerando-se que tanto o peso da massa de água presente sobre o carrinho quanto os efeitos viscosos são desprezíveis, pede-se para determinar a pressão manométrica da água na seção de admissão do bocal, o módulo da força que deve ser aplicada ao carrinho para mantê-lo estático e o módulo da força aplicada pela água ao carrinho.

Resp.: 108,0 kPa; 80,3 N; 113,5 N.

Ep5.9 Um jato de água a 20°C atinge um carrinho que pode se mover sem atrito sobre um plano horizontal, conforme ilustrado na Figura Ep5.9. O carrinho é ancorado a uma superfície vertical por meio de uma mola ideal com coeficiente de elasticidade igual a 50 N/cm. Sabe-se que a área da seção transversal e o módulo da velocidade do jato antes de entrar em contato com o carrinho são iguais a, respectivamente, 10 cm² e 15 m/s, que os efeitos viscosos podem ser desprezados e que é razoável supor que módulo da velocidade média da água se mantém constante ao longo do jato. Pede-se para determinar a deformação da mola na condição de equilíbrio mecânico. A mola está sendo comprimida ou tracionada?

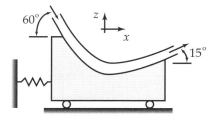

Figura Ep5.9

Resp.: 2,09 cm; comprimida.

Ep5.10 Água na fase líquida a 20°C escoa através de um dispositivo destinado a produzir, simultaneamente, dois jatos de água para irrigação – veja a Figura Ep5.10. Sabe-se que a água é admitida no dispositivo com velocidade média de 10 m/s e com pressão igual a 10 bar. Considere, em primeira aproximação, que os efeitos viscosos podem ser desprezados, o diâmetro da seção 1 é igual a 10 cm, o diâmetro da seção 2 é o dobro do da seção 3 e que as diferenças de cota entre as seções 1, 2 e 3 podem ser desprezadas. Pede-se para avaliar a vazão da água na seção de saída 2, o módulo da componente horizontal da força aplicada pelo dispositivo à água e o módulo da componente vertical da força aplicada pelo dispositivo à água.

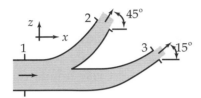

Figura Ep5.10

Resp.: 6,28 E-2 m³/s; 5,91 kN; 2,22 kN.

Ep5.11 Água a 20°C escoa em regime permanente através de uma conexão do tipo Y posicionada em um plano horizontal, conforme indicado na Figura Ep5.11. As velocidades V_1 e V_2 são iguais a 10,0 m/s e 7,0 m/s e a pressão absoluta p_1 é igual a 1,0 MPa.

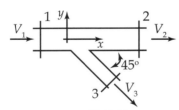

Figura Ep5.11

Supondo que os efeitos viscosos bem como os efeitos gravitacionais não são significativos, os diâmetros das seções 1 e 2 são iguais a 6,0 cm, o diâmetro da seção 3 é igual à metade dos demais e a pressão atmosférica local é igual a 100 kPa, determine a resultante das forças aplicadas à conexão e o ângulo que essa força forma com o eixo y.

Resp.: 673 N; 40,7°.

Ep5.12 Um jato de água a 20°C é produzido em um bocal com seções de entrada e de saída quadradas com lados iguais a, respectivamente, 4,0 cm e 2,0 cm. O jato atinge um bloco com massa de 5,0 kg, pressionando-o contra uma mola com coeficiente igual a 400 N/cm, conforme ilustrado na Figura Ep5.12. Para que a mola seja contraída 1,0 cm, qual deverá ser a pressão da água na seção de entrada do bocal? Despreze os efeitos viscosos e os gravitacionais sobre a água.

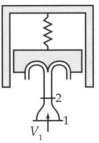

Figura Ep5.12

Resp.: 280,7 kPa.

Ep5.13 Considere a Figura Ep5.13. Uma tubulação horizontal é constituída por um tubo com diâmetro d_1 = 12 cm que é acoplado por uma redução a uma conexão Te com diâmetro de entrada d_2 = 4 cm. Essa conexão é simétrica, tendo as suas duas saídas com diâmetros iguais, $d_3 = d_4$ = 2 cm. Sabe-se que o fluido que escoa na tubulação é água com massa específica igual a 1000 kg/m³, que a vazão mássica de água na seção 1 é igual a 45,24 kg/s e que as pressões manométricas da água nas seções de saída 3 e 4 são iguais a, respectivamente, 3,0 bar e 4,0 bar. Considerando-se os efeitos viscosos desprezíveis, pede-se para determinar a velocidade da água na seção 3, a pressão manométrica da água na seção 1 e o módulo da componente da força aplicada pela água no Te na direção do eixo de simetria da redução.

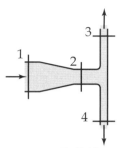

Figura Ep5.13

Resp.: 72,7 m/s; 29,3 bar; 4,51 kN.

Ep5.14 Considere a Figura Ep5.7. Agora, um jato horizontal de água com massa específica igual a 1000 kg/m³ produzido por um bocal atinge uma placa plana vertical. Suponha que a velocidade da água na seção de descarga do bocal seja 20 m/s, o diâmetro de entrada do bocal seja 10 cm, o de saída seja 2,5 cm e que todos os efeitos viscosos possam ser desprezados. Estime a força aplicada pela água à placa, a velocidade média e a pressão manométrica da água na seção de entrada do bocal.

Resp.: 1,25 m/s; 199,2 kPa; 196,4 N.

Ep5.15 Água na fase líquida com massa específica igual a 1000 kg/m³, armazenada em um tanque cilíndrico de grande diâmetro, escoa através de um bocal com área de seção de entrada igual a $A_2 = 5$ cm² e área de seção de saída igual a $A_3 = 1,0$ cm², formando um jato que atinge um disco posicionado na vertical, conforme ilustrado na Figura Ep5.15. Um manômetro de mercúrio, $\rho_{Hg} = 13600$ kg/m³, instalado entre as seções de entrada e saída do bocal, apresenta uma deflexão $H = 5,0$ cm. Supondo que os efeitos viscosos podem ser desprezados, determine vazão volumétrica de água através do bocal, o nível de água, L, no tanque e o módulo da força F aplicada no disco necessária para mantê-lo estático.

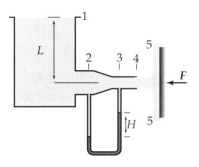

Figura Ep5.15

Resp.: 3,59 E-4 m³/s; 0,656 m; 1,29 N.

Ep5.16 Considere a Figura Ep5.16. Um jato de água é aplicado sobre um carrinho que pode se mover sem atrito sobre um plano horizontal. Um corpo esférico com densidade relativa igual a 7,85, totalmente mergulhado em um recipiente com óleo, está ligado ao carrinho por um fio com massa desprezível que passa por uma roldana. Sabe-se que o jato é formado em um bocal com áreas de seções transversais iguais a $A_1 = 10$ cm² e $A_2 = 2,5$ cm² e que a pressão manométrica da água na seção de entrada no bocal é $p_1 = 200$ kPa.

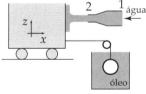

Figura Ep5.16

Considere que o carrinho está em equilíbrio mecânico, a densidade relativa do óleo é igual a 0,8, o peso específico da água é igual a 9810 N/m³, a pressão atmosférica é igual a 100 kPa e que os efeitos viscosos podem ser desprezados. Determine a velocidade média do jato, a força aplicada pelo fio ao carrinho e o raio do corpo esférico.

Resp.: 20,66 m/s; 106,7 N; 71,7 mm.

Ep5.17 Água na fase líquida com massa específica igual a 1000 kg/m³ escoa em regime permanente através de uma curva horizontal com redução, produzindo um jato que é lançado no meio ambiente, conforme ilustrado na Figura Ep5.17. A área da seção 1 é igual a 10 cm² e a área da seção 2 é igual a 2 cm². Sabe-se que a velocidade da água na seção 1 é igual a 5,0 m/s. Supondo que os efeitos viscosos podem ser desprezados, determine o módulo e a direção em relação à horizontal da força aplicada pela água na curva.

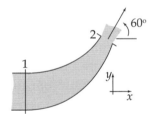

Figura Ep5.17

Resp.: 283,9 N; –22,4°.

Ep5.18 Considere que o fluido que atinge a placa circular vertical estacionária ilustrada na Figura Ep5.18 seja água com massa específica igual a 1000 kg/m³. Sabendo que a velocidade V_1 = 2,0 m/s, que a área da seção circular 1 é igual a 40 cm², que a da seção circular 2 é igual a 10 cm² e que o escoamento pode ser tratado como não viscoso, pede-se para determinar o valor da pressão manométrica aplicada pela água no centro da placa e o módulo da força aplicada pela água à placa.

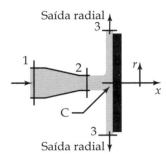

Figura Ep5.18

Resp.: 32,0 kPa; 64,0 N.

Ep5.19 Um jato de ar com massa específica igual a 1,23 kg/m³ atinge uma placa horizontal estacionária, conforme indicado na Figura Ep5.19. Sabe-se que o peso da placa é igual a 5 N, que a área da seção circular 1 é igual a 30 cm², que a da seção circular 2 é igual a 10 cm² e que o escoamento pode ser tratado como não viscoso. Considere que tanto os efeitos do peso do ar quanto a diferença entre as cotas das seções 1 e 2 podem ser desprezados.

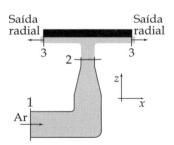

Figura Ep5.19

Determine a velocidade do ar na seção 1, a vazão mássica de ar através da seção 2 e o valor da pressão manométrica do ar na seção 1.

Resp.: 21,3 m/s; 78,4 g/s; 2,22 kPa.

Ep5.20 Água a 20°C escoa em regime permanente através da conexão horizontal ilustrada na Figura Ep5.20. A velocidade V_1 é igual a 10,0 m/s, a V_2 é igual a 12 m/s e a pressão manométrica na seção 1 é p_1 = 3,0 bar. Supondo que os efeitos viscosos não são significativos e que os diâmetros das seções 1, 2 e 3 são iguais a, respectivamente, 6,0 cm, 5,0 cm e 2,0 cm, pede-se para determinar:

a) a velocidade V_3;
b) as pressões manométricas nas seções 2 e 3;
c) as componentes nas direções x e y e a direção da força aplicada pela conexão à água.

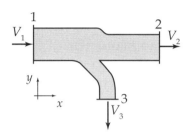

Figura Ep5.20

Resp.: 15,0 m/s; 278,0 kPa; 237,6 kPa; −302,3 kN; −145,2 kN.

Ep5.21 Um tanque de aço com diâmetro 0,5 m e altura 0,8 m, quando está vazio, tem massa igual a 30 kg. Esse tanque é suportado por uma mola ideal com constante k = 180 N/cm, conforme indicado na Figura Ep5.21, e é apoiado lateralmente por rodízios que permitem movimento vertical com atrito desprezível. O tanque recebe 10,0 kg/s de um produto químico com densidade relativa igual a 1,2 e simultaneamente disponibiliza a mesma vazão mássica para um processo industrial.

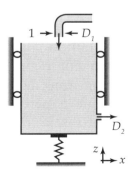

Figura Ep5.21

Observando que $D_1 = D_2$ = 32,6 mm, determine a velocidade média do produto químico na tubulação de alimentação do tanque e a deformação total da mola causada pelo tanque contendo 0,13 m³ do produto.

Resp.: 9,98 m/s; 107 mm.

Ep5.22 Água a 20°C entra com velocidade V_1 = 10 m/s no dispositivo montado em um plano horizontal esquematizado na Figura Ep5.22. As pressões manométricas da água nas seções 1 e 2 são, respectivamente, 2,0 bar e 1,6 bar. Sabe-se que as áreas das seções 1, 2 e 3 são, respectivamente, 10 cm², 6 cm² e 1,5 cm². Supondo que os efeitos viscosos podem ser desprezados, pede-se para calcular a velocidade média da água nas seções 2 e 3, a pressão manométrica da água na seção 3 e o módulo da força aplicada pela água ao dispositivo.

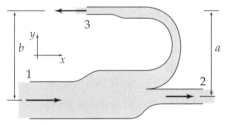

Figura Ep5.22

Resp.: 13,4 m/s; 13,0 m/s; 165,8 kPa; 146 N.

Ep5.23 Água a 20°C entra com velocidade V_1 = 10 m/s no dispositivo montado em um plano horizontal esquematizado na Figura Ep5.23. As pressões manométricas da água nas seções 1, 2 e 3 são, respectivamente, 4,0 bar, 1,0 bar e 2,0 bar. Sabe-se que as áreas das seções 2 e 3 são, respectivamente, 8 cm² e 4 cm². Supondo que os efeitos viscosos possam ser desprezados e que o escoamento ocorre em regime permanente, pede-se para calcular a velocidade média da água nas seções 2 e 3, a área da seção 1 e o módulo da força aplicada pela água ao dispositivo.

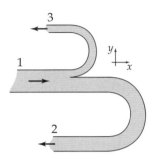

Figura Ep5.23

Resp.: 26,5 m/s; 22,4 m/s; 2426 N.

Ep5.24 Água a 20°C entra com velocidade média igual a 8 m/s no cotovelo com redução posicionado em um plano horizontal ilustrado na Figura Ep5.24, produzindo um jato que é lançado no meio ambiente. Sabe-se que o cotovelo é conectado à tubulação por uma conexão flexível incapaz de transmitir forças e momentos, que a área da sua seção de admissão é igual a 9 cm² e que a área da sua seção de descarga é igual a 3 cm². Supondo que todos os efeitos viscosos podem ser desprezados, determine a velocidade média da água na seção de descarga do cotovelo, a pressão manométrica da água na seção de admissão do cotovelo e o módulo da força aplicada pelo suporte no cotovelo.

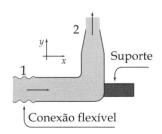

Figura Ep5.24

Resp.: 24,0 m/s; 255,5 kPa; 335,3 N.

Ep5.25 Água a 20°C escoa em um bocal de seção retangular com dimensões $a = 10$ cm, $b = 4$ cm e largura $w = 14$ cm. Veja a Figura Ep5.25. O jato formado é lançado, na pressão atmosférica, sobre uma cunha assimétrica, de forma que as vazões obtidas sejam iguais. Suponha que os efeitos viscosos possam ser desprezados, que a velocidade da água escoando sobre a cunha seja igual em todos os pontos do escoamento e que a pressão manométrica da água na seção de entrada do bocal seja igual a 200 kPa. Determine a velocidade da água na seção de descarga do bocal, a componente na direção x da força necessária para manter a cunha estacionária e a da força necessária para manter a cunha se distanciando do bocal com velocidade $V_c = 2,0$ m/s.

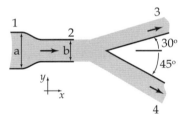

Figura Ep5.25

Resp.: 21,8 m/s; 632,6 N; 522,1 N.

Ep5.26 Ao reservatório de grandes dimensões da Figura Ep5.26 está acoplada uma tubulação de área da seção transversal igual a 0,1 m² e com comprimento total igual a 10 m, na qual escoa água com massa específica igual a 1000 kg/m³. Assumindo que o escoamento ocorra em regime permanente e seja uniforme nas seções de interesse, que a perda de carga no escoamento seja desprezível, que $H = 15$ m e $h = 5$ m, determine:

a) a pressão estática na seção da tubulação horizontal a jusante do flange;

b) a velocidade da água na tubulação;
c) a força normal de tração que age em cada um dos 6 parafusos de fixação do flange.

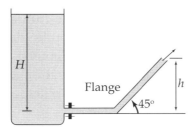

Figura Ep5.26

Resp.: 49,05 kPa; 14,01 m/s; 1775 N.

Ep5.27 Observe a Figura Ep5.27. Um jato de água é aplicado sobre a lateral de um carrinho que pode se mover sem atrito sobre um plano horizontal. Na outra lateral, o carrinho encontra-se apoiado em uma mola ideal com constante $k = 2$ kN/m. Sabe-se que o jato é formado em um bocal com áreas de seções transversais iguais a $A_1 = 10$ cm² e $A_2 = 2,5$ cm² e que a pressão manométrica da água na seção de entrada no bocal é $p_1 = 200$ kPa. Considere que o carrinho está em equilíbrio mecânico, que o peso específico da água é igual a 9810 N/m³ e que os efeitos viscosos podem ser desprezados. Determine a velocidade média do jato e a deflexão da mola em módulo.

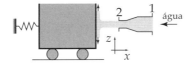

Figura Ep5.27

Resp.: 20,7 m/s; 53,3 mm.

Ep5.28 Observe a Figura Ep5.28. Nela está esquematizada uma tubulação posicionada com o seu eixo na vertical, com diâmetro interno $d_1 = 50$ mm e comprimento total $L = 8$ m, dotada de um bocal com diâmetro de saída $d_2 = 25$ mm que produz um jato d'água que é lançado no meio ambiente com ângulo de 45°. Sabe-se que essa tubulação está conectada a uma rede de água por uma mangueira flexível que não é capaz de transferir esforços significativos, que a massa específica da água é igual a 1000 kg/m³ e que a velocidade média de saída da água do bocal é igual a 32 m/s. Pede-se para calcular a pressão manométrica da água na seção 1 e os módulos da componente horizontal e da vertical da força aplicada pela tubulação na água.

Figura Ep5.28

Resp.: 558 kPa; 355 N; 713 N.

Ep5.29 Para regar o gramado de um jardim doméstico, foi instalado um regador de duplo braço, conforme ilustrado na Figura Ep5.29. Sabe-se que o diâmetro interno dos braços do regador é igual a 5 mm, que eles estão posicionados na horizontal e que a água é fornecida aos braços por meio de uma tubulação vertical com diâmetro interno de 8 mm, no qual se observa a velocidade média de 6 m/s. Considerando que o torque resistente é desprezível, que $D = 10$ cm e que a massa específica da água é igual a 1000 kg/m³, determine a velocidade de rotação esperada.

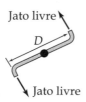

Figura Ep5.29

Resp.: 154 rad/s.

Ep5.30 Para regar o gramado de um jardim doméstico, foi instalado um regador de duplo braço, conforme ilustrado na Figura Ep5.29. Sabe-se que o diâmetro interno dos braços do regador é igual a 5 mm, que eles estão posicionados na horizontal e que a água é fornecida aos braços por meio de uma tubulação vertical com diâmetro interno de 8 mm, no qual se observa a velocidade média de 6 m/s. Considerando que o torque resistente é igual a 5% do torque necessário para manter o regador estacionário, que $D = 10$ cm e que a massa específica da água é igual a 1000 kg/m³, determine a velocidade de rotação esperada.

Resp.: 138,2 rad/s.

Ep5.31 Para regar o gramado de um jardim doméstico, foi instalado um regador de duplo braço, conforme ilustrado na Figura Ep5.29. Sabe-se que o diâmetro interno do regador é igual a 5 mm, que ele está instalado na horizontal e que a água é fornecida a ele por meio de tubulação vertical com diâmetro interno de 8 mm, no qual se observa a velocidade média de 4 m/s. Considerando que o torque resistente é desprezível e que a curva de saída do regador está inclinada 45° em relação à horizontal, determine a velocidade de rotação esperada.

Ep5.32 Parte de uma tubulação de condução de água é ilustrada na Figura Ep5.32. A tubulação tem diâmetro interno igual a 102,2 mm e foi dimensionada para conduzir água a 10 m/s. Sabemos que $p_1 = 10$ bar e $p_2 = 9,5$ bar, $L = 1,0$ m, $M = 0,5$ m e que esse trecho de tubulação está conectado ao restante da tubulação por conexões flexíveis que não transmitem forças e momentos. Determine o torque aplicado pelo suporte à tubulação.

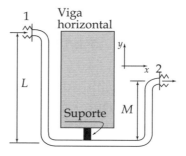

Figura Ep5.32

Ep5.33 Um fluido com peso específico igual a 10 kN/m³ entra com velocidade $V_1 = 12$ m/s no dispositivo montado em um plano horizontal esquematizado na Figura Ep5.33. A pressão manométrica da água na seção 1 é igual a 2,0 bar e nas seções 2 e 3 são formados jatos livres. Sabe-se que as áreas das seções 1 e 2 são, respectivamente, 10 cm² e 3 cm² e que $a = 0,20$ m. Supondo que os efeitos viscosos possam ser desprezados, pede-se para calcular a velocidade média da água nas seções 2 e 3, e o módulo da força aplicada pela água ao dispositivo.

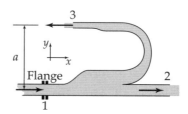

Figura Ep5.33

Resp.: 23,2 m/s; 23,2 m/s; 302 N.

Ep5.34 Água na fase líquida a 20°C escoa através de uma curva 180°, plana, horizontal com flange, produzindo um jato conforme ilustrado na Figura Ep5.1. Sabendo que a velocidade média da água na tubulação é igual a 10,0 m/s, que a área da seção transversal da tubulação é constante e igual a 10 cm², e desprezando os efeitos gravitacionais e os viscosos produzidos pelo escoamento, determine o torque aplicado pela curva na tubulação.

Ep5.35 Um fluido com densidade relativa igual a 1,1 escoa através da curva com redução ilustrada na Figura Ep5.35, produzindo um jato livre. Considere que esse dispositivo está posicionado em um plano horizontal, que é flangeado e fixado na tubulação por meio de parafusos, que seus diâmetros de entrada e saída são, respectivamente, 6,0 cm e 3,0 cm. Supondo que os efeitos viscosos possam ser desprezados e que a velocidade média de saída do jato é igual a 20 m/s, pede-se para determinar:

a) a pressão manométrica do fluido na seção de entrada do dispositivo;
b) o módulo da componente na direção x da força aplicada pelo fluido ao dispositivo;
c) o módulo da componente na direção y da força aplicada pelo fluido ao dispositivo.

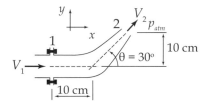

Figura Ep5.35

Resp.: 206 kPa; 392 N; 156 N.

Ep5.36 Determine o momento aplicado pelo dispositivo do exercício Ep5.35 à tubulação que o suporta.

Resp.: –15,6 N·m.

Ep5.37 Um fluido com densidade relativa igual a 1,2 escoa através da curva com redução ilustrada na Figura Ep5.37, produzindo um jato livre. Considere que esse dispositivo está posicionado em um plano vertical, que é flangeado e fixado na tubulação por meio de parafusos e que as áreas das suas seções de entrada e de saída sejam, respectivamente, 20 cm² e 10 cm². Supondo que os efeitos viscosos podem ser desprezados, que o volume interno da curva é igual a 500 cm³, que a massa da curva vazia é igual a 1,5 kg e que a velocidade média de saída do jato é igual a 25 m/s, pede-se para determinar:

a) a pressão manométrica do fluido na seção de entrada da curva;
b) o módulo da componente na direção x da força aplicada pelo fluido à curva;
c) o módulo da componente na direção z da força aplicada pelo fluido à curva.

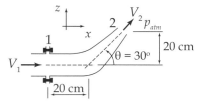

Figura Ep5.37

Resp.: 283,6 kPa; 292,7 N; 375 N.

Ep5.38 Um fluido com densidade relativa igual a 1,2 escoa através da curva com redução ilustrada na Figura Ep5.38 produzindo um jato livre. Considere que esse dispositivo está posicionado em um plano horizontal, que é flangeado e fixado na tubulação por meio de parafusos e que as áreas das suas seções de entrada e de saída sejam, respectivamente, 10 cm² e 5 cm². Supondo que os efeitos viscosos podem ser desprezados e que a velocidade média de saída do jato é igual a 30 m/s, pede-se para determinar:

a) a pressão manométrica do fluido na seção de entrada da curva;
b) o módulo da componente na direção x da força aplicada pelo fluido à curva.

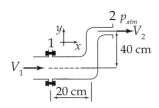

Figura Ep5.38

Resp.: 405 kPa; 135 N.

Ep5.39 Um fluido com densidade relativa igual a 1,25 escoa através do dispositivo ilustrado na Figura Ep5.39 produzindo um jato livre. Considere que esse dispositivo está posicionado em um plano horizontal, que as áreas das suas seções de entrada são $A_1 = A_2 = 50$ cm² e que a área da seção de saída é igual a 40 cm². Supondo que os efeitos viscosos podem ser desprezados, que as velocidades médias de entrada são iguais e que a velocidade média de saída do jato é igual a 6 m/s, pede-se para determinar:

a) a pressão manométrica na seção 1;
b) a vazão mássica de fluido na seção 2;
c) a força aplicada pelo dispositivo ao fluido.

Ep5.40 O tanque cilíndrico vertical ilustrado na Figura Ep5.40 contém óleo, $d_o = 0{,}78$, e água, $d_a = 1{,}0$. Sabe-se que $a = 4{,}5$ m, $b = 3{,}8$ m, $c = 0{,}5$ m, $d = 12{,}0$ m e que as áreas das seções de entrada e de saída do bocal são iguais a, respectivamente, 12 cm² e 3 cm³. Suponha que esse escoamento possa ser considerado aproximadamente permanente e despreze os efeitos viscosos. Pede-se para determinar a pressão da água na seção de entrada do bocal, a vazão de água observada na seção de descarga do bocal e o módulo da força aplicada pela tubulação ao bocal.

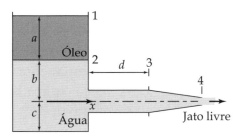

Figura Ep5.40

Resp.: 67,2 kPa; 3,59 L/s; 48,4 N.

Ep5.41 Água com massa específica igual a 1000 kg/m³ escoa através do dispositivo ilustrado na Figura Ep5.41, produzindo um jato livre que atinge a altura de 2,0 m, medida a partir da sua boca de descarga. Considere que esse dispositivo está posicionado em um plano vertical, que

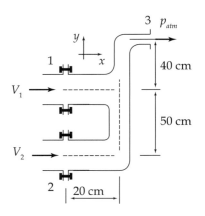

Figura Ep5.39

as áreas das suas seções de entrada e de saída são, respectivamente, $A_1 = 10$ cm² e $A_2 = 5$ cm². Supondo que os efeitos viscosos podem ser desprezados e que o escoamento seja unidimensional, pede-se para determinar:

a) a pressão manométrica na seção 1;
b) a vazão mássica de fluido na seção 2;
c) o módulo da força que a água aplica ao dispositivo.

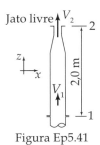

Figura Ep5.41

Resp.: 34,3 kPa; 3,13 kg/s; 4,5 N.

Ep5.42 Água com massa específica igual a 1000 kg/m³ escoa através da curva com redução ilustrada na Figura Ep5.42. Sabe-se que essa curva está posicionada em um plano horizontal, que as áreas das suas seções de entrada e de saída são, respectivamente, $A_1 = 10$ cm² e $A_2 = 5$ cm² e que a pressão manométrica e a velocidade da água na seção 1 são iguais a, respectivamente, 400 kPa e 10 m/s. Supondo que os efeitos viscosos podem ser desprezados e que o escoamento seja unidimensional, pede-se para determinar:

a) a pressão manométrica na seção 2;
b) a vazão mássica de fluido na seção 2;
c) o módulo da força que a água aplica ao dispositivo.

Resp.: 250 kPa; 10 kg/s; 272,3 N.

Ep5.43 Água a 20°C entra com velocidade $V_1 = 10$ m/s no dispositivo montado em um plano horizontal esquematizado na Figura Ep5.43. A pressão manométrica da água na seção 1 é igual a 2 bar e as seções 2 e 3 descarregam água no meio ambiente. Sabe-se que as áreas das seções 1 e 2 são, respectivamente, 10 cm² e 2 cm². Supondo que os efeitos viscosos possam ser desprezados e que o ângulo θ é igual a 30°, pede-se para calcular as vazões mássicas da água nas seções 2 e 3 e os módulos das componentes nas direções x e y da força aplicada pelo dispositivo à água.

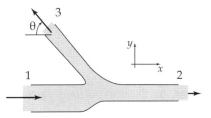

Figura Ep5.43

Ep5.44 Água a 20°C entra com velocidade $V_1 = 10$ m/s no dispositivo montado em um plano horizontal esquematizado na Figura Ep5.43. As pressões manométricas da água nas seções 2 e 3 são iguais a, respectivamente, 1,20 bar e 1,00 bar. Sabe-se que as áreas das seções 1, 2 e 3 são, respectivamente, 14 cm², 6 cm² e 4 cm². Supondo que os efeitos viscosos possam ser desprezados, pede-se para calcular a velocidade média da água nas seções 2 e 3, a pressão manométrica da água na seção 1 e o módulo da força aplicada pela água ao dispositivo.

Resp.: 13,4 m/s; 14,9 m/s; 160,2 kPa; 302 N.

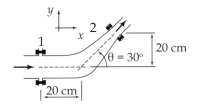

Figura Ep5.42

Ep5.45 Um fluido com peso específico igual a 12 kN/m³ escoa através do dispositivo posicionado na horizontal ilustrado na Figura Ep5.45. A velocidade de entrada é igual a 8 m/s e as áreas das seções 1 e 2 são, respectivamente, 0,1 m² e 0,045 m². Supondo que os efeitos viscosos podem ser desprezados, que a pressão manométrica do fluido na seção 1 é igual a 180 kPa e que nas seções 2 e 3 as pressões manométricas são iguais a 120 kPa, pede-se para calcular as vazões mássicas nas seções 2 e 3 e o módulo da força aplicada pelo dispositivo ao fluido.

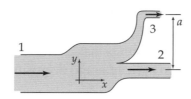

Figura Ep5.45

Resp.: 700,8 kg/s; 277,8 kg/s; 5829 N.

Ep5.46 Um fluido derivado do petróleo, com peso específico igual a 8,3 kN/m³, escoa através do dispositivo posicionado na horizontal ilustrado na Figura Ep5.46. A velocidade de entrada é igual a 8 m/s e as áreas das seções 1, 2 e 4 são, respectivamente, 0,20 m², 0,04 m² e 0,03 m². Supondo que os efeitos viscosos podem ser desprezados, que a pressão manométrica do fluido na seção 1 é igual a 220 kPa, que na seção 4 a pressão manométrica é igual a 140 kPa e que nas seções 2 e 3 as pressões manométricas são iguais a 120 kPa, pede-se para calcular as vazões mássicas nas seções 2, 3 e 4 e os módulos das componentes nas direções x e y da força de ancoragem necessária para manter o dispositivo imóvel.

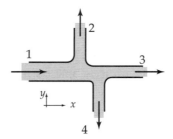

Figura Ep5.46

Ep5.47 Água com massa específica igual a 1000 kg/m³ escoa em um bocal vertical com altura $L = 0,8$ m, produzindo um jato que é lançado no meio ambiente atingindo a altura $M = 1,8$ m – veja a Figura Ep5.47. As áreas das seções de entrada e de saída do bocal são iguais a, respectivamente, 200 cm² e 50 cm². Sabe-se que a perda de carga no bocal é igual a 2,0 m, que o escoamento que forma o jato pode ser considerado não viscoso e que a massa de água presente no interior do bocal é igual a 10 kg. Pede-se para determinar:

a) a vazão mássica de água através do bocal;
b) a pressão manométrica da água na seção 1;
c) o módulo da força que o bocal aplica na água.

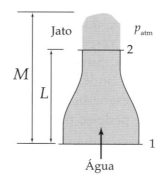

Figura Ep5.47

Resp.: 22,2 kg/s; 36,7 kPa; 562 N.

Ep5.48 Água com massa específica igual a 1000 kg/m³ escoa com velocidade média de 5,0 m/s no tubo horizontal ilustrado na Figura Ep5.48. Esse tubo tem comprimento $L = 5,0$ m e área de seção transversal $A_1 = 120$ cm². Ao tubo está fixado um bocal, com área de seção de descarga $A_3 = 40$ cm², que lança a água no meio ambiente. Supondo que os efeitos viscosos podem ser desprezados, determine:

a) a pressão da água na seção de admissão do conjunto formado pelo bocal e pelo tubo;
b) o módulo da força aplicada pelo conjunto formado pelo bocal e pelo tubo à água;
c) o módulo da força aplicada pela água ao tubo com comprimento L.

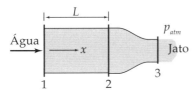

Figura Ep5.48

Resp.: 100 kPa; 600 N; 0 N.

Ep5.49 Água com massa específica igual a 1000 kg/m³ escoa com velocidade média de 5,0 m/s no tubo vertical ilustrado na Figura Ep5.49. Esse tubo tem comprimento $L = 5,0$ m e área de seção transversal $A_1 = 120$ cm², e a altura do bocal é $M = 0,20$ m. Ao tubo está fixado um bocal, com área de seção de descarga $A_3 = 40$ cm², que lança a água no meio ambiente. Considerando-se, para efeito de cálculo de forças, que o peso da água existente no interior do bocal é desprezível, determine:

a) a pressão da água na seção de admissão do tubo;
b) a pressão da água na seção de admissão do bocal;
c) o módulo da força aplicada pela água ao bocal;
d) o módulo da força aplicada pela água ao conjunto formado pelo tubo e pelo bocal.

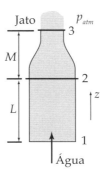

Figura Ep5.49

Ep5.50 Um fluido com densidade relativa igual a 1,2 escoa através da curva com redução ilustrada na Figura Ep5.50. Considere que esse dispositivo está posicionado em um plano horizontal, que é flangeado e fixado na tubulação por meio de parafusos, que as áreas das suas seções de entrada e de saída sejam, respectivamente, 10 cm² e 5 cm². Supondo que os efeitos viscosos podem ser desprezados e que as pressões nas seções de entrada e saída da curva são iguais a 400 kPa e 100 kPa, pede-se para determinar:

a) a vazão através da curva;
b) o módulo da componente na direção x da força aplicada pelo fluido à curva.

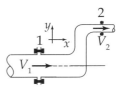

Figura Ep5.50

Resp.: 12,9 L/s; 150 N.

CAPÍTULO 6

CONSERVAÇÃO DA ENERGIA APLICADA A ESCOAMENTOS

A primeira lei da termodinâmica formulada para um sistema, na forma de taxa, é matematicamente descrita por:

$$\dot{Q} - \dot{W} = \frac{\partial E}{\partial t} \quad (6.1)$$

Nessa expressão:
- $\dot{Q}$ é a taxa de calor observada entre o sistema e o meio;
- $\dot{W}$ é a potência desenvolvida ou requerida pelo sistema;
- $\frac{\partial E}{\partial t}$ é a taxa de variação da energia do sistema.

Essa formulação certamente não se presta à realização de análises termodinâmicas de volumes de controle. Por esse motivo, desenvolveremos a seguir uma formulação adequada a essa aplicação.

6.1 A PRIMEIRA LEI DA TERMODINÂMICA PARA VOLUMES DE CONTROLE

Um caminho bastante intuitivo para equacionar a primeira lei para volumes de controle consiste em verificar que, ao analisar os fenômenos que ocorrem na superfície de controle, usualmente observamos a ocorrência de transferência de massa, a qual é responsável por transferir energia. Assim sendo, verificamos ser razoável considerar que simplesmente podemos adicionar à Equação (6.1) termos destinados a quantificar a energia transferida do volume de controle para o meio e do meio para o volume de controle.

Consideremos, inicialmente, um volume de controle com uma entrada e uma saída, sendo ambas uniformes. Veja Figura 6.1.

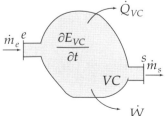

Figura 6.1 Volume de controle

Os termos $\dot{Q}_{VC}$ e $\dot{W}$ existentes na Figura 6.1 devem ser interpretados, respectivamente, como sendo a taxa de calor e a taxa de trabalho que são observadas ao longo de toda a superfície de controle. Considerando que as vazões mássicas são responsáveis por transferências de energia através das seções de entrada e de saída da superfície de controle, podemos alterar a Equação (6.1), tornando-a aplicável ao volume de controle da Figura 6.1, obtendo:

$$\dot{Q}_{VC} - \dot{W} = \frac{\partial E}{\partial t} - \dot{m}_e e_e + \dot{m}_s e_s \qquad (6.2)$$

Nessa equação, e_e e e_s são, respectivamente, as energias específicas do fluido entrando e saindo do volume de controle.

Lembremo-nos que:

$$e_e = u_e + \frac{V_e^2}{2} + gz_e \qquad (6.3)$$

$$e_s = u_s + \frac{V_s^2}{2} + gz_s \qquad (6.4)$$

Podemos substituir as Equações (6.3) e (6.4) na Equação (6.2), obtendo:

$$\dot{Q}_{VC} + \dot{m}_e \left(u_e + \frac{V_e^2}{2} + gz_e \right) =$$
$$= \frac{\partial E}{\partial t} + \dot{W} + \dot{m}_s \left(u_s + \frac{V_s^2}{2} + gz_s \right) \qquad (6.5)$$

Analisemos, agora, o termo $\dot{W}$. Esse termo é a taxa de transferência de energia por trabalho entre o volume de controle e o meio, ou seja, é uma potência mecânica, a qual usualmente tratamos como sendo a soma de dois termos, $\dot{W}_{VC} + \dot{W}_p$. Temos, então:

$$\dot{Q}_{VC} + \dot{m}_e \left(u_e + \frac{V_e^2}{2} + gz_e \right) =$$
$$= \frac{\partial E}{\partial t} + \dot{W}_{VC} + \dot{W}_p + \dot{m}_s \left(u_s + \frac{V_s^2}{2} + gz_s \right) \qquad (6.6)$$

O termo $\dot{W}_{VC}$ representa a potência mecânica transferida através da superfície de controle, que pode ser, por exemplo, a potência requerida por uma bomba centrífuga, compressor, ventilador ou, ainda, a potência proporcionada por uma turbina. Assim sendo, trataremos essa potência como sendo, basicamente, aquela transferida por eixo através da superfície de controle, desprezando por hora outras eventuais contribuições.

Observemos as vazões mássicas através da superfície de controle. Elas existem porque o fluido é forçado a escoar entrando e/ou saindo do volume de controle. Note que esses escoamentos não acontecem gratuitamente, e o termo $\dot{W}_p$ representa a potência requerida para promovê-los.

Consideremos a seção de saída do volume de controle. Para forçar o fluido a sair do VC, é aplicada a ele uma força igual a $p_s A_s$, que, multiplicada pela velocidade do escoamento nesta seção, resulta em $p_s A_s V_s$, que é igual à potência requerida pelo VC para transferir para o meio a vazão mássica $\dot{m}_s$. Ou seja:

$$\dot{W}_{ps} = p_s A_s V_s = \frac{p_s \dot{m}_s}{\rho_s} = p_s v_s \dot{m}_s \qquad (6.7)$$

Note que essa grandeza é positiva porque ela está associada à realização de trabalho pelo volume de controle sobre o meio.

Semelhantemente, podemos afirmar que:

$$\dot{W}_{pe} = -p_e A_e V_e = -\frac{p_e \dot{m}_e}{\rho_e} = -p_e v_e \dot{m}_e \qquad (6.8)$$

Concluímos, então, que:

$$\dot{W}_p = \dot{W}_{pe} + \dot{W}_{ps} = p_s v_s \dot{m}_s - p_e v_e \dot{m}_e \qquad (6.9)$$

Substituindo a Equação (6.9) na Equação (6.6) e colocando as vazões mássicas em evidência, obtemos:

$$\dot{Q}_{VC} + \dot{m}_e \left(u_e + p_e v_e + \frac{V_e^2}{2} + gz_e \right) =$$
$$= \frac{\partial E}{\partial t} + \dot{W}_{VC} + \dot{W}_p +$$
$$+ \dot{m}_s \left(u_s + p_s v_s + \frac{V_s^2}{2} + gz_s \right) \qquad (6.10)$$

Usando a definição de entalpia, resulta:

$$\dot{Q}_{VC} + \dot{m}_e \left(h_e + \frac{V_e^2}{2} + gz_e \right) =$$
$$= \frac{\partial E}{\partial t} + \dot{W}_{VC} + \dot{m}_s \left(h_s + \frac{V_s^2}{2} + gz_s \right) \quad (6.11)$$

Essa equação representa matematicamente a primeira lei da termodinâmica formulada para um volume de controle com uma entrada e uma saída, sendo ambas uniformes. Essa equação pode ser expandida para ser aplicável a volumes de controle com diversas entradas e saídas, resultando em:

$$\dot{Q}_{VC} + \sum \dot{m}_e \left(h_e + \frac{V_e^2}{2} + gz_e \right) =$$
$$= \frac{\partial E}{\partial t} + \dot{W}_{VC} + \sum \dot{m}_s \left(h_s + \frac{V_s^2}{2} + gz_s \right) \quad (6.12)$$

Obtemos, assim, a Equação (6.12), que é uma excelente formulação da primeira lei da termodinâmica para volumes de controle com um número finito de entradas e de saídas uniformes.

Essa formulação matemática da primeira lei da termodinâmica também é denominada *equação da energia* e, frequentemente, a sua aplicação é denominada *realização de balanço de energia*. Embora correta, essa formulação não é adequada para a análise de alguns tipos de problemas nos quais os aspectos mecânicos se apresentam como sendo aqueles com maior relevância. Assim sendo, desenvolvemos a partir dela uma formulação alternativa mais adequada aos nossos propósitos.

6.2 A EQUAÇÃO MECÂNICA DA ENERGIA

Devemos observar que a Equação (6.13) leva em consideração o fato de que a energia do fluido, que está presente no interior do volume de controle, pode variar com o tempo.

Consideremos um fenômeno ocorrendo em regime permanente. Esse regime é caracterizado pelo fato de que nenhuma das propriedades da matéria sujeita a ele varia com o tempo. Assim, para um volume de controle no qual ocorrem fenômenos em regime permanente, obtemos:

$$\frac{\partial E_{VC}}{\partial t} = 0 \quad (6.13)$$

e a equação da energia é reduzida a:

$$\dot{Q}_{VC} - \dot{W}_{VC} = \sum \dot{m}_s \left(h_s + \frac{V_s^2}{2} + gz_s \right) -$$
$$- \sum \dot{m}_e \left(h_e + \frac{V_e^2}{2} + gz_e \right) \quad (6.14)$$

Podemos rearranjar essa equação, obtendo:

$$\dot{Q}_{VC} + \sum \dot{m}_e \left(h_e + \frac{V_e^2}{2} + gz_e \right) =$$
$$= \sum \dot{m}_s \left(h_s + \frac{V_s^2}{2} + gz_s \right) + \dot{W}_{VC} \quad (6.15)$$

Agora nós a particularizaremos para um volume de controle com apenas uma entrada e uma saída:

$$\dot{Q}_{VC} + \dot{m}_e \left(h_e + \frac{V_e^2}{2} + gz_e \right) =$$
$$= \dot{m}_s \left(h_s + \frac{V_s^2}{2} + gz_s \right) + \dot{W}_{VC} \quad (6.16)$$

Lembrando que:

$$h = u + pv = u + \frac{p}{\rho} \quad (6.17)$$

obtemos:

$$\frac{\dot{Q}_{VC}}{\dot{m}} + u_e + \frac{p_e}{\rho_e} + \frac{1}{2}V_e^2 + gz_e =$$
$$= \frac{\dot{W}_{VC}}{\dot{m}} + u_s + \frac{p_s}{\rho_s} + \frac{1}{2}V_s^2 + gz_s \quad (6.18)$$

Dividindo todos os termos dessa equação pela aceleração da gravidade, agrupando os termos que envolvem variação de energia interna e considerando que o fluido tem massa específica constante, resulta:

$$\frac{p_e}{\rho g}+\frac{V_e^2}{2g}+z_e = \frac{p_s}{\rho g}+\frac{V_s^2}{2g}+z_s +$$
$$+\frac{\dot{W}_{VC}}{\dot{m}g}+\frac{1}{g}\left(u_s - u_e - \frac{\dot{Q}_{VC}}{\dot{m}}\right) \quad (6.19)$$

$$\frac{p_e}{\gamma}+\frac{V_e^2}{2g}+z_e = \frac{p_s}{\gamma}+\frac{V_s^2}{2g}+z_s +$$
$$+\frac{\dot{W}_{VC}}{\dot{m}g}+\frac{1}{g}\left(u_s - u_e - \frac{\dot{Q}_{VC}}{\dot{m}}\right) \quad (6.20)$$

Seja:

$$h_L = \frac{1}{g}\left(u_s - u_e - \frac{\dot{Q}_{VC}}{\dot{m}}\right) \quad (6.21)$$

Substituindo esse valor na Equação (6.20), resulta:

$$\frac{p_e}{\gamma}+\frac{V_e^2}{2g}+z_e =$$
$$= \frac{p_s}{\gamma}+\frac{V_s^2}{2g}+z_s + \frac{\dot{W}_{VC}}{\dot{m}g}+h_L \quad (6.22)$$

Recordando o já comentado ao estudar a equação de Bernoulli, observamos que todos os termos dessa equação têm unidade de comprimento e são denominados *cargas*, a saber:

- $\frac{p}{\gamma}$ = carga de pressão;
- $\frac{V^2}{2g}$ = carga de velocidade ou cinética; e
- z = carga de altura, hidrostática ou potencial.

O termo h_L representa as perdas energéticas no escoamento devido aos efeitos viscosos e, por esse motivo, é denominado perda de carga. Esse termo é diretamente proporcional ao quadrado da velocidade média do escoamento:

$$h_L = K\frac{V^2}{2g} \quad (6.23)$$

O termo K presente nessa equação é denominado *coeficiente de perda de carga*.

O termo $\dot{W}_{VC}/(\dot{m}g)$ da Equação (6.22) representa a perda ou o ganho de carga do escoamento devido à ação de uma máquina de fluxo instalada entre as seções de entrada e de saída do volume de controle. Se essa máquina for, por exemplo, uma bomba centrífuga, ela promoverá uma transferência de energia para o fluido que corresponderá a um fornecimento de carga. Se essa máquina for uma turbina, ocorrerá uma transferência de energia do fluido para a turbina que corresponderá a uma redução da carga do escoamento.

De maneira geral, observamos nos volumes de controle a existência de máquinas que transferem energia ao escoamento, por exemplo, bombas e ventiladores, e a existência de máquinas que recebem energia do escoamento, como as turbinas. Considerando que é vantajoso correlacionar o conceito de carga com a potência associada a essas máquinas e adotando o sinal positivo para as potências a elas associadas, definimos:

$$h_B = \frac{\dot{W}_B}{\dot{m}g} = \frac{\dot{W}_B}{\gamma \dot{V}} \quad (6.24)$$

e

$$h_T = \frac{\dot{W}_T}{\dot{m}g} = \frac{\dot{W}_T}{\gamma \dot{V}} \quad (6.25)$$

Nessas equações:

- h_B é a carga que uma máquina de fluxo tal como uma bomba ou ventilador transfere ao fluido;
- $\dot{W}_B$ é a potência transferida pela máquina ao fluido;
- h_T é a carga que o fluido transfere para a máquina de fluxo; e
- $\dot{W}_T$ é a potência transferida pelo fluido para a máquina de fluxo, usualmente uma turbina.

Entretanto, sabemos que, para uma máquina de fluxo que transfere carga ao fluido operar adequadamente, é necessário fornecer ao seu eixo motor uma potência mecânica maior do que a potência que essa máquina transfere ao fluido. Sendo $\dot{W}_{BE}$ a potência que deve ser fornecida ao eixo da máquina, definimos o seu rendimento mecânico como sendo:

$$\eta_B = \frac{\dot{W}_B}{\dot{W}_{BE}} \quad (6.26)$$

Consequentemente, obtemos:

$$h_B = +\frac{\dot{W}_{BE}\eta_B}{\dot{m}g} = +\frac{\dot{W}_{BE}\eta_B}{\gamma\dot{V}} \quad (6.27)$$

No caso de a máquina receber energia do escoamento, ou seja, no caso de ela ser uma turbina, sabemos que teremos disponível no seu eixo uma potência menor do que a transferida do fluido para a máquina. Nesse caso, sendo $\dot{W}_{TE}$ a potência disponível no eixo da turbina, definimos o seu rendimento mecânico como sendo:

$$\eta_T = \frac{\dot{W}_{TE}}{\dot{W}_T} \quad (6.28)$$

Consequentemente, obtemos:

$$h_T = \frac{\dot{W}_{TE}}{\dot{m}g\eta_T} = \frac{\dot{W}_{TE}}{\gamma\dot{V}\eta_T} \quad (6.29)$$

Devemos nos lembrar de que, devido à convenção de sinais adotada ao estudar termodinâmica, a potência mecânica transferida do meio para um volume de controle é negativa e a transferida de um volume de controle para o meio é positiva. Como optamos por adotar valores positivos para todas as cargas e potências independentemente de as máquinas transferirem ou receberem potência do escoamento, ao substituir as cargas das máquinas na Equação (6.23), obtemos:

$$h_B + \frac{p_e}{\gamma} + \frac{V_e^2}{2g} + z_e =$$
$$= \frac{p_s}{\gamma} + \frac{V_s^2}{2g} + z_s + h_T + h_L \quad (6.30)$$

Essa equação representa matematicamente a primeira lei da termodinâmica na forma adequada ao estudo de escoamentos que ocorrem através de volumes de controle, desde que sejam aplicáveis as seguintes hipóteses:
- a massa específica do fluido é constante.
- o escoamento ocorre em regime permanente.
- o volume de controle tem somente uma entrada e uma saída e nelas o escoamento é uniforme.
- a taxa de transferência de energia por calor através da superfície de controle é desprezível.

Por fim, não podemos esquecer que o termo bomba se refere às máquinas de fluxo que têm a propriedade de transferir carga para o escoamento, tais como bombas propriamente ditas, ventiladores e compressores.

6.3 FATOR DE CORREÇÃO DE ENERGIA CINÉTICA

A Equação (6.30) foi desenvolvida considerando-se que os perfis de velocidades tanto na seção de entrada quanto na de saída do volume de controle são uniformes. No caso de essa hipótese não ser adequada, o termo de energia cinética deve ser corrigido, de modo a levar em consideração a variação da velocidade ao longo das seções de entrada e/ou de saída do volume de controle utilizando-se um fator de correção.

Para definir esse fator de correção, considere o escoamento de um fluido com massa específica ρ escoando com velocidade média, V_m, através de uma seção com área A. Sendo u a velocidade do fluido em cada ponto dessa seção, podemos dizer que a taxa de transferência de energia cinética através da área A será dada por:

$$\dot{E}_c = \int_A \rho \frac{u^3}{2} dA \quad (6.31)$$

Se quisermos determinar essa taxa utilizando o valor médio da velocidade na seção, deveremos escrever:

$$\dot{E}_c = \alpha \rho A V_m \frac{V_m^2}{2} \qquad (6.32)$$

Nessa equação, α é o fator de correção de energia cinética que tem como propósito tornar os resultados auferidos com o uso de qualquer uma das expressões acima iguais. Assim, concluímos que esse fator de correção deve ser igual a:

$$\alpha = \frac{1}{A} \int_A \left(\frac{u}{V_m}\right)^3 dA \qquad (6.33)$$

6.3.1 O fator de correção de energia cinética para escoamento laminar em dutos

Consideremos, agora, um escoamento laminar em um duto de seção circular com raio interno R cujo perfil de velocidades seja parabólico, dado por:

$$u = U_o \left[1 - \left(\frac{r}{R}\right)^2\right] \qquad (6.34)$$

Nessa expressão, U_o é a velocidade máxima do escoamento na seção.

Lembrando que a velocidade média é dada por:

$$V_m = \frac{1}{A} \int_A u \, dA \qquad (6.35)$$

podemos verificar que $U_o = 2V_m$. Com essa informação, podemos utilizar a Equação (6.34) para determinar o coeficiente de correção de energia cinética, resultando em $\alpha = 2,0$.

6.3.2 O fator de correção de energia cinética para escoamento turbulento em dutos

Consideremos, agora, o escoamento turbulento de um fluido em um duto de seção circular com raio interno igual a R.

Naturalmente, o valor do coeficiente de energia cinética depende do perfil de velocidades do escoamento. De maneira geral, considera-se suficientemente adequada hipótese de que o perfil de velocidades seja do tipo:

$$u = U_o \left[1 - \frac{r}{R}\right]^n \qquad (6.36)$$

onde o expoente n é estabelecido em função do nível de turbulência do escoamento; quanto mais turbulento é o escoamento, menor é o valor desse expoente, ou seja: esse expoente é função do número de Reynolds que caracteriza o escoamento. Um valor frequentemente utilizado é $n = 1/7$, levando muitos a denominarem esse perfil como *um sétimo*.

Para esse perfil de velocidades podemos, a partir da definição de velocidade média, calculá-la obtendo:

$$V_m = \frac{2U_o}{(1+n)(2+n)} \qquad (6.37)$$

Calculando o coeficiente de correção de energia cinética, obtemos:

$$\alpha = \frac{(1+n)^3 (2+n)^3}{4(1+3n)(2+3n)} \qquad (6.38)$$

O que nos mostra que esse fator varia com o expoente n e tende ao valor unitário quando n tende a zero, ou seja: α tende a 1 quando o escoamento é fortemente turbulento. Por esse motivo, nos trabalhos tradicionais de engenharia, é comum adotar, para os escoamentos turbulentos, $\alpha = 1,0$.

6.4 A EQUAÇÃO DA ENERGIA COM CORREÇÃO DA ENERGIA CINÉTICA

Devemos nos lembrar que, para obter a equação da energia descrita pela Equação

(6.30), adotamos a hipótese de que o escoamento é uniforme nas seções de entrada e de saída do volume de controle. Assim, para corrigir as distorções provocadas pela adoção dessa hipótese, optamos pela aplicação do fator de correção de energia cinética, resultando em:

$$h_B + \frac{p_e}{\gamma_e} + \alpha_e \frac{V_e^2}{2g} + z_e =$$
$$= \frac{p_s}{\gamma_s} + \alpha_s \frac{V_s^2}{2g} + z_s + h_T + h_L \quad (6.39)$$

Essa nova formulação para a equação da energia é mais adequada, requerendo para a sua aplicação a adoção de valores para os coeficientes de correção de energia cinética.

6.5 REVENDO A EQUAÇÃO DE BERNOULLI

Analisando o desenvolvimento da Equação (6.39), observamos que a perda de carga ocorre devido aos efeitos viscosos presentes no escoamento. Por outro lado, notamos na nossa experiência do dia a dia que existem várias situações nas quais pode ser adequado considerar o escoamento como sendo o de um fluido incompressível e não viscoso. Sabendo que em um escoamento não viscoso o coeficiente de correção de energia cinética é unitário e observando a inexistência de máquinas de fluxo entre as seções de entrada e de saída do volume de controle, poderemos simplificar a Equação (6.39), obtendo:

$$\frac{p_e}{\gamma} + \frac{V_e^2}{2g} + z_e = \frac{p_s}{\gamma} + \frac{V_s^2}{2g} + z_s \quad (6.40)$$

Novamente, deparamos com a equação de Bernoulli, que agora se apresenta como um caso particular da primeira lei da termodinâmica aplicada a um volume de controle com uma entrada e uma saída, no qual ocorre o escoamento de um fluido não viscoso em regime permanente.

6.6 EXERCÍCIOS RESOLVIDOS

Er6.1 Água a 20°C escoa em um tubo horizontal com diâmetro interno igual a 50 mm com velocidade média de 3,0 m/s. Entre duas seções do tubo distanciadas de 50 m observa-se uma perda de carga igual a 9,0 m. Determine a variação de pressão entre as seções consideradas.

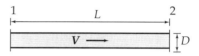

Figura Er6.1

Solução

a) Dados e considerações
- O escoamento ocorre em regime permanente com velocidade média de 3,0 m/s.
- A água é um fluido incompressível com massa específica igual a 998,2 kg/m³ e viscosidade igual a 1,00 E-3 Pa.s.
- O tubo é horizontal.

b) Análise e cálculos
Inicialmente avaliaremos o número de Reynolds.

$$Re = \frac{\rho V D}{\mu} \cong 149700 \Rightarrow \text{o escoamento}$$
é turbulento.

Aplicando a equação da energia para o volume de controle delimitado pela superfície interna do tubo e pelas áreas das suas seções 1 e 2, obtemos:

$$h_B + \frac{p_1}{\gamma_1} + \alpha_1 \frac{V_1^2}{2g} + z_1 =$$
$$= \frac{p_2}{\gamma_2} + \alpha_2 \frac{V_2^2}{2g} + z_2 + h_T + h_L$$

O diâmetro do tubo é constante e, assim, o princípio da conservação da massa nos garante que $V_1 = V_2$.

Como o escoamento é turbulento, adotaremos $\alpha_1 = \alpha_2 = 1,0$.

O tubo está na horizontal, então, $z_1 = z_2$. Sabemos também que $\gamma_1 = \gamma_2 = \gamma = \rho g = 9792$ N/m³. Lembrando que não há bomba ou turbina instalada entre as seções 1 e 2 do volume de controle, a equação da energia é simplificada, resultando:

$$\frac{p_1}{\gamma_1} = \frac{p_2}{\gamma_2} + h_L \Rightarrow \Delta p = p_1 - p_2 = \gamma h_L =$$
$$= 88{,}13 \text{ kPa}$$

Er6.2 Água a 20°C escoa em regime turbulento, no sentido ascendente, em um tubo inclinado 30° com a horizontal. A diferença de pressões entre duas seções dessa tubulação distanciadas de 20 m é igual a 200 kPa. Qual é a perda de carga na tubulação?

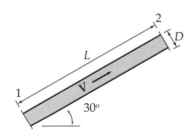

Figura Er6.2

Solução

a) Dados e considerações
   - O escoamento é turbulento, ascendente e ocorre em regime permanente.
   - A água é um fluido incompressível com massa específica igual a 998,2 kg/m³ e viscosidade igual a 1,00 E-3 Pa.s.
   - $L = 20$ m e $\theta = 30°$.

b) Análise e cálculos
Aplicando a equação da energia para o volume de controle delimitado pela superfície interna do tubo e pelas áreas das suas seções 1 e 2, obtemos:

$$h_B + \frac{p_1}{\gamma} + \alpha_1 \frac{V_1^2}{2g} + z_1 =$$
$$= \frac{p_2}{\gamma} + \alpha_2 \frac{V_2^2}{2g} + z_2 + h_T + h_L$$

O diâmetro do tubo é constante. Assim sendo, aplicando o princípio da conservação da massa, obtemos: $V_1 = V_2$.

Como o escoamento é turbulento, adotaremos $\alpha_1 = \alpha_2 = 1{,}0$.

O tubo está inclinado, logo $z_2 - z_1 = L\cos\theta$. Sabemos também que $\gamma = \rho g = 9792$ N/m³. Lembrando que não há bomba ou turbina instalada entre as seções 1 e 2 do volume de controle, a equação da energia é simplificada, resultando:

$$\Delta p = p_1 - p_2 = \gamma(z_2 - z_1 + h_L) =$$
$$= \gamma(L\cos\theta + h_L)$$

Substituindo-se os valores conhecidos, obtemos: $h_L = 3{,}10$ m.

Er6.3 Água a 20°C escoa em um bocal convergente com diâmetros de entrada e de saída iguais a, respectivamente, 9,0 cm e 3,0 cm, produzindo um jato que é lançado em um ambiente que está à pressão atmosférica. Sabendo que a velocidade média de entrada da água no bocal é igual a 5 m/s, determine a pressão manométrica da água na entrada no bocal. Considere que a perda de carga do escoamento no bocal seja igual a 4 m.

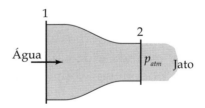

Figura Er6.3

Solução

a) Dados e considerações
   - $D_1 = 9{,}0$ cm; $D_2 = 3{,}0$ cm; $V_1 = 5$ m/s; $h_L = 4{,}0$ m.
   - O escoamento ocorre em regime permanente.
   - O escoamento é uniforme nas seções de entrada e saída do VC.

- A água é um fluido incompressível com massa específica igual a 998,2 kg/m³ e viscosidade igual a 1,00 E-3 Pa.
- É adotada a escala manométrica de pressões.
- O eixo de simetria do bocal está posicionado na horizontal.

b) Análise e cálculos

Adotaremos, para resolver a questão, o volume de controle delimitado pelas seções de entrada e saída 1 e 2 e pela área lateral do bocal através da qual não ocorre escoamento.

Simplificando a equação da conservação da massa por meio da utilização das considerações acima, obtemos:

$A_1 V_1 = A_2 V_2$

Como conhecemos os diâmetros de entrada e saída e a velocidade de saída, obtemos:

$V_2 = \left(\dfrac{D_1}{D_2}\right)^2 V_1 = 45$ m/s

Aplicando a equação da energia para o volume de controle delimitado pela superfície interna do tubo e pelas áreas das suas seções 1 e 2, obtemos:

$h_B + \dfrac{p_1}{\gamma_1} + \alpha_1 \dfrac{V_1^2}{2g} + z_1 =$
$= \dfrac{p_2}{\gamma_2} + \alpha_2 \dfrac{V_2^2}{2g} + z_2 + h_T + h_L$

Como não há bomba e nem turbina instaladas entre as seções de entrada e saída do VC e como o eixo de simetria do bocal está na horizontal, de forma que $z_1 = z_2$, obtemos:

$\dfrac{p_1}{\gamma_1} + \alpha_1 \dfrac{V_1^2}{2g} = \dfrac{p_2}{\gamma_2} + \alpha_2 \dfrac{V_2^2}{2g} + h_L$

Como o jato é lançado no meio ambiente, que está à pressão atmosférica, e adotando o uso da escala manométrica de pressões, na qual esta é nula, obtemos:

$\dfrac{p_1}{\gamma_1} + \alpha_1 \dfrac{V_1^2}{2g} = \alpha_2 \dfrac{V_2^2}{2g} + h_L$

Devemos avaliar os coeficientes de correção de energia cinética. Para tal, calcularemos o número de Reynolds na seção de entrada do bocal:

$Re = \dfrac{\rho V D}{\mu} \cong 449200$

Consequentemente, o escoamento é turbulento. Como na seção de descarga do bocal a velocidade é maior, nela o número de Reynolds será maior ainda! Adotamos então o valor unitário para os coeficientes de correção de energia cinética, $\alpha_1 = \alpha_2 = 1,0$. Logo a pressão na seção de entrada do bocal será:

$p_1 = \rho \dfrac{V_2^2 - V_1^2}{2} + \rho g h_L$

Substituindo os valores conhecidos, obtemos: $p_1 = 1,04$ MPa.

Não podemos esquecer que essa pressão foi avaliada na escala manométrica.

Er6.4 Considere a Figura Er6.4. O tanque cilíndrico, com diâmetro igual a 2,0 m, é alimentado com água a 20°C.

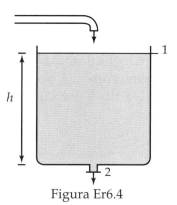

Figura Er6.4

No fundo do tanque há um orifício com diâmetro igual a 4 cm e seu coeficiente de perda de carga é igual a 0,5. Determine a vazão mássica de água através do orifício no instante em que a cota h for igual a 3,0 m.

Solução

a) Dados e considerações
   - Diâmetro interno do tanque = $D_1 = 2,0$ m.
   - Diâmetro do orifício = $D_2 = 4,0$ cm.
   - Coeficiente de perda de carga do orifício = $K = 0,5$.
   - $h = 3,0$ m.
   - O escoamento ocorre em regime permanente.
   - O escoamento é uniforme nas seções de entrada e saída do VC.
   - A água é um fluido incompressível com massa específica igual a 998,2 kg/m³ e viscosidade igual a 1,00 E-3 Pa.s.

b) Análise e cálculos

Adotaremos, para resolver a questão, o volume de controle delimitado pelas seções de entrada e saída 1 e 2 e pela área lateral do tanque através da qual não ocorre escoamento.

Aplicando a equação da energia para o volume de controle escolhido, obtemos:

$$h_B + \frac{p_1}{\gamma_1} + \alpha_1 \frac{V_1^2}{2g} + z_1 =$$
$$= \frac{p_2}{\gamma_2} + \alpha_2 \frac{V_2^2}{2g} + z_2 + h_T + h_L$$

Como não há bomba e nem turbina instaladas entre as seções de entrada e saída do VC e como $z_1 = z_2 + h$, obtemos:

$$\frac{p_1}{\gamma_1} + \alpha_1 \frac{V_1^2}{2g} + h = \frac{p_2}{\gamma_2} + \alpha_2 \frac{V_2^2}{2g} + h_L$$

Como as seções de entrada e saída estão sujeitas à pressão atmosférica, concluímos que $p_1 = p_2$.

Como o diâmetro do tanque é muito maior do que o do orifício, consideraremos $V_1 = 0$.

Simplificando a expressão anterior e lembrando que $h_L = KV_2^2/2g$, obtemos:

$$h = \alpha_2 \frac{V_2^2}{2g} + K \frac{V_2^2}{2g}$$

Supondo que o escoamento na seção de descarga é turbulento, consideraremos que o coeficiente de correção de energia cinética é igual a 1,0. Obtemos, então:

$$V_2 = \sqrt{2gh/(1+K)}$$

Substituindo os valores conhecidos, resulta: $V_2 = 6,26$ m/s.

Podemos agora verificar se, de fato, o escoamento na seção de descarga é turbulento. Para tal, calcularemos o número de Reynolds na seção de entrada do bocal:

$$Re = \frac{\rho V D}{\mu} \cong 250000$$

Concluímos que o escoamento é realmente turbulento e que a adoção do valor unitário para o coeficiente de correção de energia cinética foi acertada.

A vazão mássica na seção 2, sabendo que o escoamento que nela ocorre pode ser considerado uniforme, é dada por:

$$\dot{m}_2 = \rho_2 A_2 V_2$$

Substituindo os valores conhecidos, obtemos: $\dot{m}_2 = \rho_2 A_2 V_2 = 7,86$ kg/s.

Er6.5 Água a 20°C é armazenada em um tanque de seção cilíndrica cujo diâmetro interno é igual a 2,5 m. Veja a Figura Er6.5. A esse tanque está conectada uma tubulação horizontal com comprimento de 4,0 m e diâmetro interno igual a 30 mm. Se $h = 5,0$ m e se a perda de carga no tubo é igual a 2,0 m, qual é a vazão esperada?

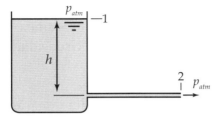

Figura Er6.5

Solução

a) Dados e considerações
- Diâmetro interno do tanque = D_1 = 2,5 m.
- Diâmetro interno do tubo = D_2 = 30 mm.
- Perda de carga no tubo = h_L = 2,0 m.
- h = 5,0 m.
- O escoamento ocorre em regime permanente.
- O escoamento é uniforme nas seções de entrada e saída do VC.
- A água é um fluido incompressível com massa específica igual a 998,2 kg/m³ e viscosidade igual a 1,00 E-3 Pa.s.

b) Análise e cálculos

Adotaremos, para resolver a questão, o volume de controle delimitado pelas seções de entrada e saída 1 e 2 e pelas áreas laterais do tanque e do tubo através das quais não ocorre escoamento.

Aplicando a equação da energia para o volume de controle escolhido, obtemos:

$$h_B + \frac{p_1}{\gamma_1} + \alpha_1 \frac{V_1^2}{2g} + z_1 =$$
$$= \frac{p_2}{\gamma_2} + \alpha_2 \frac{V_2^2}{2g} + z_2 + h_T + h_L$$

Como não há bomba e nem turbina instaladas entre as seções de entrada e saída do VC e como $z_1 = z_2 + h$, obtemos:

$$\frac{p_1}{\gamma_1} + \alpha_1 \frac{V_1^2}{2g} + h = \frac{p_2}{\gamma_2} + \alpha_2 \frac{V_2^2}{2g} + h_L$$

Como as seções de entrada e saída estão sujeitas à pressão atmosférica, concluímos que $p_1 = p_2$.

Como o diâmetro interno do tanque é muito maior do que o diâmetro interno do tubo, nós consideraremos $V_1 = 0$.

Simplificando a expressão acima, obtemos: $h = \alpha_2 \frac{V_2^2}{2g} + h_L$.

Supondo que o escoamento na seção de descarga é turbulento, consideraremos que o coeficiente de correção de energia cinética é igual a 1,0. Obtemos, então:

$$V_2 = \sqrt{2g(h - h_L)}$$

Substituindo os valores conhecidos, obtemos: V_2 = 7,67 m/s.

Podemos agora verificar se, de fato, o escoamento na seção de descarga é turbulento. Para tal, calcularemos o número de Reynolds na seção de entrada

do bocal: $Re = \frac{\rho V D}{\mu} \cong 229700$.

Concluímos que o escoamento é realmente turbulento e que a adoção do valor unitário para o coeficiente de correção de energia cinética foi acertada.

A vazão na seção 2, sabendo que o escoamento que nela ocorre pode ser considerado uniforme, é dada por $\dot{V}_2 = A_2 V_2$.

Substituindo os valores conhecidos, resulta: $\dot{V}_2 = A_2 V_2$ = 19,5 m³/h.

Er6.6 Uma bomba deve transferir 28,8 m³/h de água a 20°C do tanque A para o B, conforme ilustrado na Figura Er6.6. Considere que os tanques são muito grandes, a bomba tem rendimento de 70%, toda a tubulação tem diâmetro interno igual a 50 mm, a perda de carga entre o nível do tanque A e a seção de entrada da bomba é igual a 3,0 m e que a perda de carga entre a seção de saída da bomba e a seção de descarga da tubulação é igual a 18 m. Sabendo que $L = 30$ m e que $M = 5,0$ m, determine a velocidade média da água na tubulação, a sua pressão manométrica na seção de descarga da bomba, a carga fornecida pela bomba e a potência requerida pela bomba.

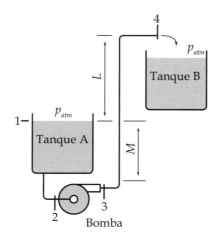

Figura Er6.6

Solução

a) Dados e considerações
- Vazão transferida pela bomba: $\dot{V} = 28,8$ m³/h.
- Diâmetro interno da tubulação = $D = 50$ mm.
- Rendimento da bomba = $\eta = 70\%$.
- Perda de carga na tubulação de alimentação da bomba = $h_{L12} = 3,0$ m.
- Perda de carga na tubulação de recalque = $h_{L34} = 18,0$ m.
- $L = 30,0$ m, $M = 5,0$ m.
- As pressões serão medidas na escala manométrica, logo a pressão atmosférica e a pressão da água sendo lançada na atmosfera, p_4, serão nulas.
- O escoamento ocorre em regime permanente.
- O escoamento é uniforme nas seções de entrada e saída do VC.
- A água é um fluido incompressível com massa específica igual a 998,2 kg/m³ e viscosidade igual a 1,00 E-3 Pa.s.

b) Análise e cálculos
- Velocidade média da água na tubulação

A velocidade média da água na tubulação é dada por: $V = \dfrac{4}{\pi D^2}\dot{V} = 4,07$ m/s.
E o número de Reynolds que caracteriza o escoamento na tubulação será: $Re = \dfrac{\rho V D}{\mu} = 203350$. Logo, os coeficientes de correção de energia cinética serão considerados iguais a 1.

- Cálculo da pressão manométrica da água na seção de descarga da bomba

Adotaremos o volume de controle delimitado pelas seções 3 e 4 indicadas na Figura Er6.6 e pela superfície interna da tubulação. Aplicando a equação da energia para o volume de controle escolhido, obtemos:

$$h_B + \frac{p_3}{\gamma} + \alpha_3 \frac{V_3^2}{2g} + z_3 =$$
$$= \frac{p_4}{\gamma} + \alpha_4 \frac{V_4^2}{2g} + z_4 + h_T + h_L$$

Como não há bomba e nem turbina instaladas entre as seções de entrada e saída do VC, sabendo que $p_4 = 0$, $V_3 = V_4 = V$, $\alpha_3 = \alpha_4$, $h_L = h_{L34} = 18,0$ m, e $z_4 = z_3 + M + L$, obtemos: $\dfrac{p_3}{\gamma} = M + L + h_L$.

Substituindo os valores conhecidos, resulta: $p_3 = 519,0$ kPa.

- Carga fornecida pela bomba ao escoamento

Adotaremos o volume de controle delimitado pelas seções 1 e 4 indicadas na Figura Er6.6 e pela superfície interna da tubulação através da qual ocorre o escoamento. Aplicando a equação da energia para esse volume de controle, obtemos:

$$h_B + \frac{p_1}{\gamma} + \alpha_1 \frac{V_1^2}{2g} + z_1 =$$

$$= \frac{p_4}{\gamma} + \alpha_4 \frac{V_4^2}{2g} + z_4 + h_T + h_L$$

Como as seções de entrada e saída da tubulação estão sujeitas à pressão atmosférica, concluímos que $p_1 = p_4$; como o diâmetro interno do tanque é muito maior do que o diâmetro interno do tubo, consideramos $V_1 = 0$. Além disso, sabemos que $z_4 - z_1 = L$ e que não existe turbina entre a seção de entrada e a de saída do volume de controle.

Simplificando a expressão acima, obtemos: $h_B = \alpha_4 \frac{V_4^2}{2g} + h_L + L$.

Nessa expressão, h_L é a perda de carga total na tubulação:

$h_L = h_{L12} + h_{L34} = 21$ m.

Substituindo-se os valores conhecidos, obtemos: $h_B = 51{,}85$ m.

Logo, a potência requerida pela bomba será dada por:

$$\dot{W}_B = \frac{\gamma \dot{V} h_B}{\eta} = 5{,}80 \text{ kW}$$

Er6.7 Água a 20°C escoa através de uma tubulação horizontal que contém um bocal convergente-divergente e forma um jato que é lançado na atmosfera. Veja a Figura Er6.7. O diâmetro interno da tubulação é igual a 40 mm, o diâmetro interno da garganta do bocal é igual a 30 mm, $L = 8$ m, $M = 4{,}0$ m. O coeficiente de perda de carga da válvula é dado por $K_V = 10$ e o coeficiente de perda de carga da tubulação é dado por $K_T = 0{,}5\,w$, sendo w o comprimento do tubo. Considerando que a pressão indicada pelo manômetro é igual a 100 kPa, que a perda de carga no bocal possa ser desprezada e que a pressão atmosférica local é igual a 95 kPa, pede-se para determinar a perda de carga do escoamento, a vazão, a velocidade da água na garganta do bocal, a pressão manométrica da água na garganta do bocal e o valor da pressão indicada pelo manômetro que provocará a ocorrência de cavitação no bocal.

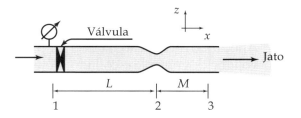

Figura Er6.7

Solução

a) Dados e considerações
- Diâmetro interno da tubulação: $D_1 = D_3 = 40$ mm.
- Diâmetro interno da garganta do bocal: $D_2 = 30$ mm.
- Perda de carga no bocal: desprezível; $K_V = 10$; $K_T = 0{,}5\,w$.
- $L = 8$ m; $M = 4$ m.
- $p_1 = 100$ kPa (manométrica); $p_3 = p_{atm} = 95$ kPa (absoluta).
- O escoamento ocorre em regime permanente.
- O escoamento é uniforme nas seções 1, 2 e 3.
- A água a 20°C é um fluido incompressível com massa específica igual a 998,2 kg/m³, viscosidade igual a 1,00 E-3 Pa.s e pressão de saturação igual a 2,339 kPa. Assim sendo, podemos afirmar: $\rho = 998{,}2$ kg/m³ e $\gamma = 9792$ N/m³.

b) Análise e cálculos
- Avaliação da perda de carga entre as seções 1 e 3

Adotaremos, para resolver a questão, o volume de controle delimitado pelas seções de entrada e saída 1 e 3.

Aplicando a equação da conservação da massa, obtemos:

$$\sum \dot{m}_e = \sum \dot{m}_s \Rightarrow \dot{m}_1 = \dot{m}_3 \Rightarrow$$
$$\Rightarrow \rho_1 A_1 V_1 = \rho_3 A_3 V_3$$

Como a massa específica é constante e como os diâmetros das seções 1 e 3 são iguais, obtemos:

$$V_1 = V_3$$

Aplicando a equação da energia para o volume de controle escolhido, obtemos:

$$h_B + \frac{p_1}{\gamma} + \alpha_1 \frac{V_1^2}{2g} + z_1 =$$
$$= \frac{p_3}{\gamma} + \alpha_3 \frac{V_3^2}{2g} + z_3 + h_T + h_L$$

Como não há bomba nem turbina instaladas entre as seções de entrada e saída do VC, adotando a escala manométrica de pressões e observando que $z_3 = z_1$, obtemos:

$$\frac{p_1}{\gamma_1} + \alpha_1 \frac{V_1^2}{2g} = \alpha_3 \frac{V_3^2}{2g} + h_L$$

Como $V_1 = V_3$ e supondo que os coeficientes de correção de energia cinética devem ser iguais a 1,0, resulta: $\frac{p_1}{\gamma_1} = h_L$.

Substituindo-se os valores conhecidos, obtemos: $h_L = 100000/9792 = 10,21$ m.

• Avaliação da vazão

$$h_L = K_V \frac{V_1^2}{2g} + K_{T(1-2)} \frac{V_1^2}{2g} + K_{T(2-3)} \frac{V_3^2}{2g}$$

Lembrando que $V_1 = V_3 = V$, obtemos:

$$V = \sqrt{2g \frac{h_L}{K_V + K_{T(1-2)} + K_{T(2-3)}}} =$$
$$= 3,539 \text{ m/s}$$

E a vazão será:
$$\dot{V} = AV = \pi \frac{D_1^2}{4} V = 4,45 \text{ litros/s}.$$

• Avaliação da velocidade na garganta do bocal

Aplicando a equação da conservação da massa ao volume de controle delimitado pela seção de entrada 2 e pela de saída 3, obtemos para a condição de escoamento permanente:

$$\sum \dot{m}_e = \sum \dot{m}_s \Rightarrow \dot{m}_2 = \dot{m}_3 \Rightarrow$$
$$\Rightarrow \rho_2 A_2 V_2 = \rho_3 A_3 V_3$$

Como o fluido é incompressível:
$V_2 = A_3 V_3/A_2 = 6,292$ m/s.

• Avaliação da pressão manométrica da água na garganta do bocal

Aplicando a equação da energia para o volume de controle escolhido, obtemos:

$$h_B + \frac{p_2}{\gamma} + \alpha_2 \frac{V_2^2}{2g} + z_2 =$$
$$= \frac{p_3}{\gamma} + \alpha_3 \frac{V_3^2}{2g} + z_3 + h_T + h_L$$

Como não há bomba nem turbina instaladas entre as seções de entrada e saída do VC, adotando a escala manométrica de pressões e observando que $z_3 = z_2$, obtemos:

$$\frac{p_2}{\gamma} + \alpha_2 \frac{V_2^2}{2g} = \alpha_3 \frac{V_3^2}{2g} + h_L$$

Supondo que os coeficientes de correção de energia cinética devem ser iguais a 1,0 e que a perda de carga pode ser expressa em função dos coeficientes de perda de carga, resulta:

$$p_2 = \gamma \left(-\frac{V_2^2}{2g} + \frac{V_3^2}{2g} + K_T \frac{V_3^2}{2g} \right) =$$
$$= -1,00 \text{ kPa}$$

O sinal negativo indica que a pressão absoluta da água na garganta do bocal é menor do que a atmosférica.

- Avaliação da pressão manométrica da água a montante da válvula que causa cavitação na garganta do bocal

Nesse caso, todas as velocidades, perdas de carga e a pressão na seção de admissão da válvula seriam alteradas. Assim, para essas variáveis, utilizaremos o índice adicional "c".

Para ocorrer cavitação, é necessário que a pressão na garganta do bocal atinja a pressão de saturação da água a 20°C, 2,339 kPa. Como essa pressão está estabelecida na escala absoluta, faremos os cálculos adotando essa escala.

Analisando o VC delimitado pelas seções 2 e 3, verificamos que:

$$V_{2c}^2 = \left(\frac{A_3}{A_2}\right)^2 V_{3c}^2;$$

$$\frac{p_{2c}}{\gamma} + \alpha_2 \frac{V_{2c}^2}{2g} = \frac{p_3}{\gamma} + \alpha_3 \frac{V_{3c}^2}{2g} + h_L \text{ e}$$

$$h_{Lc} = K_{T(2-3)} \frac{V_{3c}^2}{2g}$$

Considerando os coeficientes de correção de energia cinética unitários, que o fluido é incompressível e manipulando as equações acima, obtemos:

$$\frac{p_3 - p_{2c}}{\gamma} = \left(\frac{A_3}{A_2}\right)^2 \frac{V_{3c}^2}{2g} - \frac{V_{3c}^2}{2g} - K_{T(2-3)} \frac{V_{3c}^2}{2g}$$

$$V_{3c} = \sqrt{\frac{2(p_3 - p_{2c})}{\rho\left(\left(\frac{A_3}{A_2}\right)^2 - 1 - K_{T(2-3)}\right)}} =$$

$$= 34,01 \text{ m/s}$$

A velocidade na garganta do bocal para a qual ocorrerá cavitação é:

$$V_{2c} = \left(\frac{A_3}{A_2}\right) V_{3c} = 60,46 \text{ m/s}.$$

Apliquemos a equação da energia e a equação da conservação da massa ao volume de controle delimitado pelas seções 2 e 3:

$$h_B + \frac{p_{2c}}{\gamma} + \alpha_2 \frac{V_{2c}^2}{2g} + z_2 =$$

$$= \frac{p_3}{\gamma} + \alpha_3 \frac{V_{3c}^2}{2g} + z_3 + h_T + h_{L23c}$$

Como não há bomba nem turbina instaladas entre as seções de entrada e saída do VC, adotando a escala absoluta de pressões e observando que $z_3 = z_1$, obtemos:

$$\frac{p_{2c}}{\gamma} + \frac{V_{2c}^2}{2g} = \frac{p_3}{\gamma} + \frac{V_{3c}^2}{2g} + h_{L23c}$$

$$h_{L23c} = K_{T(2-3)} \frac{V_{3c}^2}{2g}$$

Resolvendo essas equações, obtemos:
$V_{2c} = 60,46$ m/s e $V_{3c} = 34,01$ m/s

Aplicando a equação da energia ao volume de controle com entrada 1 e saída 3, obtemos:

$$\frac{p_{1c}}{\gamma} + \alpha_1 \frac{V_{1c}^2}{2g} + z_1 =$$

$$= \frac{p_3}{\gamma} + \alpha_3 \frac{V_{3c}^2}{2g} + z_3 + h_{L13c}$$

Como $V_{1c} = V_{3c} = V_c$ e supondo que os coeficientes de correção de energia cinética devem ser iguais a 1,0 resulta:

$$\frac{p_{1c}}{\gamma} = \frac{p_3}{\gamma} + h_{Lc}.$$

A perda de carga h_{Lc} é dada por:

$$h_{Lc} = K_V \frac{V_c^2}{2g} + K_{T(1-2)} \frac{V_c^2}{2g} + K_{T(2-3)} \frac{V_c^2}{2g}.$$

Logo:

$$p_{1c} = p_3 + \frac{\rho V_c^2}{2}\left(K_V + K_{T(1-2)} + K_{T(2-3)}\right).$$

Substituindo os valores conhecidos: p_{1c} = 9,333 MPa na escala absoluta. Na escala manométrica obteremos: p_{1cman} = 9,238 MPa.

6.7 EXERCÍCIOS PROPOSTOS

Ep6.1 Água a 20°C escoa em um tubo horizontal de 5,0 m de comprimento, com diâmetro interno igual a 5 mm e com velocidade 0,2 m/s. O escoamento é laminar ou turbulento? Sabendo-se que a perda de carga neste escoamento é igual a 13 cm, pede-se para determinar a diferença entre as pressões de entrada e de saída desse tubo.

Resp.: laminar; 1,27 kPa.

Ep6.2 Água a 20°C escoa em um bocal convergente horizontal com diâmetros de entrada e de saída iguais a, respectivamente, 8,0 cm e 4,0 cm, produzindo um jato que é lançado a 50 m/s em um ambiente à pressão atmosférica. Determine a velocidade média e a pressão manométrica da água na entrada no bocal. Considere que a perda de carga do escoamento no bocal seja igual a 5 m.

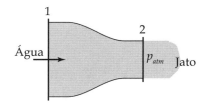

Figura Ep6.2

Resp.: 12,5 m/s; 1,22 MPa.

Ep6.3 Considere a Figura Ep6.3. O tanque cilíndrico, com diâmetro igual a 3,0 m, é alimentado com 20 m³/h de água a 20°C. No fundo do tanque há um orifício com diâmetro igual a 5 cm e o coeficiente de perda de carga do orifício é igual a 0,5. Determine a vazão mássica de água através do orifício no instante em que a cota h for igual a 4,0 m e a velocidade com a qual o nível da água está se movimentando.

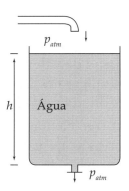

Figura Ep6.3

Resp.: 14,2 kg/s; –1,22 mm/s.

Ep6.4 Água a 20°C é armazenada em um tanque de seção cilíndrica cujo diâmetro interno é igual a 1000 mm. Veja a Figura Ep6.4. A esse tanque está conectada uma tubulação horizontal com comprimento de 3 m e diâmetro interno igual a 20 mm. Se h = 2,0 m e a perda de carga no tubo é igual a 1,0 m, qual é a vazão esperada?

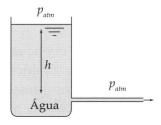

Figura Ep6.4

Resp.: 1,39 litros/s.

Ep6.5 Refaça o problema Ep6.4 considerando que a perda de carga pode ser desprezada e compare o resultado obtido com o do exercício Ep6.4.

Resp.: 1,97 litros/s.

Ep6.6 Um tanque cilíndrico vertical com diâmetro igual a 4,0 m e altura interna igual a 10 m existente em uma unidade industrial recebe dejetos líquidos de diversas procedências à razão de 28,8 m³/h. Considere que esses dejetos podem ser considerados como se fossem água a 20°C e que eles são descarregados em um ambiente à pressão atmosférica através de um tubo muito pequeno com diâmetro interno igual a 50 mm, cujo coeficiente de perda de carga é igual a 0,2. Pergunta-se: qual é a altura máxima do nível de dejetos no tanque? Qual é a vazão volumétrica máxima de descarga dos dejetos?

Resp.: 1,015 m; 28,8 m³/h.

Ep6.7 Uma caixa-d'água, com área de sua seção transversal igual a 3,0 m², é alimentada à razão de 72 m³/h e descarregada através de um orifício na sua lateral com área igual a 0,002 m². Considere que a velocidade média de saída da água possa ser avaliada, mesmo que pobremente, em função do nível da água acima do orifício (h), de acordo com a seguinte expressão: $V_2 = \sqrt{2gh}$. Em um determinado instante, o nível da caixa-d'água é igual a 1,28 m. Para esse instante, considerando que a aceleração local da gravidade é igual a 9,81 m/s² e que a massa específica da água é igual a 998,2 kg/m³, estime a vazão volumétrica de descarga da caixa e a taxa de variação do nível da caixa com o tempo.

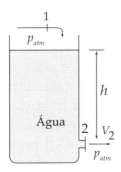

Figura Ep6.7

Ep6.8 Observe a Figura Ep6.8. A bomba deve transferir 36 m³/h de água a 20°C do tanque A para o B. Considere que os tanques são muito grandes, a bomba tem rendimento de 65%, toda a tubulação tem diâmetro interno igual a 60 mm, a perda de carga entre o nível do tanque A e a seção de entrada da bomba é igual a 2,0 m e que a perda de carga entre a seção de saída da bomba e a seção de descarga da tubulação é igual a 10 m. Desprezando a diferença entre a cota da seção de entrada e a de saída da bomba, determine: a velocidade da água na seção de descarga da bomba; a carga fornecida pela bomba; a potência requerida pela bomba; e a pressão manométrica da água na seção de entrada da bomba.

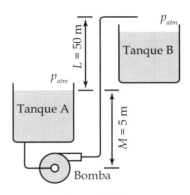

Figura Ep6.8

Resp.: 3,54 m/s; 62,6 m; 9,44 kW; 23,1 kPa.

Ep6.9 Considere a Figura Ep6.9. O tanque cilíndrico tem diâmetro igual a 1,0 m e contém água a 20°C. Na parede lateral do tanque há um orifício com diâmetro igual a 2,0 cm e com coeficiente de perda de carga igual a 0,4. Considere que o ar existente sobre a superfície da água é mantido na pressão manométrica de 20 kPa por um suprimento externo. Determine a vazão volumétrica de água através do furo no instante em que a cota h for igual a 2,0 m. Se a vazão mássica de água através do furo for igual a 3,0 kg/s, qual será a velocidade com a qual o nível da água está se movimentando?

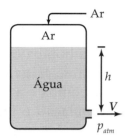

Figura Ep6.9

Resp.: 2,81 E-3 m³/s; –3,83 mm/s (nível descendo!).

Ep6.10 Um tanque cilíndrico vertical de grande diâmetro contém água na fase líquida pressurizada com ar comprimido que é permanentemente mantido na pressão manométrica de 0,5 bar. A água é descarregada do tanque por intermédio de uma tubulação horizontal com válvula, sendo lançada no meio ambiente. Considere que a altura h é igual a 5,0 m, que a perda de carga na tubulação, exclusive a válvula, é igual a 6,0 m, e que a velocidade média da água na tubulação é igual a 4,0 m/s. Avalie a perda de carga na válvula.

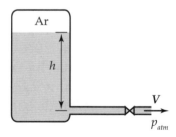

Figura Ep6.10

Resp.: 3,29 m.

Ep6.11 Aquaristas costumeiramente realizam um trabalho que consiste em aspirar água próxima ao fundo do aquário utilizando um sifão. Veja a Figura Ep6.11. O objetivo dessa ação é o de retirar, juntamente com a água, detritos depositados, melhorando assim a qualidade da água que permanece no aquário.

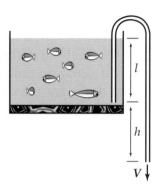

Figura Ep6.11

Suponha que o sifão seja constituído por uma mangueira plástica com diâmetro interno igual a 10 mm e que as dimensões l e h sejam, respectivamente, 500 mm e 300 mm. Considerando que o aquário está a 25°C e que o coeficiente de perda de carga do escoamento é igual 1,3, determine a vazão de água aspirada.

Resp.: 12,3 litros/min.

Ep6.12 Consideremos a situação apresentada no problema Ep6.11. Considerando que, neste caso, a vazão real através da mangueira é igual a 10 litros/min e que a água está a 20°C, pede-se para determinar a perda de carga no escoamento.

Resp.: 0,57 m.

Ep6.13 Em um sistema de ar condicionado central, existe uma tubulação responsável pelo transporte de ar a 12°C para uma sala especial que deve ser mantida na pressão manométrica de +3,0 mmca. A área da seção transversal da tubulação é igual a 0,05 m² e a vazão de ar é de 6,0 m³/min. Considerando que a pressão atmosférica local é igual a 94,1 kPa e que a perda de carga total do escoamento é igual a

150 mm, pede-se para calcular a pressão manométrica do ar em mmca na seção de entrada da tubulação.

Ep6.14 Água com massa específica igual a 998 kg/m³ e na pressão de saturação de 2,34 kPa é descarregada de um tanque através de uma tubulação com bocal convergente-divergente. O diâmetro interno da tubulação é igual a 40 mm, o diâmetro interno da garganta do bocal é igual a 30 mm e a cota h é mantida igual a 2,0 m. Veja a Figura Ep6.14. Considerando que os efeitos viscosos podem ser desprezados e que a pressão atmosférica local é igual a 95 kPa, pede-se para determinar a velocidade da água na garganta do bocal e a pressão manométrica da água na garganta do bocal. Qual deveria ser a velocidade média máxima da água na tubulação para que o escoamento na garganta do bocal pudesse ser considerado laminar? Qual deveria se a cota h que causaria a ocorrência de cavitação no bocal?

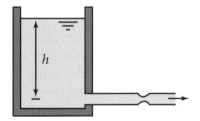

Figura Ep6.14

Resp.: 11,1 m/s; – 42,3 kPa; 4,32 cm/s; 4,38 m.

Ep6.15 Água com massa específica igual a 998 kg/m³ e na pressão de saturação de 2,34 kPa é descarregada de um tanque através de uma tubulação com bocal convergente-divergente. Veja a Figura Ep6.14. O diâmetro interno da tubulação é igual a 40 mm, o diâmetro interno da garganta do bocal é igual a 30 mm e a cota h é mantida igual a 2,0 m. Considerando que a perda de carga do escoamento da superfície do tanque até a seção de entrada do bocal é igual a 0,5 m, que a perda de carga da tubulação a jusante do bocal é igual a 0,2 m, que os efeitos viscosos do escoamento no bocal podem ser desprezados e que a pressão atmosférica local é igual a 95 kPa, pede-se para determinar a velocidade da água na garganta do bocal e a pressão manométrica da água na garganta do bocal. Qual deveria ser a velocidade média máxima da água na tubulação para que o escoamento na garganta do bocal pudesse ser considerado laminar? Qual deveria ser a cota h que causaria a ocorrência de cavitação no bocal?

Resp.: 8,98 m/s; –25,5 kPa; 4,32 cm/s; 5,17 m.

Ep6.16 O tanque da Figura Ep6.16 contém água a 20°C. A pressão manométrica do ar existente no tanque sobre a água é igual a 200 kPa. O diâmetro interno da tubulação é igual a 50 mm, o diâmetro interno da garganta do bocal é igual a 40 mm, o bocal está localizado exatamente no ponto médio da tubulação e a cota h é igual a 1,0 m. Sabe-se que o tanque tem dimensões suficientemente grandes para se poder considerar que a cota h não varia à medida que a água escoa pela tubulação. Sabe-se também que a pressão manométrica da água na seção de entrada da válvula é igual a 100 kPa, que a pressão na saída da válvula é a atmosférica e que, como a válvula está parcialmente fechada, seu coeficiente de perda de carga é igual a 12,5. Supondo-se que as perdas de carga no bocal e de entrada da tubulação podem ser desprezadas, pede-se para determinar a velocidade da água na garganta do bocal, a perda de carga distribuída na tubulação e a pressão na garganta do bocal. Está ocorrendo cavitação no bocal? Por quê?

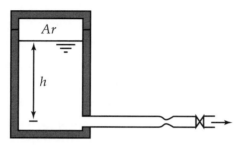

Figura Ep6.16

Resp.: 6,26 m/s; 10,4 m; 139,4 kPa; não.

Ep6.17 Água a 20°C escoa com velocidade média igual a 3,5 m/s em um duto cujo diâmetro interno é igual a 35 mm e que contém uma válvula, conforme ilustrado na Figura Ep6.17. O coeficiente de perda de carga na válvula é igual a 4,0 e os coeficientes de perda de carga dos trechos m e n da tubulação são iguais a, respectivamente, 5 e 2.

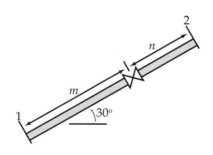

Figura Ep6.17

Sabendo que o escoamento é ascendente, que os comprimentos m e n são iguais a, respectivamente, 9 m e 3 m e que a pressão manométrica da água na seção 1 é igual a 250 kPa, pede-se para calcular a pressão manométricas da água na seção de entrada da válvula e na seção 2.

Ep6.18 Água a 20°C escoa de um grande reservatório alimentando uma turbina, conforme indicado na Figura Ep6.18. O desnível entre a superfície do reservatório e a turbina é igual a 50 m e a água escoa através de uma tubulação com comprimento de 100 m e diâmetro de 50 cm. A perda de carga do escoamento é igual a 7,5 m. Sabendo-se que a velocidade média da água na tubulação é igual a 4,0 m/s e que o rendimento da turbina é igual a 0,80, pede-se para calcular a potência desenvolvida pela turbina.

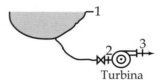

Figura Ep6.18

Resp.: 256,5 kW.

Ep6.19 Água a 20°C é descarregada de um tanque através de uma tubulação com bocal, conforme ilustrado na Figura Ep6.14. Sabe-se que o diâmetro interno da tubulação é igual a 51 mm e que o diâmetro interno da garganta do bocal é igual a 34 mm. Supondo que todos os efeitos viscosos podem ser desprezados e que a pressão atmosférica local é igual a 100 kPa, pede-se para determinar a velocidade da água na garganta do bocal para a qual é prevista a ocorrência de cavitação nesse local e o valor máximo da cota h para a qual o fenômeno de cavitação não seja observado.

Resp.: 15,6 m/s; 2,46 m.

Ep6.20 Uma bomba centrífuga com rendimento igual a 70% bombeia água a 20°C de um reservatório em um nível inferior para outro em um nível superior, conforme indicado na Figura Ep6.20. Sabe-se que toda a tubulação foi construída com tubos com diâmetro interno igual a 52,5 mm em aço galvanizado novo e que a vazão de água através da bomba é igual a 25 m³/h. Sabe-se também que a perda de carga até a entrada da bomba é igual a 1,5 m e que a perda de carga da seção de saída da bomba até a seção de descarga da tubulação é igual a 20 m. Considerando $a = 2$ m, $b = 3$ m, $c = 5$ m, $e = 6$ m, $f = 10$ m, $g = 30$ m, $j = 15$ m e $m = 1$ m, avalie a pressão manométrica na seção de admissão da bomba, a pressão manométrica na seção de descarga da bomba e a potência requerida pela bomba.

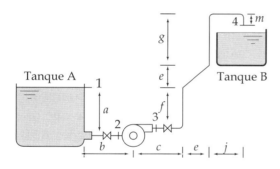

Figura Ep6.20

Resp.: –240 Pa; 636,5 kPa; 6,32 kW.

Ep6.21 Observe a Figura Ep6.14. Água a 20ºC é descarregada de um tanque para um ambiente na pressão atmosférica de 95 kPa através de uma tubulação com bocal. O diâmetro interno da tubulação é igual a 40 mm, o diâmetro interno da garganta do bocal é igual a 30 mm e a cota h é mantida igual a 2,0 m. Considerando que os coeficientes de perda de carga no trecho da tubulação a montante e a jusante do bocal são iguais a, respectivamente, 5 e 1 e que os efeitos viscosos no bocal podem ser desprezados, pede-se para determinar a velocidade da água na garganta do bocal e a pressão manométrica da água na garganta do bocal. Está ocorrendo cavitação no bocal? Justifique sua resposta.

Resp.: 4,21 m/s; –3,24 kPa; não.

Ep6.22 Observe a Figura Ep6.22. Ar escoa na tubulação horizontal de diâmetro variável causando uma deflexão da coluna de água do manômetro igual a 100 mm. Em primeira aproximação, considere que as variações da massa específica do ar possam ser desprezadas, considerando-a constante e aproximadamente igual a 1,2 kg/m³.

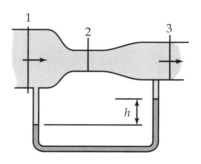

Figura Ep6.22

Sabe-se que as áreas das seções 1, 2 e 3 são, respectivamente, 9,0 cm², 3,0 cm² e 6,0 cm², que a pressão manométrica na seção 3 é igual a 10 kPa e que o coeficiente de perda de carga do escoamento baseado na velocidade média da seção 3 é igual a 0,2. Pede-se para calcular a pressão manométrica do ar na seção 1 e a vazão mássica de ar na tubulação em kg/h.

Resp.: 10,98 kPa; 120,5 kg/h.

Ep6.23 Observe a Figura Ep6.23. Água com massa específica igual a 1000 kg/m³ armazenada em um tanque de grande diâmetro escoa através da tubulação com diâmetro variável e atinge a placa vertical. Sabe-se que $H = 2,0$ m e que as áreas das seções 2 e 3 são, respectivamente, 10 cm² e 5 cm². Considerando que a perda de carga no escoamento é igual a 5,0 m e que a magnitude da força aplicada à placa para mantê-la estática é igual a 400 N, pede-se para calcular a velocidade média do fluido na seção 2, a altura L e a pressão lida no manômetro.

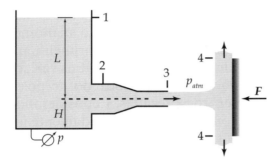

Figura Ep6.23

Resp.: 14,14 m/s; 45,77 m; 468,7 kPa.

Ep6.24 Água a 20°C é transferida de um tanque A para um tanque B pela ação de uma bomba centrífuga, conforme esquematizado na Figura Ep6.24. A tubulação de interligação do tanque A na bomba é de PVC com diâmetro interno igual a 53,4 mm e com comprimento $b = 10$ m. A tubulação de recalque também é de PVC, porém, com diâmetro interno 44,0 mm, e tem as seguintes dimensões: $a = 4,0$ m; $c = d = 10$ m; $e = 40$ m; $f = 12$ m; e $g = 20$ m.

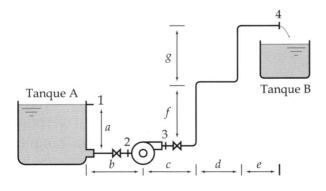

Figura Ep6.24

Sabe-se que a perda de carga entre as seções 1 e 2 é igual a 2,0 m e que a perda de carga entre a seções 3 e 4 é igual a 40,0 m. Sabendo que o rendimento da bomba é igual a 72% e que deverão ser transferidos 25 m³/h de água do tanque A para o B, pede-se para avaliar a pressão manométrica da água nas seções 2 e 3 e a potência requerida pela bomba.

Resp.: 14,79 kPa; 705,0 kPa; 6,71 kW.

Ep6.25 A perda de carga no escoamento em regime permanente de água a 20°C mostrado na Figura Ep6.25 pode ser calculada considerando que o coeficiente de perda de carga é dado por $K = 0,02\ L/D$, onde L é o comprimento da tubulação, e D, o seu diâmetro interno. Sabe-se que a tubulação de sucção da bomba tem diâmetro interno igual a 60 mm e que o seu comprimento é igual a 10 m, e que a tubulação de recalque tem diâmetro igual a 45 mm e comprimento igual a 60 m. Considere que os perfis de velocidade nas seções A, B e C são uniformes, que a vazão em volume na tubulação é igual a 28,8 m³/h, que a pressão manométrica em C é igual a 250 kPa e que a altura a é igual a 5,0 m.

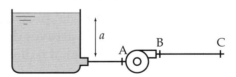

Figura Ep6.25

Determine a potência de eixo da bomba, sabendo que o rendimento dessa máquina hidráulica é de 85%. Calcule as pressões estáticas manométricas nas seções A e B das tubulações.

Resp.: 5306 W; 31,65 kPa; 586,7 kPa.

Ep6.26 Na instalação hidráulica da Figura Ep6.26, admita que os reservatórios A e B são de grandes dimensões e apresentam uma diferença de cotas $H = 5$ m entre seus níveis d'água e que as perdas de carga podem ser consideradas desprezíveis. Sabe-se que a potência disponível no eixo do motor de acionamento da bomba na condição de operação é 2,0 kW, o rendimento da bomba é 80% e o fluido bombeado é água com massa específica igual a 1000 kg/m³. Determine a vazão de água bombeada.

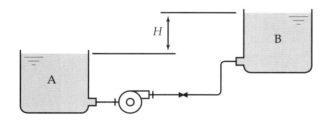

Figura Ep6.26

Resp.: 117,4 m³/h.

Ep6.27 Na instalação hidráulica da Figura Ep6.26, admita que os reservatórios A e B são de grandes dimensões e apresentam uma diferença de cotas $H = 5$ m entre seus níveis d'água, que a perda de carga distribuída na tubulação seja igual a 5,0 m e que o coeficiente de perda de carga na válvula seja igual a 10. Sabe-se que a potência disponível no eixo do motor de acionamento da bomba na condição de operação é 5,0 kW, o rendimento da bomba é 80%, o fluido bombeado é água, $\rho = 1000$ kg/m³, e o diâmetro interno da tubulação é 100 mm. Determine a vazão de água bombeada e a diferença de pressão entre a entrada e a saída da válvula.

Resp.: 50,5 m³/h; 16,0 kPa.

Ep6.28 Ao reservatório de grandes dimensões da Figura Ep6.28 está acoplada uma tubulação de área da seção transversal igual a 0,1 m² e com comprimento total igual a 10 m. Suponha que o escoamento ocorra em regime permanente e que possa ser considerado uniforme nas seções de interesse, e que $H = 15$ m e $h = 5$ m. Considere que a perda de carga do escoamento seja dada por $h_L = 0,03V^2$, sendo a velocidade em m/s e a perda de carga em m. Determine a velocidade média do jato de água formado à saída da tubulação.

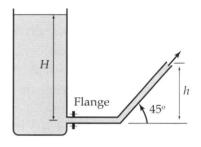

Figura Ep6.28

Resp.: 11,1 m/s.

Ep6.29 Um fluido com peso específico igual a 10 kN/m³ escoa através de uma tubulação horizontal que contém um bocal convergente-divergente e forma um jato que é lançado na atmosfera. Veja a Figura Ep6.29. O diâmetro interno da tubulação é igual a 40 mm, o diâmetro interno da garganta do bocal é igual a 30 mm, $L = 8$ m, $M = 4,0$ m. O coeficiente de perda de carga da válvula é $K_V = 10$ e o coeficiente de perda de carga da tubulação é dado por $K = 0,5\,w$, sendo w o comprimento do tubo em metros. Considerando que a pressão indicada pelo manômetro é igual a 100 kPa, que a perda de carga no bocal possa ser desprezada e que a pressão atmosférica é igual a 100 kPa, pede-se para determinar a perda de carga do escoamento, a vazão volumétrica nessa tubulação, a velocidade do fluido na garganta do bocal e a pressão absoluta do fluido na garganta do bocal.

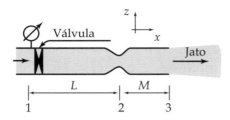

Figura Ep6.29

Resp.: 10,0 m; 4,40 L/s; 6,22 m/s; 99,9 kPa.

Ep6.30 Água, com massa específica igual a 1000 kg/m³, escoa do tanque A para o tanque B, conforme ilustrado na Figura Ep6.30. A tubulação tem diâmetro interno de 50 mm, seu comprimento total a montante da válvula é igual a 10 m e o seu comprimento total a jusante da válvula é igual a 20 m. A válvula, que está parcialmente fechada, tem coeficiente de perda de carga K_v = 20 e o coeficiente de perda de carga em cada trecho da tubulação é dado por $K_T = 0,5\ w$, sendo que w é o comprimento do tubo em metros. Desprezando quaisquer outras perdas de carga e sabendo que $L = H/3$, pede-se para calcular a altura H para que a vazão seja igual 21,2 m³/h e a pressão na seção 2.

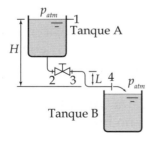

Figura Ep6.30

Resp.: 16,5 m; 80,9 kPa.

Ep6.31 Um fluido com peso específico igual a 12 kN/m³ escoa através da tubulação horizontal ilustrada na Figura Ep6.31. O manômetro indicado na figura está exatamente no ponto médio da tubulação e indica a pressão de 7,2 kPa. Sabe-se que o diâmetro interno da tubulação é igual a 38 mm e que o coeficiente de perda de carga localizada de entrada na tubulação é igual a 0,5. Determine a perda de carga distribuída na tubulação e a altura h que causa a vazão volumétrica de 4,5 litros/s.

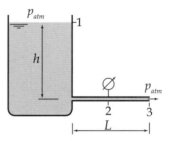

Figura Ep6.31

Resp.: 1,2 m; 2,40 m.

Ep6.32 Água, com massa específica igual a 1000 kg/m³, é transferida de um tanque A para um tanque B pela ação de uma bomba centrífuga, conforme esquematizado na Figura Ep6.32. A tubulação de interligação do tanque A na bomba é de PVC com diâmetro interno igual a 53,4 mm e com comprimento L_2 = 8 m. A tubulação de recalque também é de PVC, porém, com diâmetro interno de 44,0 mm e comprimento L_4 = 120 m. Sabe-se que a = 5,0 m, b = 40 m, que a perda de carga total entre as seções 1 e 2 é igual a 6,0 m e que a perda de carga total entre as seções 3 e 4 é igual a 40,0 m. Sabendo que o rendimento da bomba é igual a 72% e que deverão ser transferidos 25 m³/h de água do tanque A para o B, pede-se para avaliar a pressão manométrica da água nas seções 2 e 3 e a potência requerida pela bomba.

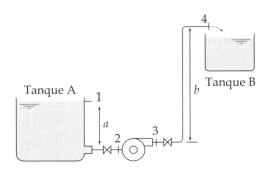

Figura Ep6.32

Resp.: –14,6 kPa; 784,8 kPa; 7,77 kW.

Ep6.33 Água com massa específica igual a 1000 kg/m³ é transferida de um tanque A para um tanque B pela ação de uma bomba centrífuga, conforme esquematizado na Figura Ep6.32. A tubulação de interligação do tanque A à bomba é de PVC com diâmetro interno igual a 53,4 mm e com comprimento L_s = 8 m. A tubulação de recalque também é de PVC, porém, com diâmetro interno 44,0 mm e comprimento L_r = 120 m. Sabe-se que a = 5,0 m, b = 40 m, que a perda de carga total entre as seções 1 e 2 é igual a 8,0 m e que a perda de carga total entre as seções 3 e 4 é igual a 50,0 m. Sabendo que o rendimento da bomba é igual a 72% e que a potência requerida pela bomba é igual a 10 kW, pede-se para avaliar a vazão transferida do tanque A para o B e a pressão manométrica da água nas seções de entrada e de saída da bomba.

Resp.: 28,0 m³/h; –35,5 kPa; 882,9 kPa.

Ep6.34 Uma das etapas do processo produtivo de uma unidade industrial gera a vazão de 36 m³/h de água contaminada com um resíduo sólido particulado e, por esse motivo, essa água deve ser filtrada antes de ser reaproveitada em outra etapa do processo. Buscando resolver o problema, um engenheiro propõe a montagem do sistema esquematizado na Figura Ep6.34. Suponha que L = 5,0 m, M = 3,0 m, N = 0,5 m, que a água filtrada é descarregada do filtro para um tanque de armazenamento por gravidade com uma velocidade muito baixa, que a massa específica da água contaminada é aproximadamente igual a 1,02 kg/m³ e que a sua viscosidade absoluta é aproximadamente igual a 1,03 E-3 Pa.s. Sabendo que o coeficiente de perda de carga da tubulação de sucção da bomba é igual a 3,2, que o coeficiente de perda de carga da tubulação de recalque é igual a 8,3 e que a pressão manométrica da água na seção de admissão do filtro é igual a 6 bar, determine:

a) a velocidade média da água contaminada na tubulação considerando que toda ela foi construída com tubos com diâmetro interno igual a 77,9 mm;
b) a pressão manométrica da água na seção de admissão da bomba;
c) a pressão manométrica da água na seção de descarga da bomba;

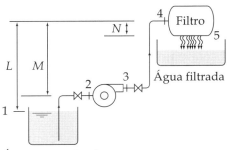

Figura Ep6.34

d) o coeficiente de perda de carga do filtro baseado na velocidade de entrada;

e) a potência requerida pela bomba sabendo que o seu rendimento é igual a 78%.

Resp.: 2,10 m/s; –29,4 kPa; 649 kPa; 270,5; 8,69 kW.

Ep6.35 Uma das etapas do processo produtivo de uma unidade industrial produz água contaminada com um resíduo sólido particulado e, por esse motivo, essa água deve ser filtrada antes de ser reaproveitada em outra etapa do processo. Buscando resolver o problema, um engenheiro propõe a montagem do sistema esquematizado na Figura Ep6.34. Suponha que $L = 8,0$ m, $M = 7,0$ m, $N = 0,5$ m, que a água filtrada é descarregada do filtro para um tanque de armazenamento por gravidade com uma velocidade muito baixa, que a massa específica da água contaminada é aproximadamente igual a 1,05 kg/m^3 e que a sua viscosidade absoluta é aproximadamente igual a 1,03 E-3 Pa.s. Sabe-se que o coeficiente de perda de carga da tubulação de sucção da bomba é igual a 3,4, que o coeficiente de perda de carga da tubulação de recalque é igual a 8,6 e que a pressão manométrica da água na seção de admissão do filtro é igual a 6 bar. Considerando que a bomba tem rendimento de 74%, que a potência requerida por ela é igual a 10 kW e que a tubulação foi construída com tubos com diâmetro interno igual a 78 mm, determine:

a) a vazão de água contaminada filtrada;
b) a pressão manométrica da água na seção de admissão da bomba;
c) a pressão manométrica da água na seção de descarga da bomba;
d) o coeficiente de perda de carga do filtro baseado na velocidade de entrada.

Resp.: 10,4 L/s; –21,2 kPa; 693 kPa; 246.

Ep6.36 Pretendendo-se produzir energia elétrica para uma comunidade, e dispondo-se de um reservatório que permite a utilização de 2,0 m^3/s de água para a geração de energia, propôs-se a instalação de um conjunto turbina-gerador conforme indicado na Figura Ep6.36. Sabe-se que a tubulação tem diâmetro igual a 1,0 m, comprimento igual a 80 m, que o desnível entre a superfície livre da água e a seção de descarga da turbina é igual a 20 m, que o coeficiente de perda de carga total do escoamento pode ser avaliado como $K = 0,025\,w$, sendo w o comprimento da tubulação em metros. Supondo que a turbina descarrega a água no meio ambiente com velocidade igual à metade da velocidade média do escoamento ao longo da tubulação e que a água tem peso específico igual a 9792 N/m^3, pede-se para calcular:

a) a velocidade média da água na tubulação;
b) a perda de carga do escoamento;
c) a pressão manométrica da água na seção de admissão da turbina;
d) a potência elétrica produzida se o rendimento da turbina for igual a 80% e se o rendimento do gerador for igual a 97%.

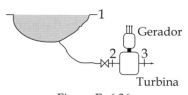

Figura Ep6.36

Resp.: 2,55 m/s; 0,66 m; 186 kPa; 289 kW.

Ep6.37 Aproveitando determinadas condições geográficas, um fazendeiro optou pela instalação de uma pequena turbina para geração de energia elétrica, conforme ilustrado na Figura Ep6.37. Para controlar a velocidade de rotação da turbina, o fazendeiro optou pelo uso de uma válvula de controle que opera utilizando como sinal a leitura de um tubo de Pitot. Sabe-se que: $M = 12$ m, o desnível lido no manômetro de mercúrio é $L = 45$ mm, o diâmetro interno da tubulação é igual a 300 mm, o coeficiente de perda de carga do escoamento até a entrada da turbina é igual a 4,5, o coeficiente de perda de carga na tubulação de descarga da turbina é igual a 0,3 e que o rendimento da turbina é igual a 80%. Supondo que a velocidade do escoamento medida com o uso do tubo de Pitot é aproximadamente igual à velocidade média do escoamento na tubulação, a massa específica e a viscosidade dinâmica são iguais a, respectivamente, 1000 kg/m³ e 1,03 E-3 Pa.s, a densidade do mercúrio é 13,6 e adotando o valor de 9,81 m/s² para a aceleração da gravidade, pede-se para determinar:

a) a velocidade média do escoamento;
b) a pressão manométrica da água na seção de entrada da turbina;
c) a potência mecânica disponível no eixo da turbina para ser convertida em potência elétrica.

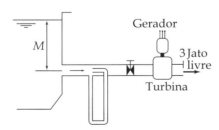

Figura Ep6.37

Resp.: 3,34 m/s; 87,1 kPa; 16,1 kW.

Ep6.38 Um tanque cilíndrico vertical – veja a Figura Ep6.38 –, com diâmetro igual a 1,5 m e altura interna igual a 4,0 m existente em uma unidade industrial recebe dejetos líquidos de diversas procedências à razão de 10 L/s. Considere que esses dejetos têm massa específica igual a 1000 kg/m³ e são descarregados à pressão atmosférica através de um tubo muito curto com diâmetro interno igual a 40 mm. Supondo que o coeficiente de perda de carga desse pequeno tubo seja igual a 0,5, pergunta-se:

a) Qual é a vazão mássica de descarga da água quando o nível da água está 2,0 m acima do fundo do tanque?
b) Considere que o tanque está inicialmente vazio. Se ele receber continuamente a vazão de 10 L/s, ele transbordará?
c) Considere que o tanque está inicialmente vazio. Se ele receber continuamente a vazão de 10 L/s, qual será o volume máximo de dejetos no tanque?

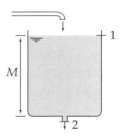

Figura Ep6.38

Resp.: 9,09 kg/s; não; 8,56 m³.

Ep6.39 Pretendendo-se produzir energia elétrica para uma comunidade, foi proposta a instalação de um conjunto turbina-gerador conforme indicado na Figura Ep6.36. Sabe-se que a tubulação tem diâmetro igual a 1,2 m, comprimento igual a 85 m, que o desnível entre a superfície livre da água e a seção de descarga da turbina é igual a 22 m e que o coeficiente de perda de carga total do escoamento pode ser avaliado como $K = 0,024\,w$, sendo w o comprimento da tubulação em metros. Supondo que a turbina descarrega a água no meio ambiente com velocidade igual à metade da velocidade média do escoamento ao longo da tubulação, que a água tem peso específico igual 9792 N/m³, que a turbina tem rendimento igual a 82% e disponibiliza em seu eixo a potência de 300 kW, pede-se para calcular:

a) a velocidade média da água na tubulação;
b) a perda de carga do escoamento;
c) a pressão manométrica da água na seção de admissão da turbina.

Resp.: 1,52 m/s; 0,24 m; 212 kPa.

Ep6.40 A bomba centrífuga da Figura Ep6.40 bombeia 50,4 m³/h de água a 20°C. Sabe-se que o diâmetro interno da tubulação na qual essa bomba está instalada é igual a 102,3 mm, $L = 500$ mm, e que a densidade relativa do mercúrio pode ser considerada igual a 13,6. Desprezando-se a perda de carga nas tubulações de sucção e de recalque entre as seções 1 e 2, pede-se para determinar a carga fornecida pela bomba à água e a potência requerida pela bomba supondo que o seu rendimento seja igual a 76%.

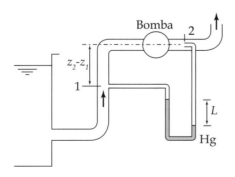

Figura Ep6.40

Resp.: 6,15 m; 1,11 kW.

Ep6.41 Observe a Figura Ep6.41. Água a 20°C é bombeada de modo a se ter na seção 4 a pressão manométrica de 6 bar. Sabe-se que o coeficiente de perda de carga do escoamento até a seção de entrada da bomba é igual a 4,0, que o coeficiente de perda de carga do escoamento da seção de descarga da bomba até a seção 4 é igual a 25, que o diâmetro interno da tubulação de sucção é igual a 75 mm e que o diâmetro da tubulação de recalque é igual a 50 mm. Sabendo que a leitura do manômetro é $L = 100$ mm, que $M = 2,0$ m e que a densidade relativa do mercúrio é igual a 13,55, pede-se para determinar:

a) a perda de carga total do escoamento entre as seções 1 e 4;
b) a carga transferida pela bomba ao escoamento;
c) a potência requerida pela bomba sabendo que o seu rendimento é igual a 74%.

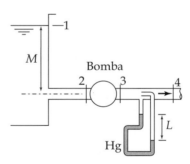

Figura Ep6.41

Resp.: 32,4 m; 92,0 m; 11,9 kW.

Ep6.42 Na Figura Ep6.42, tem-se dois tanques de grandes dimensões. Uma bomba transfere água a 20°C do tanque A para o B e uma turbina opera recebendo água do tanque B transferindo-a para o A. Sabe-se que os diâmetros das tubulações de sucção e recalque da bomba são iguais a, respectivamente, 500 mm e 400 mm, a velocidade média nas seções 2 e 6 são iguais a, respectivamente, 2,4 m/s e 1,8 m/s, que a tubulação de alimentação da turbina tem diâmetro igual a 750 mm, $a = 3,0$ m, $b = 40$ m, $c = 3,0$ m, $d = 36$ m, $e = 36,5$ m, $K_{12} = 1,2$, $K_{34} = 7,2$ e $K_{56} = 2,1$. Considerando que o rendimento da bomba é igual a 80% e que o da turbina é igual a 93%, determine as pressões nas seções 2, 3 e 6, a potência requerida pela bomba e a disponibilizada pela turbina.

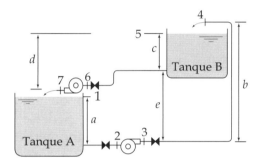

Figura Ep6.42

Resp.: 23,05 kPa; 442,2 kPa; 347,5 kPa; 249,3 kW; 257,0 kW.

Ep6.43 Água a 20°C escoa do tanque de grande diâmetro da Figura Ep6.43 através de um tubo com diâmetro interno igual a 30 mm dotado de um bocal cujo diâmetro de garganta é igual a 20 mm.

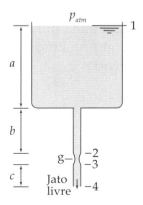

Figura Ep6.43

Sabe-se que a pressão atmosférica local é igual a 100 kPa, $a = 1,0$ m, $b = 50$ cm e que o comprimento do bocal e os efeitos viscosos podem ser desprezados. Pede-se para calcular a dimensão c máxima de forma que na garganta do bocal não ocorra cavitação. Para essa condição, pede-se também para determinar a velocidade na garganta do bocal e a vazão de água.

Resp.: 0,766 m; 15 m/s; 4,71 L/s.

Ep6.44 Água a 20°C escoa do tanque de grande diâmetro da Figura Ep6.43 através de um tubo com área de seção transversal interna igual a 9 cm² dotado de um bocal cuja área de seção transversal da sua garganta é igual a 3 cm². Sabe-se que a pressão atmosférica local é igual a 100 kPa, $a = 1,0$ m, $b = 50$ cm e que os efeitos viscosos no bocal podem ser desprezados, mas que o coeficiente de perda de carga ao longo da tubulação é dado por $0,02L/D$, sendo L o comprimento do tubo e D o seu diâmetro interno. Pede-se para calcular a dimensão c máxima de forma que na garganta do bocal não ocorra cavitação. Para essa condição, pede-se também para determinar a velocidade na garganta do bocal e a vazão de água.

Resp.: 0,365 m; 14,76 m/s; 4,43 m³/s.

Ep6.45 Água a 20°C escoa do tanque de grande diâmetro da Figura Ep6.45 através de um tubo com área de seção transversal interna igual a 6 cm² dotado de um bocal cuja área de seção transversal da sua garganta é igual a 2 cm². Sabe-se que a pressão atmosférica local é igual a 100 kPa, $a = 2,0$ m, $b = 0,15$ m, $c = 0,8$ m, $d = 0,5$ m, $e = 0,5$ m, que os efeitos viscosos no bocal podem ser desprezados, mas que o coeficiente de perda de carga do escoamento no tubo é igual a 0,018 L/D, sendo L o comprimento do tubo e D o seu diâmetro interno.

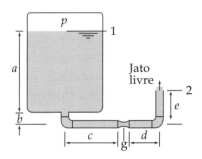

Figura Ep6.45

Pede-se para calcular a máxima pressão absoluta p de forma que na garganta do bocal não ocorra cavitação. Para essa condição, pede-se também para determinar a velocidade na garganta do bocal, a vazão de água e a altura do jato.

Resp.: 115,5 kPa; 15,9 m/s; 3,17 L/s; 1,43 m.

Ep6.46 Em uma escola de engenharia, para prover as necessidades de água da escola, existe uma caixa de água subterrânea que alimenta por meio de bombeamento uma caixa de água elevada, sendo que a água é distribuída para uso na escola por gravidade. Considere que a água tem massa específica $\rho = 1000$ kg/m³ e que ela é transferida da caixa subterrânea para a elevada pela ação de uma bomba centrífuga, conforme esquematizado na Figura Ep6.46. A tubulação de interligação da caixa subterrânea na bomba é de PVC com diâmetro interno igual a 53,4 mm e com comprimento $L_2 = 10$ m. A tubulação de recalque também é de PVC, porém, com diâmetro interno 44,0 mm e comprimento $L_4 = 100$ m. Sabe-se que $a = 1,0$ m, $b = 30$ m, que a diferença de cotas entre a seção de admissão e a de descarga da bomba é desprezível e que o coeficiente de perda de carga nas tubulações é dado por 0,015 L/D, onde L é o comprimento da tubulação e D é o seu diâmetro interno.

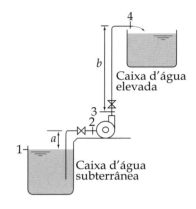

Figura Ep6.46

Sabendo que o rendimento da bomba é igual a 72% e que deverão ser transferidos 25 m³/h de água do tanque A para o B, pede-se para avaliar a pressão manométrica da água nas seções 2 e 3 e a potência requerida pela bomba.

Resp.: –28,1 kPa; 649,8 kPa; 6,59 kW.

Ep6.47 Os tanques de grande diâmetro ilustrados na Figura Ep6.47 estão interligados por um tubo com diâmetro interno igual a 50 mm. Se esse tubo for substituído por um com diâmetro interno igual a 60 mm e de mesmo comprimento, qual será a razão entre a nova vazão e a antiga? Considere que o coeficiente de perda de carga em cada um dos tubos seja dada por 0,02 L/D, onde L é o comprimento e D é o diâmetro interno.

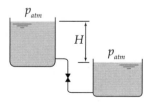

Figura Ep6.47

Ep6.48 Um fluido com peso específico igual a 10 kN/m³ escoa através da tubulação vertical ilustrada na Figura Ep6.48. Essa tubulação contém um bocal convergente-divergente e forma um jato que é lançado na atmosfera. O diâmetro interno da tubulação é igual a 40 mm, o diâmetro interno da garganta do bocal é igual a 30 mm, $L = 8$ m, $M = 4,0$ m. O coeficiente de perda de carga da válvula é $K_V = 10$ e o coeficiente de perda de carga da tubulação é dado por $K_T = 0,5\,w$, sendo w o comprimento do tubo em metros. Considerando que a pressão indicada pelo manômetro é igual a 250 kPa, que a perda de carga no bocal possa ser desprezada e que a pressão atmosférica é igual a 100 kPa, pede-se para determinar a perda de carga total do escoamento, a vazão volumétrica nessa tubulação, a velocidade do fluido na garganta do bocal e a pressão absoluta do fluido na garganta do bocal.

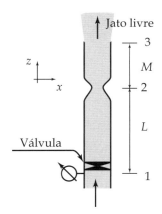

Figura Ep6.48

Resp.: 13 m; 5,02 L/s; 7,10 m/s; 138,7 kPa.

Ep6.49 O tanque A com grandes dimensões da Figura Ep6.49 contém um óleo com massa específica igual a 800 kg/m³ e viscosidade dinâmica igual a 0,23 Pa.s. Sabe-se que a tubulação tem diâmetro interno igual a 30 mm, $H = 12$ m, $L = 2,0$ m, que os coeficientes de perda de carga da tubulação a montante e a jusante da válvula são iguais a, respectivamente, 7,2 e 1,3 e que o coeficiente de perda de carga da válvula é igual a 1,2. Sabendo também que o nível do tanque A é mantido constante e que o tanque B tem diâmetro igual a 3,5 m e altura igual a 5,2 m, pede-se para calcular:

a) o tempo necessário para encher o tanque B;
b) a pressão manométrica do óleo na seção de entrada da válvula.

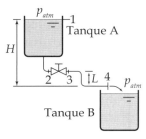

Figura Ep6.49

Resp.: 4,38 h; 4,43 kPa.

Ep6.50 Um fluido com densidade relativa igual a 1,2 escoa através do dispositivo ilustrado na Figura Ep6.50 produzindo um jato livre. Considere que esse dispositivo está posicionado em um plano horizontal, que é flangeado e fixado na tubulação por meio de parafusos, que as áreas das suas seções de entrada e de saída sejam, respectivamente, 10 cm² e 5 cm². Supondo que o coeficiente de perda de carga do escoamento nesse dispositivo baseado na velocidade V_2 seja igual a 4,2 e que a velocidade média de saída do jato é igual a 30 m/s, pede-se para determinar:

a) a pressão manométrica do fluido na seção de entrada do dispositivo;
b) o módulo da componente na direção x da força aplicada pelos parafusos ao dispositivo.

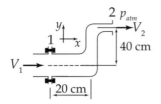

Figura Ep6.50

Resp.: 2,67 MPa; 2403 N.

Ep6.51 Em um edifício existe uma caixa de água subterrânea que alimenta por meio de bombeamento uma caixa de água elevada, sendo que a água é distribuída para uso no edifício por gravidade. Considere que a água tem massa específica igual a 1000 kg/m³ e que ela é transferida da caixa subterrânea para a elevada pela ação de uma bomba centrífuga, conforme esquematizado na Figura Ep6.46. Toda a tubulação é constituída por tubos de PVC com diâmetro interno igual a 53,4 mm, o comprimento da tubulação de sucção é igual a 8 m e o comprimento da tubulação de recalque é igual a 85 m. Sabe-se que $a = 1,2$ m, $b = 60$ m, que a diferença de cotas entre a seção de admissão e a de descarga da bomba é desprezível e que os coeficientes de perda de carga nas tubulações são dados por 0,015 L/D, onde L é o comprimento da tubulação e D é o seu diâmetro interno. Sabendo também que o rendimento da bomba é igual a 72% e que a potência requerida pela bomba é igual a 9,2 kW, pede-se para avaliar a pressão manométrica da água nas seções 2 e 3 e a vazão de água transferida da caixa subterrânea para a elevada.

Resp.: –34,5 kPa; 755,8 kPa; 30,2 m³/h.

Ep6.52 Na instalação da Figura Ep6.52, admita que os reservatórios A e B são de grandes dimensões e apresentam uma diferença de cotas $H = 4$ m entre seus níveis d'água e que o coeficiente de perda de carga na tubulação seja dado por 0,020 L/D, onde L é o comprimento da tubulação e D é o seu diâmetro. Sabe-se que o comprimento da tubulação de sucção é igual a 4 m, o comprimento da tubulação de recalque é igual a 25 m, o diâmetro interno da tubulação é igual a 50 mm, a potência disponível no eixo do motor de acionamento da bomba na condição de operação é 1,5 kW, o rendimento da bomba é 80% e o fluido bombeado é água com massa específica igual a 1000 kg/m³. Considerando que $M = 8,0$ m e que a diferença entre as cotas das seções de admissão e de descarga da bomba é desprezível, determine a vazão de água bombeada, a pressão na seção de admissão e a pressão na seção de descarga da bomba.

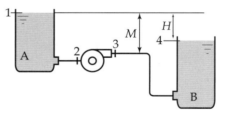

Figura Ep6.52

Resp.: 10,2 L/s; 43,3 kPa; 160,9 kPa.

Ep6.53 Na instalação da Figura Ep6.52, admita que os reservatórios A e B são de grandes dimensões e apresentam uma diferença de cotas $H = 4$ m entre seus níveis d'água e que o coeficiente de perda de carga na tubulação seja dado por 0,020 L/D, onde L é o comprimento da tubulação e D é o seu diâmetro. Sabe-se que o comprimento da tubulação de sucção é igual a 4 m, o comprimento da tubulação de recalque é igual a 25 m, o diâmetro interno da tubulação é igual a 50 mm, a vazão bombeada é igual a 30 m³/h, o rendimento da bomba é 80% e o fluido bombeado é água com massa específica igual a 1000 kg/m³. Considerando que $M = 8,0$ m e que a diferença entre as cotas das seções de admissão e de descarga da bomba é desprezível, determine a potência requerida pela bomba, a pressão na seção de admissão e a pressão na seção de descarga da bomba.

Resp.: 680 W; 55,06 kPa; 120,3 kPa.

Ep6.54 Na instalação da Figura Ep6.54, admita que os reservatórios A e B são de grandes dimensões, apresentam a diferença de cotas H entre seus níveis d'água e que o coeficiente de perda de carga na tubulação seja dado por $0,020\ L/D$, onde L é o comprimento da tubulação e D é o seu diâmetro. Sabe-se que o comprimento da tubulação do tanque A até 2 é igual a 10 m, que o comprimento da tubulação de 2 até o tanque B é igual a 25 m, o diâmetro interno de toda a tubulação é igual a 50 mm e que o fluido que está escoando do tanque A para o B é água com massa específica igual a 1000 kg/m³.

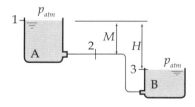

Figura Ep6.54

Considerando que $M = 8,0$ m, que a velocidade média do escoamento é igual a 3,0 m/s e que o escoamento pode ser considerado permanente, determine a vazão mássica de água, a perda de carga do escoamento, a pressão manométrica na seção 2 da tubulação e a altura H.

Resp.: 5,89 kg/s; 6,42 m; 56,0 kPa; 6,42 m.

Ep6.55 Um profissional de vendas ofertou para uma empresa o projeto de sistema de bombeamento de líquidos ilustrado na Figura Ep6.55. Ele informou que, quando operando com um fluido com massa específica igual a 1200 kg/m³, o sistema opera adequadamente na seguinte situação-limite: velocidade máxima na tubulação igual a 2,2 m/s; perda de carga máxima na tubulação de sucção igual a 6,3 m e com a cota H igual a 5,2 m, no máximo. Você compraria esse projeto? Justifique.

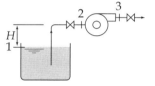

Figura Ep6.55

Ep6.56 Admita que os reservatórios A e B da Figura Ep6.54 são de grandes dimensões e apresentam uma diferença de cotas $H = 8$ m entre seus níveis d'água e que o coeficiente de perda de carga na tubulação seja dado por $0,022\ L/D$, onde L é o comprimento da tubulação e D é o seu diâmetro. Sabe-se que o comprimento da tubulação do tanque A até 2 é igual a 15 m, o comprimento da tubulação de 2 até o tanque B é igual a 30 m, o diâmetro interno da tubulação é igual a 60 mm e o fluido que está escoando do tanque A para o B é água com massa específica igual a 1000 kg/m³. Considerando que $M = 4,0$ m, desprezando as perdas de carga singulares e supondo que o escoamento pode ser considerado permanente, determine a vazão mássica de água, a perda de carga do escoamento e a pressão na seção 2 da tubulação.

Resp.: 8,72 kg/s; 8 m; 8,32 kPa.

Ep6.57 A vazão de 25,8 m³/h de água com massa específica igual a 1000 kg/m³ é transferida do tanque A para o B conforme ilustrado na Figura Ep6.57. Sabe-se que esses tanques são de grandes dimensões, $M = 4$ m, $N = 6$ m, a tubulação de sucção tem comprimento de 12 m e diâmetro interno de 60 mm, a tubulação de recalque tem diâmetro interno igual a 45 mm e comprimento igual a 120 m. Considere que os coeficientes de perda de carga das tubulações de sucção e de recalque são dados por 0,022 L/D, onde L é o comprimento da tubulação e D é o seu diâmetro. Determine:

a) a perda de carga total do escoamento;
b) a pressão manométrica da água na seção de admissão da bomba;
c) a pressão manométrica na seção de descarga da bomba;
d) a potência requerida pela bomba se o seu rendimento for igual a 82%.

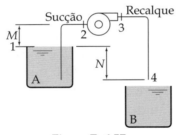

Figura Ep6.57

Ep6.58 Água com massa específica igual a 1000 kg/m³ escoa com velocidade média de 5,0 m/s no tubo horizontal ilustrado na Figura Ep6.58. Esse tubo tem comprimento $L = 5,0$ m, área de seção transversal $A_1 = 120$ cm², e o coeficiente de perda de carga do escoamento no tubo é igual a 4,0. Ao tubo está fixado um bocal, com área de seção de descarga $A_2 = 40$ cm², que lança a água no meio ambiente. O coeficiente de perda de carga do bocal, baseado na sua velocidade de saída, é igual a 0,6. Determine:

a) a perda de carga total do escoamento;
b) a pressão da água na seção de admissão do tubo;
c) o módulo da força aplicada pela água ao tubo.

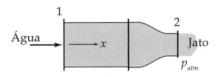

Figura Ep6.58

Resp.: 12,0 m; 217,5 kPa; 2,61 kN.

Ep6.59 A perda de carga no escoamento em regime permanente de água com massa específica igual a 1000 kg/m³ mostrado na Figura Ep6.25 é igual a 4 m na tubulação de sucção e 30 m na tubulação de recalque. Sabe-se que a tubulação de sucção da bomba tem diâmetro interno igual a 60 mm e a tubulação de recalque tem diâmetro igual a 45 mm. Considere que os perfis de velocidade nas seções A, B e C podem ser considerados uniformes, a vazão em volume na tubulação é igual a 28,8 m³/h, a pressão manométrica em C é igual à atmosférica e a altura a é igual a 4,0 m. Determine a potência requerida pela bomba sabendo que o rendimento dessa máquina hidráulica é de 85% e as pressões estáticas manométricas nas seções A e B das tubulações.

Ep6.60 Observe a Figura Ep6.60. Água com massa específica igual a 1000 kg/m³ é bombeada de modo a se ter na seção 4 a pressão manométrica de 10 bar. Sabe-se que o coeficiente de perda de carga do escoamento até a seção de entrada da bomba é igual a 4,0, que o coeficiente de perda de carga do escoamento da seção de descarga da bomba até a seção 4 é igual a 25, que o diâmetro interno da tubulação de sucção é igual a 75 mm e que o diâmetro da tubulação de recalque é igual a 50 mm. Sabendo que a leitura do manômetro é $L = 60$ mm, $M = 2,0$ m, $N = 15$ m, que a densidade relativa do mercúrio é igual a 13,55 e supondo que o escoamento em qualquer seção da tubulação pode ser considerado uniforme, pede-se para determinar:

a) a perda de carga total do escoamento entre as seções 1 e 4;
b) a potência requerida pela bomba sabendo que o seu rendimento é igual a 74%;
c) a pressão da água na seção de descarga da bomba.

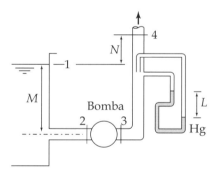

Figura Ep6.60

Resp.: 19,4 m; 13,7 kW; 1,35 MPa.

Ep6.61 Observe a Figura Ep6.60. Água com massa específica igual a 1000 kg/m³ é bombeada de modo a se ter na seção 4 a pressão manométrica de 10 bar. Sabe-se que a vazão proporcionada pela bomba é de 8 L/s, a perda de carga do escoamento até a seção de entrada da bomba é igual a 0,8 m, a perda de carga do escoamento da seção de descarga da bomba até a seção 4 é igual a 20 m, o diâmetro interno da tubulação de sucção é igual a 75 mm e o diâmetro da tubulação de recalque é igual a 50 mm. Sabendo que $M = 2,0$ m, $N = 15$ m, a densidade relativa do mercúrio é igual a 13,55 e supondo que o escoamento em qualquer seção da tubulação pode ser considerado uniforme, pede-se para determinar:

a) o coeficiente de perda de carga do escoamento entre as seções 1 e 2;
b) o coeficiente de perda de carga do escoamento entre as seções 3 e 4;
c) a potência requerida pela bomba sabendo que o seu rendimento é igual a 74%;
d) a pressão da água na seção de descarga da bomba;
e) o desnível L indicado pelo manômetro.

Ep6.62 Água a 20°C escoa através de uma tubulação horizontal que contém um bocal convergente-divergente e forma um jato que é lançado na atmosfera. Veja a Figura Ep6.62. O diâmetro interno da tubulação é igual a 40 mm, o diâmetro interno da garganta do bocal é igual a 20 mm, $L = 8$ m, $M = 8,0$ m. O coeficiente de perda de carga da válvula é $K_V = 10$, o coeficiente de perda de carga da tubulação é dado por $K = 0,5\,w$, sendo w o comprimento do tubo em metros. Considere que a perda de carga no bocal pode ser desprezada e que a pressão atmosférica é igual a 100 kPa. Suponha que a pressão a montante da válvula foi sendo gradativamente aumentada até ser observada cavitação no bocal. Determine, para essa condição:

a) a perda de carga do escoamento;
b) a vazão volumétrica nessa tubulação;

c) a velocidade do fluido na garganta do bocal;
d) e a pressão absoluta da água na seção de admissão da válvula.

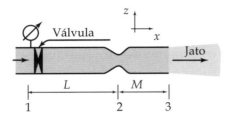

Figura Ep6.62

Resp.: 16,3 m; 5,3 L/s; 16,9 m/s; 260 kPa.

Ep6.63 Observe a Figura Ep6.63. Nela temos um bocal convergente através do qual escoa água com massa específica igual a 1000 kg/m³. Sabe-se que $L = 1,0$ m, $M = 2,0$ m, $d_1 = 75$ mm, $d_2 = 25$ mm, que a deflexão do manômetro 2 é $h_2 = 662$ mm e que nos dois manômetros utiliza-se mercúrio como fluido manométrico cuja densidade relativa é igual a 13,6.

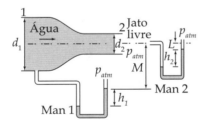

Figura Ep6.63

Considerando que o coeficiente de perda de carga do escoamento entre as seções 1 e 2 é igual a 0,2 (baseado na velocidade da água na seção 2), avalie a velocidade média na seção 2, a pressão dinâmica da água na seção 1 e a deflexão do manômetro 1.

Ep6.64 Observe a Figura Ep6.64. Nela temos um bocal convergente através do qual escoa água com massa específica igual a 1000 kg/m³ formando um jato que é lançado no meio ambiente. Sabe-se que $L = 0,5$ m, $d_1 = 100$ mm, $d_2 = 50$ mm, que a deflexão do manômetro é $h_2 = 150$ mm e que ele utiliza como fluido manométrico mercúrio, cuja densidade relativa é igual a 13,6. Considerando que $h_1 = 2,0$ m, pede-se para avaliar a velocidade média na seção 2, a pressão dinâmica da água na seção 1 e o coeficiente de perda de carga do bocal com base na velocidade de descarga.

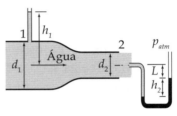

Figura Ep6.64

Resp.: 5,22 m/s; 852 Pa; 0,5.

Ep6.65 Água a 20°C é retirada de um grande tanque utilizando-se uma bomba, conforme ilustrado na Figura Ep6.65. Sabe-se que a pressão atmosférica é igual a 100 kPa, a tubulação de sucção e a de recalque têm comprimentos iguais a, respectivamente, 10 m e 40 m e o diâmetro interno de toda a tubulação é de 50 mm. Considere, por hipótese, que o coeficiente de perda de carga do escoamento seja dado por $K = 0,020 L/D$, onde L é o comprimento da tubulação e D é o seu diâmetro interno, $M = 2,0$ m e $N = 6,0$ m. Para evitar a ocorrência de cavitação na seção 2, optou-se por operar o sistema com vazão mássica igual a 8 kg/s. Para essa condição operacional, sabendo que a bomba tem eficiência de 76%, calcule a perda de carga total, a potência requerida pela bomba e a pressão manométrica na seção de descarga da bomba.

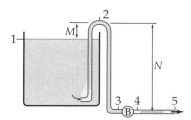

Figura Ep6.65

Resp.: 17,0 m; 1,43 kW; 133 kPa.

Ep6.66 Água a 40°C é retirada de um grande tanque utilizando-se uma bomba, conforme ilustrado na Figura Ep6.65. Sabe-se que a pressão atmosférica local é igual a 100 kPa, a tubulação de recalque e a de sucção têm comprimentos iguais a, respectivamente, 50 m e 22 m, o comprimento da entrada da tubulação de sucção até a seção 2 é igual a 10 m, o diâmetro interno da tubulação de sucção é 60 mm e da tubulação de recalque é igual a 50 mm. Considere, por hipótese, que o coeficiente de perda de carga do escoamento seja dado por $K = 0{,}020\ L/D$, $M = 3{,}0$ m e $N = 8{,}0$ m. Pede-se para determinar a vazão mássica na tubulação que causa a ocorrência de cavitação na seção 2. Para essa condição operacional, sabendo que a bomba tem eficiência de 72%, calcule a perda de carga total, a potência requerida pela bomba e a pressão absoluta na seção de descarga da bomba.

Ep6.67 Com o objetivo de manter uniforme a temperatura do óleo em um tanque com aquecimento elétrico, optou-se por instalar uma bomba com tubulação, com a função de manter o óleo agitado, conforme ilustrado na Figura Ep6.67. O óleo tem viscosidade igual a 0,2 Pa.s e massa específica igual a 800 kg/m³. A tubulação tem diâmetro interno igual a 40 mm, o comprimento total da tubulação é igual a 6,0 m e o coeficiente de perda de carga da tubulação é dado por $K = 0{,}04\ L/D$, onde L é o comprimento da tubulação e D é o seu diâmetro interno. Considerando que o rendimento da bomba é igual a 73% e que a velocidade média do óleo na tubulação é igual a 2,0 m/s, determine a potência por ela requerida.

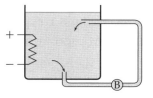

Figura Ep6.67

Ep6.68 Água a 20°C escoa na tubulação ilustrada na Figura Ep6.68. Sabe-se que $L = 5{,}0$ m, que o diâmetro interno da tubulação é igual a 50 mm e que o diâmetro interno da garganta do bocal é igual a 40 mm. Considerando que os efeitos viscosos podem ser desprezados e que o manômetro indica uma diferença nula de pressões, pede-se para determinar a vazão mássica de água escoando através da tubulação.

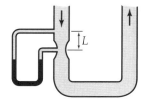

Figura Ep6.68

Resp.: 16,2 kg/s.

Ep6.69 Água a 20°C escoa na tubulação ilustrada na Figura Ep6.68. Sabe-se que $L = 5{,}0$ m, que o diâmetro interno da tubulação é igual a 50 mm e que o diâmetro interno da garganta do bocal é igual a 40 mm. Considere que o coeficiente de perda de carga na tubulação é dado por $K = 0,02\ L/D$, onde L é o comprimento da tubulação e D é o seu diâmetro interno. Sabendo que a perda de carga no bocal pode ser desprezada e que o manômetro indica uma diferença nula de pressões, pede-se para determinar a vazão mássica de água escoando através da tubulação.

Resp.: 10,5 kg/s.

Ep6.70 Água com massa específica igual a 1000 kg/m³ escoa no tubo horizontal ilustrado na Figura Ep6.70. Esse tubo tem comprimento $L = 5,0$ m e área de seção transversal $A_1 = 120$ cm². Ao tubo está fixado um bocal, com área de seção de descarga $A_3 = 40$ cm², o qual cria um jato livre que é projetado sobre um disco. A pressão no centro do disco é determinada por um manômetro em U que utiliza um fluido com densidade relativa igual a 3,25 e no qual $m = 1,0$ m e $n = 70$ cm. Sabe-se que a perda de carga na tubulação é igual a 1,0 m e que o coeficiente de perda de carga do bocal, baseado na velocidade de descarga do bocal, é igual a 1,0. Pede-se para calcular:

a) a pressão da água na entrada do bocal;
b) a pressão da água na seção de admissão do conjunto formado pelo bocal e pelo tubo;
c) o módulo da força aplicada à água pelo conjunto formado pelo bocal e pelo tubo;
d) o módulo da força aplicada pela água ao bocal.

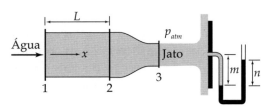

Figura Ep6.70

Resp.: 23,6 kPa; 33,4 kPa; 335 N; 217 N.

ANÁLISE DIMENSIONAL E SEMELHANÇA

7.1 ANÁLISE DIMENSIONAL

Consideremos um fenômeno bastante simples: um fluido escoa com velocidade de corrente livre V sobre uma esfera, conforme ilustrado na Figura 7.1. Da nossa experiência do dia a dia, sabemos que o fluido aplicará uma força, F_A, à esfera que denominamos *força de arrasto* ou, às vezes, simplesmente *arrasto*. Desejando saber o valor dessa força, optamos por fazer um experimento e, para tal, devemos verificar de quais variáveis a força de arrasto depende.

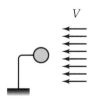

Figura 7.1 Escoamento sobre esfera

Da observação do fenômeno podemos inferir que a força de arrasto depende da massa específica, ρ; da viscosidade, μ; da velocidade de corrente livre, V, do fluido; e depende também do diâmetro da esfera, d; e da altura de rugosidade, e, da sua superfície. Ou seja:

$$F_A = f(\rho, \mu, V, d, e)$$

Notamos que, embora esse fenômeno possa ser considerado simples, a quantidade de variáveis a ser considerada é bastante grande, dificultando a análise do problema. Uma questão, então, se coloca: dado um determinado fenômeno, é possível desenvolver um método de análise que permita reduzir o número de variáveis envolvidas, assim simplificando o trabalho a ser realizado? Esse método existe e é denominado *análise dimensional*.

7.1.1 Dimensões

No dia a dia da engenharia, precisamos quantificar grandezas e, para isso, nos apoiamos em sistemas de unidades de medidas que são estruturados a partir da aplicação de unidades para a quantificação de um determinado número de dimensões primárias; por exemplo, no SI a unidade metro é utilizada para quantificar a dimensão comprimento simbolizada pela letra L; a unidade quilograma é utilizada para quantificar a grandeza massa simbolizada pela letra M; a unidade segundo é utilizada para quantificar a grandeza tempo simbolizada pela letra T; e as unidades kelvin e grau Celsius são utilizadas para quantificar a grandeza temperatura que simbolizamos pela letra grega θ. Tendo em vista que deveremos trabalhar com diversas grandezas tanto na mecânica dos fluidos como em processos térmicos, apresentamos na Tabela 7.1 algumas delas, suas unidades de medida no SI e suas dimensões.

7.1.2 O método

Voltemos ao escoamento de um fluido sobre uma esfera. Com base na Tabela 7.1, podemos afirmar que as dimensões das grandezas que descrevem o fenômeno são:

- Força: ML/T^2
- Massa específica: M/L^3
- Viscosidade: M/LT
- Velocidade: L/T
- Diâmetro: L
- Altura de rugosidade: L

Observamos, assim, que a quantidade de dimensões necessárias para descrever o fenômeno em análise é igual a três, M, L e T. Precisamos, agora, descobrir qual é o valor r da redução do número de variáveis e quais são essas variáveis. Para tal, utilizaremos um procedimento, baseado no Teorema dos Pi proposto por Buckingham em 1914, que declara que, se um fenômeno depende de n variáveis, ele poderá ser descrito por um conjunto de $n - r$ variáveis adimensionais, e o valor de r dependerá do número de dimensões necessárias para descrever o fenômeno. Esse procedimento, constituído por 7 passos, é descrito a seguir.

Tabela 7.1 Grandezas, unidades e dimensões

Grandeza	Unidade	Dimensão
Aceleração	m/s²	L/T^2
Ângulo	adimensional	adimensional
Calor	J	ML^2/T^2
Calor específico	J/(kg·K)	$L^2/(T^2\theta)$
Carga	m	L
Coeficiente convectivo	W/(m²·K)	$M/(T^3\theta)$
Comprimento	m	L
Condutividade térmica	W/(m·K)	$ML/(T^3\theta)$
Energia	J	ML^2/T^2
Entalpia	J	ML^2/T^2
Força	N	ML/T^2
Frequência	Hz	$1/T$
Massa	kg	M
Massa específica	kg/m³	M/L^3
Potência	W	ML^2/T^3
Pressão	Pa	$M/(LT^2)$
Quantidade de movimento	kg·m/s	ML/T
Rugosidade	m	L
Temperatura	°C, K	θ
Tempo	s	T
Tensão	Pa	$M/(LT^2)$
Torque	N·m	ML^2/T^2
Trabalho	J	ML^2/T^2
Velocidade	m/s	L/T
Velocidade angular	1/s	$1/T$
Viscosidade dinâmica	Pa·s	$M/(LT)$
Viscosidade cinemática	m²/s	L^2/T
Volume	m³	L^3

a) Primeiro passo: identifique todas as n variáveis que desempenham um papel importante no fenômeno em análise. Observe que, se você escolher uma variável de importância secundária, ela poderá, no futuro, ser descartada, por exemplo, com base em estudos experimentais; entretanto, se você se esquecer de uma variável importante, a sua análise será falha, podendo levar a interpretações completamente errôneas.

b) Segundo passo: utilizando a Tabela 7.1, identifique todas as dimensões necessárias à descrição do fenômeno e opte, inicialmente, por considerar r igual ao número de dimensões identificadas.

c) Terceiro passo: escolha r variáveis repetitivas. Essa escolha deverá ser realizada considerando-se que:
- não devemos escolher a variável dependente que no caso da situação-problema apresentada no item 7.1 é a força de arrasto;
- para descrevê-las, deve ser necessário utilizar as r dimensões já identificadas;
- elas ou parte delas não poderão formar um adimensional quando combinadas entre si; se isso não for possível, reduza o valor de r em uma unidade e recomece a escolha.

Sugere-se, sempre que possível, escolher como variáveis repetitivas a massa específica do fluido que está escoando, uma velocidade que caracterize esse escoamento e uma dimensão característica do fenômeno.

d) Quarto passo: forme as $n - r$ variáveis adimensionais, que serão denominadas parâmetros Pi, porque se costuma utilizar a letra grega pi maiúscula para denominá-los. Para formar esses parâmetros, multiplique uma das variáveis não escolhidas como repetitivas pelo conjunto de variáveis repetitivas, elevadas cada uma delas a um expoente, o qual será determinado de forma a garantir que o produto seja um adimensional.

e) Quinto passo: determine algebricamente os expoentes das variáveis repetitivas obtendo os parâmetros Pi.

f) Sexto passo: verifique se não houve nenhum erro, confirmando se os parâmetros Pi são de fato adimensionais.

g) Sétimo passo: escreva a função adimensional final.

7.1.3 Grupos adimensionais importantes

A quantidade de adimensionais conhecidos na engenharia é bastante grande, entretanto, alguns são de particular importância. Apresentamos na Tabela 7.2 alguns grupos adimensionais encontrados com maior frequência em mecânica dos fluidos, que, por esse motivo, são usualmente considerados os mais importantes. Adimensionais importantes em processos térmicos serão apresentados nos capítulos referentes à transferência de energia por calor.

Tabela 7.2 Grupos adimensionais de uso comum em mecânica dos fluidos

Grupos adimensionais	Nome	Interpretação
$\rho V x / \mu$	Número de Reynolds; Re	Força de inércia/ força viscosa
V/c	Número de Mach; Ma	Força de inércia/ força de compressibilidade
$p / \rho V^2$	Número de Euler; Eu	Força de pressão/ força de inércia
$V/\sqrt{gx}$	Número de Froude; Fr	Força de inércia/força gravitacional
$\dfrac{F_A}{(\frac{1}{2})\rho V^2 A}$	Coeficiente de arrasto, C_A	Força de arrasto/ força dinâmica
$\dfrac{F_S}{(\frac{1}{2})\rho V^2 A}$	Coeficiente de sustentação, C_S	Força de sustentação/ força dinâmica

7.2 SEMELHANÇA

A análise teórica de problemas de engenharia envolvendo mecânica dos fluidos é muitas vezes um árduo trabalho; em certas situações, sua realização não é possível com os conhecimentos disponíveis ou, ainda, os resultados teóricos obtidos podem não ser confiáveis. Por esse motivo, eventualmente pode ser necessário realizar trabalho experimental ou, ainda, utilizar resultados experimentais disponíveis na literatura, que forneçam bases sólidas para o desenvolvimento dos projetos; o que é particularmente previsível quando os produtos objeto de análise têm dimensões muito grandes ou diminutas ou quando apresentam geometria complexa. Nesse caso, a utilização de modelos que são representações físicas do objeto de análise, normalmente denominados protótipos, pode ser de grande utilidade.

No caso de se concluir pela necessidade de realizar um experimento, mas sendo o protótipo de dimensões inadequadas, muito grandes ou muito pequenas, deve ser criado um modelo a ser utilizado nos experimentos, de modo que haja semelhança entre o fenômeno que ocorre em condições experimentais e aquele que deverá ocorrer em condições reais. Assim, deveremos, ao planejar o experimento e projetar o modelo, tomar todos os cuidados possíveis para a que a semelhança ocorra.

Para que haja semelhança completa, devemos garantir que ocorra a semelhança geométrica, cinemática e dinâmica. Dizemos que ocorre semelhança geométrica quando o modelo é construído guardando uma relação de escala com o protótipo e, assim, as razões entre quaisquer duas dimensões correspondentes entre o modelo e o protótipo serão iguais entre si e iguais à escala. Essa afirmativa é algebricamente estabelecida como:

$$E = \frac{l_m}{l_p} \quad (7.1)$$

Nessa expressão, E é a escala ou razão de escala, l_m é uma dimensão qualquer do modelo e l_p é a dimensão correspondente do protótipo. A garantia de semelhança geométrica nasce do dimensionamento cuidadoso e da fabricação esmerada do modelo.

Para que haja semelhança cinemática, deve-se garantir que as velocidades em pontos homólogos dos escoamentos sobre o modelo e sobre o protótipo guardem uma relação constante de proporcionalidade. Essa exigência faz com que, se houver semelhança cinemática, as linhas de corrente correspondentes dos dois escoamentos terão o mesmo aspecto geométrico. De maneira geral, se aceita que, se houver semelhança geométrica, ocorre a semelhança cinemática.

A semelhança dinâmica requer que forças em pontos homólogos guardem uma relação de proporcionalidade. Para estabelecer critérios de semelhança dinâmica, utilizaremos os conceitos de análise dimensional. Suponhamos que desejamos analisar um fenômeno específico que ocorra no escoamento de um fluido conhecido sobre um corpo com geometria também conhecida; a análise dimensional nos conduzirá à identificação de um conjunto de n grupos adimensionais que, se identificada uma correlação matemática entre eles, nos permitirá, por meio do conhecimento de $n-1$ deles, avaliar o restante. Por exemplo, se desejamos avaliar a força de arrasto aplicada por um escoamento sobre uma esfera, o exercício resolvido Er7.1 nos indica que a relação funcional em termos dos adimensionais que governam o fenômeno será do tipo:

$$C_A = f\left(Re, \frac{e}{D}\right) \quad (7.2)$$

Assim, com a relação funcional propriamente dita explicitada por uma expressão matemática ou por um diagrama e os valores da rugosidade relativa e do número de Reynolds característico do escoamento, poderemos determinar o coeficiente de arrasto e, em consequência, a força de arrasto.

Consideremos, então, que desejamos conhecer a força de arrasto aplicada pelo ar ambiente em movimento relativo sobre um balão meteorológico com diâmetro $D = 20$ m a 10000 m de altitude. Será difícil realizar um experimento nas condições operacionais do balão (protótipo) que nos permita estabelecer a correlação para avaliar quantitativamente o comportamento do seu coeficiente de arrasto em função das demais variáveis. Entretanto, o resultado expresso pela Equação (7.2) foi obtido para uma esfera arbitrária e, por esse motivo, se aplica tanto ao balão quanto a uma pequena esfera, o que nos induz a pensar em utilizar uma pequena esfera com diâmetro d como modelo, realizar os experimentos necessários e transpor os resultados obtidos para o balão. Ao optar por esse procedimento, escolhemos uma pequena esfera e, em consequência, estabelecemos uma razão de escala $E = D/d$ que, se estendida à rugosidade superficial, nos permitirá afirmar que ocorre semelhança geométrica e também cinemática entre os escoamentos sobre o protótipo (balão) e a esfera (modelo). Assim, poderemos afirmar que:

$$\frac{e_p}{e_m} = \frac{D}{d} = E \quad \Rightarrow \quad \frac{e_p}{D} = \frac{e_m}{d} \qquad (7.3)$$

Ou seja: os adimensionais correspondentes iguais garantem a semelhança dos aspectos por eles abordados.

Devemos agora considerar que deve ocorrer semelhança dinâmica e, para tal, deverá haver uma razão fixa entre forças correspondentes. Isso é equivalente a afirmar que as razões entre todas as forças de natureza semelhante que se manifestam em pontos homólogos do modelo e do protótipo devem ser iguais. Assim, podemos entender que a razão entre forças viscosas, F_v, que se manifestam em pontos homólogos do modelo e do protótipo deverá ser igual à razão entre forças inerciais, F_I, que se manifestam entre os mesmos pontos, o que é explicitado algebricamente por:

$$\frac{F_{ip}}{F_{im}} = \frac{F_{vp}}{F_{vm}} \quad \Rightarrow \quad \frac{F_{ip}}{F_{vp}} = \frac{F_{im}}{F_{vm}} \qquad (7.4)$$

Ora, exigir que as relações entre forças inerciais e viscosas para o modelo e para o protótipo sejam iguais é equivalente a impor que:

$$Re_p = Re_m \qquad (7.5)$$

Assim, se estabelecermos condições experimentais tais que o número de Reynolds característico do experimento com o modelo seja igual ao número de Reynolds característico da operação com o protótipo, estaremos estabelecendo que, quanto às forças inerciais e viscosas, há semelhança.

Entretanto, essas não são as únicas forças presentes no caso analisado; existem ainda as forças de arrasto, F_A, e as forças dinâmicas, F_D. Como as relações entre todas as forças de natureza semelhante que se manifestam em pontos homólogos do modelo e do protótipo devem ser iguais, concluímos que:

$$\frac{F_{Ap}}{F_{Am}} = \frac{F_{Dp}}{F_{Dm}} \quad \Rightarrow \quad \frac{F_{Ap}}{F_{Dp}} = \frac{F_{Am}}{F_{Dm}} \qquad (7.6)$$

Que é equivalente a afirmar que:

$$C_{Ap} = C_{Am} \qquad (7.7)$$

Ou seja, concluímos que, pare este caso, a exigência de semelhança é garantida pela exigência de igualdade dos adimensionais correspondentes que governam o fenômeno. Esse resultado pode ser expandido para uma análise de um fenômeno arbitrário que envolva n variáveis adimensionais distintas, de forma que tenhamos as seguintes relações para o protótipo e para o modelo:

$$\Pi_{1p} = f\left(\Pi_{2p}; \Pi_{3p}; \ldots;\Pi_{np}\right)$$

$$\Pi_{1m} = f\left(\Pi_{2m}; \Pi_{3m}; \ldots;\Pi_{nm}\right)$$

Nesse caso, para garantirmos que a semelhança seja completa, devemos projetar um modelo e planejar um experimento laboratorial com ele tal que:

$$\Pi_{1p} = \Pi_{1m}; \ \Pi_{2p} = \Pi_{2m}; \ \Pi_{3p} =$$
$$= \Pi_{3m}; \ldots; \Pi_{np} = \Pi_{nm}$$

Devemos notar que, se um desses adimensionais for o número de Reynolds, estaremos garantindo a semelhança com respeito a forças inerciais e viscosas; se um deles for o número de Mach, estaremos garantindo a semelhança com respeito às forças de inércia e compressibilidade; se um deles for o número de Euler, estaremos garantindo a semelhança com respeito a forças de pressão e de inércia, e assim por diante.

Em certas situações não é possível estabelecer condições de semelhança completa e, nesses casos, temos condições de semelhança incompleta ou parcial.

Consideremos as eventuais necessidades do dia a dia. Sabemos que a realização de trabalhos experimentais é custosa e demorada, o que poderia inviabilizar a solução de muitos problemas de engenharia; mas, graças ao conceito de semelhança, podemos utilizar resultados de trabalhos experimentais já publicados, nos eximindo da árdua tarefa de realizá-los. Por exemplo, o escoamento sobre esferas e cilindros infinitos é um assunto bastante estudado; assim, se for necessário resolver um problema que envolva essa tipologia de escoamento, podemos simplesmente utilizar as informações já publicadas. No capítulo 11 apresentamos alguns resultados úteis.

Observamos também que análises envolvendo a determinação do coeficiente de arrasto indicam que esse coeficiente é função do número de Reynolds e do número de Mach; entretanto, se o escoamento for incompressível, observamos que, geralmente, $C_A = f(Re)$.

7.3 EXERCÍCIOS RESOLVIDOS

Er7.1 As propriedades viscosidade dinâmica, calor específico e condutibilidade térmica podem ser agrupadas formando um adimensional?

Solução

a) Dados e considerações
As propriedades a serem consideradas são: viscosidade dinâmica, calor específico e condutibilidade térmica.

b) Análises e cálculos
Primeiramente, deveremos verificar quais são as unidades e dimensões dessas propriedades. Da Tabela 7.1, temos:

$\mu \Rightarrow$ Pa.s, logo as dimensões são: M/LT.

$c_p \Rightarrow$ J/(kg·K), logo as dimensões são: $L^2/T^2\theta$.

$k \Rightarrow$ W/(m.K), logo as dimensões são: $ML/T^3\theta$.

Seja o adimensional desejado descrito por: $\Pi = \mu^a c_p^b k^c$.

Nesse caso devemos, obrigatoriamente, ter:

$$\left(\frac{M}{LT}\right)^a \left(\frac{L^2}{T^2\theta}\right)^b \left(\frac{ML}{T^3\theta}\right)^c = M^0 L^0 T^0 \theta^0$$

Igualando-se os expoentes para cada dimensão, obtemos:

Massa: $0 = a + c$

(Equação I)

Comprimento: $0 = -a + 2b + c$

(Equação II)

Temperatura: $0 = -b - c$

(Equação III)

Tempo: $0 = -a - 2b - 3c$

(Equação IV)

Temos, então, um sistema com três incógnitas e quatro equações. Observamos que a Equação IV é uma combinação das Equações I e III (dobro da Equação III menos a Equação I) e, por esse motivo, a descartaremos, resultando no sistema composto pelas Equações I, II e III.

Observamos, então, que a Equação II é uma combinação das Equações I e III (menos o dobro da Equação III mais a Equação I).

Descartando a Equação II, resulta em um sistema indeterminado de duas Equações, I e III, e três incógnitas.

Adotando $a = 1$, obtemos $c = -1$ e $b = 1$.

Assim, concluímos que é possível agrupar as variáveis formando um adimensional:

$$\Pi = \mu^a c_p^b k^c = \frac{\mu c_p}{k}$$

Esse adimensional, largamente utilizado na solução de problemas de transferência de energia por calor, é denominado número de Prandtl e simbolizado por Pr, ou seja:

$$Pr = \frac{\mu c_p}{k}$$

Er7.2 Sabe-se que a força de arrasto, F_A, causada por um escoamento incompressível sobre uma esfera depende da massa específica, ρ; da viscosidade, μ; e da velocidade de corrente livre, V, do fluido; e também do diâmetro da esfera, d; e da altura de rugosidade, e, da sua superfície; ou seja: $F_A = f(\rho, \mu, V, D, e)$. A partir de análise dimensional, indique quais são as variáveis adimensionais que descrevem esse fenômeno.

Solução

a) Dados e considerações
    Fenômeno em análise: escoamento incompressível sobre esfera.
    Sabe-se que: $F_A = f(\rho, \mu, V, D, e)$.

b) Análises e cálculos
    Deveremos realizar análise dimensional visando identificar os adimensionais que governam o fenômeno. Como o escoamento é incompressível, não é prevista a identificação do número de Mach.

- Verificação do número de variáveis dimensionais

Inicialmente, devemos verificar qual é o número n de variáveis dimensionais utilizadas para descrever o fenômeno. Esse número é: $n = 6$.

- Verificação das dimensões

A seguir, devemos verificar quais são as dimensões das variáveis que descrevem o fenômeno. Para tal, usaremos as informações constantes da Tabela 7.1:

$F_A \Rightarrow ML/T^2$; $\rho \Rightarrow M/L^3$; $\mu \Rightarrow M/LT$; $V \Rightarrow L/T$; $d \Rightarrow L$; e $\Rightarrow L$.

Observamos, então, que são necessárias $r = 3$ dimensões para descrever o fenômeno e, assim, deveremos determinar $n - r = 6 - 3 = 3$ parâmetros Π.

- Escolha das variáveis repetitivas

O passo a ser dado agora consiste em escolher $n - r$ variáveis repetitivas. Na solução de problemas de mecânica dos fluidos, é comum escolher a massa específica, a velocidade e um comprimento característico. Neste caso, optamos por escolher: ρ, V e D. Combinando essas variáveis com as restantes, obtemos os seguintes parâmetros Π:

$\Pi_1 = F_A \rho^a V^b D^c$; $\Pi_2 = \mu \rho^d V^e D^f$;

$\Pi_3 = e\rho^g V^h D^i$

- Determinação do parâmetro Π_1

Para tal, devemos selecionar valores para os expoentes a, b e c que garantam que este parâmetro é adimensional, ou seja, devemos impor:

$$M^0 L^0 T^0 = \frac{ML}{T^2}\left(\frac{M}{L^3}\right)^a \left(\frac{L}{T}\right)^b (L)^c$$

Igualando-se os expoentes para cada dimensão, obtemos:

Massa: $\quad 0 = 1 + a$
Comprimento: $\quad 0 = 1 - 3a + b + c$
Tempo: $\quad 0 = -2 - b$

Resolvendo esse sistema de equações, obtemos: $a = -1$; $b = -2$; e $c = -2$; ou seja: $\Pi_1 = \dfrac{F_A}{\rho V^2 D^2}$.

Devemos observar que, se multiplicarmos Π_1 por um adimensional, o resultado continua sendo um adimensional; por esse motivo, podemos afirmar que:

$$\Pi_1 = \frac{F_A}{\frac{1}{2}\rho V^2 A} = C_A, \text{ onde } A = \pi\frac{D^2}{4},$$

que é a área da projeção da esfera sobre um plano.

- Determinação do parâmetro Π_2

Devemos determinar, agora, o parâmetro Π_2. Para tal, devemos selecionar valores para os expoentes d, e e f que garantam que esse parâmetro é adimensional, ou seja, devemos impor:

$$A = \pi\frac{D^2}{4}$$

Igualando-se os expoentes para cada dimensão, obtemos:

Massa: $\quad 0 = 1 + d$
Comprimento: $\quad 0 = -1 - 3d + e + f$
Tempo: $\quad 0 = -1 - e$

Resolvendo esse sistema de equações, obtemos: $d = -1$; $e = -1$; e $f = -1$; ou seja: $\Pi_2 = \dfrac{\mu}{\rho VD}$.

Devemos observar que o inverso de um número adimensional continua sendo um adimensional; assim, podemos afirmar que:

$$\Pi_2 = \frac{\rho VD}{\mu} = Re$$

- Determinação do parâmetro Π_3

Devemos determinar, agora, o parâmetro Π_3. Para tal, devemos selecionar valores para os expoentes g, h e i que garantam que esse parâmetro é adimensional, ou seja, devemos impor:

$$M^0 L^0 T^0 = L\left(\frac{M}{L^3}\right)^g \left(\frac{L}{T}\right)^h (L)^i$$

Igualando-se os expoentes para cada dimensão, obtemos:

Massa: $\quad 0 = g$
Comprimento: $\quad 0 = 1 - 3g + h + i$
Tempo: $\quad 0 = h$

Resolvendo esse sistema de equações, obtemos: $g = 0$; $h = 0$; e $i = -1$; ou seja: $\Pi_3 = \dfrac{e}{D}$.

- Relação funcional

Tendo obtido todos os parâmetros Pi desejados, verificamos que: $\Pi_1 = f(\Pi_2, \Pi_3)$.

Assim sendo, concluímos que o fenômeno em análise poderá ser descrito por uma relação funcional do tipo:

$$C_A = f\left(Re, \frac{e}{D}\right)$$

Ou seja, o coeficiente de arrasto de uma esfera é função do número de Reynolds baseado no diâmetro da esfera e de e/D, que usualmente denominamos *rugosidade relativa* da superfície da esfera. É claro que esse procedimento não permite determinar exatamente qual é a correlação entre as variáveis dimensionais identificadas; essa correlação já foi obtida experimentalmente por pesquisadores em tempos passados e será apresentada graficamente quando estudarmos escoamentos externos.

Er7.3 Um ventilador típico transfere, em operação, certa quantidade de energia por unidade de massa de fluido movimentado (também chamada carga), h, e, para tal, requer que lhe seja disponibilizada uma potência $\dot{W}$. Tanto a carga quanto a potência são funções das seguintes variáveis: vazão volumétrica de fluido através do ventilador, $\dot{V}$; massa específica do fluido, ρ; velocidade angular de rotação do rotor, ω; diâmetro do rotor, D; e viscosidade do fluido, μ. Ou seja: $h = f_1(\dot{V}; \rho; \omega; \mu; D)$ e $\dot{W} = f_2(\dot{V}; \rho; \omega; \mu; D)$. Determine os parâmetros adimensionais que governam o fenômeno.

Solução

a) Dados e considerações
- Fenômeno analisado: operação de um ventilador.
- São dados: $h = f_1(\dot{V}; \rho; \omega; \mu; D)$ e $\dot{W} = f_2(\dot{V}; \rho; \omega; \mu; D)$.

Em primeiro lugar, devemos notar que, para um mesmo fenômeno, passagem de ar através de um ventilador, há dois parâmetros importantes de desempenho, carga e potência, os quais dependem de um mesmo conjunto de variáveis. Assim sendo, deveremos determinar os parâmetros adimensionais que permitem estabelecer uma correlação da carga com as variáveis que a influenciam e outra correlação da potência com as variáveis que, por sua vez, a influenciam. Este é um problema típico, que envolve a dependência de diversos parâmetros operacionais com um único conjunto de variáveis.

b) Análise e cálculos referentes à análise da correlação $h = f_1(\dot{V}; \rho; \omega; \mu; D)$.
- Número de variáveis utilizadas para descrever o fenômeno: $n = 6$.
- Dimensões das variáveis que descrevem o fenômeno

$h \Rightarrow L^2/T^2$; $\dot{V} \Rightarrow L^3/T$; $\rho \Rightarrow M/L^3$; $\omega \Rightarrow 1/T$; $\mu \Rightarrow M/LT$; $D \Rightarrow L$

Observamos, então, que são necessárias $r = 3$ dimensões para descrever o fenômeno; assim, deveremos determinar $n - r = 6 - 3 = 3$ parâmetros Π.

Escolha das $n - r$ variáveis repetitivas

Na solução de problemas de mecânica dos fluidos, é comum escolher a massa específica, a velocidade e um comprimento característico. Neste caso, optamos por escolher: ρ, ω e D. Combinando essas variáveis com as restantes, obtemos os seguintes parâmetros Π:

$\Pi_1 = h\rho^a\omega^b D^c$; $\Pi_2 = \mu\rho^d\omega^e D^f$;
$\Pi_3 = \dot{V}\rho^g\omega^h D^i$

Determinação do parâmetro Π_1

Para tal, devemos selecionar valores para os expoentes a, b e c que garantam que este parâmetro é adimensional, ou seja, devemos impor:

$$M^0 L^0 T^0 = \frac{L^2}{T^2}\left(\frac{M}{L^3}\right)^a \left(\frac{1}{T}\right)^b (L)^c$$

Igualando-se os expoentes para cada dimensão, obtemos:

Massa: $\qquad\qquad\qquad 0 = a$
Comprimento: $\qquad\quad 0 = 2 - 3a + c$
Tempo: $\qquad\qquad\qquad 0 = -2 - b$

Resolvendo esse sistema de equações, obtemos: $a = 0$; $b = -2$ e $c = -2$; ou seja:

$\Pi_1 = \dfrac{h}{\omega^2 D^2}$.

Determinação do parâmetro Π_2

Para tal, devemos selecionar valores para os expoentes d, e e f que garantam que este parâmetro é adimensional, ou seja, devemos impor:

$$M^0 L^0 T^0 = \frac{M}{LT}\left(\frac{M}{L^3}\right)^d \left(\frac{L}{T}\right)^e (L)^f$$

Igualando-se os expoentes para cada dimensão, obtemos:

Massa: $\qquad 0 = 1 + d$
Comprimento: $\qquad 0 = -1 - 3d + f$
Tempo: $\qquad 0 = -1 - e$

Resolvendo esse sistema de equações, obtemos: $d = -1$; $e = -1$; e $f = -2$;

ou seja: $\Pi_2 = \dfrac{\mu}{\rho \omega D^2}$.

Devemos observar que o inverso de um número adimensional continua sendo um adimensional; assim, podemos afirmar que:

$$\Pi_2 = \frac{\rho \omega D^2}{\mu}$$

• Determinação do parâmetro Π_3

Para tal, devemos selecionar valores para os expoentes g, h e i que garantam que este parâmetro é adimensional, ou seja, devemos impor:

$$M^0 L^0 T^0 = \frac{L^3}{T}\left(\frac{M}{L^3}\right)^g \left(\frac{1}{T}\right)^h (L)^i$$

$\Pi_3 = \dot{V} \rho^g \omega^h D^i$

Igualando-se os expoentes para cada dimensão, obtemos:

Massa: $\qquad 0 = g$
Comprimento: $\qquad 0 = 3 - 3g + i$
Tempo: $\qquad 0 = -1 - h$

Resolvendo esse sistema de equações, obtemos: $g = 0$; $h = -1$; e $i = -3$; ou seja:

$\Pi_3 = \dfrac{\dot{V}}{\omega D^3}$.

Tendo obtido todos os parâmetros Pi desejados, verificamos que:

$$\frac{h}{\omega^2 D^2} = g_1\left(\frac{\rho \omega D^2}{\mu}; \frac{\dot{V}}{\omega D^3}\right)$$

c) Análise e cálculos referentes à análise da correlação $\dot{W} = f_2(\dot{V}; \rho; \omega; \mu; D)$

• Número de variáveis utilizadas para descrever o fenômeno: $n = 6$.
• Dimensões das variáveis que descrevem o fenômeno

$\dot{W} \Rightarrow ML^2/T^3$; $\dot{V} \Rightarrow L^3/T$; $\rho \Rightarrow M/L^3$; $\omega \Rightarrow 1/T$; $\mu \Rightarrow M/LT$; $D \Rightarrow L$

Observamos, então, que são necessárias $r = 3$ dimensões para descrever o fenômeno; assim, deveremos determinar $n - r = 6 - 3 = 3$ parâmetros Π.

• Escolha das $n - r$ variáveis repetitivas
Escolheremos, novamente, as variáveis: ρ, ω e D. Combinando essas variáveis com as restantes, obtemos os seguintes parâmetros Π:

$\Pi_1 = \dot{W} \rho^a \omega^b D^c$; $\Pi_2 = \mu \rho^d \omega^e D^f$;
$\Pi_3 = \dot{V} \rho^g \omega^h D^i$

• Determinação do parâmetro Π_1

Para tal, devemos selecionar valores para os expoentes a, b e c que garantam que este parâmetro é adimensional, ou seja, devemos impor:

$$M^0 L^0 T^0 = \frac{ML^2}{T^3}\left(\frac{M}{L^3}\right)^a \left(\frac{1}{T}\right)^b (L)^c$$

Igualando-se os expoentes para cada dimensão, obtemos:

Massa: $\qquad 0 = 1 + a$
Comprimento: $\qquad 0 = 2 - 3a + c$
Tempo: $\qquad 0 = -3 - b$

Resolvendo esse sistema de equações, obtemos: $a = -1$; $b = -3$; e $c = -5$; ou seja: $\Pi_1 = \dfrac{\dot{W}}{\rho \omega^3 D^5}$.

• Determinação dos parâmetros Π_2 e Π_3

Utilizando o mesmo procedimento, verificamos que os parâmetros Π_2 e Π_3 coincidem com os determinados anteriormente, ou seja:

$\Pi_2 = \dfrac{\rho \omega D^2}{\mu}$ e $\Pi_3 = \dfrac{\dot{V}}{\omega D^3}$

Tendo obtido todos os parâmetros Pi desejados, verificamos que:

$$\frac{\dot{W}}{\rho \omega^3 D^5} = g_2\left(\frac{\rho \omega D^2}{\mu}; \frac{\dot{V}}{\omega D^3}\right).$$

Esses resultados são particularmente importantes porque se tivermos dois ventiladores, que poderemos denominar modelo e protótipo, operando em condições de semelhança, poderemos afirmar que os adimensionais correspondentes são iguais:

$$\left(\frac{\dot{V}}{\omega D^3}\right)_{modelo} = \left(\frac{\dot{V}}{\omega D^3}\right)_{protótipo}$$

$$\left(\frac{\rho \omega D^2}{\mu}\right)_{modelo} = \left(\frac{\rho \omega D^2}{\mu}\right)_{protótipo}$$

$$\left(\frac{h}{\omega^2 D^2}\right)_{modelo} = \left(\frac{h}{\omega^2 D^2}\right)_{protótipo}$$

$$\left(\frac{\dot{W}}{\rho \omega^3 D^5}\right)_{modelo} = \left(\frac{\dot{W}}{\rho \omega^3 D^5}\right)_{protótipo}$$

Essa conclusão é bastante útil, sendo frequentemente utilizada em engenharia, por exemplo, quando desejamos uma previsão aproximada das condições operacionais de um ventilador ou de uma bomba centrífuga com um rotor ligeiramente maior. Note-se que no caso de tratar a carga como energia por peso de fluido, o adimensional que envolve essa variável será h/D.

Er7.4 Uma bomba centrífuga opera a 1750 rpm bombeando 20 m³/h de água a 20ºC. Se substituirmos o seu rotor, cujo diâmetro é igual a 200 mm, por um geometricamente semelhante, com diâmetro 10 mm maior, e mantivermos a sua velocidade de rotação inalterada, qual deverá ser a sua nova vazão? Qual deverá ser o aumento percentual da potência requerida por essa nova condição operacional?

Solução

a) Dados e considerações

O fluido de trabalho é água a 20ºC, e devemos observar que o fluido é sempre o mesmo e no mesmo estado. Assim, as suas propriedades não serão alteradas.

Consideramos que, como a carcaça da bomba continua sendo a mesma, embora o diâmetro de seu rotor tenha sido ligeiramente alterado, ela operará nas duas situações sob razoáveis condições de semelhança.

Vamos supor, então, que as condições operacionais inicialmente fornecidas correspondem às de um modelo, ou seja:

ω_m = 1750 rpm, $\dot{V}_m$ = 20 m³/h, D_m = 200 mm.

A condição de operação do protótipo será caracterizada pelo novo diâmetro, D_p = 210 mm, e pela velocidade de rotação, que permanecerá inalterada: ω_p = 1750 rpm.

b) Análise e cálculos

Com base nos resultados do exercício resolvido Er7.3, podemos afirmar que:

$$\left(\frac{\dot{V}}{\omega D^3}\right)_{modelo} = \left(\frac{\dot{V}}{\omega D^3}\right)_{protótipo}$$

Como a velocidade de rotação é a mesma, teremos: $\dfrac{\dot{V}_m}{D_m^3} = \dfrac{\dot{V}_p}{D_p^3}$.

Então: $\dot{V}_p = \dfrac{D_p^3}{D_m^3} \dot{V}_m = 23{,}2$ m³/h.

Para determinar a sua nova potência, consideraremos:

$$\left(\frac{\dot{W}}{\rho \omega^3 D^5}\right)_{modelo} = \left(\frac{\dot{W}}{\rho \omega^3 D^5}\right)_{protótipo}$$

Como a velocidade de rotação e as propriedades do fluido não são alteradas, teremos:

$$\frac{\dot{W}_m}{D_m^5} = \frac{\dot{W}_p}{D_p^5}$$

Então: $\dot{W}_p = \frac{D_p^5}{D_m^5}\dot{W}_m = 1,28\dot{W}_m$.

O que corresponde a um aumento da potência requerida igual a 28%.

Er7.5 Uma placa plana quadrada lisa com lado B cai verticalmente em um meio líquido, atingindo a velocidade terminal, V. Sabe-se que a força de arrasto, F_A, causada pela interação entre o fluido e a placa depende da massa específica, ρ; da viscosidade dinâmica, μ, do fluido; e também da velocidade terminal, V; da dimensão B; e da rugosidade média da superfície da placa em contato com o meio líquido, ε; ou seja: $F_A = f(\rho,\mu,V,B,\varepsilon)$. A partir de análise dimensional, indique quais são as variáveis adimensionais que descrevem esse fenômeno.

Solução

a) Dados e considerações
Fenômeno em análise: escoamento sobre esfera.
Sabe-se que: $F_A = f(\rho,\mu,V,B,\varepsilon)$.

b) Análises e cálculos
Deveremos realizar análise dimensional visando identificar os adimensionais que governam o fenômeno.

• Verificação do número de variáveis dimensionais

Inicialmente, devemos verificar qual é o número n de variáveis dimensionais utilizadas para descrever o fenômeno. Esse número é: $n = 6$.

• Verificação das dimensões

A seguir, devemos verificar quais são as dimensões das variáveis que descrevem o fenômeno. Para tal, usaremos as informações constantes da Tabela 7.1:

$F_A \Rightarrow ML/T^2$; $\rho \Rightarrow M/L^3$; $\mu \Rightarrow M/LT$;
$V \Rightarrow L/T$; $B \Rightarrow L$; $\varepsilon \Rightarrow L$

Observamos, então, que são necessárias $r = 3$ dimensões para descrever o fenômeno, assim, deveremos determinar $n - r = 6 - 3 = 3$ parâmetros Π.

• Escolha das variáveis repetitivas

O passo a ser dado agora consiste em escolher $n - r$ variáveis repetitivas. Na solução de problemas de mecânica dos fluidos, é comum escolher a massa específica, a velocidade e um comprimento característico. Neste caso, optamos por escolher: ρ, V e B. Combinando essas variáveis com as restantes, obtemos os seguintes parâmetros Π:

$\Pi_1 = F_A \rho^a V^b B^c$; $\Pi_2 = \mu \rho^d V^e B^f$;
$\Pi_2 = \varepsilon \rho^g V^h B^i$

• Determinação do parâmetro Π_1

Para tal, devemos selecionar valores para os expoentes a, b e c que garantam que este parâmetro seja adimensional, ou seja, devemos impor:

$$M^0 L^0 T^0 = \frac{ML}{T^2}\left(\frac{M}{L^3}\right)^a \left(\frac{L}{T}\right)^b (L)^c$$

Igualando-se os expoentes para cada dimensão, obtemos:

Massa: $\qquad 0 = 1 + a$
Comprimento: $\quad 0 = 1 - 3a + b + c$
Tempo: $\qquad 0 = -2 - b$

Resolvendo esse sistema de equações, obtemos: $a = -1$; $b = -2$; e $c = -2$; ou seja: $\Pi_1 = \dfrac{F_A}{\rho V^2 B^2}$.

Observe que, como não conhecemos a relação funcional entre os parâmetros Π_1, Π_2 e Π_3, podemos optar por definir este primeiro parâmetro como:

$$\Pi_1 = \frac{F_A}{\frac{1}{2}\rho V^2 B^2} = \frac{F_A}{\frac{1}{2}\rho V^2 A} = C_A$$

onde $B^2 = A$ é a área de uma das faces da placa, e C_A é o coeficiente de arrasto da placa.

• Determinação do parâmetro Π_2

Para tal, devemos selecionar valores para os expoentes d, e e f que garantam que este parâmetro seja adimensional, ou seja, devemos impor:

$$M^0 L^0 T^0 = \frac{M}{LT}\left(\frac{M}{L^3}\right)^d \left(\frac{L}{T}\right)^e (L)^f$$

Igualando-se os expoentes para cada dimensão, obtemos:

Massa: $\qquad 0 = 1 + d$
Comprimento: $\quad 0 = -1 - 3d + e + f$
Tempo: $\qquad 0 = -1 - e$

Resolvendo esse sistema de equações, obtemos: $d = -1$; $e = -1$; e $f = -1$; ou seja: $\Pi_2 = \frac{\mu}{\rho V B}$.

Esse adimensional também pode ser definido como $\Pi_2 = \frac{\rho V B}{\mu}$, que é o número de Reynolds determinado com base no comprimento do lado da placa.

• Determinação do parâmetro Π_3

Para tal, devemos selecionar valores para os expoentes g, h e i que garantam que este parâmetro seja adimensional, ou seja, devemos impor:

$$M^0 L^0 T^0 = L \left(\frac{M}{L^3}\right)^g \left(\frac{L}{T}\right)^h (L)^i$$

Igualando-se os expoentes para cada dimensão, obtemos:

Massa: $\qquad 0 = g$
Comprimento: $\quad 0 = 1 + h + i$
Tempo: $\qquad 0 = -h$

Resolvendo esse sistema de equações, obtemos: $g = 0$; $h = 0$; e $i = -1$; ou seja:

$$\Pi_3 = \frac{B}{\varepsilon}$$

Esse adimensional também pode ser definido como $\Pi_3 = \frac{\varepsilon}{B}$, que é a rugosidade relativa da superfície da placa. Conhecendo-se os adimensionais que governam o fenômeno, podemos afirmar que:

$\Pi_1 = f(\Pi_2, \Pi_3) \Rightarrow$

$$\Rightarrow C_A = \frac{F_A}{\frac{1}{2}\rho V^2 A} = f\left(Re_B, \frac{B}{\varepsilon}\right)$$

Ou seja, o coeficiente de arrasto é uma função do número de Reynolds baseado no lado da placa e da sua rugosidade relativa. Naturalmente, se a placa for hidraulicamente lisa, a relação funcional será do tipo: $C_A = f(Re)$.

Er7.6 Pretende-se avaliar a força de arrasto sobre um automóvel quando andando em um plano com velocidade de 180 km/h, estando o ar ambiente a 20°C e 100 kPa. Para tal, pretende-se realizar um ensaio em um túnel de vento atmosférico utilizando-se um modelo construído em escala 1/5. Determine a velocidade necessária do ar no túnel de vento e comente o resultado obtido.

Solução

a) Dados e considerações

O automóvel com dimensões reais de uso é denominado protótipo e o objeto construído para realizar o ensaio é o modelo.

O protótipo opera em ar a 20°C,
$\rho_p = 1,20$ kg/m³, $\mu_p = 1,8$ E-5 Pa.s.
A velocidade do protótipo é
$V_p = 180$ km/h.

O modelo é também ensaiado em ar a 20°C, $\rho_m = 1{,}20$ kg/m³, $\mu_m = 1{,}8$ E-5 Pa.s.

A velocidade de ensaio do modelo, V_m, é incógnita.

O modelo foi construído com escala 1/5, ou seja, $L_m/L_p = 1/5$. Nessa expressão, L_m é uma dimensão qualquer do modelo e L_p é a dimensão correspondente do protótipo.

b) Análises e cálculos

Por hipótese, consideraremos que o coeficiente de arrasto é função do número de Reynolds:

$C_A = f(Re)$.

Para que haja semelhança entre a operação do protótipo e o ensaio com o modelo, os números de Reynolds deverão ser iguais: $Re_p = Re_m$. Logo:

$$\frac{\rho_p V_p L_p}{\mu_P} = \frac{\rho_m V_m L_m}{\mu_m} \Rightarrow V_m = \frac{L_p}{L_m} V_p =$$
$$= 5 \cdot 180 = 900 \text{ km/h}.$$

Note que realizar o ensaio nessa condição é inviável. Um dos motivos da inviabilidade é que o escoamento não poderá ser considerado incompressível e, nesse caso, não será possível afirmar que $C_A = f(Re)$.

Er7.7 Pretende-se avaliar a força de arrasto sobre um automóvel quando andando em um plano com velocidade de 180 km/h, estando o ar ambiente a 20°C e 100 kPa. Para tal, pretende-se realizar um ensaio em um túnel de vento pressurizado utilizando-se um modelo construído em escala 1/5. Determine a pressão mínima necessária no túnel para que o ensaio possa ser adequadamente realizado.

Solução

a) Dados e considerações

O automóvel com dimensões reais de uso é denominado protótipo e o objeto construído para realizar o ensaio é o modelo.

O protótipo opera em ar a 20°C, $\rho_p = 1{,}20$ kg/m³, $\mu_p = 1{,}8$ E-5 Pa.s.

A velocidade do protótipo é $V_p = 180$ km/h $= 50$ m/s.

O modelo é também ensaiado em ar a 20°C, porém em uma pressão desconhecida. Como a viscosidade do ar varia apenas com a sua temperatura, podemos afirmar que a sua viscosidade permanecerá inalterada, mesmo estando em pressão mais elevada, ou seja: $\mu_m = 1{,}8$ E-5 Pa.s.

A velocidade de ensaio do modelo, V_m, e a pressão p_m são incógnitas.

O modelo foi construído com escala 1/5, ou seja, $L_m/L_p = 1/5$. Nessa expressão, L_m é uma dimensão qualquer do modelo e L_p é a dimensão correspondente do protótipo.

b) Análises e cálculos

O coeficiente de arrasto é função do número de Reynolds, $C_A = f(Re)$, desde que o escoamento seja incompressível. Assim sendo, consideraremos que o número de Mach máximo será igual a 0,3. A velocidade do som em um gás ideal pode ser avaliada por: $c = \sqrt{kRT}$, onde $k = 1{,}40$ é a relação entre os calores específicos do ar.

Consequentemente:

$$Ma = 0{,}3 = \frac{V_m}{\sqrt{kRT}} =$$
$$= \frac{V_m}{\sqrt{1{,}40 \cdot 287 \cdot (20 + 273{,}15)}} \Rightarrow$$
$$\Rightarrow V_m = 103{,}0 \text{ m/s}$$

Obtivemos, assim, a velocidade máxima admissível para ensaio no túnel. Note que, em um ensaio realizado com velocidade máxima, o túnel será operado na pressão mínima.

Para que haja semelhança entre a operação do protótipo e o ensaio com o modelo, os números de Reynolds deverão ser iguais: $Re_p = Re_m$. Logo:

$$\frac{\rho_p V_p L_p}{\mu_P} = \frac{\rho_m V_m L_m}{\mu_m} \Rightarrow$$

$$\Rightarrow \rho_m = \frac{L_p}{L_m} \frac{V_p}{V_m} \rho_p \Rightarrow$$

$$\Rightarrow \rho_m = 2{,}914 \text{ kg/m}^3.$$

Lembrando que, para um gás ideal, $p = \rho RT$, temos:

$p_m = 2{,}914 \cdot 287 \cdot 293{,}15 = 245140$ Pa = $= 245{,}14$ kPa

7.4 EXERCÍCIOS PROPOSTOS

Ep7.1 Determine as dimensões no sistema MLT das seguintes propriedades: viscosidade dinâmica, viscosidade cinemática e trabalho.

Resp.: veja a Tabela 7.1.

Ep7.2 A velocidade de um escoamento depende da massa específica e da viscosidade dinâmica do fluido, de um comprimento característico e de uma diferença de pressões. Quais são os adimensionais que governam esse fenômeno?

Resp.: Re; Eu.

Ep7.3 A velocidade terminal de uma esfera lisa caindo em um meio fluido depende do diâmetro da esfera, D, da sua massa específica, ρ_e, da massa específica do fluido, ρ_f, e da viscosidade dinâmica, μ_f, do meio fluido. Usando os parâmetros repetentes V, D, ρ_f, determine os adimensionais que governam esse fenômeno.

Resp.: Re; ρ_e/ρ_f.

Ep7.4 Um fluido, ao escoar através de uma tubulação horizontal de seção circular, apresenta uma perda de pressão, Δp, que depende das seguintes variáveis: velocidade média do escoamento, V, diâmetro interno do tubo, D, altura média da rugosidade da superfície interna do tubo, ε, viscosidade dinâmica, μ, e massa específica, ρ, do fluido. Ou seja: $\Delta p = f(V, D, \varepsilon, \mu, \rho)$. Encontre o conjunto de adimensionais que governam o fenômeno. Qual é a relação funcional que relaciona os parâmetros adimensionais?

Ep7.5 Em determinadas circunstâncias, o escoamento de um fluido perpendicularmente a um cilindro infinito produz uma esteira de vórtices denominada esteira de Von Kàrmán. A frequência, f, segundo a qual esses vórtices são produzidos depende da velocidade de corrente livre do escoamento, V, do diâmetro externo do cilindro, D, da viscosidade dinâmica, μ, e da massa específica, ρ, do fluido. Ou seja: $f = g(V, D, \mu, \rho)$. Reescreva essa relação funcional em termos de variáveis adimensionais.

Resp.: fD/V; Re.

Ep7.6 Imagine que uma embarcação arraste uma tora de madeira subindo um rio. A potência a ser desenvolvida pela embarcação é função de quais variáveis dimensionais? Determine o conjunto de variáveis adimensionais que governam o fenômeno.

Ep7.7 Um dispositivo simples utilizado para medir a viscosidade dinâmica de um fluido é constituído por um recipiente cilíndrico com um pequeno orifício circular no fundo. A medida de viscosidade é realizada por meio da determinação do intervalo de tempo necessário para que um determinado volume de fluido presente no recipiente escoe completamente através desse orifício. Suponha que a viscosidade assim medida seja função do volume inicial de fluido no recipiente, $\forall$, do diâmetro, d, do orifício, do diâmetro do recipiente, D, da massa específica do fluido, ρ, e do intervalo de tempo de escoamento do fluido, Δt. Identifique os adimensionais que governam o fenômeno.

Resp.: V/d^3; $\mu\Delta t/\rho d^2$; D/d.

Ep7.8 A análise do processo de transferência de energia térmica por convecção natural indica que o coeficiente médio de transferência de calor h ao longo de uma superfície é função das seguintes variáveis: temperatura da superfície, T_s, temperatura do fluido a uma grande distância da superfície, T_∞, da aceleração da gravidade, g, comprimento característico da superfície, L, e das seguintes propriedades do fluido: massa específica, ρ, viscosidade dinâmica, μ, do coeficiente volumétrico de expansão térmica, β, condutibilidade térmica, k, e do calor específico a pressão constante, c_p. Sabendo que o coeficiente de expansão térmica é definido como $\beta = -\rho^{-1}\left(\partial\rho/\partial T\right)\big|_p$, pede-se para determinar os adimensionais que governam o fenômeno.

Resp.: Nu; Gr; Pr.

Ep7.9 Experimentos mostram que a queda de pressão devida ao escoamento de um fluido através de uma obstrução em um duto circular pode ser expressa como $\Delta p = p_1 - p_2 = f(\rho,\mu,V,d,D)$, onde ρ e μ são, respectivamente, a massa específica e a viscosidade dinâmica do fluido, V é a velocidade média do escoamento, D é o diâmetro interno do duto e d é um comprimento característico da obstrução (no caso de ela ser circular, poderia ser o seu diâmetro). Determine as variáveis adimensionais que descrevem o fenômeno utilizando como parâmetros repetitivos as variáveis: ρ, V e D.

Resp.: $\Delta p/\rho V^2$; Re; d/D.

Ep7.10 Verificou-se experimentalmente que o diâmetro médio, d, das gotículas de óleo combustível produzidas por um queimador de pressão mecânica depende das seguintes variáveis: diâmetro, D, do orifício do bico queimador; velocidade média, V, do combustível ao escoar através desse orifício; massa específica, ρ, viscosidade dinâmica, μ, e tensão superficial, Y, do combustível. Escolhendo V, D e ρ como variáveis repetitivas, encontre os parâmetros adimensionais que descrevem o fenômeno.

Resp.: $Y/V^2 D\rho$; Re; d/D.

Ep7.11 Refaça o exercício anterior, Ep7.10, substituindo a variável velocidade, V, pela pressão manométrica do óleo combustível na seção de admissão do bico nebulizador.

Ep7.12 Uma das atividades desenvolvidas durante o projeto de uma pequena aeronave que deve voar a 288 km/h em baixas altitudes consiste na realização de um ensaio em túnel de água utilizando um modelo em escala 1:10. Considerando que tanto o ar como a água estão a 20°C, determine a velocidade na qual o ensaio deve ocorrer. Você acha essa velocidade razoável?

Resp.: 53,6 m/s.

Ep7.13 Uma das atividades desenvolvidas durante o projeto de uma pequena aeronave que deve voar a 600 km/h na altitude de 6,0 km consiste na realização de um ensaio laboratorial visando a determinação da potência requerida pela aeronave em condição de voo de cruzeiro. O engenheiro responsável por essa atividade propôs que o ensaio fosse realizado em túnel de água utilizando um modelo em escala 1:10. Considerando que a água está a 20°C e que o coeficiente de arrasto depende apenas do número de Reynolds, determine a velocidade no qual o ensaio deve ocorrer. Note que a velocidade do som na água a 20°C e 100 kPa é da ordem de 1820 m/s. Comente o resultado.

Resp.: 68,8 m/s.

Ep7.14 Uma das atividades desenvolvidas durante o projeto de uma pequena aeronave que deve voar a 360 km/h na altitude de 2,0 km consiste na realização de um ensaio em túnel de vento pressurizado utilizando um modelo em escala 1:8. Considerando que o túnel de vento opera a 20°C com velocidade máxima igual a 100 m/s e que a pressão atmosférica local é igual 90 kPa, determine a pressão manométrica mínima de operação do túnel. Estabeleça uma função que relacione a potência requerida pelo protótipo em função da força de arrasto determinada no túnel de vento.

Ep7.15 Buscando determinar o coeficiente de arrasto sobre uma esfera, um estudante realizou um experimento em um túnel de água utilizando uma esfera com diâmetro igual a 100 mm com rugosidade superficial muito pequena, de forma que ela pudesse ser considerada hidraulicamente lisa. Nesse experimento, foi determinada a força de arrasto F para diversas velocidades de corrente livre, V. Os resultados obtidos foram os seguintes:

V (m/s)	0,2	0,4	0,6	0,8	1,0
F (N)	0,062	0,252	0,580	1,050	1,660

Obtenha o coeficiente de arrasto obtido experimentalmente em função do número de Reynolds.

Ep7.16 Para atender a um requisito de fornecimento, um fabricante precisa informar ao seu fornecedor a perda de pressão no escoamento de um fluido com massa específica igual a 850 kg/m³ e viscosidade igual a 0,1 Pa.s através de uma grande válvula, de diâmetro interno igual a 1,0 m. Para tal, ele resolveu realizar um experimento, promovendo a passagem de água a 20°C através de um modelo construído em escala 1/10. Os resultados obtidos no experimento são apresentados na tabela abaixo.

$\dot{V}$ (m³/h)	28,3	37,8	56,6	84,8	113
Δp (kPa)	0,49	0,85	2,01	4,49	8,01

Determine uma função que expresse a perda de pressão (kPa) em função da vazão volumétrica de fluido (m³/h) aplicável à válvula de grande diâmetro que permita ao fabricante atender ao pedido do seu cliente.

Ep7.17 Utilizando os dados do exercício Ep7.15, determine a força de arrasto aplicada pelo escoamento de ar a 90 kPa e 10°C com velocidade de 10 m/s sobre uma esfera lisa com diâmetro igual a 200 mm.

Ep7.18 Um fabricante de ventiladores ensaiou uma das suas unidades com ar a 20°C e 101,3 kPa, tendo obtido vazão de 1,2 m³/s quando operando o ventilador a 1750 rpm. Esse ventilador será operado com uma substância gasosa que pode ser tratada como um gás ideal com $R = 0{,}35$ kJ/(kg·K), a qual será admitido no ventilador a 150 kPa e 30°C. Considere que a velocidade de rotação é mantida e que há semelhança. Nesse caso, qual será a variação percentual da potência por ele requerida em relação à potência observada nas condições de ensaio?

Resp.: 17,4%.

Ep7.19 O ventilador responsável pela vazão de ar de combustão de um pequeno queimador tem diâmetro do rotor $D_1 = 200$ mm, que, quando operando com ar na condição da atmosfera padrão, fornece $\dot{V}_1 = 0,4$ m³/s a $\omega_1 = 2400$ rpm. Deseja-se aumentar em 30% a vazão de ar de combustão desse queimador quando operando com ar à mesma temperatura, porém com massa específica igual a 1,1 kg/m³. Determine esta nova velocidade de rotação e o aumento percentual da potência requerida nesta nova condição.

Ep7.20 Um fenômeno associado a um escoamento é representado por uma função dimensionalmente homogênea do tipo $f(\dot{W}, g, \rho, V, L) = 0$, onde $\dot{W}$ é uma potência trocada com o fluido, g é a aceleração local da gravidade, ρ é a massa específica do fluido, V é a velocidade média do escoamento e L é um comprimento característico.

a) Usando a base (ρ, V, L), obtenha os grupos adimensionais representativos desse fenômeno.

b) Considerando que o gráfico adimensional representativo do fenômeno é o mostrado na Figura Ep7.20, determine a potência $\dot{W}$ trocada com o fluido quando $\rho = 1000$ kg/m³, $V = 2$ m/s e $L = 0,5$ m.

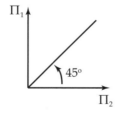

Figura Ep7.20

Resp.: gL/V^2; $\dot{W}/(\rho V^3 L^2)$; 2,45 kW.

Ep7.21 O ventilador responsável pela vazão de ar de combustão de um pequeno queimador tem diâmetro do rotor $D = 200$ mm. Quando operando com ar a 20°C e 100 kPa e com velocidade de rotação de 2400 rpm, esse ventilador fornece a vazão volumétrica de 0,4 m³/s. Deseja-se aumentar em 40% essa vazão volumétrica com o ventilador operando com ar na mesma pressão, porém com temperatura igual a 40°C. Determine a velocidade de rotação com a qual o ventilador deverá funcionar para atingir essa nova vazão volumétrica e o aumento percentual da potência requerida.

Resp.: 3360 rpm; 157%.

Ep7.22 Uma bomba centrífuga típica transfere, em operação, certa quantidade de energia por unidade de peso de fluido movimentado chamada altura manométrica, h, e para tal requer que lhe seja disponibilizada uma potência $\dot{W}$. Tanto a carga quanto a potência são funções das seguintes variáveis: vazão volumétrica de fluido através da bomba, $\dot{V}$, massa específica do fluido, ρ, velocidade angular de rotação do rotor, ω, diâmetro do rotor, D, e viscosidade do fluido, μ. Ou seja: $h = f_1(\dot{V}; \rho; \omega; \mu; D)$ e $\dot{W} = f_2(\dot{V}; \rho; \omega; \mu; D)$. Determine os parâmetros adimensionais que governam o fenômeno. Sabe-se que uma determinada bomba com rendimento de 75% é utilizada para transferir 25 m³/h de água a 20°C de um tanque subterrâneo de um prédio para a caixa d'água superior. Para tal, a bomba transfere ao fluido carga igual a 40 m operando a 1750 rpm. Para aumentar a vazão, um engenheiro sugere aumentar a velocidade de rotação da bomba para 2100 rpm. Considerando que a nova condição operacional é semelhante à anterior, pede-se para calcular a nova carga, a nova potência e a nova vazão através da bomba.

Ep7.23 Uma bomba centrífuga opera transferindo 27 m³/h de água, com massa específica igual a 1000 kg/m³ e viscosidade dinâmica igual a 1,00 E-3 Pa.s, de um reservatório para outro, e para tal requer a potência de 5,0 kW. A velocidade angular do rotor dessa bomba é igual a 1750 rpm. Pretendendo aumentar a vazão, um engenheiro civil propõe substituir esse rotor, que tem diâmetro igual a 180 mm, por outro rotor com diâmetro igual a 200 mm, mantendo a velocidade original de rotação. Sabe-se que para uma bomba centrífuga típica transferir para um fluido uma quantidade de energia por unidade de massa (também denominada carga), h, ela requer uma potência $\dot{W}$. Tanto a carga quanto a potência são funções das seguintes variáveis: vazão volumétrica de fluido através da bomba, $\dot{V}$, massa específica do fluido, ρ, velocidade angular de rotação do rotor, ω, diâmetro do rotor, D, e viscosidade do fluido, μ. Ou seja: $h = f_1(\dot{V}; \rho; \omega; \mu; D)$ e $\dot{W} = f_2(\dot{V}; \rho; \omega; \mu; D)$. Assim sendo, adotando como variáveis repetentes ρ, ω e D, pede-se para:

a) reescrever a relação $\dot{W} = f_2(\dot{V}; \rho; \omega; \mu; D)$ utilizando variáveis adimensionais;
b) determinar a potência requerida pela bomba na sua nova condição operacional;
c) calcular a vazão esperada da bomba em sua nova condição operacional.

Resp.: $\dfrac{\dot{W}}{\rho \omega^3 D^5} = f\left(\dfrac{\rho \omega D^2}{\mu}; \dfrac{\dot{V}}{\omega D^3}\right)$;

8,47 kW; 37,0 m³/h.

Ep7.24 Um engenheiro de uma empresa adquiriu um ventilador que, segundo o seu fabricante, ao operar com ar a 101,3 kPa e a 20°C, na velocidade angular de rotação de 1750 rpm, apresenta a vazão de 3,5 m³/s e requer a potência de 600 W. Esse engenheiro pretende utilizar esse ventilador para transportar um fluido que pode ser tratado como um gás ideal com constante igual a 0,25 kJ/(kg·K) e que será admitido no ventilador a 200°C e 101,3 kPa. Sabe-se que para um ventilador típico transferir para um fluido uma quantidade de energia por unidade de massa (também denominada carga), h, ele requer uma potência $\dot{W}$. Tanto a carga quanto a potência são funções das seguintes variáveis: vazão volumétrica de fluido através do ventilador, $\dot{V}$, massa específica do fluido, ρ, velocidade angular de rotação do rotor, ω, diâmetro do rotor, D, e viscosidade do fluido, μ. Ou seja: $h = f_1(\dot{V}; \rho; \omega; \mu; D)$ e $\dot{W} = f_2(\dot{V}; \rho; \omega; \mu; D)$. Assim sendo, adotando como variáveis repetentes ρ, ω e D, pede-se para reescrever a relação $\dot{W} = f_2(\dot{V}; \rho; \omega; \mu; D)$ utilizando variáveis adimensionais e para determinar a potência requerida pelo ventilador ao operar com o novo fluido.

Resp.: $\dfrac{\dot{W}}{\rho \omega^3 D^5} = f\left(\dfrac{\rho \omega D^2}{\mu}; \dfrac{\dot{V}}{\omega D^3}\right)$;

427 W.

Ep7.25 Um grupo de alunos estudantes de engenharia, pretendendo determinar a potência necessária para movimentar um balão com forma não convencional, realizou um conjunto de experimentos em um túnel de água utilizando um modelo fabricado em escala 1:20, chegando à conclusão de que o coeficiente de arrasto do escoamento sobre o balão é dado pela seguinte equação: $C_A = (5,03\text{E}{-}11)Re^2 - (2,93\text{E}{-}5)Re + 0,829$. Suponha que o protótipo deva voar com velocidade de 5 m/s a 1500 m de altitude. Se o comprimento característico desse balão for igual a 2 m e se a área de referência para a determinação da força de arrasto do protótipo for igual a 3,6 m², qual deve ser a potência requerida?

Resp.: 383 W.

Ep7.26 Para prover o aumento de capacidade de distribuição de água potável para uma determinada região, um engenheiro civil constata a necessidade de aumentar a vazão segundo a qual um reservatório elevado é alimentado. Para conseguir atingir seu objetivo, o engenheiro pretende trocar o rotor da bomba por um com diâmetro maior. A bomba centrífuga existente opera transferindo 90 m³/h de água (ρ = 1000 kg/m³ e μ = 1,12 E-3 Pa.s) para o reservatório e, para tal, requer a potência de 52,5 kW. Sabe-se que a velocidade angular do rotor dessa bomba é igual a 1750 rpm. Sabe-se também que, para uma bomba centrífuga típica transferir para um fluido uma quantidade de energia por unidade de peso (também denominada carga), h, ela requer uma potência $\dot{W}$. Tanto a carga quanto a potência são funções das seguintes variáveis: vazão volumétrica de fluido através da bomba, $\dot{V}$, massa específica do fluido, ρ, velocidade angular de rotação do rotor, ω, diâmetro do rotor, D, e viscosidade do fluido, μ. Ou seja: $h = f_1(\dot{V}; \rho; \omega; \mu; D)$ e $\dot{W} = f_2(\dot{V}; \rho; \omega; \mu; D)$. Supondo que a bomba com o rotor trocado é semelhante à bomba original e que a nova vazão deve ser 20% maior do que a atual, pede-se para determinar o aumento percentual do diâmetro do rotor da bomba e o aumento percentual da potência requerida pela bomba.

Resp.: 6,22%; 35,5%.

Ep7.27 Sabe-se que a variação de pressão de um fluido ao escoar através de um tubo horizontal é função da massa específica do fluido, da viscosidade dinâmica do fluido, do diâmetro interno do tubo, da velocidade média do escoamento e da altura de rugosidade da superfície interna do tubo, ou seja: $\Delta p = f(\rho, \mu, D, V, e)$. Em um experimento laboratorial, observou-se que água com massa específica igual a 1000 kg/m³ e viscosidade dinâmica igual a 0,00112 Pa.s escoa através de um tubo horizontal com diâmetro de 50 mm com velocidade igual a 4,0 m/s, resultando em uma diferença de pressões igual a 12000 Pa. Pretende-se realizar um novo experimento, utilizando-se o mesmo tubo e um fluido com viscosidade dinâmica igual a 0,00155 Pa.s e massa específica igual a 1220 kg/m³. Nessas condições:

a) Determine o conjunto de variáveis adimensionais representativos do fenômeno, escolhendo como variáveis repetentes a massa específica, a velocidade média na tubulação e o diâmetro interno da tubulação.

b) Determine a velocidade a ser imposta no experimento com o fluido desconhecido que garanta a semelhança dinâmica.

c) Se for realizado um experimento em condição de semelhança, qual será a variação de pressão a ser observada?

Resp.: *Eu*; *Re*; *e/D*; 4,54 m/s; 18,8 kPa.

Ep7.28 Pretende-se avaliar o comportamento de uma pequena aeronave que voa a 85 m/s na altitude de 2000 m. Para tal, pretende-se realizar um trabalho experimental utilizando um modelo em escala de 1:10. Suponha que se pretenda operar o túnel de vento com ar a 20°C e a 100 kPa. Qual deve ser a velocidade utilizada no ensaio? Essa velocidade é adequada para realizar o experimento? Considere que o túnel de vento possa ser pressurizado. Se a pressão absoluta do ar no túnel for igual a 1000 kPa e a sua temperatura for mantida igual a 20°C, qual deverá ser a nova velocidade de ensaio?

Resp.: 749 m/s; não; 74,9 m/s.

Ep7.29 Pretendendo estudar o comportamento da queda de pressão por unidade de comprimento ($\Delta p/L$) em função da vazão volumétrica de fluido observada no escoamento em tubos lisos, um engenheiro realizou um experimento promovendo o escoamento de água a 20°C em tubo de vidro com diâmetro interno de 20 mm, comprimento de 1,0 m, posicionado na horizontal. Os resultados obtidos são apresentados na tabela a seguir.

$\dot{V}$ (L/min)	18,8	37,8	56,5	75,4	94,2
Δp (kPa)	0,655	2,20	4,53	7,54	11,3

Sabendo que a perda de pressão por unidade de comprimento de tubo, $\Delta p/L$, é função do diâmetro interno do tubo, D, da massa específica do fluido, ρ, da viscosidade dinâmica do fluido, μ, e da velocidade média do escoamento, pede-se:

a) Determine os adimensionais que governam o fenômeno.

b) Utilizando os dados experimentalmente obtidos, estabeleça a correlação matemática entre esses adimensionais na forma polinomial.

c) Supondo que um tubo de PVC pode ser considerado liso, determine a perda de carga no escoamento de 20 L/s de ar comprimido na pressão manométrica de 5 bar em 100 m de tubo com diâmetro interno de 50 mm.

Ep7.30 Uma pequena aeronave deve voar com a velocidade de 65 m/s a 2000 m de altitude. Para determinar a potência requerida nessa condição operacional, pretende-se realizar ensaios em túnel de vento pressurizado com ar escoando a 100 m/s na temperatura de 20°C, utilizando-se um modelo construído em escala 1:10. Sabe-se que a potência requerida pela aeronave é função da sua velocidade, de um comprimento característico, da massa específica e da viscosidade dinâmica do ar. Pergunta-se: qual deve ser a pressão de operação do túnel de vento? Se o experimento for realizado e for medida a força de arrasto de 235 N, qual será a potência requerida pela aeronave?

Resp.: 573 kPa; 95,4 kW.

Ep7.31 Considere que um fluido escoa em regime laminar em um tubo de seção quadrada com lado *S*. Nesse caso, a vazão mássica de fluido através do tubo é função do comprimento *L* do tubo, de *S*, da massa específica ρ, da viscosidade dinâmica μ do fluido e da redução da pressão do fluido por unidade de comprimento $\Delta p/L$. Determine os adimensionais que governam o fenômeno. Suponha que a dimensão S seja aumentada em 50%. Nesse caso, mantendo-se as demais variáveis fixas, qual será a razão entre a nova vazão e a inicial?

Ep7.32 Considere que um fluido escoa em regime laminar em um tubo de seção retangular com lado maior igual a S e menor igual a $S/2$. Nesse caso, a vazão mássica de fluido através do tubo é função do comprimento L do tubo, de S, da massa específica ρ, da viscosidade dinâmica μ do fluido e da redução da pressão do fluido por unidade de comprimento $\Delta p/L$. Determine os adimensionais que governam o fenômeno. Suponha que a dimensão S seja aumentada em 30%. Nesse caso, mantendo-se as demais variáveis fixas, qual será a razão entre a nova vazão e a inicial?

Ep7.33 Uma bomba centrífuga típica transfere, em operação, certa quantidade de energia por unidade de peso de fluido movimentado (também chamada carga), h, e para tal requer que lhe seja disponibilizada uma potência $\dot{W}$. Tanto a carga quanto a potência são funções das seguintes variáveis: vazão volumétrica de fluido através do ventilador, $\dot{V}$, massa específica do fluido, ρ, velocidade angular de rotação do rotor, ω, diâmetro do rotor, D, e viscosidade do fluido, μ. Ou seja: $h = f_1\left(\dot{V}; \rho; \omega; \mu; D\right)$ e $\dot{W} = f_2\left(\dot{V}; \rho; \omega; \mu; D\right)$. Utilizando como variáveis repetentes a massa específica do fluido, o diâmetro do rotor e a sua velocidade angular, determine os parâmetros adimensionais que governam o fenômeno.

CAPÍTULO 8

ESCOAMENTO INTERNO DE FLUIDOS VISCOSOS

É extremamente comum, em problemas de engenharia, nos depararmos com a necessidade de transportar fluidos em tubulações, por exemplo, abastecendo uma caixa-d'água ou transportando um combustível de um reservatório para o seu local de uso. Para promover o transporte do fluido, deve-se transferir energia mecânica a ele e, ao longo do escoamento, parte dessa energia é convertida em energia térmica por efeito de atrito, o que caracteriza uma redução da energia disponível para promover o escoamento. Essa situação real pode se desmembrar em problemas do tipo: qual é a potência mecânica a ser adicionada a um fluido para garantir que ele escoe sob determinadas condições? Dado um determinado conjunto de limitações de projeto, qual é o diâmetro mais adequado de uma tubulação? Qual deve ser a vazão esperada em uma tubulação?

Tendo em vista a necessidade de o engenheiro responder a essas ou a outras questões desse tipo, estudamos, neste capítulo, o escoamento viscoso e incompressível de fluidos em dutos.

8.1 REGIMES DE ESCOAMENTO EM DUTOS

O escoamento de um fluido em um duto pode se apresentar no regime laminar, no turbulento ou em um regime de transição entre estes dois. Verifica-se que a transição do escoamento laminar para o turbulento ocorre para números de Reynolds, baseados no diâmetro interno do duto, entre cerca de 2000 e 4000; assim, de maneira geral, se considera que números de Reynolds abaixo de 2000 caracterizam escoamentos laminares, e que acima de 4000 caracterizam escoamentos turbulentos. Embora saibamos da existência da faixa de transição, adotaremos um valor para o número de Reynolds com o propósito de delimitar a transição do regime laminar para o turbulento; no caso de escoamento em dutos, o consideraremos igual a 2300, e o denominaremos *número de Reynolds crítico*.

8.2 REGIÃO DE ENTRADA E ESCOAMENTO PLENAMENTE DESENVOLVIDO

Consideremos a situação ilustrada na Figura 8.1. Um fluido é descarregado em regime permanente de um tanque por meio de um tubo retilíneo com seção transversal circular. Consideremos que o perfil de velocidades na seção de entrada do tubo seja uniforme. Devido ao princípio da aderência, observamos que as partículas fluidas em contato com a superfície interna do tubo permanecerão com velocidade nula, enquanto as demais partículas permanecerão em movimento, formando-se, assim, um perfil de velocidades não uniforme. Com base em observação experimental, notamos que, à medida que caminhamos no sentido positivo do eixo x, o perfil de velocidades se modifica gradualmente até se estabilizar. O comprimento inicial do duto ao longo do qual ocorre o desenvolvimento do perfil de velocidade é usualmente denominado *comprimento hidrodinâmico de entrada*, ou apenas *comprimento de entrada*, e dizemos que, ao longo da parte restante do tubo, ocorre um escoamento com perfil de velocidades *plenamente desenvolvido*.

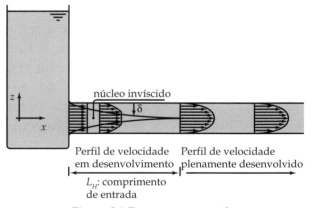

Figura 8.1 Escoamento em tubo

Tanto a dimensão L_H do comprimento de entrada quanto a forma do perfil de velocidades já completamente desenvolvido dependem do regime de escoamento. Consideremos, inicialmente, que o escoamento ocorre em regime laminar, ou seja, com número de Reynolds inferior a 2300. Resultados de trabalho experimental sugerem que, para escoamentos laminares, o comprimento de entrada pode ser avaliado por:

$$\frac{L_H}{D} = 0,06\, Re_D \qquad (8.1)$$

No caso de escoamentos turbulentos em dutos, o comprimento de entrada pode ser avaliado por:

$$\frac{L_H}{D} = 4,4\, Re_D^{1/6} \qquad (8.2)$$

Devemos observar que essas expressões indicam apenas a ordem de grandeza do comprimento de entrada; mesmo assim, elas são úteis para avaliar a importância desse comprimento frente ao comprimento total do duto.

Consideremos o valor do número de Reynolds de transição por nós adotado, 900. Se calcularmos o comprimento de entrada utilizando esse valor, obteremos, utilizando a Equação (8.1), $L_H/D = 138$, ao passo que, se utilizarmos a Equação (8.2), obteremos $L_H/D = 16$. Esses resultados indicam que o comprimento de entrada de escoamentos turbulentos são sensivelmente menores do que os de escoamentos laminares.

8.3 PERFIS DE VELOCIDADE PLENAMENTE DESENVOLVIDOS EM DUTOS

Para prosseguir no estudo do escoamento em dutos, devemos compreender como é o perfil de velocidades plenamente desenvolvido em um duto. Para isso estudaremos, em primeiro lugar, o escoamento laminar e, a seguir, o turbulento.

8.3.1 O perfil de velocidade plenamente desenvolvido no escoamento laminar

Consideremos um volume de controle com pequenas dimensões em um meio fluido escoando em regime laminar com perfil de velocidade plenamente desenvolvido no interior de um duto horizontal com seção transversal circular, conforme ilustrado na Figura 8.2, e analisemos as forças aplicadas na direção do escoamento pelo meio a esse volume de controle. A força F_1 é a aplicada pelo meio à face 1 do volume, a força F_2 é a aplicada pelo meio à face 2 e a força F_3 é a aplicada na face lateral. Considerando que a pressão na face 1 é igual a p e que na face 2 é igual a $p + \Delta p$, obtemos: $F_1 = p\pi r^2$ e $F_2 = (p + \Delta p)\pi r^2$. Observemos, agora, a força F_3. Ela é causada pela tensão de cisalhamento τ que age na superfície lateral do volume de controle, e é dada por: $F_3 = \tau 2\pi r L$.

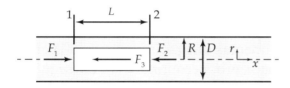

Figura 8.2 Forças sobre volume de fluido

Como o escoamento é plenamente desenvolvido, a aceleração das partículas fluidas que compõem a massa fluida no interior do volume sob análise é nula e, assim, a somatória das forças agindo sobre essa massa é nula, ou seja:

$$p\pi r^2 = (p + \Delta p)\pi r^2 + \tau 2\pi r L \quad (8.3)$$

Simplificando essa equação, obtemos:

$$\frac{\Delta p}{L} = \frac{2\tau}{r} \quad (8.4)$$

Considerando por hipótese que o fluido é newtoniano, obtemos:

$$\tau = -\mu \frac{dV}{dr} \quad (8.5)$$

Nessa expressão, V é a velocidade do fluido na posição r e μ é a viscosidade dinâmica; note que o sinal negativo indica que a força causada pela tensão de cisalhamento τ age no sentido negativo do eixo x.

Combinando as Equações (8.4) e (8.5), obtemos:

$$\frac{dV}{dr} = -\frac{\Delta p}{2\mu L} r \quad (8.6)$$

Essa equação diferencial pode ser resolvida pelo método de separação de variáveis:

$$dV = -\frac{\Delta p}{2\mu L} r dr \Rightarrow \int dV = -\frac{\Delta p}{2\mu L} \int r dr$$

$$V(r) = -\frac{\Delta p}{2\mu L} \frac{r^2}{2} + C \quad (8.7)$$

onde C é uma constante.

Com base no princípio da aderência, podemos afirmar que a velocidade das partículas fluidas em contato com a superfície interna do tubo é nula, ou seja: $V = 0$ quando $r = R$. Utilizando essa condição de contorno, determinamos a constante C:

$$C = \frac{\Delta p R^2}{4\mu L} \quad (8.8)$$

O perfil de velocidades será:

$$V(r) = -\frac{\Delta p}{4\mu L} r^2 + \frac{\Delta p R^2}{4\mu L} \quad (8.9)$$

$$V(r) = \frac{\Delta p R^2}{4\mu L}\left(1 - \left(\frac{r}{R}\right)^2\right) \quad (8.10)$$

Verificamos, assim, que o perfil de velocidades no escoamento laminar plenamente desenvolvido em um tubo com seção transversal circular é parabólico e, como junto à parede a velocidade do fluido é nula, concluímos que esse perfil passa por um valor máximo. Derivando a função, obtemos:

$$\frac{dV}{dr} = -\frac{\Delta p}{2\mu L} r \quad (8.11)$$

Como essa derivada somente pode atingir valor nulo quando $r = 0$, verificamos que o valor máximo da velocidade ocorre sobre o eixo x, que coincide com a linha de centro do tubo e é igual a:

$$V_{max} = \frac{\Delta p R^2}{4\mu L} \quad (8.12)$$

Finalmente, obtemos:

$$V(r) = V_{max}\left(1 - \left(\frac{r}{R}\right)^2\right) \quad (8.13)$$

8.3.2 O perfil de velocidade plenamente desenvolvido no escoamento turbulento

Quando o escoamento em um duto de seção circular é turbulento, o perfil de velocidades desenvolvido tem característica bastante diferente do perfil encontrado no regime laminar. Um tipo de expressão bastante utilizada em engenharia para descrever esse perfil é a *lei de potência*, que tem origem experimental:

$$V(r) = V_{max}\left(1 - \frac{r}{R}\right)^n \quad (8.14)$$

onde, novamente, V_{max} é a velocidade máxima do escoamento, a qual ocorre na linha de centro do duto, e R é o seu raio interno. O expoente n é uma função do número de Reynolds, sendo muitas vezes utilizado o valor $n = 1/7$, dando ao perfil assim obtido a denominação *um sétimo*. Devemos observar que, em uma região muito próxima da parede do duto, essa expressão não se mostra precisa.

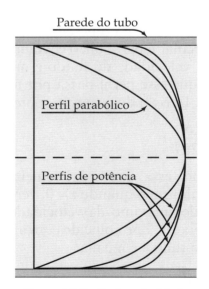

Figura 8.3 Perfis de velocidade

Na Figura 8.3 observamos um conjunto de perfis que apresentam a mesma velocidade máxima e que é constituído por um perfil parabólico e mais três de potência. Inicialmente devemos observar que os perfis de potência que são mais achatados do que o parabólico, e em segundo lugar devemos observar que quanto maior o valor de n, mais achatado é o perfil de velocidade.

8.4 PERDA DE CARGA

A análise típica de escoamentos incompressíveis em regime permanente em sistemas de tubulações requer a aplicação da equação da energia, Equação (8.15), e um dos seus termos é a perda de carga, h_L, que é causada por efeitos viscosos. Assim, de maneira geral, é necessário dispor de ferramentas que permitam avaliá-la em um escoamento, permitindo, em consequência, a sua utilização quando da análise do escoamento na tubulação.

$$H_B + \frac{p_1}{\gamma} + \alpha_1 \frac{V_1^2}{2g} + z_1 = \frac{p_2}{\gamma} +$$
$$+ \alpha_2 \frac{V_2^2}{2g} + z_2 + H_T + h_L \quad (8.15)$$

De maneira geral, as tubulações interligam tanques, reservatórios, equipamentos etc. e, dependendo da sua função, nelas pode haver máquinas de fluxo, como bombas, ventiladores, turbinas e compressores. Para cumprir o seu papel, que é o de transportar ou permitir o transporte de fluidos, elas são constituídas por tubos e por acessórios, como joelhos, válvulas, filtros de linha, reduções etc.

Para melhor compreender o fenômeno, consideremos o escoamento de um fluido incompressível em regime permanente em um tubo horizontal de seção constante no qual há uma válvula instalada. Conforme qualitativamente ilustrado na Figura 8.4, à medida que o fluido escoa, a sua pressão reduz-se gradativamente ao longo do tubo, devido aos efeitos viscosos. Observe que, exceto na válvula e em sua vizinhança, a pressão evolui linearmente ao longo da abscissa.

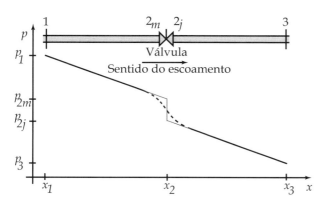

Figura 8.4 Escoamento em tubo horizontal

Tendo em vista a dificuldade de se desenvolver uma análise quantitativa do fenômeno que ocorre na válvula e em sua vizinhança, opta-se por considerar que a pressão varia linearmente ao longo de todo o duto, apresentando um salto localizado na válvula, conforme indicado na Figura 8.4, sendo que, neste caso, consideramos a válvula como um elemento com comprimento infinitesimal. Podemos dizer, neste caso hipotético, que na seção de entrada da válvula observamos a pressão p_{2m} e na sua seção de saída observamos a pressão p_{2j}. Com base nesse raciocínio, afirmamos que ao longo da tubulação a montante da válvula ocorre a variação de pressão $p_1 - p_{2m}$, ao longo da tubulação a jusante da válvula ocorre a variação de pressão $p_{2j} - p_3$ e que na válvula ocorre a variação de pressão $p_{2m} - p_{2j}$.

Se aplicarmos a equação da energia, por exemplo, para o volume de controle que envolve a tubulação a montante da válvula, não havendo nenhuma máquina de fluxo instalada entre a seção de entrada e a de saída do volume de controle e considerando que a perda de pressão ocorre única e exclusivamente no tubo, obtemos:

$$\frac{p_1}{\gamma} + \alpha_1 \frac{V_1^2}{2g} + z_1 = \frac{p_{2m}}{\gamma} +$$
$$+ \alpha_{2m} \frac{V_{2m}^2}{2g} + z_{2m} + h_{L1-2} \qquad (8.16)$$

onde o índice *2m* referencia as grandezas a montante da válvula. Nesse caso, $z_1 = z_{2m}$ e, como a aplicação do princípio da conservação da massa resulta no fato de que as velocidades médias V_1 e V_{2m} são iguais, já que o diâmetro do duto é constante, podemos simplificar a equação da energia, resultando em:

$$\frac{p_1 - p_{2m}}{\gamma} = h_{L1-2} \qquad (8.17)$$

Ou seja: a diferença de pressões entre duas seções do duto horizontal é proporcional à perda de carga, e o coeficiente de proporcionalidade é o peso específico do fluido. Devemos observar que essa perda de carga ocorre ao longo do comprimento do duto analisado e, por esse motivo, a denominamos *perda de carga distribuída*. Simbolizaremos as perdas de carga distribuídas por h_{Ld}. Observe que a diferença de pressões obtida é diferente de zero porque o fluido está em movimento; se ele estivesse estático, como o tubo está na horizontal, essa diferença seria nula.

Similarmente, aplicando a equação da energia a um volume de controle que envolva a tubulação a jusante da válvula, obtemos:

$$\frac{p_{2j} - p_3}{\gamma} = h_{L2-3} \qquad (8.18)$$

Nessa expressão, h_{L2-3} é a perda de carga distribuída do escoamento que ocorre no volume de controle considerado.

Consideremos agora a válvula. Aplicando a equação da energia ao volume de controle delimitado pela superfície interna da válvula e pelas suas seções de entrada e de saída, obtemos:

$$\frac{p_{2m}}{\gamma}+\alpha_{2m}\frac{V_{2m}^2}{2g}+z_{2m}=$$
$$=\frac{p_{2j}}{\gamma}+\alpha_{2j}\frac{V_{2j}^2}{2g}+z_{2j}+h_{Lm-j} \quad (8.19)$$

Observando que $z_{2m} = z_{2j}$, e como a aplicação do princípio da conservação da massa resulta no fato de que as velocidades médias V_{2m} e V_{2j} são iguais, já que os diâmetros dos dutos são iguais e, por conseguinte, os da válvula também, podemos simplificar a equação da energia, resultando em:

$$\frac{p_{2m}-p_{2j}}{\gamma}=h_{Lm-j} \quad (8.20)$$

A perda de carga h_{Lm-j} ocorre essencialmente na válvula e, por esse motivo, a denominamos *perda de carga localizada*. Simbolizaremos essa perda por h_{Ll}. Observamos que essas perdas de carga podem ser causadas por diversos tipos de acessórios de tubulação, como joelhos, curvas, tês, uniões, reduções etc.

Lembrando que, de maneira geral, observamos em uma tubulação tanto perdas de carga localizadas como distribuídas, podemos afirmar que a perda de carga total será igual à somatória de todas as existentes, ou seja:

$$h_L = \sum h_{Ld} + \sum h_{Ll} \quad (8.21)$$

8.5 AVALIAÇÃO DA PERDA DE CARGA DISTRIBUÍDA

Consideremos, inicialmente, o escoamento em regime permanente de um fluido incompressível em um trecho de tubo inclinado de um ângulo θ em relação à horizontal e com raio interno invariável R, conforme ilustrado na Figura 8.5. Aplicando a equação da energia ao volume de controle delimitado pela superfície interna do duto e pelas seções transversais 1 e 2, obtemos:

$$\frac{p_1}{\gamma}+\alpha_1\frac{V_1^2}{2g}+z_1=\frac{p_2}{\gamma}+\alpha_2\frac{V_2^2}{2g}+$$
$$+z_2+h_{Ld} \quad (8.22)$$

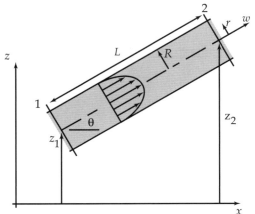

Figura 8.5 Escoamento em tubo inclinado

Como a aplicação do princípio da conservação da massa resulta no fato de que as velocidades médias V_1 e V_2 são iguais, já que o diâmetro do duto é constante, podemos simplificar a equação da energia, resultando em:

$$\frac{p_1-p_2}{\gamma}+z_1-z_2=h_{Ld} \quad (8.23)$$

Logo:

$$p_1-p_2 = \gamma(z_2-z_1)+\gamma h_{Ld} \quad (8.24)$$

que mostra que, para o duto inclinado, a diferença de pressão depende da perda de carga distribuída e, também, da diferença entre as alturas das seções 1 e 2. Observe que, independentemente da posição do tubo, para conhecer a diferença entre as pressões nas seções 1 e 2, é necessário determinar a perda de carga do escoamento.

Procurando encontrar um procedimento para avaliar a perda de carga distribuída, nós vamos aplicar ao volume de controle que estamos analisando a equação da conservação da quantidade de movimento na direção do eixo w. Observe novamente a Figura 8.5.

$$p_1\pi R^2 - p_2\pi R^2 - \rho g\pi R^2 L sen\theta -$$
$$-\tau_0 2\pi RL = \dot{m}(V_2-V_1) \quad (8.25)$$

Devemos observar que $z_2 - z_1 = Lsen\theta$ e que $V_2 - V_1 = 0$. Substituindo esses valores na Equação (8.25), obtemos:

$$(p_1 - p_2) - \gamma(z_2 - z_1) = \frac{2\tau_0 L}{R} \qquad (8.26)$$

Combinando as Equações (8.24) e (8.26), resulta:

$$h_{Ld} = \frac{2\tau_0}{\gamma}\frac{L}{R} \qquad (8.27)$$

Essa equação relaciona a perda de carga com a tensão de cisalhamento na parede do duto.

A análise do fenômeno nos permite afirmar que a tensão de cisalhamento na parede é uma função da massa específica e da viscosidade do fluido, da velocidade média do escoamento no duto e da rugosidade da superfície interna do duto em contato com o fluido, ou seja:

$$\tau_0 = g(\rho, V, d, \mu, \varepsilon) \qquad (8.28)$$

A rugosidade do duto é função tanto do material que o constitui quanto do seu processo de fabricação, por exemplo: a de um duto de PVC certamente será muito menor do que a de um tubo de aço galvanizado.

Tendo identificado as variáveis dimensionais que governam o fenômeno, podemos concluir, utilizando a análise dimensional, que:

$$\frac{8\tau_0}{\rho V^2} = f = g\left(Re_D, \frac{\varepsilon}{D}\right) \qquad (8.29)$$

O adimensional ε/D é denominado *rugosidade relativa* e o adimensional $8\tau_0/\rho V^2$, simbolizado pela letra *f*, é denominado *fator de atrito de Darcy*. Utilizando os resultados expressos pelas Equações (8.27) e (8.29), podemos relacionar a perda de carga com o fator de atrito, com o comprimento e diâmetro da tubulação e com a velocidade média do escoamento, obtendo a correlação:

$$h_{Ld} = f\frac{L}{D}\frac{V^2}{2g} \qquad (8.30)$$

que é denominada equação de *Darcy-Weisbach*.

Devemos observar que, ao desenvolver a equação de Darcy-Weisbach, não foi estabelecida exigência alguma quanto ao fato de o regime de escoamento ser laminar ou turbulento, de onde concluímos que essa equação é válida para esses dois casos desde que se utilize um fator de atrito apropriado. No entanto, devemos observar também que, como o fator de atrito é função do número de Reynolds, é razoável supor que deveremos obter, para cada tipo de regime de escoamento, diferentes expressões para avaliar o coeficiente de atrito.

8.5.1 Avaliação da perda de carga distribuída no escoamento laminar

Consideremos o escoamento laminar plenamente desenvolvido em um duto de seção circular. Conforme já visto, ele tem a forma parabólica e pode ser algebricamente representado pela Equação (8.13). Partindo dessa distribuição de velocidades, podemos avaliar, em primeiro lugar, a velocidade média do escoamento:

$$\dot{V} = \int_A V dA =$$
$$= \int_0^R V_{max}\left(1 - \left(\frac{r}{R}\right)^2\right)2\pi r dr \qquad (8.31)$$

que resulta em:

$$\dot{V} = \frac{\pi R^2}{2}V_{max} \qquad (8.32)$$

Podemos, então, avaliar a velocidade média:

$$V_m = \frac{\dot{V}}{A} = \frac{\dot{V}}{\pi R^2} = \frac{V_{max}}{2} \qquad (8.33)$$

Utilizando esse resultado, podemos agora expressar o perfil de velocidades no escoamento laminar plenamente desenvolvido em função da sua velocidade média:

$$V(r) = 2V_m\left(1 - \left(\frac{r}{R}\right)^2\right) \quad (8.34)$$

Sabemos que a tensão de cisalhamento na parede pode ser expressa por:

$$\tau_0 = \left|\mu \frac{\partial V}{\partial r}\right|_{r=R} \quad (8.35)$$

Utilizando o perfil de velocidades dado pela Equação (8.34), podemos avaliar a tensão de cisalhamento na parede, obtendo:

$$\tau_0 = \frac{8\mu V}{D} \quad (8.36)$$

Sabemos que o fator de atrito de Darcy é um adimensional definido por $f = (8\tau_0/\rho V^2)$, que, combinado com a Equação (8.36), nos fornece:

$$f = \frac{8\tau_0}{\rho V^2} = \frac{64\mu V}{\rho V^2 D} \quad (8.37)$$

Ou seja:

$$f = \frac{64}{Re} \quad (8.38)$$

Essa é a expressão utilizada em cálculos de engenharia para a avaliação do fator de atrito em escoamento laminar plenamente desenvolvido, que nos mostra claramente que, nesse regime de escoamento, o fator de atrito não é influenciado pela rugosidade da parede do duto.

Podemos combinar esse resultado com a equação de Darcy-Weisbach, obtendo:

$$h_{Ld} = f\frac{L}{D}\frac{V^2}{2g} = \frac{64}{Re}\frac{L}{D}\frac{V^2}{2g} =$$
$$= \frac{64\mu}{\rho VD}\frac{L}{D}\frac{V^2}{2g} = \frac{32\mu L V}{\rho g D^2} \quad (8.39)$$

Observando essa equação, notamos que, no escoamento laminar estudado, a perda de carga é diretamente proporcional à velocidade média do escoamento, à viscosidade do fluido e ao comprimento da tubulação.

Consideremos um tubo horizontal, utilizando os índices 1 e 2 para, respectivamente, as suas seções de entrada e saída. Aplicando a equação da energia, concluímos que $p_1 - p_2 = \rho g h_{Ld}$. Podemos, então, correlacionar a diferença de pressões $\Delta p = p_1 - p_2$ com a vazão, obtendo:

$$\dot{V} = \frac{\pi \Delta p D^4}{128\mu L} \quad (8.40)$$

8.5.2 Avaliação da perda de carga distribuída em escoamentos turbulentos

Consideremos, agora, o escoamento turbulento, plenamente desenvolvido, em um duto com seção circular. Nesse caso, a rugosidade da parede desempenha um papel importante, não podendo ser desconsiderada, o que nos traz a perspectiva de trabalhar com equações que apresentam, de fato, o fator de atrito em função de duas variáveis adimensionais, o número de Reynolds e a rugosidade relativa. Existem diversas expressões destinadas à determinação do fator de atrito de escoamento turbulento em dutos circulares. A mais conhecida é a histórica expressão de Colebrook:

$$\frac{1}{\sqrt{f}} = -2{,}0\log\left(\frac{\varepsilon/D}{3{,}7} + \frac{2{,}51}{Re\sqrt{f}}\right) \quad (8.41)$$

Essa expressão, plenamente aceita para cálculos de engenharia, apresenta o inconveniente de apresentar o fator de atrito de forma implícita, requerendo um processo de cálculo iterativo. Se julgarmos interessante optar por equações que apresentem o fator de atrito de forma explícita, podemos utilizar a equação de Haaland:

$$\frac{1}{\sqrt{f}} = -1{,}8\log\left[\frac{6{,}9}{Re} + \left(\frac{\varepsilon/D}{3{,}7}\right)^{1{,}11}\right] \quad (8.42)$$

que apresenta resultados ligeiramente diferentes da equação de Colebrook.

Outra interessante opção consiste na utilização da equação de Swamee e Jain, que, além de apresentar o fator de atrito de forma explícita, é aplicável tanto ao regime de escoamento laminar quanto ao turbulento, o que pode facilitar cálculos computacionais.

$$f = \left\{ \left(\frac{64}{Re}\right)^8 + 9,5\left[ln\left(\frac{\varepsilon/D}{3,7} + \frac{5,74}{Re^{0,9}}\right) - \left(\frac{2500}{Re}\right)^6 \right]^{-16} \right\}^{0,125} \quad (8.43)$$

na qual o comprimento característico para o cálculo do número de Reynolds é o diâmetro, D, do tubo.

Embora tenhamos ressaltado a importância da rugosidade na avaliação da perda de carga em escoamentos turbulentos, observamos que, quando ela se torna muito pequena, sua contribuição é desprezível. Essa situação ocorre, por exemplo, em tubos que denominamos *hidraulicamente lisos*, tais como os de vidro e plástico. Nesse caso, podemos simplificar a equação de Colebrook, obtendo:

$$\frac{1}{\sqrt{f}} = -2,0 log\left(\frac{2,51}{Re\sqrt{f}}\right) \quad (8.44)$$

que podemos rearranjar, obtendo:

$$\frac{1}{\sqrt{f}} = 2,0 log\left(Re f^{1/2}\right) - 0,8 \quad (8.45)$$

Para o cálculo do fator de atrito no escoamento em tubos hidraulicamente lisos, tem-se duas equações de utilização mais simples. A primeira é a histórica equação de Blasius:

$$f = \frac{0,316}{Re^{1/4}} \quad (8.46a)$$

aplicável na faixa $4000 \leq Re \leq 1E5$.

A segunda é uma equação mais moderna, desenvolvida por Petukhov, que, além de apresentar o fator de atrito de forma explícita, é adequada para cálculos em uma faixa mais ampla de números de Reynolds:

$$f = \left(0,790 ln(Re) - 1,64\right)^{-2} \quad (8.46b)$$

Essa equação é aplicável no intervalo $3000 \leq Re \leq 5E6$.

Vimos uma situação-limite do escoamento turbulento caracterizada pela baixa rugosidade. Entretanto, à medida que a rugosidade relativa aumenta, sua contribuição torna-se mais pronunciada, a ponto de o fator de atrito praticamente não depender do número de Reynolds, e sim apenas dela. Escoamentos que têm essa característica, denominados *escoamentos totalmente rugosos*, são comuns e podem ser algebricamente visualizados quando, ao se analisar a equação de Colebrook, considerarmos que o termo $2,51/(Re\sqrt{f})$ atinge valores desprezíveis quando o número de Reynolds é alto. Nesse caso, obtemos:

$$\frac{1}{\sqrt{f}} = -2,0 log\left(\frac{\varepsilon/D}{3,7}\right) \quad (8.47)$$

A utilização dessas equações pressupõe o conhecimento da rugosidade, a qual depende do material e do processo de fabricação. Valores dessa grandeza são apresentados na Tabela 8.1, a qual foi adaptada da Referência [26] por meio da eliminação de alguns valores e, em alguns casos, pela opção de valores discretos em substituição a faixas de valores de rugosidade. Devemos observar que alguns autores consideram os tubos de materiais plásticos, como o PVC, hidraulicamente lisos.

Tabela 8.1 Rugosidades de materiais comuns

Material	Rugosidade (mm)
Aço carbono comercial novo	0,045
Aço laminado novo	0,04 a 0,10
Aço soldado novo	0,05 a 0,10
Aço soldado moderadamente oxidado	0,4
Aço laminado revestido de asfalto	0,05
Aço galvanizado com costura	0,15
Ferro fundido novo	0,26
Ferro fundido com leve oxidação	0,30
Ferro fundido velho	3 a 5
Ferro fundido centrifugado	0,05
Ferro fundido com revestimento asfáltico	0,12 a 0,20
Ferro fundido oxidado	1 a 1,5
Concreto centrifugado novo	0,16
Concreto armado liso com vários anos de uso	0,20 a 0,30
Concreto com acabamento normal	1 a 3
Cobre, latão, aço revestido de epóxi, tubos extrudados	0,0015 a 0,010
Vidro, PVC, plásticos em geral	0

A Figura 8.6 ilustra o comportamento do fator de atrito em função do número de Reynolds e da rugosidade relativa. Nessa figura, construída a parttir da Equação (8.43), podemos identificar três regiões importantes. A primeira corresponde ao regime de escoamento laminar, caracterizado por números de Reynolds inferiores a 2300. A segunda é a região de transição de escoamento laminar para turbulento, aceita, para propósito de cálculo de engenharia, como sendo delimitada por números de Reynolds entre 2300 e 4000. Para valores de Re superiores a 4000, consideramos o regime de escoamento turbulento. Por fim, podemos observar nesse gráfico a terceira região que apresenta o fator de atrito dependendo essencialmente da rugosidade relativa do duto e na qual observamos o escoamento denominado *escoamento plenamente turbulento*. Alguns autores denominam essa região de *completamente rugosa*.

8.6 AVALIAÇÃO DA PERDA DE CARGA EM DUTOS NÃO CIRCULARES

Tradicionalmente, utiliza-se a equação de Darcy-Weisbach para determinar a perda de carga distribuída em dutos não circulares; entretanto, para aplicá-la, utiliza-se nos cálculos um diâmetro hipotético denominado *diâmetro hidráulico*, que é definido como:

$$D_h = \frac{4A}{P} \qquad (8.48)$$

Nessa expressão, A é a área da seção transversal do escoamento e P é o *perímetro molhado*, perímetro no qual o fluido entra em contato com a superfície do duto. Quando utilizamos o conceito de diâmetro hidráulico, determinamos a rugosidade relativa como sendo a razão entre a rugosidade absoluta e o diâmetro hidráulico. Similarmente, calculamos o número de Reynolds como $Re = \rho V D_h / \mu$.

Exemplificando:

a) No caso de o escoamento se dar preenchendo totalmente a seção de um tubo de seção quadrada com lado l, teremos $D_h = l$.
b) No caso de o tubo ter seção retangular com lados a e b, teremos $D_h = 2ab/(a+b)$.

8.7 AVALIANDO AS PERDAS DE CARGA LOCALIZADAS

As perdas de carga localizadas, também chamadas *menores*, são avaliadas com base em resultados experimentais, existindo dois métodos tradicionais.

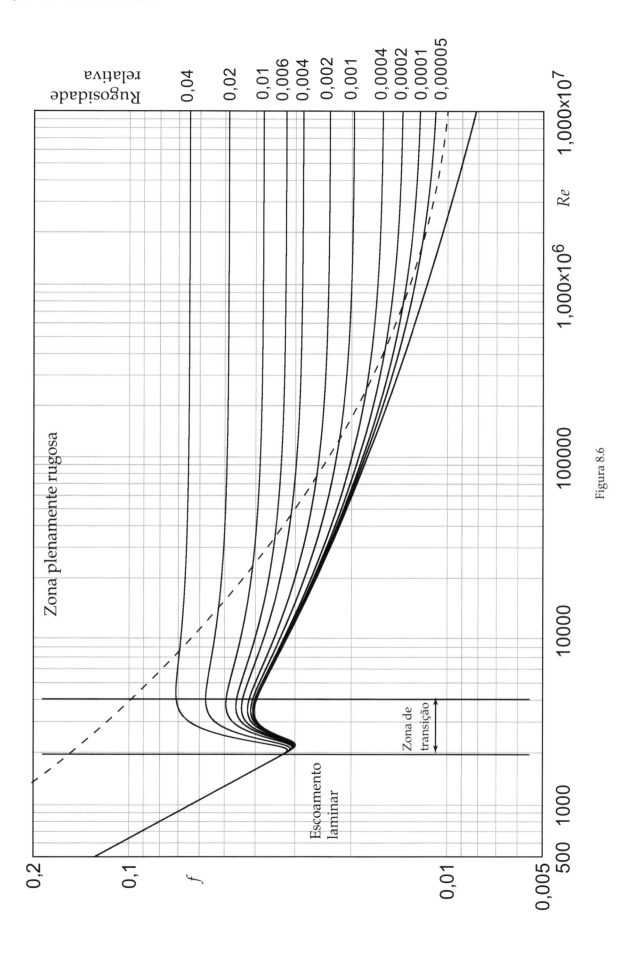

Figura 8.6

O primeiro consiste em calcular a perda de carga causada por acessório de tubulação, ou ainda por um componente específico, em função do seu coeficiente de perda de carga K. Assim, obtemos:

$$h_{Ll} = K \frac{V^2}{2g} \tag{8.49}$$

O segundo método consiste em atribuir ao componente causador da perda de carga um *comprimento equivalente*, L_e, ao de um tubo retilíneo que cause perda de carga equivalente. Neste caso, temos:

$$h_{Ll} = f \frac{L_e}{D} \frac{V^2}{2g} \tag{8.50}$$

Tanto o coeficiente K quanto o comprimento equivalente L_e são determinados experimentalmente.

8.7.1 Coeficientes de perda de carga de expansões e contrações

Considere o escoamento em uma expansão axissimétrica brusca ilustrada na Figura 8.7. Nesse caso, o coeficiente de perda de carga baseado na velocidade de entrada, V_1, para escoamentos turbulentos é dado por:

$$K = \left(1 - \frac{A_1}{A_2}\right)^2 \tag{8.51}$$

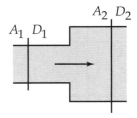

Figura 8.7 Expansão abrupta

O caso-limite de expansão axissimétrica brusca é o escoamento de um fluido através de um duto, descarregando-o em um ambiente no qual a sua velocidade é reduzida a zero – veja a Figura 8.8. Se a região na qual a velocidade do fluido for reduzida a zero estiver incluída no volume de controle utilizado para análise do fenômeno, o que corresponde à condição definida algebricamente por A_2, muito maior do que A_1, observamos que a razão A_1/A_2 tende a zero e, consequentemente, o coeficiente de perda de carga de saída do duto será igual a 1.

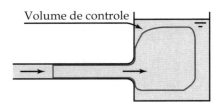

Figura 8.8 Saída submersa

Seja uma contração axissimétrica brusca conforme ilustrado na Figura 8.9. Nesse caso, o coeficiente de perda de carga baseado na velocidade de saída para escoamentos turbulentos é dado por:

$$K = \frac{1}{2}\left(1 - \frac{A_2}{A_1}\right) \tag{8.52}$$

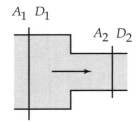

Figura 8.9 Contração abrupta

8.7.2 Coeficiente de perda de carga de entrada em tubulações

Na Figura 8.10 apresentamos três situações distintas, quais sejam: entrada reentrante, entrada em quinas vivas e entrada arredondada, e a mais frequentemente encontrada é a em quinas vivas. O coeficiente de perda de carga na entrada em quinas vivas é igual a 0,5 e corresponde ao caso-limite de escoamento em contração quando a área A_1 torna-se muito maior do que a A_2.

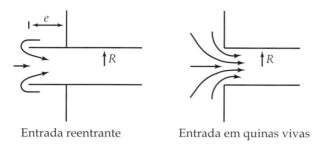

Entrada reentrante   Entrada em quinas vivas

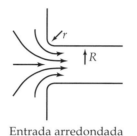

Entrada arredondada

Figura 8.10 Entradas em tubulação

No caso de entradas reentrantes, o coeficiente de perda de carga depende da relação entre o comprimento e da reentrância e do raio interno R, podendo atingir valores tais como 0,8.

Finalmente, observamos que as entradas arredondadas apresentam os menores coeficientes de perda de carga, os quais dependem da relação entre o raio r de arredondamento e o diâmetro D do duto. Essa dependência é apresentada na Tabela 8.2.

Tabela 8.2 Coeficiente de perda de carga em entradas arredondadas

r/D	0,05	0,1	0,2	0,3	0,4
K	0,25	0,17	0,08	0,05	0,04

Fonte: Referência [26].

8.7.3 Perda de carga em acessórios de tubulação

Acessórios de tubulação são componentes essenciais, e, dentre eles, destacamos joelhos, também denominados cotovelos, curvas, que têm raios de curvatura maiores do que os joelhos, tês, válvulas etc. Esses acessórios podem ser conectados aos tubos por meio de roscas, de flanges ou soldados.

As válvulas podem ser classificadas segundo diversos critérios, sendo um deles a sua forma de utilização, como as válvulas de manobra, utilizadas apenas para bloquear ou abrir circuitos ou como válvulas de regulagem. Apresentamos nas Figuras 8.11, 8.12, 8.13 e 8.14 diagramas esquemáticos autoexplicativos de alguns tipos de válvulas encontrados no mercado.

É razoável esperar que o coeficiente de perda de carga, por exemplo, de uma válvula globo dependa de variáveis como: processo de fabricação, dimensão nominal, dimensões reais, que são parcialmente padronizadas, material que a constitui. Esse é um dos motivos para se encontrar na literatura informações sobre coeficientes de perda de carga nem sempre coincidentes, mesmo quando referidos ao mesmo produto. Alguns autores apresentam coeficientes em função do diâmetro nominal do acessório, outros, para um dado acessório, apresentam valor único, independente do seu diâmetro nominal. Nesse contexto, optamos por apresentar na Tabela 8.3 alguns coeficientes típicos. Mesmo não sendo universais, é necessária a sua utilização. Deve ser observado que, de maneira geral, as perdas de carga localizadas são relativamente menores do que as distribuídas; por conseguinte, o fato de utilizar coeficientes não tão precisos para avaliar as perdas localizadas não necessariamente introduz erros consideráveis nos cálculos exigidos pelos projetos de engenharia.

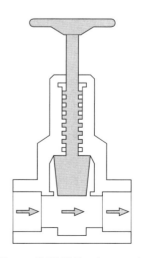

Figura 8.11 Válvula gaveta

Observa-se também que, usualmente, o erro causado pelo uso de coeficientes inadequados pode ser absorvido por coeficientes de segurança, e cabe ao engenheiro julgar cuidadosamente os critérios de projeto utilizados e as suas possíveis decorrências.

Tabela 8.3 Coeficientes de perda de carga para acessórios de tubulação

Acessório	K	Acessório	K
Joelho 90° raio curto	0,9	Válvula de gaveta aberta	0,2
Joelho 90° raio longo	0,6	Válvula angular aberta	5
Joelho 45°	0,4	Válvula globo aberta	10
Curva 90° ($r/D = 1$)	0,4	Válvula de pé com crivo	10
Curva 45° ($r/D = 1$)	0,2	Válvula de retenção	3
Tê – passagem direta	0,9	Curva de retorno (180°)	2,2
Tê – saída lateral	2,0	Válvula de boia	6

Fonte: Referência [26].

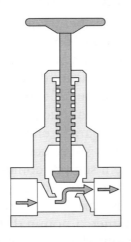

Figura 8.12 Válvula globo

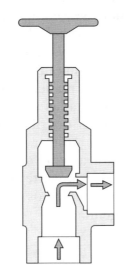

Figura 8.13 Válvula angular

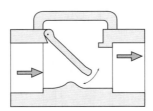

Figura 8.14 Vávula de retenção tipo portinhola

8.7.4 Perdas de carga em equipamentos e componentes especiais

Em instalações industriais e prediais, é comum o uso de componentes e equipamentos através dos quais observamos o escoamento de um fluido, exigindo a avaliação da perda de carga. Um exemplo comum é o uso de filtros na entrada de tubulações que captam ar ambiente destinados a processos diversos. Por exemplo, ar a ser insuflado em um ambiente no qual se trabalha com componentes eletroeletrônicos deve ser filtrado de forma a atingir os requisitos técnicos desse processo industrial, que certamente serão diferentes dos requisitos de pureza de ar insuflado em uma sala cirúrgica ou em uma ambiente de produção de medicamentos.

Assim, para cada equipamento ou componente especial, devemos determinar um coeficiente de perda de carga e tratar essa perda como localizada. A multiplicidade de problemas distintos pode exigir a busca na literatura, nem sempre bem-sucedida, de coeficientes de perda de carga adequados. Quando possível, podemos avaliar a perda de carga em equipamentos experimentalmente, ou ainda algebricamente, utilizando resultados como os publicados na Referência [8].

8.8 COMPRIMENTO EQUIVALENTE

Existem situações em que o engenheiro pode preferir utilizar o método dos comprimentos equivalentes para determinar a perda de carga de uma tubulação, valendo-se da Equação (8.50). Valores de comprimento equivalente recomendados para projeto são apresentados nas Tabelas 8.4, 8.5 e 8.6.

Tabela 8.4 Perda de carga em conexões – Comprimento equivalente (m) para tubo rugoso (tubos de aço carbono galvanizados ou não) – ABNT NBR 5626

Diâmetro nominal (DN)	Cotovelo 90°	Cotovelo 45°	Curva 90°	Curva 45°	Tê passagem direta	Tê passagem lateral
25	0,9	0,4	0,7	0,4	0,2	1,4
32	1,2	0,5	0,8	0,5	0,2	1,7
40	1,4	0,6	1,0	0,6	0,2	2,1
50	1,9	0,9	1,4	0,8	0,3	2,7
65	2,4	1,1	1,7	1,0	0,4	3,4
80	2,8	1,3	2,0	1,2	0,5	4,1

Fonte: Referência [36].

Tabela 8.5 Perda de carga em conexões – Comprimento equivalente (m) para tubo liso (tubo de plástico, cobre ou liga de cobre) – ABNT NBR 5626

Diâmetro nominal DN – Ref.	Cotovelo 90°	Cotovelo 45°	Curva 90°	Curva 45°	Tê passagem direta	Tê passagem lateral
25 – 3/4	1,5	0,7	0,6	0,4	0,9	3,1
32 – 1	2,0	1,0	0,7	0,5	1,5	4,6
40 – 1.1/4	3,2	1,0	1,2	0,6	2,2	7,3
50 – 1.1/2	3,4	1,3	1,3	0,7	2,3	7,6
65 – 2	3,7	1,7	1,4	0,8	2,4	7,8
80 – 3	3,9	1,8	1,5	0,9	2,5	8,0

Fonte: Referência [36].

Tabela 8.6 Perda de carga em acessórios – Comprimento equivalente (m) – ABNT NBR 5626

Diâmetro nominal DN – Ref.	Entrada normal	Entrada de borda arredondada	Saída de canalização	Válvula de pé	Válvula de retenção leve	Válvula globo aberta	Válvula gaveta aberta
25 – 3/4	0,4	1,0	0,9	9,5	2,7	11,4	0,2
32 – 1	0,5	1,2	1,3	13,3	3,8	15,0	0,3
40 – 1.1/4	0,6	1,8	1,4	15,5	4,9	22,0	0,4
50 – 1.1/2	1,0	2,3	3,2	18,3	6,8	35,8	0,7
65 – 2	1,5	2,8	3,3	23,7	7,1	37,9	0,8
80 – 3	1,6	3,3	3,5	25,0	8,2	38,0	0,9

Fonte: Referência [36].

8.9 PROBLEMAS TÍPICOS

Os problemas que envolvem escoamentos em condutos são tradicionalmente classificados segundo três tipos.

- Problemas do tipo 1
São aqueles nos quais, sendo dados o diâmetro do duto, sua rugosidade relativa, as propriedades do fluido e a vazão, é requerida a determinação da perda de carga do escoamento. Como a vazão e o diâmetro do duto são dados, pode-se de imediato determinar a velocidade média do escoamento, seu número de Reynolds e o fator de atrito. Assim, o problema é solucionado de forma direta.

- Problemas do tipo 2
São aqueles nos quais, sendo dada a rugosidade relativa do duto, as propriedades do fluido, a vazão e a perda de carga, é requerida a determinação do diâmetro. Como não se sabe o diâmetro, não se pode determinar diretamente a velocidade média do escoamento, seu número de Reynolds e o fator de atrito. Assim, o problema requer um procedimento de solução que usualmente envolve cálculos iterativos. Este é um problema de engenharia voltado à escolha do diâmetro adequado de tubo para uma dada condição operacional, e, dependendo do tipo de tubo a ser utilizado, devemos observar que a escolha do diâmetro recai sobre um conjunto limitado de tubos comercialmente disponíveis, com dimensões padronizadas estabelecidas por meio de normas internacionais.

- Problemas do tipo 3
São aqueles nos quais, sendo dada a rugosidade relativa do duto, seu diâmetro, as propriedades do fluido e a perda de carga máxima admissível, é requerida a determinação da vazão. Como, similarmente ao tipo 2, não se sabe a vazão, não se pode determinar diretamente a velocidade média do escoamento, seu número de Reynolds e o fator de atrito. Assim, o problema requer um procedimento de solução que usualmente envolve cálculos iterativos. Este é um problema de engenharia voltado à previsão do comportamento da vazão em uma tubulação já existente, por vezes referido como sendo um problema voltado a situações encontradas em procedimentos de manutenção industrial.

As soluções desses três tipos de problemas são apresentadas no item referente aos exercícios resolvidos.

8.10 AVALIAÇÃO DA PERDA DE CARGA EM TUBULAÇÕES COMPOSTAS

Uma tubulação pode ser composta por tubos de diversos diâmetros e, eventualmente, por tubos fabricados com diferentes materiais, e pode conter o mais variado conjunto de acessórios.

Embora tenhamos discutido a avaliação das perdas de carga distribuídas e localizadas em separado, no processo de análise de uma tubulação, devemos levá-las em consideração simultaneamente, e isso deve ser feito partindo de uma expressão que leve em consideração toda a diversidade que possa ser encontrada neste trabalho.

Consideremos um conjunto de trechos de tubulação em série, sendo cada trecho caracterizado por um diâmetro nominal, tendo cada trecho seu conjunto de acessórios. Naturalmente, para fluidos incompressíveis, e não havendo derivações na tubulação, a vazão será igual em seção da tubulação, acarretando variações de velocidade média à medida que os diâmetros dos tubos variarem. Neste caso, considerando que as perdas de carga nos diversos trechos em série serão somadas, resultando em um único valor para toda a tubulação, a expressão adequada para a avaliação da perda de carga total será:

$$h_L = \sum_i \left[\left(f_i \frac{L_i}{D_i} + \sum_i k_i \right) \frac{V_i^2}{2g} \right] \quad (8.53)$$

8.11 DIMENSÕES DE TUBOS

Para a realização de cálculos, com muita frequência, necessitamos de informações sobre dimensões padronizadas de tubos.

Na construção civil é comum o uso de tubos de PVC. No Brasil, os tubos soldáveis para água fria são fabricados conforme a norma NBR 5648, sendo algumas dimensões básicas apresentadas na Tabela 8.7.

Na Tabela 8.8 apresentamos algumas dimensões de tubos de aço para condução de fluidos conforme a norma brasileira NBR 5580, que classifica os tubos de condução em três classes: *leve, média* e *pesada*; devemos observar que esses tubos, costumeiramente denominados de *ferro galvanizado*, são utilizados com alguma frequência, por exemplo, em redes de água para construção civil.

Tabela 8.7 Dimensões de alguns tubos de PVC soldáveis para água fria — ABNT NBR 5648

Diâmetro nominal	Diâmetro externo (mm)	Espessura da parede (mm)	Diâmetro interno (mm)	Diâmetro nominal	Diâmetro externo (mm)	Espessura da parede (mm)	Diâmetro interno (mm)
20	25,0	1,7	16,6	50	60,0	3,3	53,4
25	32,0	2,1	20,8	65	75,0	4,2	66,6
32	40,0	2,4	35,2	75	85,0	4,7	75,6
40	50,0	3,0	44,0	100	110,0	6,1	97,8

Tabela 8.8 Dimensões de alguns tubos de aço para condução — ABNT NBR 5580

Diâmetro nominal DN – Ref.	Diâmetro Externo (mm)	Espessura de parede Classe leve (mm)	Classe média (mm)	Classe pesada (mm)
15 – 1/2	21,3	2,25	2,65	3,00
20 – 3/4	26,9	2,25	2,65	3,00
25 – 1	33,7	2,65	3,35	3,75
32 – 1.1/4	42,4	2,65	3,35	3,75
40 – 1.1/2	48,3	3,00	3,35	3,75
50 – 2	60,3	3,00	3,75	4,50
65 – 2.1/2	76,1	3,35	3,75	4,50
80 – 3	88,9	3,35	4,00	4,50
90 – 3.1/2	101,6	3,75	4,25	5,00
100 – 4	114,3	3,75	4,50	5,60

8.12 EXERCÍCIOS RESOLVIDOS

Er8.1 Ar a 20°C e na pressão manométrica de 10 bar escoa com velocidade média de 10 m/s em um tubo com diâmetro interno igual a 26,6 mm. Suponha que a pressão manométrica local é igual a 100 kPa. O escoamento é laminar ou turbulento?

Solução

a) Dados e considerações
O fluido é ar. Sua temperatura é $T = 20°C = 293,15$ K e a sua pressão absoluta é $p = 10 + 1 = 11$ bar $= 1100$ kPa.
O ar será tratado como um gás ideal com constante R = 0,287 kJ/(kg·K).

A 20°C, a viscosidade absoluta do ar é igual a 1,80 E-5 Pa.s.

O escoamento ocorre em regime permanente e é uniforme nas seções de entrada e saída do volume de controle.

$D = 26,6$ mm $= 0,0266$ m

b) Cálculos

A massa específica do ar é dada por: $\rho = p/RT = 13,07$ kg/m³.

O número de Reynolds do escoamento é:

$Re = \dfrac{\rho V D}{\mu} \approx 193200$.

O número de Reynolds crítico para escoamento em dutos adotado é 2300.

Logo, o escoamento é turbulento.

Er8.2 Determine a perda de carga no escoamento de 1,2 m³/h de óleo lubrificante com viscosidade dinâmica igual a 0,05 Pa.s e massa específica igual a 890 kg/m³ em um tubo com diâmetro interno de 21,3 mm e comprimento 25 m.

Solução

c) Dados e considerações

Como se deseja determinar a perda de carga na tubulação, conhecendo-se a vazão e o diâmetro, observamos que este é um problema do tipo 1.

O fluido é óleo lubrificante; $\mu = 0,05$ Pa.s e $\rho = 890$ kg/m³.

O escoamento ocorre em regime permanente e é uniforme nas seções de entrada e saída do volume de controle.

$D = 21,3$ mm $= 0,0213$ m e $\dot{V} = 1,2$ m³/h

d) Cálculos

A velocidade média de escoamento do óleo no tubo é: $V = \dfrac{4\dot{V}}{\pi D^2} = 0,9355$ m/s.

Devemos determinar, agora, o número de Reynolds para verificar se o escoamento é laminar ou turbulento.

$Re = \dfrac{\rho V D}{\mu} = 354,7$

Como $Re < 2300$, verificamos que o escoamento é laminar e, consequentemente, o fator de atrito será dado por: $f = 64/Re = 0,1804$.

A perda de carga é dada por

$h_L = f \dfrac{L}{D} \dfrac{V^2}{2g} = 9,45$ m.

Er8.3 Determine a perda de carga no escoamento de 18 m³/h de água a 20°C através de 30 m de tubo de aço galvanizado com diâmetro interno igual a 54,3 mm.

Solução

a) Dados e considerações

Como se deseja determinar a perda de carga na tubulação conhecendo-se a vazão e o diâmetro, verificamos que este é um problema do tipo 1.

São dados:

- Fluido: água a 20°C.
- Tubo: horizontal de aço galvanizado com diâmetro interno $D = 54,3$ mm.
- $L = 30$ m, $\dot{V} = 18$ m³/h.

Hipóteses com base nas quais resolveremos o problema:

- O escoamento ocorre em regime permanente.
- O escoamento é uniforme nas seções de entrada e saída do volume de controle.
- A água é um fluido incompressível.
- As perdas de carga localizadas eventualmente existentes são desprezíveis.

Tendo estabelecidas as hipóteses iniciais, obtemos:

- De acordo com a Tabela C.2, as propriedades da água a 20°C são: $\rho = 998,2$ kg/m³ e $\mu = 1,00$ E-3 Pa.s.
- De acordo com a Tabela 8.1, a rugosidade do tubo de aço galvanizado é igual a 0,15 mm.

b) Cálculos

A velocidade média de escoamento da água no tubo é: $V = \dfrac{4\dot{V}}{\pi D^2} = 2,16$ m/s. Devemos determinar, agora, o número de Reynolds para verificar se o escoamento é laminar ou turbulento.

$Re = \dfrac{\rho V D}{\mu} = 117030$

Como $Re > 2300$, verificamos que o escoamento é turbulento. Para determinar o fator de atrito, optamos pelo uso da equação de Colebrook:

$\dfrac{1}{\sqrt{f}} = -2,0 \log\left(\dfrac{\varepsilon/D}{3,7} + \dfrac{2,51}{Re\sqrt{f}}\right)$

Substituindo-se os valores conhecidos, obtemos:

$\dfrac{1}{\sqrt{f}} = -2,0 \log\left(\dfrac{0,15/54,3}{3,7} + \dfrac{2,51}{117030\sqrt{f}}\right)$.

Resolvendo essa equação por um processo iterativo, resulta: $f = 0,02676$.

E a perda de carga poderá ser calculada:

$h_L = f \dfrac{L}{D} \dfrac{V^2}{2g} = 0,0267 \dfrac{30}{0,0543} \dfrac{2,16^2}{2 \cdot 9,81}$
$= 3,51$ m

Er8.4 Água a 20°C é bombeada para uma caixa elevada, conforme ilustrado na Figura Er8.4. Sabe-se que a o tubulação é de aço galvanizado com diâmetro de 40,9 mm e com comprimento $L = 50$ m.

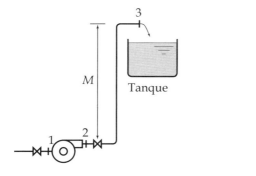

Figura Er8.4

Sabendo que a velocidade média da água na tubulação é igual a 3,0 m/s, que a diferença de cotas M é igual a 40 m e desprezando-se as perdas de carga localizadas, pede-se para determinar a pressão na seção de descarga da bomba.

Solução

a) Dados e considerações
São dados:

- Fluido: água a 20°C.
- O tubo tem diâmetro de 40,9 mm e o seu comprimento é $L = 50$ m.
- $M = 40$ m e a velocidade média da água na tubulação é $V = 3,0$ m/s.

Hipóteses com base nas quais resolveremos o problema:

- O escoamento ocorre em regime permanente.
- O escoamento é uniforme nas seções de entrada e saída do volume de controle.
- A água é um fluido incompressível.
- A escala de pressões adotada é a manométrica.

Tendo estabelecidas as hipóteses iniciais, a partir dos dados da questão, obtemos um conjunto de informações necessárias à solução do problema, quais sejam:

- O diâmetro interno do tubo é de 40,9 mm.
- De acordo com a Tabela 8.1, a rugosidade do tubo de aço galvanizado é igual a 0,15 mm.
- As propriedades da água a 20°C são: $\rho = 998,2$ kg/m³, $\mu = 1,0$ E-3 Pa.s.

b) Análises e considerações
Como é necessário determinar a perda de carga na tubulação conhecendo-se o diâmetro, a velocidade média do escoamento, a área do escoamento e, consequentemente, a vazão, ob-

servamos que este é um problema do tipo 1.

Como as perdas de carga localizadas foram desprezadas, a perda de carga total consiste apenas na distribuída, que é dada por: $h_L = f \dfrac{L}{D}\dfrac{V^2}{2g}$.

Para o cálculo do fator de atrito, inicialmente, determinaremos o número de Reynolds que caracteriza o escoamento:

$$\text{Re} = \frac{\rho V D}{\mu} = \frac{998,2 \cdot 3,0 \cdot 0,0409}{0,001} =$$
$$= 122479$$

Como $Re > 2300$, o escoamento é turbulento. Assim, utilizaremos a equação de Colebrook para determinar o fator de atrito:

$$\frac{1}{\sqrt{f}} = -2,0\log\left(\frac{\varepsilon/D}{3,7} + \frac{2,51}{Re\sqrt{f}}\right)$$

Sabendo que $\varepsilon = 0,15$ mm e $D = 40,9$ mm, obtemos após algumas iterações $f = 0,02865$.

Podemos, então, calcular a perda de carga:

$$h_L = f\frac{L}{D}\frac{V^2}{2g} = 0,02865\frac{50}{0,0409} \cdot$$
$$\cdot \frac{3^2}{2\cdot 9,81} = 16,07 \text{ m}$$

Vamos agora determinar a pressão da água na seção de descarga da bomba. Para tal, aplicaremos a equação da energia no volume de controle delimitado pelas seções 2 e 3:

$$H_B + \frac{p_2}{\gamma} + \alpha_2 \frac{V_2^2}{2g} + z_2 =$$
$$= \frac{p_3}{\gamma} + \alpha_3 \frac{V_3^2}{2g} + z_3 + H_T + h_L$$

Observando que a pressão p_3 é nula, porque estamos trabalhando na escala manométrica, devido ao princípio da conservação da massa, $V_1 = V_2$, que $\alpha_1 = \alpha_2$, $z_3 - z_2 = 40$ m e que as cargas de bomba e turbina são nulas, obtemos:

$$\frac{p_2}{\gamma} = 40 + 16,07 = 56,07 \text{ m}$$

Como $\gamma = \rho g$, obtemos: $p_2 = 549,0$ kPa.

Er8.5 Em uma unidade industrial, glicerina a 20°C é bombeada através de uma tubulação com diâmetro de 40,9 mm, sendo lançada em um tanque elevado, conforme esquematizado na Figura Er8.5. Considerando que a velocidade média da glicerina na tubulação é igual a 1,0 m/s, determine a perda de carga distribuída do escoamento. Desprezando as perdas de carga localizadas, determine a pressão na entrada da tubulação.

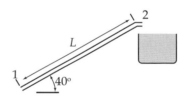

Figura Er8.5

Solução

a) Dados e considerações
   São dados:
   - Fluido: glicerina, tubo com diâmetro 40,9 mm, $L = 20$ m, $V = 1,0$ m/s.
   Hipóteses com base nas quais resolveremos o problema:
   - O escoamento ocorre em regime permanente.
   - O escoamento é uniforme nas seções de entrada e saída do volume de controle.
   - A glicerina é um fluido incompressível.
   - A escala de pressões adotada é a manométrica.

Tendo estabelecido as hipóteses iniciais, a partir dos dados da questão, obtemos as informações necessárias à solução do problema:

De acordo com a Tabela 17.1, as propriedades da glicerina a 20°C são: $\rho = 1260$ kg/m³ e $\mu = 1,49$ Pa.s.

b) Análises e considerações

Como se deseja determinar a perda de carga na tubulação conhecendo-se o diâmetro, a velocidade média do escoamento, a área do escoamento e, consequentemente, a vazão, observamos que este é um problema do tipo 1.

A perda de carga distribuída é dada por: $h_L = f \dfrac{L}{D} \dfrac{V^2}{2g}$.

Para o cálculo do fator de atrito, inicialmente, determinaremos o número de Reynolds que caracteriza o escoamento:

$$Re = \dfrac{\rho V D}{\mu} = \dfrac{1260 \cdot 1,0 \cdot 0,0409}{1,49} =$$
$$= 34,59$$

Como $Re < 2300$, o escoamento é laminar, e o fator de atrito será dado por:

$$f = \dfrac{64}{Re} = 1,850.$$

Podemos, então, calcular a perda de carga:

$$h_L = f \dfrac{L}{D} \dfrac{V^2}{2g} = 1,850 \dfrac{20}{0,0409} \dfrac{1,0^2}{2 \times 9,81} =$$
$$= 46,12 \text{ m}$$

Vamos agora determinar a pressão da glicerina na seção de entrada do tubo, seção 1. Para tal, aplicaremos a equação da energia:

$$H_B + \dfrac{p_1}{\gamma} + \alpha_1 \dfrac{V_1^2}{2g} + z_1 =$$
$$= \dfrac{p_2}{\gamma} + \alpha_2 \dfrac{V_2^2}{2g} + z_2 + H_T + h_L$$

Observando que a pressão p_2 é nula, porque estamos trabalhando na escala manométrica, devido ao princípio da conservação da massa $V_1 = V_2$, que $\alpha_1 = \alpha_2, z_2 - z_1 = L sen 40°$ e que as cargas de bomba e turbina são nulas, obtemos:

$$\dfrac{p_1}{\gamma} = L sen 40° + h_L \Rightarrow$$
$$\Rightarrow p_1 = \gamma \left(L sen 40° + h_L \right)$$

Como $\gamma = \rho g$, podemos substituir os valores já conhecidos e obter: $p_1 = 729,0$ kPa.

Er8.6 Dois grandes tanques que contêm água a 20°C estão conectados por uma tubulação horizontal de aço galvanizado com diâmetro interno igual a 52,5 mm e comprimento igual a 200 m, conforme indicado na Figura Er8.6. Sabe-se que as perdas de carga localizadas podem ser desprezadas e que a vazão na tubulação é igual a 28 m³/h. Determine a velocidade da água, a perda de carga na tubulação e o desnível H.

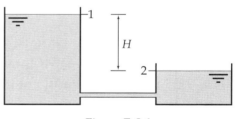

Figura Er8.6

Solução

a) Dados e considerações

Como se deseja determinar a perda de carga na tubulação conhecendo-se a vazão e o diâmetro, verificamos que este é um problema do tipo 1.

São dados:

- Fluido: água a 20°C.

- Tubo: horizontal de aço galvanizado com diâmetro interno $D = 52,5$ mm.
- $L = 200$ m, $\dot{V} = 28$ m³/h.

Hipóteses com base nas quais resolveremos o problema:

- O escoamento ocorre em regime permanente e é uniforme nas seções de entrada e saída do volume de controle.
- A água é um fluido incompressível; a escala de pressões adotada é a manométrica.
- As perdas de carga localizadas são desprezíveis.

Tendo estabelecidas as hipóteses iniciais, obtemos:

- As propriedades da água a 20°C são: $\rho = 998,2$ kg/m³ e $\mu = 1,00$ E-3 Pa.s.
- De acordo com a Tabela 8.1, a rugosidade do tubo de aço galvanizado é igual a 0,15 mm.

b) Análises e considerações

Lembrando que as perdas de carga localizadas foram desprezadas, a perda de carga total coincide com a distribuída e é dada pela equação de Darcy-Weisbach:

$$h_L = f \frac{L}{D} \frac{V^2}{2g}$$

O comprimento da tubulação é $L = 200$ m e seu diâmetro interno é $D = 52,5$ mm; precisamos, então, determinar a velocidade média de escoamento no duto e o fator de atrito.

A velocidade média pode ser expressa em função da vazão e do diâmetro:

$$V = \frac{4\dot{V}}{\pi D^2} = V = 3,59 \text{ m/s}$$

Determinemos o fator de atrito. Para tal, utilizaremos a equação de Haaland:

$$\frac{1}{\sqrt{f}} = -1,8 \log \left[\frac{6,9}{Re} + \left(\frac{\varepsilon/D}{3,7} \right)^{1,11} \right]$$

Lembrando que $Re = \rho VD / \mu$, obtemos: $Re = 188288$. Substituindo os valores conhecidos na equação da Haaland, obtemos: $f = 0,0265$.

Podemos, agora, calcular a perda de carga: $h_L = f \dfrac{L}{D} \dfrac{V^2}{2g} = 66,47$ m.

Calculemos o desnível H. Em primeiro lugar, aplicaremos a equação da energia para o volume de controle delimitado pelas seções de entrada 1 e 2 indicadas na Figura Er8.6:

$$H_B + \frac{p_1}{\gamma} + \alpha_1 \frac{V_1^2}{2g} + z_1 =$$

$$= \frac{p_2}{\gamma} + \alpha_2 \frac{V_2^2}{2g} + z_2 + H_T + h_L$$

Observando que as pressões p_1 e p_2 são nulas, porque estamos trabalhando na escala manométrica; que as cargas de bomba e turbina são nulas; que podemos supor que $V_1 \cong V_2 \cong 0$, porque os tanques são grandes; e que escoamento é turbulento, o que nos permite considerar $\alpha_1 = \alpha_2 = 1,0$, obtemos:

$$z_1 = z_2 + h_L$$

O desnível será:

$$H = z_1 - z_2 = h_L = 66,47 \text{ m}.$$

Er8.7 Água a 20°C deve ser bombeada do tanque A para o B através de uma tubulação de aço galvanizado com comprimento total igual a 40 m, conforme esquematizado na Figura Er8.7. Sabe-se que a perda de carga máxima admissível é igual a 15 m e que a vazão desejada é 20,0 m³/h. Desprezando a ocorrência de perdas de carga localizadas, determine o diâmetro teórico da tubulação e escolha um diâmetro comercial classe média utilizando os dados da Tabela 8.8. Determine, também, a potência requerida pela bomba, supondo que o seu rendimento é igual a 70%.

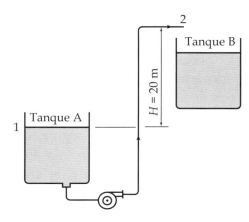

Figura Er8.7

Solução

a) Dados e considerações
Como se deseja determinar o diâmetro dada uma perda de carga máxima admissível, este é um problema do tipo 2.

São dados:
- Fluido: água a 20°C.
- Tubo: de aço galvanizado com diâmetro interno desconhecido.
- $h_L = 15$ m.
- $L = 40$ m, $\dot{V} = 20$ m³/h.

Hipóteses com base nas quais resolveremos o problema:
- O escoamento ocorre em regime permanente e é uniforme nas seções de entrada e saída do volume de controle.
- A água é um fluido incompressível; a escala de pressões adotada é a manométrica.
- As perdas de carga localizadas são desprezíveis.

Tendo estabelecidas as hipóteses iniciais, obtemos:
- As propriedades da água a 20°C são: $\rho = 998{,}2$ kg/m³ e $\mu = 1{,}00$ E-3 Pa.s.
- De acordo com a Tabela 8.1, a rugosidade do tubo de aço galvanizado é igual a 0,15 mm.

b) Análises e cálculos
Devemos estabelecer, agora, o conjunto de equações a ser utilizado para a avaliação da vazão.

Lembrando que as perdas de carga localizadas foram desprezadas, a perda de carga total coincide com a distribuída e é dada pela equação de Darcy-Weisbach:

$$h_L = f \frac{L}{D} \frac{V^2}{2g}$$

A velocidade média na tubulação pode ser colocada em função da vazão e do diâmetro:

$$\dot{V} = \pi \frac{D^2}{4} V \Rightarrow V = \frac{4\dot{V}}{\pi D^2}$$

Combinando esse resultado com a equação de Darcy-Weisbach, obtemos:

$$h_L = f \frac{L}{D} \frac{\left(4\dot{V}/\pi D^2\right)^2}{2g} \Rightarrow$$

$$\Rightarrow D = \left(\frac{8fL\dot{V}^2}{\pi^2 g h_L}\right)^{0{,}2}$$

Substituindo valores conhecidos nessa equação, obtemos:

$$D = 0{,}09258 f^{0{,}2} \qquad \text{(Equação A)}$$

A Equação A nos fornece o diâmetro em função do fator de atrito. Assim, necessitamos de uma equação adicional que correlacione essas duas variáveis. Considerando que o escoamento é turbulento, podemos utilizar a equação de Colebrook, a de Swamee e Jain ou a de Haaland. Visando reduzir os cálculos, optamos pelo uso da equação de Haaland:

$$\frac{1}{\sqrt{f}} = -1{,}8 \log\left[\frac{6{,}9}{Re} + \left(\frac{\varepsilon/D}{3{,}7}\right)^{1{,}11}\right]$$

O número de Reynolds pode ser colocado em função da vazão:

$$Re = \frac{\rho V D}{\mu} = \frac{4\rho \dot{V}}{\pi \mu D}.$$

Substituindo essa expressão para Re na equação de Haaland, resulta:

$$\frac{1}{\sqrt{f}} = -1,8 \log \left[\frac{6,9 \pi \mu D}{4 \rho \dot{V}} + \left(\frac{\varepsilon/D}{3,7} \right)^{1,11} \right]$$

Substituindo os valores numéricos conhecidos, obtemos:

$$\frac{1}{\sqrt{f}} = -1,8 \log \left[\begin{array}{l} 9,772 \text{ E-4 } D + \\ + \left(\dfrac{4,054 \text{ E-5}}{D} \right)^{1,11} \end{array} \right]$$

(Equação B)

Resolvendo o sistema constituído pelas Equações A e B, obtemos o fator de atrito e o diâmetro teórico que deverá ser utilizado para selecionar um tubo comercialmente disponível. Para resolvê-lo, podemos utilizar um programa computacional, ou utilizar um processo iterativo. Optemos pelo processo iterativo.

O processo iterativo escolhido será: adotamos um valor inicial para o fator de atrito, substituímos esse valor na Equação A e calculamos o diâmetro. Substituímos, a seguir, o valor calculado do diâmetro na Equação B e calculamos o fator de atrito. Se o fator de atrito calculado utilizando a Equação B for aproximadamente igual ao valor utilizado para calcular o diâmetro por meio da Equação A, o processo de cálculo terá convergido e o resultado desejado terá sido obtido.

Os resultados das iterações são apresentados na Tabela 8.9.

Tabela 8.9

Variável calculada	Iteração 1	2	3	4
Fator de atrito utilizado na Equação A	0,016	0,02844	0,02766	0,02770
Diâmetro obtido utilizando-se a Equação A (m)	0,0409	0,04543	0,04517	0,04518
Fator de atrito obtido utilizando-se a Equação B	0,02844	0,02766	0,02770	0,02769

Afirmamos, então, que o diâmetro teórico solicitado no enunciado da questão é: $D = 45,2$ mm.

Calculando o número de Reynolds baseado no diâmetro teórico, obtemos $Re \approx 156000$, que confirma que o escoamento é turbulento e que a utilização da equação de Haaland foi acertada.

Para a escolha do tubo comercialmente viável, consultamos a Tabela 8.8 e verificamos que o tubo com diâmetro nominal 1 ½ está muito próximo ao desejado, porém ligeiramente menor. Assim sendo, optamos pela utilização de tubo com diâmetro nominal 2, cujo diâmetro interno é igual a 52,8 mm, obtendo-se a velocidade média de transporte de água nessa tubulação igual a 2,54 m/s.

Determinaremos, a seguir, a potência requerida pela bomba.

Em primeiro lugar, aplicamos a equação da energia para o volume de controle delimitado pelas seções de entrada 1 e 2 indicadas na Figura Er8.7:

$$H_B + \frac{p_1}{\gamma} + \alpha_1 \frac{V_1^2}{2g} + z_1 =$$
$$= \frac{p_2}{\gamma} + \alpha_2 \frac{V_2^2}{2g} + z_2 + H_T + h_L$$

Observando que as pressões p_1 e p_2 são nulas, porque estamos trabalhando na escala manométrica, podemos supor que: $V_1 \cong 0$, porque o tanque é grande; o coeficiente de correção de energia cinética α_2 pode ser considerado igual à unidade, porque o escoamento é turbulento; e a carga da turbina é nula. Assim, obtemos:

$$H_B + z_1 = \frac{V_2^2}{2g} + z_2 + h_L$$

Como a velocidade V_2 coincide com a velocidade média de escoamento no duto, $V = 2{,}54$ m/s, temos:

$$H_B = \frac{V_2^2}{2g} + z_2 - z_1 + h_L$$

Calculando a perda de carga para a nova condição operacional, obtemos:

$$h_L = f \frac{L}{D} \frac{V^2}{2g} = 0{,}0277 \frac{40}{0{,}0528} \cdot$$

$$\cdot \frac{2{,}54^2}{2 \cdot 9{,}81} = 6{,}90 \text{ m}$$

$$\Rightarrow H_B = 0{,}33 + 20{,}0 + 6{,}90 = 27{,}22 \text{ m}$$

E a potência requerida pela bomba é:

$$\dot{W}_B = \frac{\gamma \dot{V} H_B}{\eta} = 2{,}12 \text{ kW}.$$

Er8.8 Água a 20°C é descarregada de um grande tanque para outro por meio de uma tubulação de aço galvanizado com diâmetro de 26,6 mm, conforme esquematizado na Figura Er8.8. O desnível h é igual a 10 m e o comprimento total da tubulação é igual a 25 m. Desprezando o efeito das perdas de carga localizadas, avalie a vazão através da tubulação.

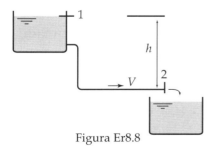

Figura Er8.8

Solução

a) Dados e considerações
Hipóteses com base nas quais resolveremos o problema:

- O escoamento ocorre em regime permanente.
- O escoamento é uniforme nas seções de entrada e saída do volume de controle.
- A água é um fluido incompressível.
- A escala de pressões adotada é a manométrica.

Tendo estabelecidas as hipóteses iniciais, obtemos um conjunto de informações necessárias à solução do problema, quais sejam:

- O diâmetro interno do tubo é 26,6 mm e a sua altura de rugosidade média é igual a 0,15 mm.
- As propriedades da água a 20°C são: $\rho = 998{,}2$ kg/m³ e $\mu = 1{,}00$ E-3 Pa.s.

b) Análise e cálculos
Como a vazão é desconhecida, este é um problema do tipo 3.

Devemos montar, agora, o equacionamento do problema.

Em primeiro lugar, aplicaremos a equação da energia para o volume de controle delimitado pelas seções de entrada 1 e 2 indicadas na Figura Er8.8:

$$H_B + \frac{p_1}{\gamma} + \alpha_1 \frac{V_1^2}{2g} + z_1 =$$
$$= \frac{p_2}{\gamma} + \alpha_2 \frac{V_2^2}{2g} + z_2 + H_T + h_L$$

Observando que as pressões p_1 e p_2 são nulas, porque estamos trabalhando na escala manométrica, que podemos supor que $V_1 \cong 0$, porque o tanque é grande, e que as cargas de bomba e turbina são nulas, obtemos:

$$z_1 = \alpha_2 \frac{V_2^2}{2g} + z_2 + h_L$$

Considerando que o escoamento é turbulento, adotaremos $\alpha_2 = 1{,}0$. Essa hipótese deverá ser confirmada posteriormente. Como a velocidade V_2 coincide com a velocidade média V de escoamento no duto, teremos:

$$h_L = z_1 - z_2 - \frac{V^2}{2g}$$

Lembrando que as perdas de carga localizadas foram desprezadas, a perda de carga total coincide com a distribuída e é dada por:

$$h_L = f \frac{L}{D} \frac{V^2}{2g}$$

que pode ser substituída na equação resultante da aplicação da equação da energia, resultando:

$$\left(f \frac{L}{D} + 1\right) \frac{V^2}{2g} = z_1 - z_2 \Rightarrow$$

$$\Rightarrow V = \left(\frac{2g(z_1 - z_2)}{f \frac{L}{D} + 1}\right)^{1/2} \quad \text{(Equação A)}$$

Devemos determinar o fator de atrito. Optando pelo uso da equação de Haaland, temos:

$$\frac{1}{\sqrt{f}} = -1{,}8 \log\left[\frac{6{,}9}{Re} + \left(\frac{\varepsilon/D}{3{,}7}\right)^{1{,}11}\right]$$

(Equação B)

A tubulação é de aço galvanizado; assim, da Tabela 8.1, obtemos sua rugosidade: $\varepsilon = 0{,}15$. Seu diâmetro interno é igual a 26,6 mm e o número de Reynolds é dado por $Re = \rho V D/\mu$. Substituindo esses valores na Equação B, obtemos:

$$\frac{1}{\sqrt{f}} = -1{,}8 \log\left[\frac{2{,}599\,\text{E}-4}{V} + 7{,}467\,\text{E}-4\right]$$

(Equação C)

As Equações A e C formam um sistema composto por duas equações e duas incógnitas. Para resolvê-lo, podemos utilizar um programa computacional ou podemos utilizar um processo iterativo. Optemos pelo processo iterativo. Se o número de Reynolds que caracteriza o escoamento for muito alto, o escoamento no duto será plenamente turbulento e o fator de atrito dependerá apenas da rugosidade relativa. Assim, sugerimos iniciar os cálculos partindo dessa consideração.

Para $Re \to \infty$, a Equação B nos fornecerá $f = 0{,}0316$. Note que utilizamos a Equação B apenas para obter um valor do fator de atrito e, assim, iniciar os cálculos, utilizando a seguir as Equações A e C. Substituindo esse valor na Equação A, obtemos: $V = 2{,}53$ m/s.

Essa foi a primeira sequência de cálculos. Vamos iniciar a segunda.

Devemos, primeiramente, substituir o valor 2,53 m/s na Equação C. Fazendo os cálculos, obtemos $f = 0{,}0328$. Substituindo esse valor na Equação A, obtemos $V = 3{,}27$ m/s.

Reiterando, obtemos: $f = 0{,}0327$ e $V = 2{,}48$ m/s.

Realizando mais um iteração, obtemos: $f = 0{,}0327$ e $V = 2{,}49$ m/s.

Como o valor obtido para o fator de atrito se repetiu e como o valor calculado da velocidade, $V = 2{,}49$ m/s, é aproximadamente igual ao anteriormente calculado, $V = 2{,}48$ m/s, entendemos que houve a convergência, e o último valor será tomado como o da velocidade desejada.

O número de Reynolds é $Re = \rho V D/\mu \cong 66000$ e confirmamos que o escoamento é turbulento, tendo sido aceitável a utilização da equação de Haaland para a determinação do fator de atrito.

Podemos, então, calcular a vazão:
$$\dot{V} = AV = \pi \frac{D^2}{4} V = 1{,}38\,\text{E-3 m}^3/\text{s}.$$

Finalmente, observamos que, se tivéssemos utilizado a equação de Colebrook, teríamos obtido praticamente o mesmo resultado.

Er8.9 Água a 20°C escoa através de uma válvula tipo globo parcialmente fechada com velocidade média igual a 4,0 m/s. Sabendo que o coeficiente de perda de carga da válvula é igual a 20, pede-se para determinar a diferença entre as pressões de entrada e de saída da válvula.

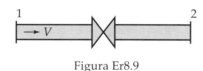

Figura Er8.9

Solução

a) Dados e considerações
São dados:
- Fluido: água a 20°C. De acordo com a Tabela 17.1, as propriedades da água a 20°C são: $\rho = 998,2$ kg/m³ e $\mu = 1,00$ E-3 Pa.s.
- O coeficiente de perda de carga na válvula é $K = 20$ e $V = 4,0$ m/s.

Hipóteses com base nas quais resolveremos o problema:
- O escoamento na tubulação é francamente turbulento e ocorre em regime permanente.
- O escoamento é uniforme nas seções de entrada e saída do volume de controle.
- A água é um fluido incompressível.

b) Cálculos
Aplicando-se a equação da energia ao volume de controle delimitado pelas seções de entrada e saída denominadas, respectivamente, seções 1 e 2, obtemos:

$$H_B + \frac{p_1}{\gamma} + \alpha_1 \frac{V_1^2}{2g} + z_1 =$$
$$= \frac{p_2}{\gamma} + \alpha_2 \frac{V_2^2}{2g} + z_2 + H_T + h_L$$

Observando que as velocidades de entrada e de saída do VC são iguais, que as cargas de bomba e turbina são nulas e considerando que os coeficientes de correção de energia cinética são unitários porque o escoamento é turbulento, obtemos:

$$\frac{p_1}{\gamma} - \frac{p_2}{\gamma} = h_L$$

Como a perda de carga é dada por:

$h_L = K \frac{V^2}{2g}$, obtemos:

$$\Delta p = p_1 - p_2 = \gamma K \frac{V^2}{2g} = \rho K \frac{V^2}{2} =$$
$$= 159,7 \text{ kPa}$$

Er8.10 Água na fase líquida a 20°C é bombeada de uma tanque A para um tanque B conforme indicado na Figura Er8.10. A tubulação de interligação do tanque A à bomba, denominada tubulação de sucção, é de PVC, tem diâmetro interno igual a 53,4 mm e comprimento $b = 10$ m. A tubulação de recalque também é de PVC, porém, tem diâmetro interno de 44,0 mm e as seguintes dimensões: $c = d = 30$ m e $e = 40$ m. As duas válvulas indicadas na figura são de tipo gaveta, com $K_V = 0,2$, e os dois cotovelos existentes na tubulação de recalque têm $K_C = 1,0$. Sabendo que $a = 4,0$ m, o rendimento da bomba é igual a 72% e que deverão ser transferidos 25,2 m³/h de água do tanque A para o B, pede-se para avaliar a pressão manométrica da água nas seções 2 e 3 e a potência requerida pela bomba.

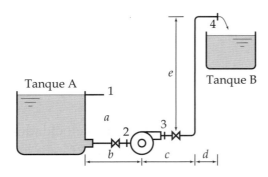

Figura Er8.10

Solução

a) Dados e considerações
Este é um problema do tipo 1.
São dados:
- Fluido: água a 20°C; logo, ρ = 998,2 kg/m³ e μ = 1,00 E-3 Pa.s.
- Tubo: PVC; diâmetro da tubulação de sucção = D_s = 53,4 mm; diâmetro do trecho de recalque = D_r = 44,0 mm.
- Vazão igual a 25,2 m³/h = 0,0070 m³/s.
- a = 4,0 m; b = 10 m; $c = d$ = 30 m; e = 40 m.
- Na tubulação há dois cotovelos com K_C = 1,0 e duas válvulas com K_V = 0,2; η = 72%.

Hipóteses utilizadas para resolver o problema:
- O escoamento ocorre em regime permanente.
- O escoamento é uniforme nas seções de entrada e saída do volume de controle.
- A água é um fluido incompressível.
- A escala de pressões adotada é a manométrica.
- Os tubos de PVC podem ser considerados hidraulicamente lisos.

b) Análises e cálculos
O problema será resolvido calculando-se a pressão na seção 2, a seguir a pressão na seção 3 e, finalmente, a potência requerida pela bomba.

Para determinar a pressão na seção 2, consideremos um VC delimitado pelas seções 1 e 2. Aplicando a equação da energia a ele, obtemos:

$$H_B + \frac{p_1}{\gamma} + \alpha_1 \frac{V_1^2}{2g} + z_1 =$$

$$= \frac{p_2}{\gamma} + \alpha_2 \frac{V_2^2}{2g} + z_2 + H_T + h_L$$

Observando que: $p_1 = 0$, porque estamos trabalhando na escala manométrica; $V_1 \cong 0$, porque o tanque é grande; e que não há bomba ou turbina no VC, obtemos:

$$z_1 = \frac{p_2}{\gamma} + \alpha_2 \frac{V_2^2}{2g} + z_2 + h_{L1-2}$$

Devemos determinar a perda de carga neste trecho de tubulação, a qual será igual à soma da perda de carga distribuída com as localizadas:

$$h_L = f_s \frac{L_s}{D_s} \frac{V_2^2}{2g} + \sum K \frac{V_2^2}{2g}$$

Neste trecho de tubulação, observamos a perda de carga localizada causada pela válvula e, por a perda de carga de entrada na tubulação suposta ser em cantos vivos, $K_E = 0,5$, logo:

$$h_{L1-2} = f_s \frac{b}{D_s} \frac{V_2^2}{2g} + (K_V + K_E) \frac{V_2^2}{2g}$$

A velocidade V_2 é dada pela razão entre a vazão e a área de escoamento:

$$V_2 = 0,007 / (\pi D_s^2 / 4) = 3,126 \text{ m/s}$$

Podemos determinar o número de Reynolds nesta tubulação:

$$Re = \frac{\rho V D}{\mu} = \frac{4\rho \dot{V}}{\pi \mu D_s} = 166604$$

Como o escoamento é turbulento, o coeficiente de correção de energia cinética α_2 pode ser considerado igual à unidade.

Sabendo que o tubo de PVC pode ser considerado hidraulicamente liso, determinamos o fator de atrito utilizando a equação:

$$\frac{1}{\sqrt{f_s}} = 2{,}0\,log\left(Re\,f_s^{1/2}\right) - 0{,}8$$

Resolvendo essa equação, obtemos: $f_s = 0{,}01621$.

A perda de carga pode, agora, ser calculada: $h_{L\,1\text{-}2} = 1{,}86$ m.

Como $z_1 - z_2 = a = 4$ m, já podemos determinar a pressão na seção 2:

$$p_2 = \gamma\left[(z_1 - z_2) - \frac{V_2^2}{2g} - h_{L1\text{-}2}\right] =$$
$$= 16{,}1 \text{ kPa (na escala manométrica!)}$$

Para determinar a pressão na seção 3, consideremos um VC delimitado pelas seções 3 e 4. Aplicando a equação da energia a ele, obtemos:

$$H_B + \frac{p_3}{\gamma} + \alpha_3 \frac{V_3^2}{2g} + z_3 =$$
$$= \frac{p_4}{\gamma} + \alpha_4 \frac{V_4^2}{2g} + z_4 + H_T + h_L$$

Observando que: $p_4 = 0$, porque estamos trabalhando na escala manométrica; $z_3 - z_4 = -e = -40$ m; $V_3 = V_4$; e que os coeficientes de correção de energia cinética são iguais e não há bomba ou turbina no VC, obtemos:

$$p_3 = \gamma\left(z_4 - z_3 + h_{L3\text{-}4}\right)$$

Devemos determinar a perda de carga neste trecho de tubulação, a qual será igual à soma da perda de carga distribuída com as localizadas:

$$h_L = f\frac{L}{D}\frac{V_2^2}{2g} + \sum K \frac{V_2^2}{2g}$$

Neste trecho de tubulação, observamos a perda de carga localizada causada pela válvula e pelos dois cotovelos, logo:

$$h_{L1\text{-}2} = f_r \frac{(c+d+e)}{D_r}\frac{V_2^2}{2g} + \left(K_V + 2K_c\right)\frac{V_2^2}{2g}$$

A velocidade V_2 é dada pela razão entre a vazão e a área de escoamento:

$$V_2 = 0{,}007 / \left(\pi D_r^2 / 4\right) = 4{,}604 \text{ m/s}$$

Podemos determinar o número de Reynolds nesta tubulação:

$$Re = \frac{\rho V D}{\mu} = \frac{4\rho \dot{V}}{\pi \mu D_i} = 202196.$$

Como o tubo de PVC pode ser considerado hidraulicamente liso:

$$\frac{1}{\sqrt{f_r}} = 2{,}0\,log\left(Re\,f_r^{1/2}\right) - 0{,}8$$

Resolvendo-a por um meio iterativo, obtemos: $f_r = 0{,}01561$.

A perda de carga pode, agora, ser calculada: $h_{L\,3\text{-}4} = 40{,}69$ m.

Como $z_3 - z_4 = -40$ m, podemos determinar a pressão na seção 2:

$$p_3 = \gamma\left(z_4 - z_3 + h_{L3\text{-}4}\right) = 790{,}1 \text{ kPa na escala manométrica.}$$

Para calcular a potência requerida pela bomba, aplicamos a equação da energia para o volume de controle delimitado pelas seções 2 e 3:

$$H_B + \frac{p_2}{\gamma} + \alpha_2 \frac{V_2^2}{2g} + z_2 =$$
$$= \frac{p_3}{\gamma} + \alpha_3 \frac{V_3^2}{2g} + z_3 + H_T + h_{L2\text{-}3}$$

Observando que: as pressões p_1 e p_2 são conhecidas, $V_2 = V_3$, $z_2 = z_3$; os coeficientes de correção de energia cinética podem ser considerados iguais à unidade, porque o escoamento é turbulento; a perda de carga inexiste; e que a carga da turbina é nula, obtemos:

$$H_B \gamma = p_3 - p_2 = 774{,}0 \text{ kPa e}$$

$$H_B = 79{,}1 \text{ m}$$

A potência requerida pela bomba será:

$$\dot{W}_B = \frac{\gamma \dot{V} H_B}{\eta} = 7{,}52 \text{ kW}.$$

Er8.11 Água a 20°C é bombeada do tanque A para o B conforme esquematizado na Figura Er8.11, utilizando-se uma tubulação de aço galvanizado com diâmetro interno igual a 52,5 mm que contém três cotovelos-padrão rosqueados, $K_C = 1,0$, e duas válvulas tipo esfera rosqueadas totalmente abertas, $K_V = 0,2$, uma montada a jusante e outra a montante da bomba. Sabe-se que o comprimento total da tubulação de admissão da bomba é $L_A = 10$ m e o comprimento da tubulação de recalque é $L_R = 120$ m, que $a = 2,0$ m e $b = 20$ m.

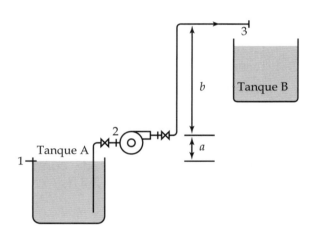

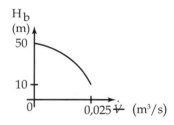

Figura Er8.11

Considerando-se que a curva característica da bomba a ser instalada, conforme indicado na figura, é parabólica, calcule a vazão mássica de água a ser transferida entre os tanques, a potência requerida pela bomba se o seu rendimento for igual a 72% e a pressão manométrica da água na seção de admissão da bomba.

Solução

a) Dados e considerações
São dados:
- Fluido: água a 20°C; suas propriedades são: $\rho = 998{,}2$ kg/m³ e $\mu = 1{,}00$ E-3 Pa.s.
- Tubo: aço galvanizado; diâmetro $D = 52{,}5$ mm $= 0{,}0525$ m.
- $a = 2{,}0$ m; $b = 20$ m; $L_A = 10$ m; $L_R = 120$ m.
- Na tubulação há dois cotovelos com $K_C = 1{,}0$ e duas válvulas com $K_V = 0{,}2$; $\eta = 72\%$.

Hipóteses utilizadas para resolver o problema:
- O escoamento ocorre em regime permanente.
- O escoamento é uniforme nas seções de entrada e saída do volume de controle.
- A água é um fluido incompressível.
- A escala de pressões adotada é a manométrica.

b) Análises e cálculos
Inicialmente determinaremos a equação que descreve a curva da bomba. A curva é parabólica, logo:

$$H_B = m\dot{V}^2 + n\dot{V} + o$$

Para determinar os coeficientes m, n e o, deve-se observar que:

$H_B = 50$ m quando a vazão é nula; consequentemente, temos: $o = 50$ m.

$$\left.\frac{dH_B}{d\dot{V}}\right|_{\dot{V}=0} = 0 \Rightarrow 2m\dot{V} + n = 0 \Rightarrow n = 0$$

$H_B = 10$ m quando a vazão é igual a 0,025 m³/s; consequentemente: $m = -64000$ s²/m⁵.

A curva da bomba é dada por:

$$H_B = -64000\,\dot{V}^2 + 50 \text{. (Equação A)}$$

Consideremos, agora, a tubulação de transporte. A perda de carga através da tubulação é função da velocidade média na tubulação e, por esse motivo, é função da vazão. Devemos, então, buscar identificar as equações que nos permitirão correlacionar essas variáveis.

Aplicando a equação da energia ao VC delimitado pelas seções 1 e 3, obtemos:

$$H_B + \frac{p_1}{\gamma} + \alpha_1 \frac{V_1^2}{2g} + z_1 =$$
$$= \frac{p_3}{\gamma} + \alpha_3 \frac{V_3^2}{2g} + z_3 + H_T + h_L$$

As pressões nas seções 1 e 3 são iguais, a carga da turbina é nula, a velocidade na seção 1 pode ser considerada desprezível porque o tanque tem área superficial grande, os coeficientes de correção de energia cinética serão considerados unitários e $z_3 - z_1 = a + b$.

Denominando $V_3 = V$, a expressão acima se reduz a:

$$H_B = \frac{V^2}{2g} + a + b + h_L \quad \text{(Equação B)}$$

A perda de carga total na tubulação pode ser expressa por:

$$h_L = f \frac{L}{D} \frac{V^2}{2g} + \sum K \frac{V^2}{2g}$$

Substituindo valores conhecidos nessa expressão, obtemos:

$$h_L = f \frac{(L_A + L_B)}{D} \frac{V^2}{2g} + (2K_V + 3K_C) \frac{V^2}{2g}$$
(Equação C)

Substituindo a Equação C na Equação B e observando que a velocidade é dada por $V = 4\dot{V}/\pi D^2$, resulta:

$$H_B = \left(1 + f\frac{(L_A + L_B)}{D} + (2K_V + 3K_C)\right)$$
$$\frac{8\dot{V}^2}{\pi^2 D^4 g} + a + b \quad \text{(Equação D)}$$

Precisamos determinar o fator de atrito. Usando a equação de Colebrook, e colocando o número de Reynolds em função da vazão, obtemos:

$$\frac{1}{\sqrt{f}} = -2,0 \log\left(\frac{\varepsilon/D}{3,7} + \frac{2,51}{Re\sqrt{f}}\right)$$

$$Re = \frac{\rho V D}{\mu} = \frac{4\rho \dot{V}}{\pi D \mu}$$

$$\frac{1}{\sqrt{f}} = -2,0 \log\left(\frac{\varepsilon/D}{3,7} + \frac{0,6275\pi D \mu}{\rho \dot{V}\sqrt{f}}\right)$$
(Equação E)

Devemos observar que o sistema constituído pelas Equações E, D e A tem como incógnitas a vazão, a carga da bomba e o fator de atrito. Resolvendo esse sistema por método iterativo ou utilizando-se um programa computacional adequado, obtemos:
$\dot{V} = 0,00447$ m³/s; $H_B = 48,72$ m; $f = 0,02716$; $Re = 108180$; $h_L = 15,29$ m

A potência requerida pela bomba será:
$$\dot{W}_B = \frac{\gamma \dot{V} H_B}{\eta} = 2,96 \text{ kW}$$

8.13 EXERCÍCIOS PROPOSTOS

Ep8.1 Ar a 20°C e 101,3 kPa escoa em um tubo com diâmetro igual a 20 cm. Qual é a velocidade média máxima do ar para a qual o escoamento ainda pode ser considerado laminar?

Resp.: 0,173 m/s.

Ep8.2 Água na fase líquida a 20°C escoa no interior de um tubo com diâmetro igual a 40,9 mm. Se a sua velocidade média for igual a 2,0 m/s, o escoamento será laminar ou turbulento?

Resp.: turbulento.

Ep8.3 Água na fase líquida a 20°C escoa de um pequeno reservatório para o meio ambiente através de um tubo horizontal com comprimento de 300 mm e diâmetro interno igual a 2 mm, conforme ilustrado na Figura Ep8.7. Determine o comprimento de entrada do escoamento sabendo que a velocidade média do escoamento é igual a 1,0 m/s. Repita o problema considerando que a velocidade média é igual a 5,0 m/s.

Resp.: 0,24 m; 0,041 m.

Ep8.4 Ar a 20°C e na pressão manométrica de 1,0 MPa escoa de um tanque pressurizado para um equipamento através de uma tubulação com diâmetro interno igual a 20 mm. Se a velocidade do ar for igual a 10 m/s, qual deverá ser o comprimento de entrada na tubulação?

Resp.: 0,63 m.

Ep8.5 Óleo lubrificante com massa específica igual a 870 kg/m³ e viscosidade dinâmica igual a 0,1 Pa.s escoa a 20°C em um duto com diâmetro interno igual a 30 mm. A velocidade média do escoamento é igual a 1,0 m/s. O escoamento é laminar ou turbulento? Qual é a perda de carga do escoamento em um trecho de tubulação com comprimento de 100 m?

Resp.: laminar; 41,7 m.

Ep8.6 Qual é a vazão mássica de ar a 50°C e na pressão absoluta de 1,0 MPa em um tubo com diâmetro de 52,8 mm que produz um escoamento com número de Reynolds igual a 100000?

Resp.: 81,4 g/s.

Ep8.7 Um fluido com massa específica igual a 800 kg/m³ escoa de um reservatório através de um tubo capilar horizontal com diâmetro interno igual a 1,2 mm e comprimento igual a 1,0 m, conforme ilustrado na Figura Ep8.7. Sabe-se que a seção de entrada do tubo é cuidadosamente suavizada de forma que a perda de carga desta singularidade possa ser desprezada. Sabe-se que quando o nível de fluido no tanque está 2,00 m acima da linha de centro do tubo, a velocidade média do escoamento no capilar torna-se igual a 0,8 m/s. Pede-se para avaliar a viscosidade do fluido.

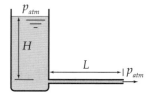

Figura Ep8.7

Resp.: 8,54 E-4 Pa.s.

Ep8.8 O queimador de uma caldeira é alimentado com óleo combustível por meio de uma tubulação com diâmetro interno igual a 25 mm. O consumo de óleo é igual a 1000 kg/h. Sendo a tubulação horizontal com comprimento igual a 150 m e sem singularidades, e supondo que o óleo está em uma temperatura tal que a sua viscosidade dinâmica é igual a 0,1 Pa.s e a sua massa específica é igual a 900 kg/m³, pergunta-se: qual é a perda de carga do escoamento nessa tubulação?

Resp.: 54,7 m.

Ep8.9 Óleo SAE 10W, utilizado para lubrificar um equipamento industrial, escoa através de um circuito fechado conforme indicado na Figura Ep8.9. A tubulação utilizada para transportar o óleo tem diâmetro interno igual a 20 mm. Considere que a temperatura do óleo na saída do resfriador é igual a 20°C, de tal sorte que a sua massa específica é igual a 870 kg/m³ e a sua viscosidade dinâmica é igual a

0,1 Pa.s, e permanece nessa temperatura até ser admitido no equipamento, quando, então, tem a sua temperatura elevada para 60°C, fazendo com que a sua viscosidade dinâmica atinja 0,02 Pa.s. Sabe-se que o comprimento total da tubulação de transporte de óleo quente é igual a 10 m, que o comprimento total da tubulação de transporte de óleo frio é igual a 20 m, que a velocidade média do óleo ao longo de toda a tubulação é igual a 1,5 m/s. A única perda de carga localizada importante ocorre no equipamento e ela produz uma variação de pressão entre a sua entrada e a sua saída igual a 50 kPa. Considere que toda a tubulação está montada em um plano horizontal. Avalie a perda de carga na tubulação quente, a perda de carga na tubulação fria e a potência requerida pela bomba se o seu rendimento for igual a 70%.

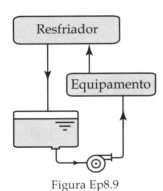

Figura Ep8.9

Resp.: 2,81 m; 28,1 m; 211 W.

Ep8.10 Um determinado tipo de óleo lubrificante com viscosidade dinâmica igual a 0,1 Pa.s e massa específica igual a 910 kg/m³ é transportado através de uma tubulação com diâmetro igual a 25 mm de um reservatório e lançado em outro – veja a Figura Ep8.10. Considere que a velocidade média do óleo na tubulação é igual a 1,0 m/s, que o comprimento total do tubo é igual a 25 m e despreze as perdas de carga localizadas. Determine a perda de carga na tubulação, a potência requerida pela bomba se o seu rendimento for igual a 72% e a pressão manométrica do óleo na saída da bomba.

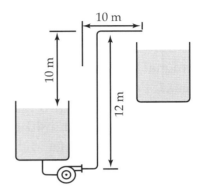

Figura Ep 8.10

Resp.: 14,3 m; 149 W; 220 kPa.

Ep8.11 Considere o dispositivo esquematizado na Figura Ep8.11, no qual o nível de fluido é mantido constante à medida que o escoamento através do tubo capilar ocorre. O fluido com densidade relativa igual a 0,8 escoa através do tubo capilar com velocidade média igual a 0,3 m/s. Considerando que o coeficiente de perda de carga da entrada do tubo é muito baixo, avalie a viscosidade dinâmica do fluido.

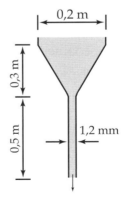

Figura Ep8.11

Pede-se também para avaliar a velocidade média de escoamento que o fluido atingiria no capilar se o seu comprimento fosse reduzido para 0,3 m. Para fazer esse cálculo, considere que a viscosidade determinada no item anterior seja igual a 0,0019 Pa.s.

Ep8.12 Em uma unidade petroquímica, bombeia-se a vazão de 6,786 m³/h de um fluido com densidade relativa igual a 0,9 e viscosidade absoluta 0,1 Pa.s através de uma tubulação com comprimento igual a 120 m e diâmetro igual a 40 mm. Essa tubulação descarrega o fluido em um tanque à pressão manométrica de 200 kPa. Desprezando as perdas de carga localizadas e considerando que a tubulação é horizontal, determine a perda de carga total na tubulação e a pressão manométrica do fluido na seção de descarga da bomba.

Resp.: 40,8 m; 560 kPa.

Ep8.13 O queimador de uma caldeira é alimentado com óleo combustível com massa específica igual a 900 kg/m³ e viscosidade dinâmica igual a 0,1 N.s/m² através de uma tubulação com diâmetro interno igual a 20 mm. O consumo de óleo é igual a 1000 kg/h. Sendo a tubulação horizontal sem singularidades com comprimento igual a 100 m, pergunta-se: qual é a perda de carga desse escoamento?

Resp.: 89,1 m.

Ep8.14 Um equipamento industrial opera consumindo óleo combustível transportado a 60°C com massa específica igual a 870 kg/m³ e viscosidade dinâmica igual a 0,02 N.s/m² em uma tubulação com diâmetro interno igual a 25 mm. O consumo de óleo é igual a 1200 kg/h. Sendo a tubulação horizontal sem singularidades com comprimento igual a 150 m, pergunta-se: qual é a perda de carga, em metros, nessa tubulação?

Resp.: 13,9 m.

Ep8.15 Um fluido a 20°C escoa através de um tubo horizontal com comprimento igual a 50 m e diâmetro igual a 230 mm, fabricado com chapas de aço-carbono comercial, de rugosidade igual a 0,046 mm. Desprezando qualquer tipo de perda de carga localizada, calcule a perda de carga no tubo nas seguintes situações: o fluido é água na fase líquida escoando com velocidade média igual a 1,75 m/s; o fluido é glicerina escoando com a velocidade média de 0,50 m/s.

Resp.: 0,52 m; 1,81 m.

Ep8.16 Óleo com viscosidade igual a 0,1 Pa.s e densidade relativa igual a 0,82 é bombeado através de uma tubulação inclinada a 45° com diâmetro interno igual a 26,6 mm e comprimento igual a 100 m. Sabe-se que a velocidade média do óleo na tubulação é igual a 4,59 m/s, que a pressão manométrica do óleo na entrada da bomba é $p_1 = 16$ kPa e que a pressão do óleo na seção de saída da tubulação é a atmosférica. Considere que as cotas e os diâmetros das seções de entrada e de saída da bomba são aproximadamente iguais.

a) Determine o fator de atrito do escoamento.
b) Determine a perda de carga no escoamento do óleo no duto.
c) Determine a potência a ser requerida pela bomba se o seu rendimento é igual a 65%.

Resp.: 0,0639; 258,1 m; 10,4 kW.

Ep8.17 O queimador de uma fornalha industrial consome 500 kg/h de óleo combustível, com massa específica igual a 900 kg/m³ e viscosidade dinâmica igual a 0,1 Pa.s, o qual é transportado, através de uma tubulação com comprimento de 100 m e diâmetro interno igual a 21 mm, de um grande tanque de armazenamento para o tanque de serviço que armazena o óleo que alimenta o queimador – veja a Figura Ep8.17. Considere que a bomba foi dimensionada para operar 50% do tempo, que o desnível H é igual a 10 m e que as perdas de carga localizadas podem ser desprezadas. Supondo que a perda de carga na tubulação de sucção da bomba é muito pequena, determine a perda de carga ao longo da tubulação, a pressão manométrica na seção de descarga da bomba e a potência requerida pela bomba considerando que seu rendimento é igual a 70%.

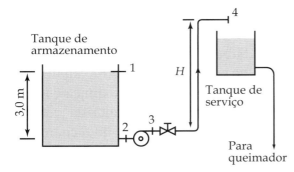

Figura Ep8.17

Resp.: 73,24 m; 734,9 kPa; 312,7 W.

Ep8.18 Óleo com massa específica igual a 850 kg/m³ e viscosidade dinâmica igual a 0,1 Pa.s escoa pelo tubo com diâmetro interno de 25 mm inclinado 30° com a horizontal – veja a Figura Ep8.18. O manômetro de mercúrio, com massa específica igual a 13550 kg/m³, apresenta um desnível $H = 20$ cm. Sabendo que o comprimento L é igual a 2,5 m, determine o sentido de escoamento e a sua perda de carga.

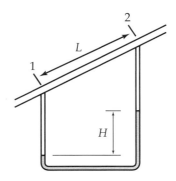

Figura Ep8.18

Resp.: ascendente; 2,99 m.

Ep8.19 Em uma indústria petroquímica, 0,5 L/s de uma substância com densidade relativa igual a 0,85 e viscosidade dinâmica igual a 0,1 Pa.s é bombeada através de um duto com diâmetro interno igual a 26,6 mm e comprimento de 100 m – veja a Figura Ep8.19. Considere que o desnível entre a bomba e a seção de descarga da tubulação seja $H = 30$ m, que a pressão manométrica do fluido nas seções de admissão da bomba e de descarga da tubulação sejam, respectivamente, $p_1 = 0,1$ bar e $p_3 = 0,5$ bar, e que todas as perdas de carga localizadas possam ser desprezadas. Determine a perda de carga ao longo da tubulação, a pressão manométrica do fluido na seção de descarga da bomba e a potência requerida pela bomba considerando que seu rendimento é igual a 70% e que os diâmetros das suas seções de entrada e saída sejam iguais.

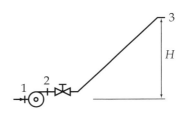

Figura Ep8.19

Resp.: 48,8 m; 707,1 kPa; 498 W.

Ep8.20 Água a 20°C deve escoar por gravidade de um grande reservatório para outro mais baixo através de uma tubulação com comprimento total de 400 m, diâmetro interno de 50 mm e rugosidade igual a 0,2 mm – veja a Figura Ep8.20. Nessa tubulação há três joelhos, $K = 0,9$, uma válvula, $K = 10$, e a entrada é em cantos vivos. Sabendo que vazão prevista é igual a 16,2 m³/h, determine a perda de carga distribuída na tubulação, a soma das perdas de carga localizadas e a cota H necessária para obter a vazão prevista.

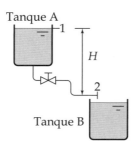

Figura Ep8.20

Resp.: 62,9 m; 3,53 m; 66,7 m.

Ep8.21 Água a 20°C deve escoar por gravidade do tanque A esquematizado na Figura Ep8.20 para o tanque B através de uma tubulação com diâmetro interno de 40,9 mm, de aço galvanizado. Considere que essa tubulação tem comprimento total de 100 m e que as perdas de carga localizadas são desprezíveis. Sabendo que o desnível H é igual a 25 m, determine a perda de carga do escoamento e a vazão.

Resp.: 24,65 m; 3,44 litros/s.

Ep8.22 Em uma indústria, pretende-se transferir para uma caixa-d'água, que está a 10 m de altura, uma vazão de água a 20°C igual a 10 m³/h. A tubulação é de aço galvanizado, tem diâmetro interno igual a 40,9 mm, rugosidade absoluta igual a 0,15 mm, comprimento total igual a 20 m. Considerando que a bomba centrífuga utilizada tem rendimento de 70% e está instalada no nível do solo, que a pressão manométrica da água na seção de admissão da bomba é igual a 0,1 bar e que as perdas de carga localizadas são desprezíveis, pede-se para calcular a perda de carga na tubulação, a pressão manométrica da água na saída da bomba e a potência requerida pela bomba.

Resp.: 3,23 m; 129,6 kPa; 475 W.

Ep8.23 Em uma unidade industrial – veja a Figura Ep8.23 –, óleo combustível é transportado de um grande tanque de armazenamento A para um tanque de serviço B através de uma tubulação cujo diâmetro interno é igual a 21 mm. Sabe-se que a vazão de óleo transportado é igual a 800 kg/h, o desnível H é igual a 15 m, que a tubulação tem comprimento de 150 m e que as perdas de carga localizadas podem ser desprezadas. Sabe-se também que a massa específica do óleo é igual a 900 kg/m³ e que a sua viscosidade dinâmica é igual a 0,01 N.s/m². Pergunta-se: qual é a perda de carga total no escoamento? Qual é a carga a ser fornecida pela bomba? Se utilizarmos uma bomba com rendimento igual a 65%, qual será a potência por ela requerida?

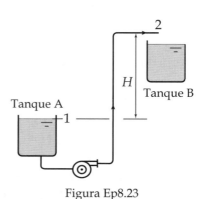

Figura Ep8.23

Ep8.24 Em uma unidade industrial – veja Figura Ep8.23 –, uma matéria-prima na fase líquida é transportada de um grande tanque de armazenamento para um tanque de serviço através de uma tubulação cujo diâmetro interno é igual a 20 mm e cuja rugosidade média é igual a 0,16 mm. Sabe-se que a sua vazão mássica é igual a 1080 kg/h, a tubulação tem comprimento de 200 m, o desnível H é igual a 15 m e que as perdas de carga singulares podem ser desprezadas. São dadas as seguintes propriedades da substância: massa específica igual a 1100 kg/m³ e viscosidade dinâmica igual a 0,002 N.s/m². Determine a perda de carga total no escoamento e a carga que deve ser fornecida pela bomba. Se utilizarmos uma bomba com rendimento igual a 70%, qual será a potência por ela requerida?

Resp.: 15,85 m; 30,9 m; 130 W.

Ep8.25 Considere a Figura Ep8.25. Sabe-se que o comprimento da tubulação de recalque da bomba é igual a 25 m e que o desnível H é igual a 15 m. Sabe-se também que a tubulação é nova, de PVC, que a vazão mássica de água na tubulação é igual a 3,0 kg/s e que a água está a 20°C. Desprezando as perdas de carga singulares, considerando que o tubo é liso e que a perda de carga máxima admissível é igual a 20 m, determine:

a) o fator de atrito;
b) o diâmetro teórico mínimo da tubulação.

Figura Ep8.25

Resp.: 0,0168; 27,5 mm.

Ep8.26 Uma caixa-d'água é alimentada por uma bomba centrífuga, e seu volume é igual a 240 m³ – veja a Figura Ep8.25. A tubulação de alimentação da caixa-d'água tem diâmetro interno igual a 50 mm, comprimento total igual a 100 m e foi construída com material cuja rugosidade absoluta é igual a 0,05 mm. Sabendo-se que o desnível H é igual a 50 m, as perdas de carga localizadas na tubulação podem ser consideradas desprezíveis e que a caixa deverá ser cheia em oito horas, pede-se para avaliar a vazão volumétrica de água através da bomba, a perda de carga na tubulação de recalque, a pressão da água na seção de descarga da bomba e a potência requerida pela bomba considerando que o seu rendimento é igual a 78% e que a pressão da água na sua seção de entrada é igual à atmosférica.

Resp.: 30 m³/h; 38,5 m; 866,5 kPa; 9,26 kW.

Ep8.27 Considere a Figura Ep8.25. Sabe-se que o comprimento da tubulação de recalque da bomba é 25 m, que o desnível H é 15 m e que a perda de carga máxima admissível é 20 m. A tubulação é nova, de aço galvanizado com altura de rugosidade igual a 0,15 mm, a vazão mássica de água na tubulação é 3,0 kg/s, a água está a 20°C, e os dois joelhos têm coeficiente de perda de carga igual a 0,9. Determine o fator de atrito e o diâmetro teórico mínimo da tubulação. Compare o resultado obtido com o resultado do exercício Ep8.25.

Resp.: 0,0658; 36,4 mm.

Ep8.28 Observe a Figura Ep8.28. A bomba deve transferir 36 m³/h de água a 20°C do tanque A para o B. Considere que: os tanques são muito grandes; a bomba tem rendimento de 68%; a tubulação é construída em aço galvanizado, ε = 0,20 mm, com diâmetro interno igual a 60 mm; a tubulação de recalque tem comprimento igual a 60 m; a parte da tubulação a montante da bomba tem comprimento igual a 20 m; os joelhos indicados na figura são 90° padrão, K_j = 0,9. Considere também que há duas válvulas globo totalmente abertas, K_v = 10, sendo uma instalada na seção de entrada da bomba e outra na de saída. Sabendo que L = 50 m e M = 5 m, determine a velocidade da água na seção de descarga da bomba, a perda de carga na tubulação, a carga fornecida pela bomba, a potência requerida pela bomba e a pressão manométrica da água na seção de descarga da bomba.

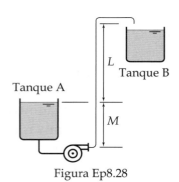

Figura Ep8.28

Resp.: 3,54 m/s; 38,8 m; 87,4 m; 12,6 kW; 778 kPa.

Ep8.29 Dois reservatórios abertos para a atmosfera que contêm água a 20°C – veja a Figura Ep8.29 – estão interligados através de uma tubulação de aço galvanizado, ε = 0,15 mm, com comprimento igual a 200 m e diâmetro interno igual a 75 mm, e na qual há três joelhos 90° de raio curto, K = 0,9, e dois joelhos de 45°, K = 0,4. Levando em consideração as perdas de carga de entrada em cantos vivos e de saída e sabendo que e a vazão nessa tubulação é igual a 0,015 m³/s, determine a velocidade média do escoamento na tubulação, o fator de atrito e o desnível entre esses reservatórios.

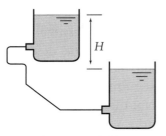

Figura Ep8.29

Resp.: 3,40 m/s; 0,0241; 40,2 m.

Ep8.30 Água com viscosidade dinâmica igual a 0,00112 Pa.s e massa específica igual a 1000 kg/m³ deve escoar por gravidade de um grande reservatório para outro mais baixo através de uma tubulação com diâmetro interno de 60 mm e rugosidade igual a 0,2 mm, conforme esquematizado na Figura Ep8.20. Nessa tubulação, com comprimento total de 400 m, há três cotovelos, K_c = 0,9, uma válvula globo parcialmente fechada, K_v = 18, e a entrada de água na tubulação é em canto vivo. Sabendo que a vazão prevista é igual a 16,2 m³/h, determine a perda de carga distribuída na tubulação, a soma das perdas de carga localizadas na tubulação e a cota H necessária para obter a vazão prevista.

Resp.: 24,4 m; 2,74 m; 27,3 m.

Ep8.31 Observe a Figura Ep8.31. O tanque cilíndrico, com diâmetro que pode ser considerado muito grande, contém água a 20°C. O ar presente sobre o nível da água está na pressão manométrica de 200 kPa. A tubulação conectada ao tanque tem diâmetro interno igual a 25 mm e rugosidade igual a 0,125 mm. Considere que $H = 3,0$ m, o comprimento total da tubulação é igual a 53 m, o cotovelo é de 90°, $K = 0,9$, a entrada de água na tubulação é em cantos vivos, $K = 0,5$, e que a válvula é globo e está completamente aberta, $K = 10$. Determine a vazão volumétrica de água através da tubulação e a perda de carga total do escoamento.

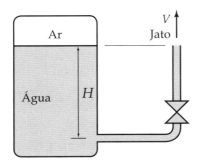

Figura Ep8.31

Ep8.32 Água na fase líquida a 20°C é bombeada de um tanque A para um tanque B conforme indicado na Figura Ep8.32. A tubulação de interligação do tanque A à bomba é de PVC com diâmetro interno igual a 53,4 mm e com comprimento $b = 10$ m. A tubulação de recalque também é de PVC, porém, com diâmetro interno 44,0 mm, e tem as seguintes dimensões: $a = 4,0$ m, $c = d = 10$ m, $e = 40$ m, $f = 12$ m e $g = 20$ m.

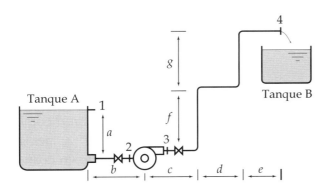

Figura Ep8.32

As duas válvulas indicadas na figura são tipo gaveta com $K_V = 0,2$ e os quatro cotovelos existentes na tubulação de recalque têm $K_C = 0,9$. Sabendo que o rendimento da bomba é igual a 72% e que deverão ser transferidos 25 m³/h de água do tanque A para o B, pede-se para avaliar a pressão manométrica da água nas seções 2 e 3 e a potência requerida pela bomba.

Resp.: 16,42 kPa; 693,1 kPa; 6,58 kW.

Ep8.33 O engenheiro de uma empresa fabricante de tubos de aço em barras de 6,0 m resolveu determinar experimentalmente a rugosidade dos tubos. Para tal, ele montou um experimento, esquematizado na Figura Ep8.33, que consiste em medir a vazão de água a 20°C através de tubos montados horizontalmente em um tanque, tomando o cuidado de suavizar a entrada dos tubos de forma que o coeficiente de perda de carga dessa singularidade pudesse ser desprezado. Em seu experimento inicial, ele mediu a vazão de 7,2 m³/h quando a altura H permanecia igual a 8,14 m. Sabendo-se que o diâmetro interno do tubo é igual a 25 mm, pede-se para avaliar velocidade média do escoamento no tubo e a altura de rugosidade do tubo.

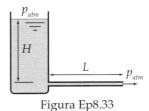

Figura Ep8.33

Resp.: 4,07 m/s; 0,19 mm.

Ep8.34 Água com massa específica igual a 998,2 kg/m³ e viscosidade dinâmica igual a 0,001 Pa.s escoa de um grande reservatório alimentando uma turbina, conforme indicado na Figura Ep8.34. O desnível entre a superfície do reservatório e a turbina é igual a 50 m e a água escoa através de uma tubulação de concreto com comprimento de 60 m, diâmetro igual a 40 cm e rugosidade absoluta igual a 0,8 mm. O coeficiente de perda de carga de entrada na tubulação é igual a 0,4 e, nela, há uma válvula com coeficiente de perda de carga igual a 4. Sabendo-se que a velocidade média da água na tubulação é igual a 4,0 m/s, que a velocidade média de descarga da turbina é igual a 2,0 m/s e que o rendimento da turbina é igual a 0,75, pede-se para calcular a perda de carga localizada do escoamento, a perda de carga distribuída do escoamento e a potência desenvolvida pela turbina.

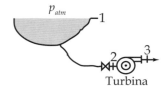

Figura Ep8.34

Resp.: 3,59 m; 2,88 m; 160 kW.

Ep8.35 Dois grandes reservatórios d'água, $\rho = 998$ kg/m³ e $\mu = 0,0010$ Pa.s, estão interligados por uma tubulação de ferro fundido com diâmetro de 400 mm, conforme indicado na Figura Ep8.35. Nessa tubulação está instalada uma máquina de fluxo que pode operar como uma bomba com rendimento de 70% ou como turbina com rendimento de 75%. A tubulação que liga a máquina de fluxo ao reservatório A tem comprimento igual a 5,0 m, a tubulação que liga a máquina de fluxo ao tanque B tem comprimento igual a 120 m e a bomba está situada 5,0 m abaixo do nível da superfície livre do reservatório A. Desprezando as perdas de carga localizadas e sabendo que nos dois casos a velocidade média da água é igual a 4,0 m/s, pede-se para calcular a potência requerida pela máquina de fluxo quando operando como bomba, a potência disponível no seu eixo quando operando como turbina e a pressão na seção de entrada da máquina de fluxo operando como bomba e como turbina.

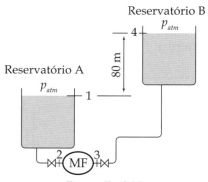

Figura Ep 8.35

Resp.: 595 kW; 278 kW; 39,2 kPa; 781 kPa.

Ep8.36 Em um grande tanque A que contém água na fase líquida (viscosidade dinâmica igual a 0,00112 Pa.s e massa específica igual a 1000 kg/m³) existem conectadas duas tubulações novas, conforme ilustrado na Figura Ep8.36. A primeira, que conecta o tanque A ao tanque C, foi construída com tubos rosqueáveis de PVC com diâmetro interno igual 40 mm e comprimento total igual a 100 m; nessa tubulação há quatro joelhos com coeficientes de perda de carga igual a 0,9 e uma válvula que, quando está totalmente aberta, apresenta coeficiente de perda de carga igual a 8. A segunda, que conecta o tanque A ao tanque B, foi construída com tubos de aço galvanizado com diâmetro interno de 60 mm e comprimento total igual a 90 m; nessa tubulação há dois joelhos com coeficientes de perda de carga igual a 0,9 e uma válvula que, quando está totalmente aberta, apresenta coeficiente de perda de carga igual a 2. Sabe-se que a velocidade média da água na tubulação que liga o tanque A ao C é igual a 3,0 m/s, que x = 5,0 m e y = 10 m. Considerando os tubos de PVC hidraulicamente lisos, calcule a perda de carga na tubulação que interliga o tanque A e o tanque C, a cota z e a vazão na tubulação que interliga o tanque A ao tanque B.

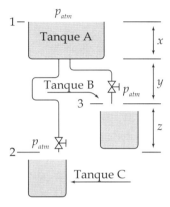

Figura Ep8.36

Resp.: 25,9 m; 11,35 m; 7,30 L/s.

Ep8.37 Buscando racionalizar a utilização de energia elétrica, um engenheiro propõe a instalação de uma bomba e de uma turbina entre dois grandes reservatórios d'água, conforme ilustrado na Figura Ep8.37. O engenheiro pretende produzir energia elétrica utilizando a turbina diariamente entre 17:00 h e 20:00 h, horários de grande consumo, e pretende retornar a água para o tanque superior entre 22:00 h e 6:00 h, período de baixo consumo de energia, utilizando a bomba. As duas tubulações são construídas com tubos de aço com altura de rugosidade igual a 0,05 mm, a tubulação de alimentação da turbina tem diâmetro igual a 500 mm, comprimento total igual a 90 m, uma válvula e duas curvas; a tubulação da bomba tem diâmetro 400 mm, comprimento total igual a 100 m, duas válvulas e duas cur-

vas. Sabe-se que S = 60 m, R = 8 m, que os desníveis existentes entre a descarga da turbina e a superfície do tanque inferior e entre a descarga da bomba e a superfície do tanque superior são desprezíveis, que o coeficiente de perda de carga das válvulas é igual a 2,0 e o das curvas é igual a 0,15, que tanto a turbina quanto a bomba tem rendimentos iguais a 80% e que a água está a 20°C. Considerando que a vazão de alimentação da turbina é de 1,0 m³/s e a vazão através da bomba é de 0,38 m³/s, determine a potência desenvolvida pela turbina e a potência requerida pela bomba.

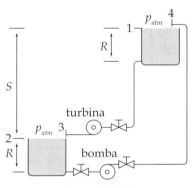

Figura Ep8.37

Resp.: 412,3 kW; 297,9 kW.

Ep8.38 Em uma indústria, há uma sala ventilada pela injeção de ar a 20°C através do seu piso, que é formado por uma grande grelha, de forma a manter a sua pressão manométrica interna igual a 2,0 mmca – veja a Figura Ep8.38. O ar é captado a 100 kPa por um ventilador ao qual está acoplado um filtro de entrada e é transferido para a sala por uma tubulação de 25 m de comprimento, com diâmetro interno de 200 mm e com rugosidade igual a 0,02 mm. Considere que: os coeficientes de perda de carga do filtro e da grelha são iguais a, respectivamente,

4 e 0,1; a velocidade na tubulação é igual a 8 m/s; e a velocidade do ar na entrada do filtro é muito baixa. Pede-se para determinar a perda de carga total do escoamento de ar, a pressão do ar na seção de descarga do ventilador e a potência requerida pelo ventilador se o seu rendimento for igual a 70%.

Figura Ep8.38

Ep8.39 Uma bomba centrífuga com rendimento de 75% transfere água a 20°C de um reservatório inferior para um superior. A tubulação é nova e foi construída com tubos rosqueáveis de PVC. O trecho da tubulação a montante da bomba tem diâmetro interno igual a 50,8 mm e o trecho a jusante tem diâmetro interno igual a 40 mm – veja a Figura Ep8.39. A tubulação tem três joelhos padrão de 90° e duas válvulas totalmente abertas. Considere que os tubos de PVC podem ser considerados hidraulicamente lisos. Considere também que os joelhos e as válvulas têm coeficientes de perda de carga aproximadamente iguais a, respectivamente, 0,9 e 2,0 e que a vazão de água bombeada é igual a 12 m³/h. Sabendo que $a = 2,0$ m, $b = 1,0$ m, $c = 25$ m, $d = 6$ m, $m = 4$ m, $n = 8$ m e $o = 80$ m e adotando o valor de 1,0 para o coeficiente de perda de carga na entrada do duto mergulhado na água, determine a perda de carga na tubulação, a pressão manométrica da água na seção de admissão da bomba e a potência requerida pela bomba.

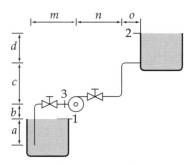

Figura Ep8.39

Resp.: 20,62 m; –19,9 kPa; 2,29 kW.

Ep8.40 Em um sistema de condicionamento de ar, o ar é captado no ambiente externo a 25°C, é filtrado, escoa através do sistema atingindo a temperatura de 10°C (massa específica igual a 1,247 kg/m³, viscosidade dinâmica igual a 1,76 E-5 Pa.s), sendo, então, transportado para uma sala climatizada por uma tubulação horizontal de seção retangular de 20 cm por 30 cm com comprimento de 20 m e com altura de rugosidade igual a 0,48 mm – veja a Figura Ep8.40. A vazão de ar injetado na sala é de 0,24 m³/s, a pressão manométrica do ar na sala é igual a 3,0 mmca e o coeficiente de perda de carga do conjunto composto pelo ar-condicionado e pelo filtro é igual a 2,0, baseado na velocidade de descarga do aparelho. O ar é injetado na sala através de uma grelha de distribuição com coeficiente de perda de carga igual a 1,1, baseado na sua velocidade de entrada. Sabendo que a única perda de carga localizada na tubulação de transporte do ar para a sala é a que ocorre na grelha, que o rendimento do ventilador é igual a 65% e que a velocidade de entrada do ar no filtro é muito baixa, determine: a perda de carga total do escoamento; a pressão manométrica do ar na seção de descarga do aparelho de ar condicionado; e a potência requerida pelo ventilador.

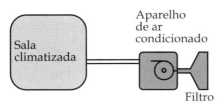

Figura Ep8.40

Resp.: 4,27 m; 51,7 Pa; 30,2 W.

Ep8.41 Observe a Figura Ep8.41. O tanque é cilíndrico com diâmetro que pode ser considerado muito grande e contém água com massa específica igual a 998,2 kg/m³ e viscosidade absoluta igual a 0,001 Pa.s. A tubulação conectada ao tanque é de PVC (tubo hidraulicamente liso) e tem diâmetro interno igual a 20 mm. Considere que: a altura H é igual a 4,0 m; o comprimento total da tubulação é igual a 20 m; o cotovelo existente é de 90°, $K_c = 0,9$; a entrada de água na tubulação é em cantos vivos, $K_e = 0,5$; a válvula é globo e está completamente aberta, $K_v = 10$.

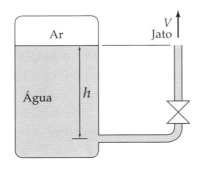

Figura Ep8.41

Sabendo que a velocidade média da água na tubulação é igual a 5 m/s, determine a perda de carga distribuída ao longo da tubulação, a soma das perdas de carga localizadas existentes e a pressão manométrica do ar presente sobre a água.

Ep8.42 Água com viscosidade dinâmica igual a 0,001 Pa.s e massa específica igual a 1000 kg/m³ é descarregada de um tanque através de uma tubulação com bocal, conforme esquematizado na Figura Ep8.42. A tubulação é construída com aço galvanizado de diâmetro interno igual a 25 mm, e o diâmetro interno da garganta do bocal é igual a 12,5 mm. Sabe-se que o comprimento da tubulação é igual a 40 m e que o bocal está localizado exatamente no ponto médio do tubo (a 20 m da seção de descarga). Considere que apenas a perda de carga no bocal pode ser desprezada, que a pressão atmosférica local é igual a 100 kPa e que a velocidade média da água na tubulação é igual a 2,0 m/s. Determine altura h e calcule a pressão manométrica da água na garganta do bocal. Ocorre cavitação na garganta do bocal?

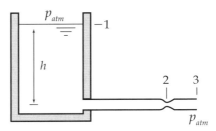

Figura Ep8.42

Resp.: 11,3 m; 23,9 kPa; não.

Ep8.43 Água a 20°C deve escoar por gravidade do tanque A esquematizado na Figura Ep8.20 para o tanque B através de uma tubulação com comprimento de 100 m construída com tubos de PVC (tubos lisos) com diâmetro interno igual a 30 mm. Sabendo que as perdas de carga singulares podem ser desprezadas e que o desnível H é igual a 10 m, determine a perda de carga do escoamento e a vazão.

Resp.: 9,86 m; 1,17 L/s.

Ep8.44 Uma caixa-d'água com volume igual a 40 m³ é alimentada com uma bomba centrífuga. Sua borda superior está 30,0 m acima da conexão de saída da bomba. A tubulação de recalque da bomba foi construída com tubos de PVC com diâmetro interno igual a 50 mm, tem três joelhos 90° e uma válvula globo, $K_v = 10$, totalmente aberta. Considerando que a caixa deverá ser cheia em duas horas e que o comprimento total da tubulação é $L = 50$, pede-se para estimar a vazão e a pressão manométrica da água na saída da bomba.

Resp.: 11,1 L/s; 747 kPa.

Ep8.45 Para evitar a entrada de pó em uma sala destinada a abrigar painéis elétricos, um engenheiro resolveu pressurizá-la utilizando ar filtrado captado por um ventilador, conforme indicado na Figura Ep8.45. A tubulação é horizontal e tem seção retangular, 75 mm por 150 mm, seu comprimento total é igual a 20 m e foi construída com chapas metálicas novas cuja rugosidade absoluta é igual a 0,05 mm. Sabe-se que a perda de carga do filtro é igual a 20,0 m, que ele está montado a uma distância desprezível do ventilador, que a pressão na sala deve ser igual a 3 mmca e que a velocidade do ar na tubulação é igual a 12 m/s. Considerando que o ar ambiente está a 20°C e 101,3 kPa e que a velocidade de entrada de ar no filtro é muito baixa, determine a perda de carga na tubulação, a pressão manométrica na seção de descarga do ventilador e a carga a ser provida pelo ventilador.

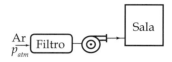

Figura Ep8.45

Resp.: 30,4 m; 387 Pa; 60,2 m.

Ep8.46 Para atender às necessidades de uma empresa, um engenheiro propõe aquecer 7,2 m³/h de água utilizando produtos de combustão lançados no ambiente por uma turbina a gás – veja a Figura Ep8.46. Uma bomba centrífuga com rendimento igual a 72% capta a água na fase líquida a 20°C e promove seu escoamento através de uma tubulação de aço galvanizado com diâmetro interno igual a 50 mm, rugosidade absoluta igual a 0,1 mm e comprimento igual a 50 m.

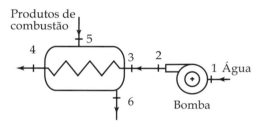

Figura Ep8.46

Desprezando perdas de carga localizadas e considerando que: a perda de carga no trocador de calor é igual a 5,0 m; os produtos de combustão podem ser tratados como ar; a sua temperatura de admissão no trocador de calor é $T_5 = 370°C$ e a de descarga é $T_6 = 120°C$; $T_1 = T_2 = T_3$; e $T_4 = 80°C$, pede-se para avaliar: a perda de carga total do escoamento da água, a potência requerida pela bomba para vencer a perda de carga entre a sua seção de descarga e a de descarga do trocador de calor e a vazão mássica requerida de produtos de combustão.

Resp.: 6,40 m; 174 W; 2,0 kg/s.

Ep8.47 Água com massa específica igual a 998,2 kg/m³ e viscosidade dinâmica igual a 0,0010 Pa.s é transferida por bombeamento de um tanque A para um tanque B, conforme indicado na Figura Ep8.47. O tubo é de PVC, podendo ser considerado hidraulicamente liso, tem diâmetro interno igual a 44 mm e nele há três cotovelos, $K_c = 0,9$, duas válvulas globo completamente abertas, $K_v = 10$, e a entrada na tubulação é em cantos vivos, $K_e = 0,5$. Sabendo que a bomba tem rendimento igual a 72%, que a vazão prevista é de 18 m³/h e que a bomba está instalada muito próxima do tanque A, calcule a soma das perdas de carga localizadas do escoamento, a distribuída e a potência requerida pela bomba.

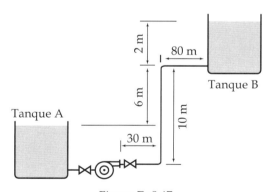

Figura Ep8.47

Resp.: 13,3 m; 25,2 m; 3,16 kW.

Ep8.48 Para gerar ar quente para uso industrial, é sugerido o processo esquematizado na Figura Ep8.48, no qual ar é aquecido por meio de condensação de vapor d'água saturado a 200 kPa (abs.) em um trocador de calor. Um ventilador com rendimento igual a 70% capta 1,0 m³/s de ar ambiente a 20°C e 95 kPa e promove seu escoamento. A tubulação que interliga o ventilador ao trocador de calor tem comprimento igual a 20 m, diâmetro igual a 300 mm e rugosidade absoluta igual a 0,03 mm. Desprezando perdas de carga localizadas e considerando que a perda de carga do escoamento de ar no trocador de calor é igual a 2,0 m, que o vapor é admitido a 0,2 MPa e é descarregado com líquido saturado, que $T_1 = T_2 = T_3$ e que se deseja $T_4 = 100°C$, pede-se para estimar vazão mássica requerida de vapor, a perda de carga total do escoamento de ar e a potência requerida pelo ventilador.

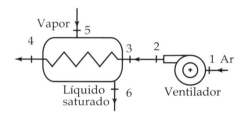

Figura Ep8.48

Resp.: 0,041 kg/s; 12,7 m; 201 W.

Ep8.49 Uma bomba centrífuga com rendimento igual a 70% bombeia água de um reservatório em um nível inferior para outro em um nível superior conforme indicado na Figura Ep8.49. Sabe-se que a tubulação foi construída com tubos com diâmetro interno igual a 52,8 mm em aço galvanizado novo e que a vazão de água através da bomba é igual a 25 m³/h. As válvulas existentes nas tubulações são do tipo gaveta, flangeadas, $K_v = 0,35$, e estão completamente abertas. Na tubulação de recalque há dois joelhos de 45° flangeados normais, $K_j = 0,20$, e três curvas flangeadas de raio longo, $K_c = 0,30$. Na tubulação de sucção há uma válvula e uma curva de raio longo. Considerando que a água está a 20°C, $a = 2$ m, $b = 3$ m, $c = 5$ m, $e = 6$ m, $f = 10$ m, $g = 30$ m, $j = 15$ m e $m = 1$ m, avalie a perda de carga entre as seções 1 e 2, a perda de carga entre as seções 3 e 4, a pressão na seção de descarga da bomba e a potência requerida pela bomba.

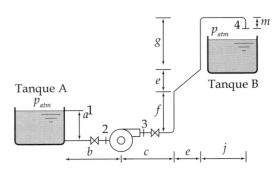

Figura Ep8.49

Resp.: 1,37 m; 17,5 m; 617,1 kPa; 6,06 kW.

Ep8.50 Água a 20°C é descarregada de um tanque através de uma tubulação horizontal com comprimento $L = 50$ m, conforme esquematizado na Figura Ep8.50. A tubulação é construída com tubos de ferro fundido com diâmetro interno igual a 65 mm. Desejando saber a vazão volumétrica através do tubo, um engenheiro instalou um manômetro exatamente no ponto médio da tubulação e verificou que a pressão manométrica do fluido nesse ponto era igual a 100 kPa.

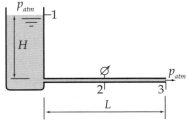

Figura Ep8.50

A partir do resultado obtido pelo engenheiro e desprezando a perda de carga de entrada, determine a vazão através da tubulação e a altura H.

Resp.: 14,1 litros/s; 21,35 m.

Ep8.51 Água a 20°C é descarregada de um tanque conforme esquematizado na Figura Ep8.51. A tubulação é construída com tubos de aço galvanizado, sendo que o diâmetro interno do trecho A é igual a 70 mm, o do trecho B é de 50 mm, o comprimento L é igual a 90 m e o comprimento do trecho A equivale à metade do trecho B. Buscando informações sobre o escoamento, um engenheiro instalou um manômetro exatamente no ponto médio do trecho B e mediu a pressão de 90 kPa. Supondo que o coeficiente de perda de carga na válvula seja igual a 8 e que a entrada na tubulação seja em cantos vivos, pede-se para determinar a altura H e a vazão volumétrica através da tubulação.

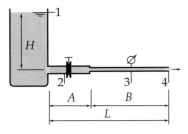

Figura Ep8.51

Resp.: 21,8 m; 6,53 L/s.

Ep8.52 Pretende-se bombear água a 20°C de um reservatório para outro conforme esquematizado na Figura Ep8.52, utilizando-se uma tubulação de aço galvanizado com diâmetro interno de 50 mm que contém quatro cotovelos-padrão rosqueados, $Kc = 0,9$, e duas válvulas tipo gaveta rosqueadas totalmente abertas, $Kv = 0,2$. Observe-se que na tubulação de sucção da bomba, que tem comprimento igual a 10 m, há uma válvula e um cotovelo. Sabe-se que o comprimento total da tubulação é igual a 100 m, que $a = 3,0$ m e $b = 10$ m. Considerando-se que a curva característica da bomba a ser instalada, conforme indicado na figura, é parabólica, calcule a vazão mássica de água a ser transferida entre os tanques, a potência requerida pela bomba se o seu rendimento for igual a 68% e a pressão manométrica da água na seção de admissão da bomba.

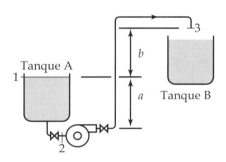

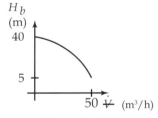

Figura Ep8.52

Resp.: 5,57 kg/s; 2,76 kW; –918 Pa.

Ep8.53 Água na fase líquida escoa no sentido ascendente em um tubo vertical com comprimento igual a 20 m e diâmetro interno igual a 41 mm. A pressão da água na seção de saída do tubo é igual à atmosférica e a velocidade média da água no tubo é igual a 2,0 m/s. Sabe-se que o tubo tem rugosidade absoluta igual a 0,041 mm, que a massa específica da água é igual a 998 kg/m³ e que a viscosidade dinâmica da água é igual a 0,001 Pa.s.

a) Determine a perda de carga no escoamento.
b) Determine a pressão manométrica da água na seção de entrada do tubo.

Resp.: 2,27 m; 220 kPa.

Ep8.54 Determine o fator de atrito f e a rugosidade do trecho de conduto mostrado na Figura Ep8.54 através do qual escoa 0,015 m³/s de água a 20°C e 100 kPa. Sabe-se que $L = 1,0$ m, $D = 0,12$ m e $H = 2,1$ cm.

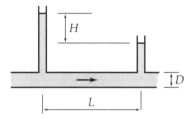

Figura Ep8.54

Resp.: 0,0281; 0,421 mm.

Ep8.55 Na instalação da Figura Ep8.55, água a 20°C escoa em regime permanente, podendo-se supor que as propriedades são uniformes nas seções. Sabe-se, ainda, que o reservatório cúbico de 3,0 m de aresta é preenchido totalmente em 20 minutos, $h = 2,0$ m, $H = 15,0$ m e a pressão manométrica na seção 2 é igual a 220 kPa. Considerando que o diâmetro interno de toda a tubulação é igual a 100 mm e que a perda de carga na tubulação a montante da bomba pode ser considerada desprezível, pede-se para calcular:

a) a velocidade média do escoamento na tubulação de recalque;
b) a carga total na seção 2 referente à seção de descarga da bomba;
c) a carga total na seção 1 referente à seção de alimentação da bomba;
d) a perda de carga entre as seções 2 e 3;
e) a carga fornecida pela bomba ao escoamento.

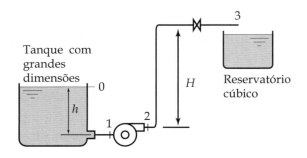

Figura Ep8.55

Resp.: 2,87 m/s; 22,9 m; 15,4 m; 7,47 m; 20,5 m.

Ep8.56 Aproximadamente 8,0 m³/h de água a 20°C é descarregada de um tanque através de um tubo horizontal de aço galvanizado com diâmetro interno de 37,5 mm e com comprimento de 30 m – veja a Figura Ep8.50. Desprezando as perdas de carga localizadas, pede-se para determinar: a velocidade média da água na tubulação, a perda de carga distribuída do escoamento, a altura H e a pressão manométrica da água no ponto médio da tubulação.

Resp.: 2,01 m/s; 4,91 m; 5,12 m; 24,1 kPa.

Ep8.57 Água a 20°C é transferida por bombeamento de um tanque A para um tanque B conforme indicado na Figura Ep8.47. A tubulação de ferro fundido tem diâmetro interno igual a 100 mm. Na tubulação de recalque há dois cotovelos, $K_c = 0,7$, uma válvula globo completamente aberta, $K_v = 10$, e na tubulação de sucção há um cotovelo e uma válvula globo completamente aberta. Sabendo-se que a entrada na tubulação é em cantos vivos, $K_e = 0,5$, que a bomba tem rendimento igual a 75%, que a perda de carga distribuída na tubulação de sucção é muito pequena e que a vazão prevista é de 85 m³/h, calcule a velocidade média da água na tubulação, a perda de carga distribuída na tubulação, a pressão manométrica da água na seção de descarga da bomba e a potência requerida pela bomba.

Resp.: 3,01 m/s; 14,17 m; 307,7 kPa; 10,2 kW.

Ep8.58 Deseja-se projetar uma tubulação horizontal com comprimento de 50 m para transportar 20 m³/h de água a 20°C utilizando-se tubos de PVC que podem ser considerados hidraulicamente lisos. Sabe-se que, neste caso, é razoável utilizar a equação de Blasius ($f = 0,316 / Re^{0,25}$) para calcular o fator de atrito. Considerando que a perda de carga máxima admissível é igual a 10,0 m e desprezando-se as perdas de carga localizadas, pede-se para determinar o diâmetro mínimo aceitável para a construção dessa tubulação. Se a pressão manométrica da água na seção de descarga dessa tubulação for igual a 150 kPa, qual deve ser a pressão na sua seção de entrada?

Resp.: 45,9 mm; 247,9 kPa.

Ep8.59 Ar a 120 kPa e 40°C escoa através de uma tubulação retangular horizontal com comprimento igual a 50 m cuja seção transversal tem lados $a = 15$ cm e $b = 30$ cm. Sabe-se que a rugosidade da superfície interna da tubulação é igual a 0,015 mm e que a diferença entre as pressões do ar na entrada e na saída da tubulação é igual a 200 mmca. Determine a vazão de ar.

Ep8.60 Na região anular de um trocador de calor de duplo tubo, escoa água na fase líquida na temperatura média de 50°C com velocidade média de 2,0 m/s. Sabe-se que os diâmetros da região anular são 40 mm e 60 mm, que a rugosidade da superfície de contato com a água é igual a 0,10 mm e que o comprimento do trocador de calor é igual a 2,0 m.

Pede-se para determinar a perda de carga do escoamento e a diferença entre as pressões de entrada e de saída da região anular considerando que o trocador de calor está posicionado na horizontal.

Resp.: 0,65 m; 6,25 kPa.

Ep8.61 Observe a Figura Ep8.61. O tanque cilíndrico, com diâmetro que pode ser considerado muito grande, contém água a 20°C. O ar presente sobre o nível da água está na pressão de manométrica de 300 kPa. A tubulação conectada ao tanque é de PVC e tem diâmetro nominal 32. Considere que $H = 4,0$ m, $a = 2$ m, o comprimento total da tubulação é igual a 60 m, os três cotovelos são de 90°, a perda de carga de entrada de água na tubulação é desprezível, e a válvula é globo e está completamente aberta. Determine a vazão volumétrica de água através da tubulação e a perda de carga total do escoamento utilizando o método dos comprimentos equivalentes.

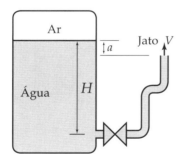

Figura Ep8.61

Resp.: 3,92 L/s; 31,8 m.

Ep8.62 Em um grande tanque A que contém água na fase líquida (viscosidade dinâmica igual a 0,0010 Pa.s e massa específica igual a 1000 kg/m³) está conectada uma tubulação nova destinada a transferir água para o tanque B com auxílio de uma bomba centrífuga – veja a Figura Ep8.62. A tubulação foi construída com tubos de aço galvanizado com costura com diâmetro nominal 40 e comprimento total igual a 100 m; a tubulação de sucção tem um cotovelo e uma válvula gaveta, e a de recalque, com comprimento 90 m, tem dois cotovelos e uma válvula tipo globo. Sabe-se que a potência requerida pela bomba é igual a 1,0 kW, que o seu rendimento é igual a 75% e que $a = 4,2$ m, $b = 7,5$ m e $c = 5,3$ m.

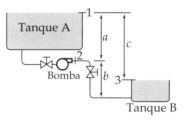

Figura Ep8.62

Utilizando o método dos comprimentos equivalentes, calcule a perda de carga total e a vazão nessa tubulação. Para a avaliação das perdas de carga localizadas de entrada e de saída da tubulação, na inexistência de comprimentos equivalentes tabelados, use os coeficientes de perda de carga adequados.

Resp.: 29,7 m; 3,13 L/s.

Ep8.63 Em um grande tanque A que contém água na fase líquida (viscosidade dinâmica igual a 0,00112 Pa.s e massa específica igual a 1000 kg/m³), está conectada uma tubulação nova destinada a transferir água, por gravidade, para ser utilizada em um processo produtivo. A tubulação foi construída com tubos de aço galvanizado classe média com diâmetro nominal 60 e comprimento total igual a 100 m; nessa tubulação há um joelho 90° e uma válvula tipo gaveta. Utilizando o método dos comprimentos equivalentes, sabendo que a tubulação descarrega a água na pressão atmosférica e desprezando a perda de carga de entrada na tubulação, calcule a perda de carga total e a vazão mássica.

Ep8.64 Observe a Figura Ep8.61. O tanque é cilíndrico com diâmetro que pode ser considerado muito grande e contém água com massa específica igual a 998,2 kg/m³ e viscosidade absoluta igual a 0,001 Pa.s. A tubulação conectada ao tanque é de PVC soldável para água fria e tem diâmetro nominal 50. Considere que: a altura H é igual a 4,0 m; $a = 1,0$ m; o comprimento total da tubulação é igual a 25 m; o cotovelo existente é de 90°; e a válvula é globo e está completamente aberta. Desprezando a perda de carga de entrada na tubulação e sabendo que a velocidade média da água é igual a 6 m/s, determine a perda de carga distribuída ao longo da tubulação, a soma das perdas de carga localizadas e a pressão manométrica do ar presente sobre a água. Use o método dos comprimentos equivalentes.

Resp.: 12,25 m; 22,54 m; 348,9 kPa.

Ep8.65 Água a 20°C deve escoar por gravidade do tanque esquematizado na Figura Ep8.65 através de uma tubulação com comprimento de 100 m construída com tubos de PVC soldáveis para água fria com diâmetro nominal 40. Sabendo que na tubulação há três curvas 90°, uma válvula globo totalmente aberta, a perda de carga de entrada na tubulação pode ser desprezada e o desnível H é igual a 20 m, determine a perda de carga do escoamento e a vazão utilizando o método dos comprimentos equivalentes.

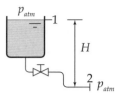

Figura Ep8.65

Ep8.66 Uma caixa-d'água com volume igual a 50 m³ é alimentada com uma bomba centrífuga. A seção de descarga da tubulação de recalque está 30,0 m acima da conexão de saída da bomba. A tubulação de recalque foi construída com tubos de aço carbono com costura, galvanizados, classe média, com diâmetro nominal 65. Essa tubulação tem dois cotovelos 90° e uma válvula globo que permanece totalmente aberta. Considerando que a caixa-d'água deverá ser cheia em duas horas e que o comprimento total da tubulação é $L = 80$ m, pede-se para estimar a vazão e a pressão manométrica da água na saída da bomba utilizando o método dos comprimentos equivalentes. Considere que a água está a 20°C.

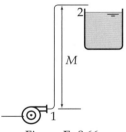

Figura Ep8.66

Resp.: 6,94 L/s; 373,4 kPa.

Ep8.67 Água com massa específica igual a 998,2 kg/m³ e viscosidade dinâmica igual a 0,0010 Pa.s é transferida por bombeamento de um tanque A para um tanque B conforme indicado na Figura Ep8.67. A tubulação é de aço carbono, diâmetro nominal 80, classe pesada. Na tubulação de recalque há dois cotovelos 90° e uma válvula gaveta totalmente aberta. Na tubulação de sucção há um cotovelo (não mostrado na figura) e uma válvula gaveta também totalmente aberta – veja a Figura Ep8.67. Sabendo que a bomba tem rendimento igual a 75% e que a vazão prevista é de 36 m³/h, calcule a soma das perdas de carga localizadas do escoamento, a distribuída e a potência requerida pela bomba utilizando o método dos comprimentos equivalentes.

Não se dispõe de comprimentos equivalentes adequados, avalie as perdas de carga de entrada e saída na tubulação usando coeficientes de perda de carga adequados.

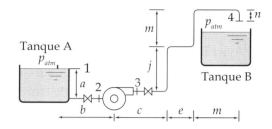

Figura Ep8.68

Considerando que a = 2,5 m, b = 3,2 m, c = 42 m, e = 8,1 m, j = 16 m, m = 14 m e n = 0,6 m, avalie a perda de carga entre as seções 1 e 2, a perda de carga entre as seções 3 e 4, a pressão na seção de descarga da bomba e a potência requerida pela bomba. Resolva este exercício utilizando o método dos comprimentos equivalentes.

Resp.: 0,56 m; 8,73 m; 16,5 kPa; 4,08 kW.

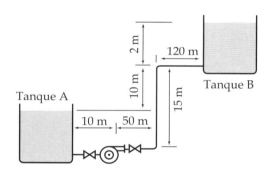

Figura Ep8.67

Ep8.68 Uma bomba centrífuga com rendimento igual a 70% bombeia água a 20°C de um reservatório em um nível inferior para outro em um nível superior, conforme ilustrado na Figura Ep8.68. Sabe-se que a tubulação foi construída com tubos de aço galvanizado classe pesada com diâmetro nominal 65 e que a vazão de água através da bomba é igual a 28,8 m³/h. As válvulas existentes nas tubulações são do tipo gaveta e estão completamente abertas. Na tubulação de recalque há três curvas 90°, dois cotovelos 90° e uma válvula. Na tubulação de sucção há uma válvula e uma curva 90°.

Ep8.69 Água a 20°C é descarregada de um tanque conforme esquematizado na Figura Ep8.69. A tubulação é construída com tubos de aço galvanizado classe média com costura, sendo que tem diâmetro nominal 65 e que o comprimento L é igual a 90 m e o comprimento no trecho A é metade do comprimento no trecho B. Buscando informações sobre o escoamento, um engenheiro instalou um manômetro exatamente no ponto médio do trecho B e mediu a pressão de 90 kPa.

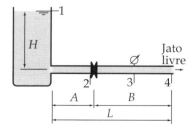

Figura Ep8.69

Sabendo que a válvula é globo e que a perda de carga na entrada na tubulação pode ser desprezada, pede-se para determinar a altura H e a vazão volumétrica através da tubulação. Resolva este exercício utilizando o método dos comprimentos equivalentes.

Resp.: 40,0 m; 15,1 L/s.

Ep8.70 Pretende-se bombear água a 20°C de um reservatório para outro conforme esquematizado na Figura Ep8.70, utilizando-se uma tubulação de aço galvanizado classe média com costura, diâmetro nominal 65, que contém quatro cotovelos-padrão rosqueados e duas válvulas tipo gaveta rosqueadas totalmente abertas. Observe-se que, na tubulação de sucção da bomba, que tem comprimento igual a 10 m, há uma válvula e um cotovelo. Sabe-se que o comprimento total da tubulação é igual a 100 m, que $a = 3,0$ m e $b = 10$ m. Considere que a curva característica da bomba é parabólica, dada por $H_B = c_1 - c_2 Vz^2$. Nessa expressão, $c_1 = 40$ m, $c_2 = 181000$ s²/m⁵ e Vz é a vazão em m³/s. Utilizando o método dos comprimentos equivalentes, calcule a vazão mássica de água a ser transferida entre os tanques, a potência requerida pela bomba se o seu rendimento for igual a 70% e a pressão manométrica da água na seção de admissão da bomba.

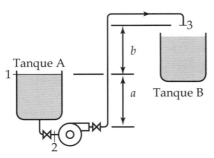

Figura Ep8.70

Resp.: 5,50 kg/s; 2,66 kW; –2,58 kPa.

Ep8.71 Um líquido com peso específico igual a 12,0 kN/m³ escoa na tubulação ilustrada na Figura Ep8.71 com diâmetro nominal 100 classe leve (ver ABNT NBR 5580). Sabe-se que $H = 20$ m, que a velocidade média do fluido na tubulação é igual a 4,0 m/s e que o comprimento total da tubulação é igual a 80 m. Utilizando o conceito de comprimento equivalente e sabendo que a pressão lida no manômetro M_1 é igual a 580 kPa e que a pressão lida no manômetro M_2 é igual a 100 kPa, pede-se para determinar a perda de carga entre os manômetros e o fator de atrito na tubulação.

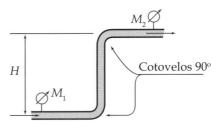

Figura Ep8.71

Resp.: 20 m; 0,0299.

Ep8.72 Dois grandes reservatórios d'água estão interligados por uma tubulação de ferro fundido com diâmetro de 400 mm, conforme indicado na Figura Ep8.35. Nessa tubulação está instalada uma máquina de fluxo que pode operar como uma bomba com rendimento de 70% ou como uma turbina com rendimento de 75%. A tubulação que liga a máquina de fluxo ao reservatório A tem comprimento igual a 5,0 m, a tubulação que liga a máquina de fluxo ao tanque B tem comprimento igual a 120 m e a bomba está situada 5,0 m abaixo do nível da superfície livre do reservatório A. No trecho 1-2 da tubulação há um cotovelo 90° e uma válvula do tipo gaveta; no trecho 3-4 da tubulação há três cotovelos 90° e uma válvula do tipo gaveta. Os coeficientes de perda de carga dos cotovelos e das válvulas são, respectivamente, 0,9 e 0,2. Considerando que os coeficientes de perda de carga de entrada são iguais a 0,2 e que nos dois casos a velocidade média da água é igual a 4,0 m/s, pede-se para calcular a potência requerida pela máquina de fluxo quando operando como bomba, a pressão na seção de entrada da máquina de fluxo quando operando como bomba, a potência disponível no seu eixo quando operando como turbina e a pressão na seção de entrada da máquina de fluxo quando operando como turbina.

Resp.: 621 kW; 27 kPa; 264 kW; 733 kPa.

Ep8.73 Água é bombeada de uma grande reservatório para outro utilizando uma bomba conforme ilustrado na Figura Ep8.55. A tubulação é de aço fundido com diâmetro interno igual a 120 mm e altura de rugosidade igual a 0,3 mm. Sabe-se que, na tubulação de sucção, existe uma válvula gaveta e uma curva 90° e que, na tubulação de recalque, há uma válvula gaveta e três curvas 90°, sendo que o coeficiente de perda de carga das válvulas é igual a 0,2 e o das curvas é igual a 0,5. O engenheiro responsável pela montagem dessa instalação de bombeamento instalou uma bomba e, ao operá-la, observou que a carga fornecida pela bomba ao escoamento é igual a 120 m. Sabe-se que o comprimento total da tubulação a montante da bomba é igual a 10 m, que o comprimento total da tubulação a jusante da bomba é igual a 100 m, que $H = 50$ m, $h = 5,0$ m e que a entrada na tubulação de sucção é em bordas vivas. Note que, apesar de existirem, nem todos os acessórios da tubulação estão indicados na figura. Determine:

a) o fator de atrito;
b) a perda de carga total na tubulação;
c) a vazão.

Resp.: 0,0251; 72,3 m; 82,9 L/s.

Ep8.74 Água a 20°C escoa por gravidade do tanque A para o tanque B através de uma tubulação com comprimento total de 100 m, diâmetro interno de 50 mm e rugosidade igual a 0,25 mm, dotada de uma válvula tipo globo totalmente aberta e de três cotovelos 90°. A bomba centrífuga opera de modo a manter os níveis dos tanques estáticos, bombeando água através de uma tubulação com diâmetro interno de 75 mm, com altura de rugosidade também igual a 0,25 mm. A tubulação de recalque da bomba é dotada de três cotovelos 90° e de uma válvula globo totalmente aberta. A tubulação de sucção da bomba é dotada de dois cotovelos 90° e uma válvula globo totalmente aberta. O comprimento da tubulação de sucção da bomba é igual a 10 m, o comprimento da tubulação de recalque é igual a 100 m, o coeficiente de perda de carga dos cotovelos é igual a 0,9, o das válvulas é igual a 10 e os de entrada nas tubulações é igual a 0,5. Sabendo-se que $L = 50$ m e $M = 10$ m, pede-se para determinar:

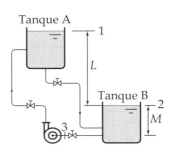

Figura Ep8.74

a) a vazão observada na tubulação de descarga do tanque A;
b) a pressão manométrica da água na seção de admissão da bomba;
c) a potência requerida pela bomba se o seu rendimento for igual a 72%.

Ep8.75 Água a 20°C escoa por gravidade de um tanque grande através de um tubo com diâmetro interno de 20 mm, como ilustrado na Figura Ep8.75. Considere que $L = 6{,}0$ m, $M = 1{,}0$ m, $H = 5{,}0$ m e que a entrada na tubulação seja suavizada de forma que a perda de carga localizada de entrada possa ser considerada desprezível. Sabendo que a altura de rugosidade do tubo é igual a 0,10 mm, determine:

a) o fator de atrito;
b) a vazão de água descarregada através do tubo;
c) a altura N.

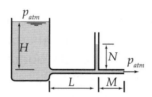

Figura Ep8.75

Resp.: 0,0312; 0,891 L/s; 0,656 m.

Ep8.76 Pretende-se bombear água ($\rho = 1000$ kg/m³ e $\mu = 1{,}0$ E-3 Pa.s) de um tanque conforme ilustrado na Figura Ep8.76. Sabe-se que a tubulação foi construída com tubos de aço galvanizado com diâmetro interno igual a 50 mm e que a bomba apresenta curva característica dada pela equação $H_b = 50 - 5\times 10^5\,\dot{V}^2$, $0{,}003 \leq \dot{V} \leq 0{,}030$, na qual a vazão é expressa em m³/s, e a carga fornecida pela bomba ao fluido, em m. Os comprimentos da tubulação de sucção e recalque são, respectivamente, 4 m e 30 m, $M = 10$ m e $N = 1{,}5$ m. Desprezando-se as perdas de carga localizadas, pede-se para determinar a carga da bomba, a vazão de água proporcionada pela bomba e a pressão manométrica da água na seção de admissão da bomba se a sua vazão for igual a 9L/s.

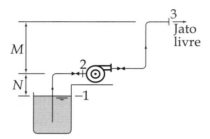

Figura Ep8.76

Resp.: 24,5 m; 7,14 L/s; –47,7 kPa

Ep8.77 Água a 20°C deve escoar por gravidade do tanque A esquematizado na Figura Ep8.20 para o tanque B através de uma tubulação com diâmetro interno de 40,9 mm, de aço-galvanizado. Nessa tubulação, com comprimento total de 100 m, há três cotovelos padrão de 90° com rosca e uma válvula globo com pontas rosqueadas totalmente aberta. A entrada de água na tubulação é em cantos vivos. Sabendo que o desnível H é igual a 25 m, determine a perda de carga do escoamento e a vazão.

Resp.: 24,7 m; 3,16 L/s.

Ep8.78 Em uma unidade industrial, transfere-se por bombeamento 18,0 kg/s de uma substância oleosa com viscosidade dinâmica igual a 0,12 Pa.s e densidade relativa igual a 0,87 de um tanque para outro, conforme ilustrado na Figura Ep8.78. Sabe-se que o diâmetro interno da tubulação é igual a 128,2 mm e que o seu comprimento total é igual a 220 m. Desconsiderando-se as perdas de carga localizadas, e supondo que as superfícies livres dos fluidos nos tanques estão no mesmo nível, que $N = 10,0$ m e que a tubulação de sucção da bomba tem comprimento de 10,0 m, pede-se para determinar:

a) a potência requerida pela bomba supondo que o seu rendimento é igual a 68%;

b) a pressão manométrica do fluido na seção de descarga da bomba.

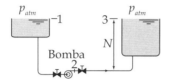

Figura Ep8.78

Resp.: 2,51 kW; 161,8 kPa.

Ep8.79 Em uma unidade industrial, transfere-se por bombeamento 140 m³/h de água (viscosidade dinâmica igual a 0,00112 Pa.s e massa específica igual a 1000 kg/m³) de um tanque para outro conforme ilustrado na Figura Ep8.78. Sabe-se que o diâmetro interno da tubulação é igual a 128,2 mm, que o seu comprimento total é igual a 220 m e que a sua altura de rugosidade interna é igual a 0,1 mm. Considerando-se que os coeficientes de perda de carga de entrada dos dois cotovelos e das duas válvulas e da saída são, respectivamente, $K_e = 0,5$, $K_c = 0,9$, $K_v = 0,4$, $K_s = 1,0$, e supondo que as superfícies livres dos fluidos nos tanques estão no mesmo nível, que $N = 10,0$ m e que a tubulação de sucção da bomba tem comprimento de 10,0 m, pede-se para determinar:

a) a potência requerida pela bomba supondo que o seu rendimento é igual a 68%;

b) a pressão manométrica do fluido na seção de descarga da bomba.

Resp.: 9,75 kW; 249 kPa.

Ep8.80 Água a 20°C escoa por gravidade de um tanque grande através de um tubo com diâmetro interno de 20 mm, como ilustrado na Figura Ep8.75 Considere que $L = 6,0$ m, $M = 1,0$ m, $N = 0,5$ m e que a entrada na tubulação seja suavizada de forma que a perda de carga localizada de entrada possa ser considerada desprezível. Sabendo que a altura de rugosidade do tubo é igual a 0,10 mm, determine:

a) o fator de atrito;
b) a vazão de água descarregada através do tubo;
c) a altura H.

Resp.: 0,0322; 0,776 L/s; 3,81 m.

Ep8.81 Certa vez, seu professor de fenômenos de transporte estava conversando com um engenheiro civil e escutou a seguinte afirmativa: "Para dimensionar um condutor de águas pluviais, devemos usar 1 cm² de área transversal de condutor para cada L/s de vazão". Observe a Figura Ep8.81. Para um condutor de tubo de PVC com diâmetro interno igual a 100 mm e comprimento igual a 6,0 m, entrada em bordas vivas, $K = 0,5$, e $M = 0,30$ m, qual é a vazão esperada?

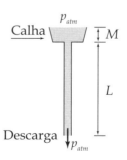

Figura Ep8.81

Se a entrada for suavizada de forma a se ter o coeficiente de perda de carga reduzido para 0,03, qual será a nova vazão? A afirmativa do engenheiro, para esta condição particular, tem sentido?

Resp.: 58,4 L/s; 66,0 L/s; sim.

Ep8.82 Um dispositivo utilizado em medições de vazão em uma tubulação consiste em um conjunto de placas planas montadas de modo a formar um conjunto de tubos de seção quadrada conforme ilustrado na Figura Ep8.82. Esse dispositivo é frequentemente denominado retificador de fluxo. Sendo L = 20 cm, a = 1 cm e considerando-se que, em determinada situação, a diferença máxima de pressão admissível nesse dispositivo é igual a 600 Pa, pede-se para estimar a vazão máxima admissível de ar a 10°C e na pressão absoluta de 94 kPa através da tubulação.

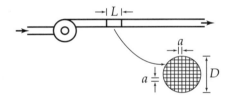

Figura Ep8.82

Considere que a espessura das placas é desprezível, que o diâmetro interno da tubulação é igual a 120 mm e que a altura de rugosidade das placas é igual a 0,1 mm.

Ep8.83 Para evitar a entrada de pó em uma sala de um laboratório destinado ao trabalho com placas eletrônicas, um engenheiro resolveu pressurizá-la utilizando ar filtrado captado por um ventilador, conforme indicado na Figura Ep8.45. Toda a tubulação é horizontal, tem diâmetro igual a 150 mm e comprimento total igual a 20 m e foi construída calandrando-se chapas metálicas galvanizadas novas cuja rugosidade absoluta é igual a 0,05 mm. Sabe-se que o coeficiente de perda de carga do filtro baseado na velocidade do ar na tubulação é igual a 20,0, que ele está montado a uma distância desprezível do ventilador, que a pressão na sala deve ser igual a 3 mmca e que a velocidade do ar na tubulação é igual a 8 m/s. Considerando que o ar ambiente está a 20°C e 101,3 kPa e que a velocidade de entrada de ar no filtro é muito baixa, determine:

a) a perda de carga na tubulação;
b) a pressão manométrica na seção de descarga do ventilador;
c) a carga a ser provida pelo ventilador.

Resp.: 8,87 m; 94,8 kPa; 76,6 m.

Ep8.84 Água com viscosidade dinâmica igual a 0,00112 Pa.s e massa específica igual a 1000 kg/m³ é transferida do tanque 1 para o tanque 2 através de uma tubulação lisa com diâmetro interno igual a 50 mm – veja a Figura Ep8.84. O desnível entre as superfícies dos tanques é N = 2,0 m, M = 2 m, e os comprimentos da tubulação de sucção e de recalque da bomba são iguais a, respectivamente, 5,0 m e 200 m. Sabendo que, em primeira aproximação, as perdas de carga localizadas podem ser desprezadas e que a velocidade média da água na tubulação é igual a 1,5 m/s, pede-se para determinar:

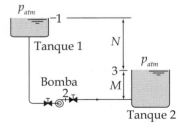

Figura Ep8.84

a) a perda de carga na tubulação;

b) a pressão na seção de descarga da bomba;
c) a potência requerida pela bomba se o seu rendimento for igual a 70%.
Resp.: 9,24 m; 106,9 kPa; 299 W.

Ep8.85 Resolva o exercício Ep8.84 considerando que os coeficientes de perda de carga das válvulas são iguais a 0,2 e que, além das válvulas, há na tubulação dois cotovelos com $K_c = 1,0$ e que na tubulação de recalque não há cotovelos.

Resp.: 9,67 m; 108,2 kPa; 317 W.

Ep8.86 O tanque da Figura Ep8.86 contém água a 20°C e a pressão manométrica do ar existente no tanque sobre a água é igual a 200 kPa. A tubulação é de aço galvanizado com diâmetro externo igual a 60,3 mm e espessura de parede igual a 3,9 mm, o diâmetro interno da garganta do bocal é igual a 40 mm, o bocal está localizado exatamente no ponto médio da tubulação e a cota h é igual a 1,0 m. Sabe-se que o tanque tem dimensões suficientemente grandes para se poder considerar que a cota h não varia à medida que a água escoa pela tubulação. Sabe-se também que a pressão manométrica da água na seção de entrada da válvula é igual a 100 kPa, que a pressão na saída da válvula é a atmosférica e que, como a válvula está parcialmente fechada, seu coeficiente de perda de carga é igual a 20. Supondo-se que tanto a perda de carga localizada do bocal quanto a localizada de entrada na tubulação podem ser desprezadas, pede-se para determinar a velocidade da água na garganta do bocal, a perda de carga distribuída na tubulação e a pressão manométrica da água na garganta do bocal.

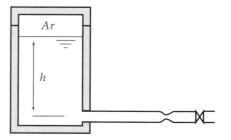

Figura Ep8.86

Resp.: 5,45 m/s; 10,7 m; 142,6 kPa.

Ep8.87 O tanque da Figura Ep8.86 contém água a 20°C, o ar existente no tanque sobre a água está pressurizado e a pressão atmosférica local é igual a 94 kPa. A tubulação é de aço galvanizado com diâmetro externo igual a 60,3 mm e espessura de parede igual a 3,9 mm, o diâmetro interno da garganta do bocal é igual a 40 mm, o bocal está localizado exatamente no ponto médio da tubulação e a cota h é igual a 1,0 m. Sabe-se que o tanque tem dimensões suficientemente grandes para que se possa considerar que a cota h não varia à medida que a água escoa pela tubulação. Sabe-se também que a pressão manométrica da água na seção de entrada da válvula é igual a 100 kPa, que a pressão na saída da válvula é a atmosférica e que, como a válvula está parcialmente fechada, seu coeficiente de perda de carga é igual a 20. Supondo-se que tanto a perda de carga localizada do bocal quanto a localizada de entrada na tubulação podem ser desprezadas, pede-se para determinar a pressão manométrica mínima do ar que causa cavitação na garganta do bocal. Para essa condição, pede-se para determinar a velocidade da água na garganta do bocal e a perda de carga distribuída na tubulação.

Ep8.88 O tanque da Figura Ep8.86 contém água a 20°C e a pressão manométrica do ar existente no tanque sobre a água é igual a 150 kPa. A tubulação é de aço galvanizado com diâmetro externo igual a 60,3 mm e espessura de parede igual a 3,9 mm, o diâmetro interno da garganta do bocal é igual a 40 mm, o bocal está localizado exatamente no ponto médio da tubulação e a cota h é igual a 1,0 m. Sabe-se que o tanque tem dimensões suficientemente grandes para que se possa considerar que a cota h não varia à medida que a água escoa pela tubulação. Sabe-se também que a pressão manométrica da água na seção de entrada da válvula é igual a 100 kPa, que a pressão na saída da válvula é a atmosférica e que, como a válvula está parcialmente fechada, seu coeficiente de perda de carga é igual a 20. Supondo-se que a entrada na tubulação é em cantos vivos e que o coeficiente de perda de carga do bocal é igual a 2,7, pede-se para determinar o comprimento total da tubulação.

Resp.: 19,6 m.

Ep8.89 O dispositivo esquematizado na Figura Ep8.89 destina-se a dividir a vazão de 0,6 m³/s de ar a 20°C entre três tubos (1, 2 e 3) metálicos com rugosidade igual a 0,05 mm que descarregam o ar no meio ambiente. Considere que a pressão manométrica do ar no interior do dispositivo é igual a 200 mmca, a pressão atmosférica local é igual a 100 kPa, os tubos têm comprimento igual a 20 m, as perdas de carga localizadas podem ser desprezadas e os diâmetros internos dos tubos 1 e 2 são, respectivamente, 5 cm e 10 cm. Determine:

a) a vazão no tubo 1;
b) a vazão no tubo 2;
c) o diâmetro do tubo 3.

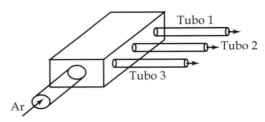

Figura Ep8.89

Resp.: 34,9 L/s; 205,4 L/s; 125,2 mm.

Ep8.90 O dispositivo esquematizado na Figura Ep8.90 destina-se a dividir uma vazão de ar a 20°C entre três tubos (1, 2 e 3) metálicos horizontais com rugosidade igual a 0,26 mm que descarregam o ar no meio ambiente.

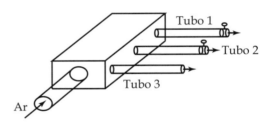

Figura Ep8.90

Considere que a pressão manométrica do ar no interior do dispositivo é igual a 20 kPa, a pressão atmosférica local é igual a 100 kPa, os tubos têm comprimento igual a 150 m e, na extremidade do tubo 1 e do 2, há válvulas parcialmente fechadas que apresentam coeficiente de perda de carga igual a 50. Sabendo que os diâmetros internos dos tubos 1, 2 e 3 são, respectivamente, 4 cm, 5 cm e 2 cm, determine a vazão mássica de ar em cada um dos tubos.

Resp.: 22,6 g/s; 39,1 g/s; 3,90 g/s.

Ep8.91 Um fluido com viscosidade dinâmica igual a 0,1 Pa.s escoa em regime laminar através de um tubo horizontal com comprimento igual a 10 m e raio interno igual a 25 mm. Se a diferença entre as pressões estáticas do fluido entre as seções de entrada e de saída do tubo for igual a 10 kPa, qual deve ser a sua velocidade máxima? Se a massa específica do fluido for igual a 1230 kg/m³, qual deve ser a vazão mássica desse fluido através do duto?

Resp.: 1,56 m/s; 1,89 kg/s.

Ep8.92 Água com massa específica igual a 1000 kg/m³ e viscosidade dinâmica igual a 0,0010 Pa.s é bombeada através de uma tubulação produzindo um jato livre – veja a Figura Ep8.92. Sabe-se que a tubulação é de aço galvanizado com diâmetro interno igual a 15,7 mm, e que nela há um cotovelo, $K = 1,0$, e uma válvula que, quando totalmente aberta, apresenta coeficiente de perda de carga igual a 8,0. Sabendo também que a altura máxima do jato é igual a 1,0 m, $a = 4,0$ m e $b = 2,0$ m, determine a vazão máxima através da tubulação, a perda de carga máxima total apresentada pelo escoamento e a pressão máxima indicada pelo manômetro.

Figura Ep8.92

Resp.: 51,5 L/min; 33,3 m; 336,8 kPa.

Ep8.93 Água com massa específica igual a 1000 kg/m³ e viscosidade dinâmica igual a 0,0010 Pa.s é bombeada através de uma tubulação produzindo um jato livre – veja a Figura Ep8.92. Sabe-se que a tubulação é de aço galvanizado com diâmetro interno igual a 15,7 mm, e que nela há um cotovelo, $K = 1,0$, e uma válvula parcialmente fechada. Sabendo também que $a = 4,0$ m, $b = 2,0$ m e $c = 0,5$ m, e que a pressão manométrica da água indicada pelo manômetro é igual a 300 kPa, determine a vazão através da tubulação, o coeficiente de perda de carga da válvula parcialmente fechada e a perda de carga total apresentada pelo escoamento.

Ep8.94 Água, com massa específica igual a 1000 kg/m³ e viscosidade dinâmica igual a 0,00112 Pa.s escoa através da tubulação ilustrada na Figura Ep8.94. Sabe-se que o coeficiente de perda de carga de entrada é igual a 0,5, o da válvula totalmente aberta é 8,0 e o do bocal é igual a 0,5, baseado na velocidade de saída. Considere que a pressão manométrica na seção de entrada do bocal é igual a 100 kPa, $L = 20$ m, o diâmetro interno da tubulação é igual a 45 mm, o diâmetro de saída do bocal é igual a 25 mm e que a altura de rugosidade do tubo é igual a 0,15 mm. Pede-se para calcular:

a) a vazão de água através da tubulação;
b) a perda de carga total do escoamento;
c) a pressão manométrica da agua na entrada da válvula;
d) o desnível H.

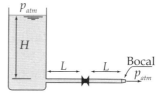

Figura Ep8.94

Resp.: 5,86 L/s; 26,6 m; 237,9 kPa; 33,8 m.

Ep8.95 É necessário instalar uma tubulação para descarregar água com massa específica igual a 1000 kg/m³ e viscosidade dinâmica igual a 0,001 Pa.s de um grande reservatório – veja a Figura Ep8.95. Sabe-se que o comprimento total da tubulação é igual a 250 m, que é desejável uma vazão mínima de 28 m³/h, que a tubulação deverá ser construída com tubos de PVC, os quais podemos considerar hidraulicamente lisos, e que as perdas de carga localizadas podem ser desprezadas. Sabendo também que $H = 30$ m, pede-se para determinar o fator de atrito e o diâmetro mínimo teórico da tubulação.

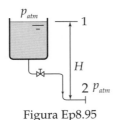

Figura Ep8.95

Resp.: 0,01614; 58,5 mm.

Ep8.96 Água com viscosidade dinâmica igual a 0,00112 Pa.s e massa específica igual a 1000 kg/m³ é transferida do tanque 1 para o tanque 2 através de uma tubulação lisa com diâmetro interno igual a 50 mm – veja a Figura Ep8.84. O desnível entre as superfícies dos tanques é $N = 2{,}0$ m, $M = 2$ m, e os comprimentos da tubulação de sucção e de recalque da bomba são iguais a, respectivamente, 5,0 m e 200 m. Sabendo que, em primeira aproximação, as perdas de carga localizadas podem ser desprezadas e que a perda de carga distribuída máxima é igual a 12 m, pede-se para determinar:

a) a vazão de água através da tubulação;

b) a pressão na seção de descarga da bomba;

c) a potência requerida pela bomba se o seu rendimento for igual a 70%.

Resp.: 3,41 L/s; 34,86 kPa; 478 W.

Ep8.97 Água com viscosidade dinâmica igual a 0,00112 Pa.s e massa específica igual a 1000 kg/m³ é transferida do tanque 1 para o tanque 2 através de uma tubulação lisa – veja a Figura Ep8.84. O desnível entre as superfícies dos tanques é $N = 2{,}0$ m, $M = 2$ m, e os comprimentos da tubulação de sucção e de recalque da bomba são iguais a, respectivamente, 5,0 m e 300 m. Sabendo que, em primeira aproximação, as perdas de carga localizadas podem ser desprezadas, que a perda de carga distribuída máxima é igual a 18 m e que a vazão desejada é igual a 24 m³/h, pede-se para determinar o diâmetro mínimo teórico da tubulação, a pressão na seção de descarga da bomba e a potência requerida pela bomba se o seu rendimento for igual a 75%.

Resp.: 74,6 mm; 33,7 kPa; 2,09 kW.

Ep8.98 Em uma unidade industrial, é promovido o escoamento de óleo combustível através de um aquecedor de passagem de forma a manter a temperatura do óleo no tanque de serviço igual a 200°C. Sabe-se que a vazão através da tubulação é de 3,6 m³/h, o coeficiente de perda de carga do aquecedor é igual a 20, e a tubulação é de aço carbono comercial e tem diâmetro interno igual a 26,6 mm e comprimento igual a 8 m. Na tubulação existem seis cotovelos, $K_c = 0{,}9$, e duas válvulas, $K_v = 0{,}2$.

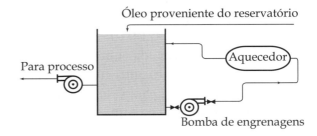

Figura Ep8.98

Em primeira aproximação, consideremos que a viscosidade do óleo é constante e igual a 2,0 poise e que a sua massa específica é igual a 850 kg/m³. Pede-se para determinar a perda de carga na tubulação e a potência requerida pela bomba se o seu rendimento for igual a 65%.

Resp.: 16,6 m; 213 W.

Ep8.99 Em uma unidade industrial, um sistema de bombeamento opera transportando água a 20°C – veja a Figura Ep8.99. A tubulação de sucção tem comprimento de 10 m e, nela, existe uma válvula de pé, $K_p = 10$, dois cotovelos, $K_c = 1,0$, e uma válvula, $K_v = 0,2$. A tubulação de recalque tem comprimento igual 100 m e, nela, existem dois cotovelos, $K_c = 1,0$, uma válvula, $K_v = 0,2$, e a pressão lida pelo manômetro é igual a 230 kPa. Toda a tubulação foi construída com tubos com diâmetro interno igual a 45 mm e altura de rugosidade igual a 0,15 mm, $M = 30$ m e $N = 1,0$ m. Sabe-se que a bomba apresenta curva característica dada por $H_B = A + B\dot{V}^2$, na qual $A = 60$ m, $B = 125000$ s²/m⁵, a vazão é dada em m³/s e a altura da bomba é dada em m, e que o fator de atrito pode ser considerado igual a 0,028. Determine a vazão proporcionada pela bomba, a potência requerida pela bomba se o seu rendimento for igual a 76% e a pressão manométrica nas seções de descarga e de alimentação da bomba.

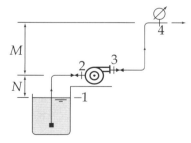

Figura Ep8.99

Ep8.100 Água a 20°C escoa no conduto inclinado 30° em relação à horizontal ilustrado na Figura Ep8.100. O conduto tem diâmetro interno igual a 40 mm e altura de rugosidade igual a 0,05 mm. Sabendo que $h = 50$ mm e $L = 2,0$ m, determine o fator de atrito, a perda de carga observada no escoamento e a vazão.

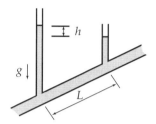

Figura Ep8.100

Resp.: 0,0222; 0,95 m; 5,15 L/s.

Ep8.101 Pretende-se bombear água, com massa específica igual a 1000 kg/m³ e viscosidade dinâmica igual a 0,0010 Pa.s, de um tanque formando um jato livre com velocidade inicial igual a 12 m/s em um bocal cujo diâmetro de saída é igual a 25 mm – veja a Figura Ep8.101. Sabe-se que a tubulação foi construída com tubos de aço galvanizado, sendo que a tubulação de sucção tem diâmetro interno igual a 75 mm e comprimento igual a 5 m e que a de recalque tem diâmetro igual a 50 mm e comprimento igual a 50 m. Sabe-se que $M = 20$ m e $N = 2,0$ m. Desprezando-se as perdas de carga localizadas, pede-se para determinar:

a) o fator de atrito do escoamento na tubulação de sucção;
b) a perda de carga na tubulação de sucção;
c) o fator de atrito do escoamento na tubulação de recalque;
d) a perda de carga na tubulação de recalque;
e) a potência requerida pela bomba se o seu rendimento for igual a 72%;

f) a pressão manométrica da água na seção de admissão da bomba.

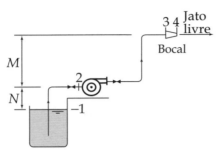

Figura Ep8.101

Resp.: 0,0249; 0,15 m; 0,0270; 12,4 m; 3,36 kW; −22,0 kPa.

Ep8.102 Existem conectadas duas tubulações novas – veja a Figura Ep8.36 – em um grande tanque A que contém um fluido oleoso com viscosidade igual a 0,122 Pa.s e com massa específica igual a 880 kg/m³. As duas tubulações foram construídas com tubos de PVC. A tubulação que descarrega o fluido no tanque C tem diâmetro interno igual a 40 mm e comprimento total igual a 100 m; nessa tubulação há quatro joelhos com coeficientes de perda de carga igual a 0,9 e uma válvula que, quando está totalmente aberta, apresenta coeficiente de perda de carga igual a 8. A segunda, que conecta o tanque A ao tanque B, tem diâmetro interno de 60 mm e comprimento total igual a 90 m; nessa tubulação há dois joelhos com coeficientes de perda de carga igual a 0,9 e uma válvula que, quando está totalmente aberta, apresenta coeficiente de perda de carga igual a 2. Sabe-se que a velocidade média da água na tubulação que liga o tanque A ao C é igual a 2,0 m/s, $x = 5,0$ m e $y = 10$ m. Calcule a perda de carga na tubulação que interliga o tanque A e o tanque C, a cota z e a vazão na tubulação que interliga o tanque A ao tanque B.

Resp.: 58,9 m; 44,1 m; 3,65 L/s.

Ep8.103 Um fluido, com massa específica igual a 850 kg/m³ e viscosidade dinâmica igual a 0,122 Pa.s, deve escoar por gravidade de um grande reservatório para outro mais baixo através de uma tubulação com comprimento total de 300 m e diâmetro interno de 50 mm – veja a Figura Ep8.20. Sabendo que $H = 30$ m e desprezando as perdas de carga singulares, determine a perda de carga distribuída na tubulação e a vazão.

Resp.: 30,0 m; 1,05 L/s.

Ep8.104 Água com viscosidade dinâmica igual a 0,00112 Pa.s e massa específica igual a 1000 kg/m³ é transferida do tanque 1 para o tanque 2 através de uma tubulação lisa com diâmetro interno igual a 50 mm – veja a Figura Ep8.84. O desnível entre as superfícies dos tanques é $N = 2,0$ m, $M = 2$ m, os comprimentos da tubulação de sucção e de recalque da bomba são iguais a, respectivamente, 5,0 m e 200 m. Sabendo que, em primeira aproximação, as perdas de carga localizadas podem ser desprezadas e que a potência transferida pela bomba ao fluido é igual a 350 W, pede-se para determinar:

a) a perda de carga na tubulação;
b) a vazão através da tubulação.

Resp.: 12,3 m; 3,47 L/s.

Ep8.105 Em uma unidade industrial, pretende-se, para extinção de incêndio, produzir um jato de água a 20°C com altura de 40 m a partir da instalação ilustrada na Figura Ep8.105. A tubulação é de aço galvanizado, com diâmetro interno de 100 mm, o diâmetro da seção de descarga do bocal é igual a 30 mm, $M = 5$ m, $N = 1,2$ m, o comprimento da tubulação de sucção é igual a 5 m e o da de recalque é igual a 9 m. Considere que na tubulação de recalque há um cotovelo, $K_c = 1,0$, uma válvula, $K_v = 0,3$, e que o coeficiente de perda de carga do bocal referido à velocidade de descarga é igual a 0,5. Considere também que na tubulação de sucção há uma válvula, $K_v = 0,3$, dois cotovelos, $K_c = 1,0$ (um deles não é visível na figura). Suponha que o ar ambiente não produz nenhum efeito sobre o jato. Determine:

a) a vazão de água;
b) a perda de carga total do sistema;
c) a potência requerida pela bomba se o seu rendimento for igual a 72%;
d) a pressão na seção de admissão da bomba.

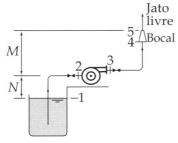

Figura Ep8.105

Resp.: 19,8 L/s; 2,58 m; 13,1 kW; –28,0 kPa.

Ep8.106 Água na fase líquida escoa com velocidade média igual a 2,2 m/s, no sentido descendente, em um tubo vertical liso com comprimento igual a 5 m e diâmetro interno igual a 26 mm. A pressão da água na seção de descarga do tubo é igual à atmosférica. Sabe-se que a massa específica da água é igual a 998 kg/m³ e que a viscosidade dinâmica da água é igual a 0,0010 Pa.s.

a) Determine a perda de carga no escoamento.
b) Determine a pressão manométrica da água na seção de entrada do tubo.

Resp.: 0,97 m; –37,0 kPa.

Ep8.107 Um fluido com densidade relativa igual a 1,13 e viscosidade dinâmica igual a 0,002 kg/(m.s) deve ser transferido de uma equipamento A para um B. A pressão manométrica atuante sobre a superfície do fluido em A é nula, a pressão manométrica atuante sobre a superfície do fluido em B é igual a 600 kPa e a vazão proporcionada pela bomba é igual a 7,2 m³/h. Em determinada condição operacional, observa-se $M = 2,3$ m e $N = 7,6$ m. Sabe-se que a tubulação apresenta altura média de rugosidade igual a 0,05 mm, diâmetro interno igual a 50 mm e comprimento total igual a 100 m. Desprezando-se as perdas de carga localizadas, pede-se para calcular:

a) a perda de carga total do escoamento;
b) a pressão na seção de descarga da bomba se o comprimento da tubulação de recalque for igual a 90 m;

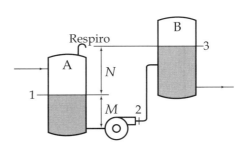

Figura Ep8.107

c) a potência requerida pela bomba se o seu rendimento for igual a 0,75.

Resp.: 24,5 m; 35,7 m.

Ep8.108 Água a 20°C deve escoar por gravidade do tanque A esquematizado na Figura Ep8.20 para o tanque B através de uma tubulação com altura de rugosidade igual a 0,010 mm e comprimento total de 100 m. Sabe-se que o desnível H é igual a 25 m, as perdas de carga localizadas podem ser desconsideradas e que a vazão desejada é igual a 3 L/s. Pede-se para determinar a perda de carga do escoamento e o diâmetro teórico mínimo do tubo.

Resp.: 24,5 m; 35,7 mm.

Ep8.109 Água, com viscosidade dinâmica igual a 0,00112 Pa.s e massa específica igual a 1000 kg/m³, é transferida do tanque 1 para o tanque 2 através de uma tubulação com diâmetro interno igual a 50 mm – veja a Figura Ep8.84. O desnível entre as superfícies dos tanques é $N = 2,0$ m, $M = 2$ m, e os comprimentos da tubulação de sucção e de recalque da bomba são iguais a, respectivamente, 5,0 m e 200 m. Sabendo que a entrada na tubulação de sucção é em cantos vivos, que na tubulação de sucção há um cotovelo, $K_c = 0,9$, e uma válvula, $K_v = 3,0$, que na tubulação de recalque há uma válvula parcialmente fechada, $K_{vf} = 12$, que a perda de carga total máxima na tubulação é igual a 20 m e que o fator de atrito é igual a 0,024, pede-se para determinar:

a) a vazão de água através da tubulação;

b) a pressão na seção de descarga da bomba;

c) a potência requerida pela bomba se o seu rendimento for igual a 70%.

Ep8.110 Certa vez, seu professor de fenômenos de transporte estava conversando com um engenheiro civil e escutou a seguinte afirmativa: "Para dimensionar um condutor de águas pluviais, devemos usar 1 cm² de área transversal de condutor para cada L/s de vazão". Observe a Figura Ep8.81. Considere que um condutor seja de ferro fundido, altura de rugosidade igual a 0,26 mm, com diâmetro interno igual a 100 mm e comprimento igual a 6,0 m, entrada em bordas vivas, $K = 0,5$, e $M = 0,30$ m. Determine:

a) a perda de carga do escoamento;
b) a vazão prevista.
c) A afirmativa do engenheiro, para esta condição particular, tem sentido?

Resp.: 4,22 m; 50,2 L/s; sim.

Ep8.111 Pretende-se bombear um fluido com massa específica igual a 1030 kg/m³ e viscosidade dinâmica igual a 0,0020 Pa.s de um tanque formando um jato livre com velocidade inicial igual a 12 m/s em um bocal cujo diâmetro de saída é igual a 30 mm – veja a Figura Ep8.101. Sabe-se que a tubulação foi construída com tubos considerados hidraulicamente lisos, que toda a tubulação tem diâmetro interno igual a 75 mm e que a tubulação de sucção tem comprimento igual a 5 m e a de recalque tem comprimento igual a 80 m. Sabe-se que $M = 10$ m e $N = 1,0$ m. Desprezando-se as perdas de carga localizadas, pede-se para determinar:

a) o fator de atrito do escoamento na tubulação;
b) a perda de carga na tubulação de sucção;
c) a perda de carga na tubulação de recalque;
d) potência requerida pela bomba se o seu rendimento for igual a 70%;
e) a pressão manométrica da água na seção de sucção da bomba.

Ep8.112 Água com massa específica igual a 998,2 kg/m³ e viscosidade dinâmica igual a 0,0010 Pa.s é transferida por bombeamento de um tanque A para um tanque B conforme indicado na Figura Ep8.112. O fator de atrito do escoamento da água no tubo é igual a 0,017, o tubo tem diâmetro interno igual a 44 mm e nele há três cotovelos, $K_c = 0,9$, duas válvulas globo completamente abertas, $K_v = 10$, e a entrada na tubulação é em cantos vivos, $K_e = 0,5$.

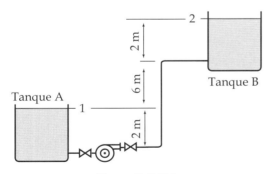

Figura Ep8.112

Sabendo que a bomba tem rendimento igual a 72%, a vazão prevista é de 24 m³/h, o comprimento da tubulação de sucção é de 5 m e o da de recalque é igual a 95 m, calcule a soma das perdas de carga localizadas do escoamento, a distribuída e a potência requerida pela bomba.

Resp.: 23,7 m; 37,9 m; 6,37 kW.

Ep8.113 Água com massa específica igual a 1000 kg/m³ e viscosidade dinâmica igual a 0,0010 Pa.s é transferida por bombeamento de um tanque A para um tanque B conforme indicado na Figura Ep8.112. O fator de atrito do escoamento da água no tubo é igual a 0,017, o tubo tem diâmetro interno igual a 50 mm e nele há três cotovelos, $K_c = 0,9$, duas válvulas completamente abertas, $K_v = 2$, e a entrada na tubulação é em cantos vivos. Sabendo que a bomba transfere a carga de 50 m para o fluido, que o seu rendimento é igual a 72%, que o comprimento da tubulação de sucção é de 5 m e o da de recalque é igual a 95 m, e observando que a saída é submersa, calcule:

a) a velocidade média do escoamento da água na tubulação;
b) a vazão mássica de água através da tubulação;
c) a perda de carga localizada do escoamento;
d) a perda de carga distribuída do escoamento;
e) a pressão manométrica na seção de sucção da bomba;
f) a potência requerida pela bomba.

Resp.: 4,42 m/s; 8,68 kg/s; 8,16 m; 33,8 m; –39,9 kPa; 5,91 kW.

Ep8.114 Um fluido com densidade relativa igual a 1,13 e viscosidade dinâmica igual a 0,002 kg/(m.s) deve ser transferido de um equipamento A para um B. A pressão manométrica atuante sobre a superfície do fluido em A é nula, a pressão manométrica atuante sobre a superfície do fluido em B é igual a 600 kPa e a carga transferida pela bomba ao fluido é igual a 40 m. Em determinada condição operacional, observa-se M = 2,3 m e N = 7,6 m. Sabe-se que o escoamento do fluido na tubulação apresenta fator de atrito igual a 0,015, o diâmetro interno da tubulação é igual a 50 mm e o seu comprimento total é igual a 100 m. Sabe-se também que na tubulação de sucção há uma válvula aberta na tubulação de sucção, $K_{vs} = 4$, e um cotovelo, $K_c = 0,9$, e que a entrada é em cantos vivos. Na tubulação de recalque há uma válvula parcialmente fechada, $K_{vr} = 14$ e a saída é submersa. Pede-se para calcular:

a) a vazão mássica de fluido transferido entre os tanques;
b) a perda de carga total do escoamento;
c) a pressão na seção de sucção da bomba se o comprimento da tubulação de recalque for igual a 90 m;
d) a potência requerida pela bomba se o seu rendimento for igual a 0,75.

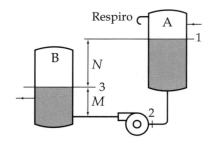

Figura Ep8.114

Resp.: 7,39 kg/s; 28,5 m; 50,9 kPa; 7,25 kW.

CAPÍTULO 9
MEDIDORES DE VAZÃO

Os medidores de vazão são, em determinadas situações, partes integrantes das tubulações. Estão comercialmente disponíveis vários tipos de medidores desenvolvidos com base em conhecimentos tecnológicos diversos. Apresentaremos a seguir três medidores: tubo Venturi, bocal e placa de orifício, os quais operam segundo o princípio de que uma obstrução ao escoamento que provoque uma redução da área produz, por esse motivo, aumento da velocidade do escoamento, que, por sua vez, causa uma variação de pressão. A variação de pressão pode ser correlacionada com a velocidade, de forma que uma medida de pressão nos forneça uma medida de vazão.

A geometria típica de um medidor de vazão, que opera segundo o princípio da obstrução, é apresentada na Figura 9.1.

Consideremos as seções 1 e 2 indicadas na Figura 9.1, que delimitam um volume de controle através do qual ocorre, na horizontal, um escoamento incompressível em regime permanente de um fluido não viscoso.

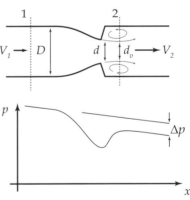

Figura 9.1 Escoamento em obstrução

Este, após a passagem pela obstrução, produz uma *vena contracta*, de forma que $d_v < d$. Seja Δp a pressão diferencial medida entre essas duas seções. Buscando correlacionar a pressão diferencial com a vazão, aplicamos o princípio da conservação da massa, o que resulta em:

$$\dot{V} = \pi \frac{D^2}{4} V_1 = \pi \frac{d_v^2}{4} V_2 \tag{9.1}$$

Como estamos considerando que o escoamento não é viscoso, podemos aplicar a equação de Bernoulli:

$$\Delta p = p_1 - p_2 = \frac{1}{2}\rho\left(V_2^2 - V_1^2\right) \qquad (9.2)$$

Isolando V_2, obtemos:

$$\frac{2\Delta p}{\rho} = V_2^2\left[1 - \left(\frac{V_1^2}{V_2^2}\right)\right] \Rightarrow$$

$$V_2 = \sqrt{\frac{2\Delta p}{\rho\left(1 - \left(\frac{d_v}{D}\right)^4\right)}} \qquad (9.3)$$

Denominando a área da garganta por $A_g = \pi d^2/4$, obtemos a vazão volumétrica e a mássica:

$$\dot{V} = A_g V_2 = \frac{A_g}{\sqrt{1 - \left(\frac{d_v}{D}\right)^4}}\sqrt{\frac{2\Delta p}{\rho}} \qquad (9.4)$$

$$\dot{m} = \rho A_g V_2 = \frac{A_g}{\sqrt{1 - \left(\frac{d_v}{D}\right)^4}}\sqrt{2\rho\Delta p} \qquad (9.5)$$

De fato, as vazões assim obtidas não são reais, porque o fluido é viscoso, além de que, certamente, é mais interessante trabalhar com o diâmetro da obstrução d em substituição a d_v. Assim, optamos pela utilização de um processo de correção obtido pela aplicação de um adimensional denominado *coeficiente de descarga*, $C_d = f(Re, \beta)$, obtido experimentalmente, que ajusta a equação nos fornecendo as vazões reais para escoamentos incompressíveis:

$$\dot{V}_{real} = A_g \frac{C_d}{\sqrt{1-\beta^4}}\sqrt{\frac{2\Delta p}{\rho}} \qquad (9.6)$$

$$\dot{m}_{real} = A_g \frac{C_d}{\sqrt{1-\beta^4}}\sqrt{2\rho\Delta p} \qquad (9.7)$$

Nessas expressões, $\beta = d/D$.

O termo $1/\sqrt{1-\beta^4}$ é denominado *fator de velocidade de aproximação* e é combinado com o coeficiente de descarga, de forma a se obter um único coeficiente denominado *coeficiente de vazão*, C_v, dado por:

$$C_v = \frac{C_d}{\sqrt{1-\beta^4}} \qquad (9.8)$$

Note que o coeficiente de descarga, o fator de velocidade de aproximação e o coeficiente de vazão são adimensionais.

No caso de medição de vazões de fluidos compressíveis, como gases e vapores, deve ser utilizado um coeficiente de correção adicional denominado *fator de expansão* ou *fator de expansibilidade*, simbolizado pela letra grega épsilon, ε. Esse fator adquire o valor unitário para os fluidos incompressíveis e valores inferiores à unidade para os compressíveis. Assim, as Equações (9.6) e (9.7) tornam-se:

$$\dot{V}_{real} = A_g \frac{C_d}{\sqrt{1-\beta^4}}\varepsilon\sqrt{\frac{2\Delta p}{\rho}} \qquad (9.9)$$

$$\dot{m}_{real} = A_g \frac{C_d}{\sqrt{1-\beta^4}}\varepsilon\sqrt{2\rho\Delta p} \qquad (9.10)$$

Como sempre pretendemos medir a vazão de um fluido real, observamos sempre uma perda de pressão ao longo do escoamento, Δp, causada pelos efeitos viscosos. Na Figura 9.1 apresentamos uma curva típica representativa da evolução da pressão ao longo de um medidor de vazão que opera segundo o princípio da obstrução.

9.1 PROJETO DE MEDIDORES DE VAZÃO

Partindo do princípio que se deseja projetar, construir, instalar e utilizar medidores de vazão com qualidade, obtendo-se resultados confiáveis, entende-se que é fundamental que sejam utilizadas normas técnicas que deem o respaldo tecnológico adequado. Assim sendo, propõe-se a utilização de normas tais como as constituintes da série EN ISO 5167. Essa série de normas constitui-se na versão europeia equivalente da série ISO

5167. Para facilitar os trabalhos, existem versões em português de normas internacionais, tais como a ABNT NBR ISO 5167-1:2008 e a ABNT NBR ISO 5167-2:2011.

9.2 TUBO VENTURI

O tubo Venturi clássico é um dispositivo constituído por três seções, conforme ilustrado na Figura 9.2. A primeira consiste em uma entrada cônica convergente, que é sucedida pela segunda, denominada *garganta*, com formato cilíndrico, e a última seção é constituída por uma saída cônica divergente. Quando o fluido escoa através do tubo Venturi, ele é acelerado na primeira seção, o que causa uma redução de sua pressão, de forma que a pressão na garganta é menor do que a pressão na seção de entrada. A seguir, o fluido é desacelerado na última seção, produzindo redução de velocidade, que é acompanhada por aumento da pressão.

Embora ocorra recuperação da pressão ao longo da seção divergente do tubo Venturi, ela é tal que a pressão na seção de entrada nunca é atingida, ou seja, o escoamento através do medidor de vazão apresenta uma perda de carga que depende da sua geometria e que pode ser estimada em função da perda de pressão, Δp, causada pelo medidor, que é da ordem de 5% a 20% da sua pressão de entrada.

É recomendável que os projetos de medidores de vazão sejam realizados com base em normas técnicas, e, no caso de tubos Venturi, sugerimos a norma EN ISO 5167-4, a qual estabelece faixas de valores aceitáveis para as dimensões, por exemplo, dos raios R_1, R_2 e R_3, dos diâmetros das tomadas de pressão, dos ângulos etc.; além disso, essa norma estabelece os critérios para a condução do processo experimental, bem como valores confiáveis para coeficientes de descarga. De maneira geral, os coeficientes de descarga dos tubos Venturi são altos; por esse motivo, não se dispondo de valores mais precisos, sugerimos adotar $C_d = 0{,}99$.

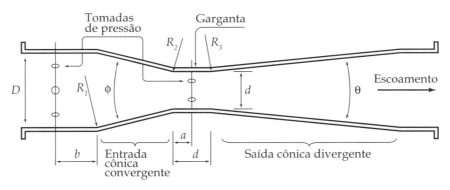

Figura 9.2 Tubo Venturi

Para fluidos que puderem ser tratados como incompressíveis, tais como os líquidos, adotamos o valor unitário para o fator de expansibilidade.

Naturalmente, para o cálculo do fator de expansibilidade, são recomendadas as expressões constantes nas normas técnicas. Entretanto, se o fluido for ar, na ausência de correlações mais precisas, sugere-se utilizar a expressão aproximada (9.11), na qual $R = p_2/p_1$, sendo o índice 1 referente à seção de entrada e o 2 referente à garganta.

$$\varepsilon = \sqrt{R\left(\frac{1-\beta^4}{1-\beta^4 R^{1{,}43}}\right)} \quad (9.11)$$

9.3 BOCAIS

Bocais são dispositivos de medida de vazão que promovem uma variação de velocidade no escoamento através de uma seção convergente seguida por uma seção cilíndrica denominada *garganta*. Bocais clássicos têm seção de entrada elíptica, conforme ilustrado na Figura 9.3, na qual também estão indicadas as posições das tomadas de pressão.

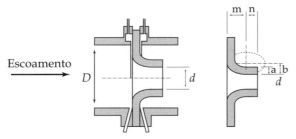

Figura 9.3 Bocal de raio longo - tomadas de pressão de canto

Os bocais também devem ser projetados segundo recomendações constantes em normas técnicas. Recomendamos a norma ISO 5167-3, que padroniza alguns tipos de bocais, inclusive o bocal de raio longo esquematizado na Figura 9.3, para o qual estabelece valores para as dimensões a, b, m e n em função do diâmetro, bem como expressões para a determinação do coeficiente de descarga.

O coeficiente de descarga dos bocais é, usualmente, expresso em função do número de Reynolds, baseado, por exemplo, no diâmetro mínimo do bocal, d. Na ausência de informações normativas, esse coeficiente pode ser estimado a partir da correlação:

$$C_d = C - 6,53 Re_d^{-0,5} \qquad (9.12)$$

Nessa expressão, o valor adotado para a constante C é 0,997. Note-se que, na literatura apropriada, encontramos valores tais como 0,9975 e 0,9965.

O fator de expansibilidade para bocais também pode ser estimado utilizando-se a Equação (9.11).

9.4 PLACAS DE ORIFÍCIO

Placas de orifício são dispositivos de medida de vazão que promovem uma variação de velocidade no escoamento pelo uso de um disco com um orifício usualmente circular concêntrico à tubulação, conforme ilustrado na Figura 9.4 e na Figura 9.5. Devemos notar que os orifícios não necessariamente são circulares e concêntricos. Por exemplo, podem ser circulares, mas montados com excentricidade devidamente planejada, ou podem ainda ser segmentais.

A medição da pressão diferencial em uma placa de orifício é realizada em posições padronizadas que podem ser, por exemplo, posicionadas segundo as distâncias D e $D/2$ das faces a montante e a jusante, conforme ilustrado na Figura 9.4, diretamente nos flanges de fixação da placa, conforme a Figura 9.5, ou ainda do tipo canto, conforme a Figura 9.6.

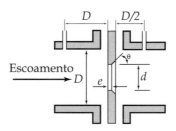

Figura 9.4 Placa de orifício tomadas de pressão - D e $D/2$

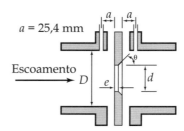

Figura 9.5 Placa de orifício tomadas de pressão na flange

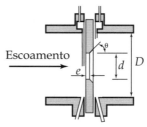

Figura 9.6 Placa de orifício tomadas de pressão de canto

Sugerimos que os medidores de vazão tipo placa de orifício sejam projetados, construídos, instalados, operados e tenham a vazão avaliada em conformidade com a norma ISO 5167-2, que apresenta, inclusive, expressão para a determinação do coeficiente de descarga aplicável a placas projetadas segundo essa norma.

O coeficiente de descarga para placas de orifício depende essencialmente do número de Reynolds característico do escoamento, calculado com base no diâmetro interno do tubo, da geometria da placa e da posição das tomadas de pressão.

Na indisponibilidade de expressões de uso recomendado em normas técnicas, sugere-se a utilização da correlação proposta por Miller [30], disponível na literatura, a qual se aplica a placas de orifício concêntricas com tomadas de pressão de canto.

$$C_d = 0,5959 + 0,0312\beta^{2,1} - 0,184\beta^8 + \frac{91,71\beta^{2,5}}{Re_D^{0,75}} \quad (9.13)$$

Devemos ressaltar que, se as tomadas de pressão não forem de canto, o coeficiente de descarga deverá ser determinado utilizando-se correlações apropriadas, e não a (9.13).

De forma estimativa, afirmamos que, para iguais condições de aplicação, o custo de tubos Venturi é maior do que o de bocais, que por sua vez é maior do que o de placas de orifício; por outro lado, as perdas de carga causadas por placas de orifício são maiores do que as causadas por bocais, que são maiores que as provocadas por tubos Venturi. Assim, observamos que a escolha de um medidor de vazão decorre de um compromisso entre seu custo inicial e o seu custo operacional, que está atrelado à perda de carga por ele promovida e, naturalmente, à perda de carga máxima admissível.

9.5 EXERCÍCIOS RESOLVIDOS

Er9.1 Água a 20°C escoa através de um tubo Venturi, conforme indicado na Figura Er9.1. O diâmetro de entrada do tubo Venturi é D_1 = 80 mm, o da garganta é D_2 = 50 mm e o desnível observado entre os meniscos do manômetro é igual a 30 cm. Determine a vazão de água medida.

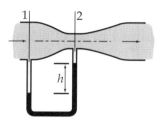

Figura Er9.1

Solução

a) Dados e considerações
São dados:
- Fluido: água a 20°C; suas propriedades são: ρ = 998,2 kg/m³ e μ = 1,00 E-3 Pa.s.
- Fluido manométrico: mercúrio a 20°C; ρ = 13550 kg/m³.
- D_1 = 80 mm; D_2 = 50 mm; h = 30 cm.

b) Análises e cálculos

Sabemos que: $\dot{V}_{real} = A_g \dfrac{C_d}{\sqrt{1-\beta^4}} \varepsilon \sqrt{\dfrac{2\Delta p}{\rho}}$

Adotamos C_d = 0,99.

Como a água está na fase líquida, pode ser considerada como sendo um fluido incompressível. Assim, adotamos: ε = 1.

A diferença de pressão medida é obtida por meio do equacionamento do manômetro:

$p_1 + \gamma h = p_2 + \gamma_{Hg} h \Rightarrow \Delta p = (\gamma_{Hg} - \gamma)h =$
$= (13550 - 998,2)9,81 \cdot 0,30 =$
$= 36940$ Pa

Logo:

$$\dot{V}_{real} = A_g \frac{C_d}{\sqrt{1-\beta^4}} \varepsilon \sqrt{\frac{2\Delta p}{\rho}} = \frac{\pi 0{,}05^2}{4} \cdot$$

$$\cdot \frac{0{,}995}{\sqrt{1-\left(\frac{50}{80}\right)^4}} \cdot 1 \cdot \sqrt{\frac{2 \cdot 36940}{998{,}2}} =$$

$$= 0{,}0183 \text{ m}^3/\text{s}$$

Er9.2 Água a 20°C escoa através de um bocal de raio longo, conforme indicado na Figura Er9.2. O diâmetro interno da tubulação é $D = 80$ mm, o da garganta do bocal é $d = 56$ mm e o desnível observado entre os meniscos do manômetro é igual a 10 cm. Determine a vazão de água medida.

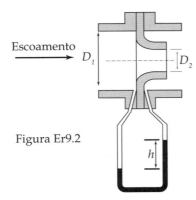

Figura Er9.2

Solução

a) Dados e considerações
- Fluido: água a 20°C; suas propriedades são: $\rho = 998{,}2$ kg/m³ e $\mu = 1{,}00$ E-3 Pa.s.
- Fluido manométrico: mercúrio a 20°C; $\rho = 13550$ kg/m³.
- $D = 80$ mm; $d = 56$ mm; $h = 10$ cm.

b) Análises e cálculos

Sabemos que: $\dot{V}_{real} = A_g \frac{C_d}{\sqrt{1-\beta^4}} \varepsilon \sqrt{\frac{2\Delta p}{\rho}}$

A diferença de pressão medida é obtida por meio do equacionamento do manômetro:

$$p_1 + \gamma h = p_2 + \gamma_{Hg} h \Rightarrow \Delta p = (\gamma_{Hg} - \gamma)h =$$
$$= (13550 - 998{,}2)9{,}81 \cdot 0{,}10 =$$
$$= 12313 \text{ Pa}$$

O coeficiente de descarga é dado por:

$$C_d = C - 6{,}53 Re_d^{-0{,}5} \quad \text{(Equação A)}$$

Além disso, como a água está na fase líquida, pode ser considerada como sendo um fluido incompressível, e temos que $\varepsilon = 1$.

Logo:

$$\dot{V}_{real} = A_g \frac{C_d}{\sqrt{1-\beta^4}} \varepsilon \sqrt{\frac{2\Delta p}{\rho}} = \frac{\pi 0{,}056^2}{4} \cdot$$

$$\cdot \frac{C_d}{\sqrt{1-\left(\frac{56}{80}\right)^4}} \cdot 1 \cdot \sqrt{\frac{2 \cdot 12313}{998{,}2}}$$

$$\dot{V}_{real} = 0{,}01403 \; C_d \quad \text{(Equação B)}$$

$$Re_d = \rho V d / \mu \quad \text{(Equação C)}$$

$$\dot{V}_{real} = \rho \pi \frac{d^2}{4} V \quad \text{(Equação D)}$$

Observamos que, para determinarmos a vazão, é necessária a solução do conjunto formado pelas Equações A, B, C e D. Essa solução pode ser obtida por um método iterativo ou utilizando-se, por exemplo, um programa computacional.

Resolvendo esse sistema de equações, obtemos:

$C_d = 0{,}985$; $Re_d = 313840$; $V = 5{,}61$ m/s; $\dot{V}_{real} = 0{,}0138$ m³/s.

9.6 EXERCÍCIOS PROPOSTOS

Ep9.1 Água a 20°C escoa através de um tubo Venturi, conforme indicado na Figura Ep9.1. O diâmetro de entrada do tubo Venturi é $D_1 = 60$ mm e o da garganta é $D_2 = 42$ mm. O fluido manométrico é mercúrio, cuja densidade é igual a 13,55, e o desnível observado entre os meniscos do manômetro é igual a 10 cm. Considerando que os efeitos viscosos podem ser desconsiderados, determine:

a) a vazão de água medida;
b) a velocidade média da água na garganta do tubo Venturi;
c) a velocidade média da água na entrada do tubo Venturi.

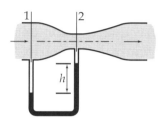

Figura Ep9.1

Resp.: 9,06 L/s; 6,54 m/s; 3,20 m/s.

Ep9.2 Água a 20°C escoa através de um tubo Venturi, conforme indicado na Figura Ep9.1. O diâmetro de entrada do tubo Venturi é D_1 = 60 mm e o da garganta é D_2 = 42 mm. O fluido manométrico é mercúrio, cuja densidade é igual a 13,55, e o desnível observado entre os meniscos do manômetro é igual a 10 cm. Considerando que os efeitos viscosos não podem ser desprezados, determine:

a) o coeficiente de vazão;
b) ba vazão de água medida;
c) a velocidade média da água na garganta do tubo Venturi;
d) a velocidade média da água na entrada do tubo Venturi.

Resp.: 1,136; 7,82 L/s; 5,64 m/s; 2,76 m/s.

Ep9.3 Água a 20°C escoa através de um bocal de raio longo, conforme indicado na Figura Ep9.3. O diâmetro interno da tubulação é D_1 = 60 mm, o da garganta do bocal é D_2 = 42 mm e o desnível observado entre os meniscos do manômetro é igual a 10 cm. Sabendo que a densidade do mercúrio é igual a 13,55, determine:

a) o coeficiente de vazão;
b) a vazão de água medida;
c) a velocidade média da água na garganta do bocal;
d) a velocidade média da água na entrada do bocal.

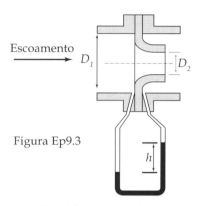

Figura Ep9.3

Resp.: 1,128; 7,76 L/s; 5,60 m/s; 2,75 m/s.

Ep9.4 Pretende-se utilizar um bocal de raio longo para medir a vazão de água a 20°C – veja a Figura Ep9.3. O diâmetro interno da tubulação é D_1 = 50 mm e o da garganta do bocal é D_2 = 35 mm. Se a vazão máxima a ser medida é igual a 6,0 L/s, qual deve ser a leitura máxima no manômetro de mercúrio? Considere que a densidade do mercúrio é igual a 13,55.

Resp.: 123 mm.

Ep9.5 Em uma tubulação, escoa água a 20°C, cuja vazão é medida utilizando-se uma placa de orifício com tomadas de pressão de canto – veja a Figura Ep9.5.

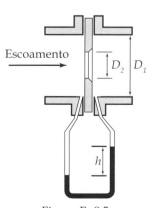

Figura Ep9.5

O diâmetro interno da tubulação é $D_1 = 60$ mm, o do orifício é $D_2 = 42$ mm e o desnível observado entre os meniscos do manômetro de mercúrio, que está a 20°C, é igual a 12 cm. Determine:

a) o coeficiente de vazão;
b) a vazão de água medida;
c) a velocidade média da água na tubulação.

Ep9.6 Ar comprimido a 10 bar (pressão manométrica) e 30°C escoa através de uma placa de orifício com tomadas de pressão de canto – veja a Figura Ep9.5. O diâmetro interno da tubulação é $D_1 = 70$ mm, o do orifício é $D_2 = 56$ mm e o desnível observado entre os meniscos do manômetro é igual a 12,2 cm. Sabendo que a pressão atmosférica local é igual a 100 kPa e que o fluido manométrico é óleo, com massa específica igual a 820 kg/m³, determine a vazão mássica de ar comprimido. Considere que o fator de expansibilidade aplicável é igual à unidade.

Resp.: 0,295 kg/s.

Ep9.7 Um bocal é utilizado como dispositivo medidor de vazão de ar, conforme mostra a Figura Ep9.3. Ele está acoplado a um manômetro diferencial que utiliza um fluido manométrico com massa específica igual a 800 kg/m³, o diâmetro interno da tubulação é de 50 mm e o diâmetro mínimo do bocal é de 40 mm. Supondo que o conjunto esteja a 20°C e 120 kPa (abs.) e que o fator de expansibilidade tem valor unitário, determine a vazão mássica de ar sabendo que o desnível h observado entre os ramos do manômetro é de 42 mm.

Resp.: 0,0488 kg/s.

Ep9.8 Pretende-se medir a vazão mássica de ar a 200 kPa (abs.) e 40°C em uma tubulação com diâmetro interno igual a 77,9 mm. Para tal, pretende-se utilizar uma placa de orifício com tomadas de pressão de canto e com razão de diâmetros $\beta = 0,8$. Se a diferença de pressão medida na placa for igual a 2000 kPa, qual é a vazão mássica de ar? Considere que o fator de expansibilidade aplicável é igual à unidade.

Resp.: 0,221 kg/s.

CAPÍTULO 10
ESCOAMENTO EXTERNO DE FLUIDOS VISCOSOS

No nosso dia a dia, deparamos com diversos fenômenos caracterizados pelo escoamento de um fluido sobre um corpo que, embora não chamem a nossa atenção, devem ser necessariamente conhecidos, já que são fundamentais para o desenvolvimento de projetos de engenharia e de novas tecnologias. Por exemplo, é fundamental conhecer os efeitos de ventos sobre edificações; não é possível desenvolver um automóvel comercialmente viável sem estudar seu comportamento aerodinâmico; um atleta não participa de competições de natação de alto nível sem se preocupar em reduzir ao máximo os efeitos da resistência da água ao seu movimento. Exemplos que envolvem escoamentos externos são variados, e os problemas de engenharia que requerem, para sua adequada solução, conhecimentos nessa área são numerosos. O estudo de escoamentos externos pode ser conduzido por meio de análises teóricas, por meio do uso de recursos computacionais, pode ser realizado experimentalmente, pelo uso de resultados de trabalhos experimentais já realizados no passado e disponíveis na literatura ou, ainda, pela combinação de estudos teóricos e experimentais.

10.1 A CAMADA-LIMITE

Consideremos o escoamento de um fluido sobre um corpo estático conforme esquematizado na Figura 10.1 e tal que, longe do corpo, o fluido se mova com perfil de velocidades uniforme, cuja velocidade V é denominada *velocidade de corrente livre*. Podemos nos perguntar: o que a interação entre o fluido e o corpo provoca no escoamento? As partículas que se movimentam nas proximidades do corpo têm o seu movimento influenciado pela sua presença, já que elas necessitam se desviar dele mudando a sua velocidade e porque o princípio da aderência nos garante que as partículas fluidas em contato com uma superfície adquirem a velocidade dessa superfície, e, estando o corpo em observação imóvel, a velocidade das partículas fluidas em contato com ele será nula. Por esse motivo, necessariamente, observamos a formação de um perfil de velocidades no meio fluido, cuja forma depende, entre outros fatores, da sua viscosidade e tem como característica básica evoluir do valor nulo até a velocidade de corrente livre. Dada uma posição x sobre o corpo, denominaremos V_x a velocidade das partículas fluidas no interior da camada-limite, de forma que o perfil de velocidades formado em uma posição será descrito por uma função que correlacione V_x à abscissa x e à ordenada y, $V_x = f(x,y)$.

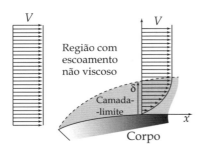

Figura 10.1 Camada-limite

Como a velocidade das partículas em contato com o corpo é nula, podemos supor que, em uma região muito próxima ao corpo, a velocidade das partículas será menor do que velocidade de escoamento longe do corpo e, para isso ocorrer, devem existir forças que, aplicadas às partículas fluidas, reduzam a sua velocidade. Essas forças são devidas às tensões existentes no meio fluido, que estão relacionadas com grandezas utilizadas para descrever o escoamento, entre elas a viscosidade dinâmica do fluido. Por esse motivo, lembrando que, quanto maior a viscosidade, maiores são as tensões, podemos afirmar com segurança que nas proximidades do corpo os efeitos viscosos são importantes.

Na medida em que observamos o movimento de partículas a maiores distâncias do corpo, notamos que o gradiente de velocidade se mantém essencialmente constante e, por esse motivo, nessas condições os efeitos viscosos não são significativos e podemos, então, tratar o escoamento como não viscoso; ou seja: podemos observar no escoamento duas regiões, uma na qual os efeitos viscosos não têm papel significativo e outra próxima ao corpo, formando uma camada na qual os efeitos viscosos são importantes, que denominamos *camada-limite*.

Observando a Figura 10.1, notamos uma fronteira entre a camada-limite e a região de escoamento não viscoso indicada por uma linha tracejada, o que sugere o estabelecimento, na forma quantitativa, de uma espessura para essa camada denominada *espessura da camada-limite*, δ, que é costumeiramente definida como sendo a distância da superfície até o ponto no qual a velocidade das partículas fluidas é igual a 99% da velocidade de corrente livre. Devemos notar que o perfil de velocidades na camada-limite evolui ao longo da coordenada x indicada na Figura 10.1, o que promove o aumento da espessura da camada-limite ao longo da superfície do corpo à medida que o valor dessa coordenada cresce.

Consideremos, agora, a camada-limite formada sobre uma placa plana horizontal, esquematizada na Figura 10.2, e observemos a região com escoamento não viscoso. Se a velocidade V for constante, concluímos, ao aplicar a equação de Bernoulli, que a pressão do fluido também é constante e dizemos, então, que a camada-limite se desenvolve *a pressão constante*. Desviando o nosso olhar da região não viscosa para a camada-limite propriamente dita, notamos que, a partir do bordo de ataque, o escoamento em seu interior tem a característica de ser laminar e a denominamos *camada-limite laminar*. À medida que a camada-limite evolui, ela atinge uma situação na qual começamos a observar instabilidades que caracterizam o início de uma região de transição, após a qual a denominamos *camada-limite turbulenta*. Embora exista, de fato, uma região de transição, costuma-se adotar o valor $Re =$

ρVx/μ = 500000 para caracterizar a transição do regime laminar para o turbulento, em camadas-limite desenvolvidas sobre placas planas lisas. Ou seja, para números de Reynolds inferiores a 500000, consideraremos o regime de escoamento laminar, e turbulento para os superiores a 500000. No caso de camadas não lisas, a porção laminar da camada-limite é reduzida e, nesse caso, são adotados números de Reynolds que caracterizam a transição inferiores a 500000.

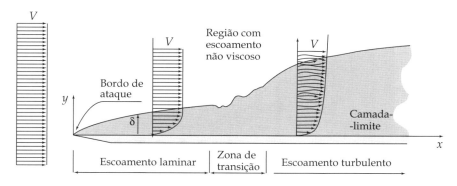

Figura 10.2 Camada-limite mista

Consideremos, então, a formação de uma camada-limite sobre uma superfície conforme ilustrado na Figura 10.3. A existência da restrição física ao escoamento faz com que ele seja inicialmente acelerado e, a seguir, desacelerado. Utilizando a equação de Bernoulli, podemos verificar que ao longo do escoamento, devido à variação da velocidade, a pressão varia de modo que, inicialmente, $\partial V/\partial x > 0$, fazendo com que o gradiente de pressão seja negativo; ou seja: o escoamento está ocorrendo de uma região com pressão maior para outra com pressão menor, o que contribui acelerando o escoamento – por esse motivo, quando deparamos com essa situação, dizemos que o gradiente de pressão é favorável.

Após passar por uma seção na qual a velocidade de corrente livre é máxima, indicada por uma linha pontilhada na Figura 10.3, o gradiente de velocidade torna-se negativo e, consequentemente, o de pressão torna-se positivo. Nesse caso, estamos observando o escoamento do fluido de uma região em baixa pressão para outra cuja pressão é maior, o que contribui para desacelerar o escoamento – por esse motivo, dizemos que o gradiente de pressão é desfavorável.

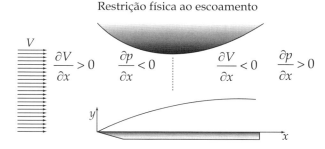

Figura 10.3 Escoamento com gradiente de pressão

Pensemos na camada-limite desenvolvida na região com gradiente de pressão desfavorável. À medida que ela se desenvolve, a velocidade das partículas fluidas é reduzida e o perfil de velocidades na camada-limite é alterado, como pode ser observado na Figura 10.4. Como o escoamento está sendo desacelerado, podemos entender que cada partícula fluida está sujeita a uma aceleração cuja componente na direção do eixo x é negativa, e esse fenômeno torna-se mais importante na região próxima da superfície onde as velocidades são menores e, em consequência, tanto a quantidade de movimento quanto a energia cinética das partículas fluidas também são menores.

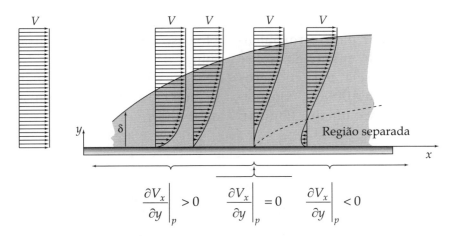

Figura 10.4 Separação da camada-limite

A redução da velocidade junto à parede faz com que a derivada do perfil de velocidade nesse local $(\partial V_x/\partial y|_p)$ seja continuamente reduzida, atingindo o valor nulo. Veja a Figura 10.4. A partir disso, essa derivada torna-se negativa, indicando que a componente da velocidade das partículas fluidas na direção x é negativa, causando a *separação do escoamento* da parede e criando uma região denominada *região separada*, na qual o escoamento tem a característica de ser recirculante.

Esse fenômeno também pode ser produzido por efeitos geométricos. Observe a Figura 10.5, na qual está esquematizado um escoamento sobre uma superfície com um rebaixo. A existência desta variação abrupta da geometria cria um ponto de separação da camada-limite, podendo, dependendo do caso, ser acompanhado de um ponto de religação.

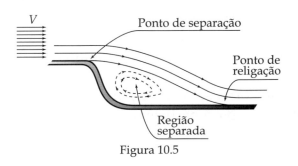

Figura 10.5

10.2 O DESENVOLVIMENTO DA CAMADA-LIMITE SOBRE PLACAS PLANAS

Discutiremos, agora, o desenvolvimento de camadas-limite sobre placas planas no regime laminar e turbulento, apresentando apenas resultados que nos permitam avaliar quantitativamente parâmetros tais como a sua espessura e tensão de cisalhamento junto à superfície da placa.

10.2.1 A camada-limite laminar

O conceito de camada-limite, bem como um conjunto de equações diferenciais descritivas do fenômeno, foi desenvolvido por Prandtl em 1904, e a primeira solução para o problema da camada-limite foi apresentada por Blasius em 1908. A solução de Blasius foi desenvolvida para a *camada-limite laminar, com gradiente nulo de pressão, formada sobre placa plana lisa* utilizando uma transformação de coordenadas, demonstrando que o perfil de velocidades (V_x/V) é função da variável adimensional $y/[V/\nu x]^{1/2}$. Utilizando um método numérico, Blasius obteve o perfil de velocidades adimensional na camada-limite apresentado na Tabela 10.1.

Considerando a espessura da camada-limite, δ, como sendo a distância da superfície até o ponto no qual a velocidade das partículas fluidas é igual a 99% da velocidade de corrente livre, obtemos a partir do perfil de velocidades de Blasius:

$$\delta = 5{,}0\sqrt{\frac{\nu x}{V}} \qquad (10.1)$$

Tabela 10.1 Perfil de velocidades de Blasius

$y[V/\nu x]^{1/2}$	V_x/V	$y[V/\nu x]^{1/2}$	V_x/V	$y[V/\nu x]^{1/2}$	V_x/V
0,0	0,0	1,8	0,5748	3,6	0,9233
0,2	0,0664	2,0	0,6298	3,8	0,9411
0,4	0,1328	2,2	0,6813	4,0	0,9555
0,6	0,1990	2,4	0,7290	4,2	0,9670
0,8	0,2647	2,6	0,7725	4,4	0,9759
1,0	0,3298	2,8	0,8115	4,6	0,9827
1,2	0,3938	3,0	0,8461	4,8	0,9878
1,4	0,4563	3,2	0,8761	5,0	0,9916
1,6	0,5168	3,4	0,9018	∞	1,0000

Devemos notar que a espessura da camada-limite depende da viscosidade cinemática do fluido, ν, variando com a raiz quadrada dessa propriedade. Assim, o movimento de um fluido mais viscoso deverá produzir uma camada-limite mais espessa do que aquela causada por um menos viscoso. Essa expressão também confirma a previsão de que a espessura da camada-limite deveria aumentar à medida que o valor da coordenada x aumentasse. Por fim, notamos que δ varia com o inverso da raiz quadrada da velocidade de corrente livre V.

A partir da solução de Blasius, pode-se obter a tensão de cisalhamento na parede:

$$\tau_p = \frac{0{,}322\rho V^2}{\sqrt{Re_x}} \qquad (10.2)$$

Um adimensional bastante útil é o *coeficiente de atrito superficial*, definido como:

$$C_f = \frac{\tau_p}{\frac{1}{2}\rho V^2} \qquad (10.3)$$

Utilizando a Equação (10.2), obtemos:

$$C_f = \frac{0{,}644}{\sqrt{Re_x}} \qquad (10.4)$$

Devemos observar que o coeficiente de atrito superficial é uma grandeza local.

10.2.2 A camada-limite turbulenta

À medida que o valor da coordenada x aumenta, além do aumento da espessura da camada-limite, podemos observar o aparecimento de instabilidades que levam à transição do regime laminar para o turbulento. No caso de uma placa plana hidraulicamente lisa submetida a um escoamento de corrente livre a pressão constante, consideramos que a transição ocorre quando $Re = 500000$.

De fato, embora Blasius tenha desenvolvido uma solução exata para a camada-limite laminar, não se desenvolveu uma exata para a turbulenta, o que exige a utilização de modelos não exatos para descrevê-la.

Em cálculos de engenharia, é aceitável considerar que o perfil de velocidade na camada-limite turbulenta sobre placas planas lisas com gradiente de pressão nulo seja dado pelo perfil de potência com expoente 1/7, ou seja:

$$\frac{V_x}{V} = \left(\frac{y}{\delta}\right)^{1/7} \quad (10.5)$$

Devemos observar que esse perfil de velocidades falha junto à parede, ou seja: falha quando $y \to 0$. Por esse motivo, não podemos partir dessa equação para desenvolver uma expressão que nos forneça a tensão de cisalhamento na superfície da placa. Uma opção consiste em utilizar a Equação (10.6) para descrever a tensão de cisalhamento desejada:

$$\tau_p = 0{,}0233 \rho V^2 \left[\frac{\nu}{V\delta}\right]^{1/4} \quad (10.6)$$

Considerando que seja promovida artificialmente a formação de camada-limite turbulenta a partir do bordo de ataque da placa, podemos avaliar a espessura da camada-limite como:

$$\frac{\delta}{x} = \frac{0{,}382}{Re_x^{1/5}} \quad (10.7)$$

As Equações (10.6) e (10.7) podem ser combinadas, resultando em:

$$C_f = \frac{\tau_p}{\frac{1}{2}\rho V^2} = \frac{0{,}0594}{Re_x^{1/5}} \quad (10.8)$$

Essa equação nos permite determinar o coeficiente de atrito superficial turbulento, apresentando bons resultados no intervalo $5\,E5 < Re_x < 1\,E7$.

10.3 FORÇAS DE ARRASTO

O escoamento de um fluido sobre um corpo pode gerar, devido a efeitos viscosos e a aspectos geométricos, forças e momentos. Consideremos um corpo sujeito ao escoamento bidimensional ilustrado na Figura 10.6. Como resultado, observamos um momento que denominamos *momento de arfagem* e uma força que pode ser decomposta em duas componentes, uma com a mesma direção da velocidade de corrente livre e outra perpendicular a essa velocidade.

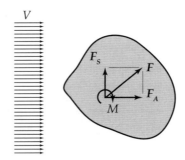

Figura 10.6 Fluido escoando sobre corpo

A componente paralela à velocidade de corrente livre é denominada *força de arrasto*, F_A, ou simplesmente *arrasto*. A componente perpendicular é denominada *força de sustentação*, F_S.

Analisemos primeiramente a força de arrasto. Ela pode ser compreendida como a soma de duas forças, uma devida à distribuição de pressões produzida pelo escoamento sobre a superfície do corpo e outra devida ao atrito entre o fluido e o corpo.

$$F_A = F_{ATRITO} + F_{PRESSÃO} \quad (10.9)$$

De maneira geral, é muito difícil separar o arrasto devido ao atrito do arrasto devido à pressão estabelecendo valores distintos para cada um deles; assim, a forma mais comum de apresentá-lo de forma quantitativa é aquela em que os dois efeitos (pressão e atrito) são adicionados.

Com o intuito de avaliar a força de arrasto, definimos o *coeficiente de arrasto* como:

$$C_A = \frac{F_A}{\frac{1}{2}\rho V^2 A} \quad (10.10)$$

Nessa expressão, ρ é a massa específica do fluido nas condições de corrente livre, V é a velocidade de corrente livre e A é uma área de referência estabelecida quando da elaboração dos trabalhos experimentais para a determinação do coeficiente de arrasto. De maneira geral, A é a área frontal, a área da projeção do corpo em um plano perpendicular ao de escoamento que também pode ser compreendida como a área segundo a qual o escoamento "vê" o corpo.

Em princípio, o coeficiente de arrasto é uma função da rugosidade do corpo e do número de Reynolds que caracteriza o fenômeno, $Re = \rho VL/\mu$, onde L é um comprimento característico do corpo estabelecido quando da realização dos experimentos para determinar coeficiente de arrasto. Entretanto, a dependência desse coeficiente com o número de Reynolds se manifesta basicamente quando esse adimensional é pequeno; à medida que os seus valores crescem, o coeficiente de arrasto tende a um valor constante.

10.3.1 Arrasto de atrito sobre uma placa plana lisa

Quando o escoamento ocorre paralelamente a uma placa plana lisa, o coeficiente de arrasto é devido, essencialmente, a efeitos viscosos, e a sua determinação depende do regime de escoamento na camada-limite.

No caso em que ocorre a formação de uma camada-limite laminar sobre a placa, o coeficiente de arrasto pode ser obtido a partir do coeficiente de atrito superficial:

$$C_A = \frac{F_A}{\frac{1}{2}\rho V^2 A} = \frac{\int_A dF}{\frac{1}{2}\rho V^2 A} = \frac{\int_A \tau_p dA}{\frac{1}{2}\rho V^2 A} \quad (10.11)$$

Note que a área A é a área total em contato com o fluido. Combinando as Equações (10.3) e (10.4), obtemos:

$$\tau_p = \frac{1}{2}\rho V^2 \frac{0,664}{\sqrt{Re_x}} \quad (10.12)$$

Substituindo o valor encontrado na Equação (10.12) para a tensão de cisalhamento na Equação (10.11), resulta:

$$C_A = \frac{\int_A \tau_p dA}{\frac{1}{2}\rho V^2 A} = \frac{\frac{1}{2}\rho V^2 \int_A \frac{0,664}{\sqrt{Re_x}} dA}{\frac{1}{2}\rho V^2 A} =$$

$$= \frac{1}{A}\int_A \frac{0,664}{\sqrt{Re_x}} dA \quad (10.13)$$

Considerando que a placa tem largura w e comprimento total L, obtemos:

$$C_A = \frac{1}{A}\int_A \frac{0,664}{\sqrt{Re_x}} dA = \frac{1}{Lw}$$

$$\int_0^L 0,664 \left(\frac{V}{\nu}\right)^{1/2} x^{-1/2} w\, dx =$$

$$= \frac{0,664}{L}\left(\frac{V}{\nu}\right)^{1/2} \left.\frac{x^{1/2}}{1/2}\right|_0^L$$

Resolvendo, obtemos:

$$C_A = \frac{F_A}{\frac{1}{2}\rho V^2 A} = \frac{1,328}{\sqrt{Re_L}} \quad (10.14)$$

Lembremo-nos que, nessa expressão, L é o comprimento da placa e A é a área em contato de uma das suas faces com o escoamento.

No caso de a camada-limite ser turbulenta desde o bordo de ataque da placa, o coeficiente de arrasto também poderá ser avaliado por intermédio da substituição da Equação (10.8) na (10.11), resultando em:

$$C_A = \frac{F_A}{\frac{1}{2}\rho V^2 A} = \frac{\int_A dF}{\frac{1}{2}\rho V^2 A} =$$

$$= \frac{\int_A \tau_p dA}{\frac{1}{2}\rho V^2 A} = \frac{\int_A \frac{1}{2}\rho V^2 \frac{0,0594}{Re_x^{1/5}} dA}{\frac{1}{2}\rho V^2 A} \quad (10.15)$$

Considerando uma placa com largura w e comprimento L:

$$C_A = \frac{1}{A}\int_A \frac{0,0594}{Re_x^{1/5}} dA = \frac{1}{Lw}$$

$$\int_0^L 0,0594 \left(\frac{V}{\nu}\right)^{-1/5} x^{-1/5} w\, dx = \frac{0,0594}{L}\left(\frac{V}{\nu}\right)^{-1/5}$$

$$\left[\frac{x^{4/5}}{4/5}\right]_0^L \quad (10.16)$$

Resolvendo, obtemos:

$$C_A = \frac{F_A}{\frac{1}{2}\rho V^2 A} = \frac{0,0742}{Re_L^{1/5}} \quad (10.17)$$

Essa correlação é válida no intervalo 5 E5 < Re_L < E7.

Para o caso de camada-limite turbulenta desenvolvida desde o bordo de ataque da placa plana, na ausência de gradiente de pressão, Schlichting [33] propôs a correlação empírica:

$$C_A = \frac{0,455}{(logRe_L)^{2,58}} \quad (10.18)$$

Essa expressão é válida no intervalo 5 E5 < Re_L < 1 E9.

Se o escoamento sobre a placa for tal que há o desenvolvimento de uma camada-limite laminar que sofre uma transição para o regime turbulento, a Equação (10.17) deve ser trabalhada para levar esse fato em consideração. Supondo que a transição ocorre para Re = 500000, a Equação (10.17) pode ser ajustada, sendo obtido:

$$C_A = 0,0742\, Re_L^{-1/5} - 1740\, Re_L^{-1} \quad (10.19)$$

que pode ser utilizada no intervalo 5 E5 < Re_L < E7.

Semelhantemente, a Equação (10.18) também pode ser ajustada para esse caso, resultando em:

$$C_A = \frac{0,455}{(logRe_L)^{2,58}} - \frac{1610}{Re_L} \quad (10.20)$$

10.3.2 Coeficiente de arrasto no escoamento perpendicular a uma placa plana

Consideremos, então, que o escoamento ocorre perpendicularmente à placa. A força de arrasto será essencialmente causada pela força de pressão, sendo dada por $F_A = \int_{At} p\, dA_t$, onde A_t é a área total da placa.

O coeficiente de arrasto será dado por:

$$C_A = \frac{\int_{A_t} p\, dA_t}{\frac{1}{2}\rho V^2 A} \quad (10.21)$$

Nessa expressão, a área A é a área frontal da placa. No caso de ela ter largura L e altura h, a área será: $A = Lh$.

O coeficiente de arrasto, obtido experimentalmente, depende do número de Reynolds baseado na dimensão menor da placa, que usualmente se denomina altura, h, e da razão entre a altura da placa h e a sua largura, b. A Equação (10.22), obtida utilizando-se dados da literatura, descreve relativamente bem o comportamento desse coeficiente de arrasto para $1 \le b/h \le 20$ e para $Re > 1000$.

$$C_A = 1,09 + 0,021\left(\frac{b}{h}\right) - 0,000020\left(\frac{b}{h}\right)^2 \quad (10.22)$$

10.3.3 Arrasto sobre esfera lisa

O comportamento do escoamento sobre uma esfera lisa depende do número de Reynolds, $Re = \rho VD/\mu$, calculado com base na velocidade de corrente livre V e no diâmetro da esfera, D. Na Figura 10.7, ilustramos o escoamento sobre uma esfera com número de Reynolds muito baixo (menor do que 1). Esse escoamento, no qual não ocorre separação, foi resolvido por Stokes, que demonstrou que a força de arrasto varia linearmente com o a velocidade:

$$F_A = 3\pi\mu VD \quad (10.23)$$

resultando no coeficiente de arrasto baseado da área da seção transversal da esfera:

$$C_A = \frac{3\pi\mu VD}{\frac{1}{2}\rho V^2 \frac{\pi D^2}{4}} = \frac{24}{Re_D} \quad (10.24)$$

Essa expressão nos mostra que o coeficiente de arrasto cai com o crescimento de Re.

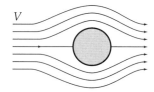

Figura 10.7 Escoamento sobre esfera-Re < 1

Aumentando o número de Reynolds, ocorre a separação do escoamento, criando, inicialmente, uma região separada na qual há recirculação, que, à medida que o número de Reynolds aumenta, é transformada em uma esteira de vórtices e, finalmente, em uma esteira turbulenta. Simultaneamente, com o crescimento do número de Reynolds, a região na qual os efeitos viscosos são importantes diminui continuamente até ser reduzida a uma camada-limite – veja a Figura 10.8 –, fazendo com que o restante do escoamento possa ser tratado como não viscoso.

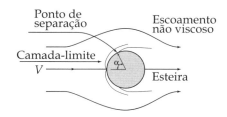

Figura 10.8 Escoamento com separação a 82°

Em uma primeira fase, a camada-limite formada é laminar em toda a sua extensão e a separação ocorre para o ângulo α aproximadamente igual a 82°. Entretanto, se o número de Reynolds continuar crescendo, ocorrerá a transição da camada-limite laminar para a turbulenta, a separação ocorrerá em um ângulo α de cerca de 120° e a dimensão da esteira turbulenta se reduz – veja a Figura 10.9. Na Figura 10.10, é apresentada uma curva que descreve de forma aproximada o comportamento do coeficiente de arrasto em função do número de Reynolds na faixa 2 E5 < Re < 2 E6. Nela observamos uma alteração brusca no coeficiente de arrasto que ocorre em números de Reynolds da ordem de 2 E5 a 4 E5 provocada pela mudança da posição de separação da camada-limite. Devemos observar que a existência de rugosidade provoca a redução do número de Reynolds no qual a transição do regime laminar para o turbulento ocorre.

Figura 10.9 Escoamento com separação a 120°

Dispondo do coeficiente de arrasto, podemos calcular a força de arrasto sobre a esfera como:

$$F_A = C_A \frac{1}{2}\rho V^2 A =$$

$$= C_A \frac{1}{2}\rho V^2 \left(\pi \frac{D^2}{4}\right) = C_A \frac{1}{8}\pi\rho V^2 D^2 \quad (10.25)$$

Ou seja, em se pretendendo calcular a força de arrasto, devemos determinar em primeiro lugar o coeficiente de arrasto. No caso de escoamento sobre uma esfera lisa, uma alternativa para avaliá-lo consiste na utilização de equações originadas de ajuste de curvas sobre resultados experimentais, como as Equações (10.26a), (10.26b), (10.26c), (10.26d), (10.26e) e (10.26f).

$C_A = 24/Re$ \hfill $Re \leq 1$ (10.26a)

$C_A = 24/Re^{0,646}$ \hfill $1 < Re \leq 400$ (10.26b)

$C_A = 0,5$ \hfill $400 < Re \leq 2\,E5$ (10.26c)

$C_A = 1,05 \cdot 10^{-16} Re^3 - 9,45 \cdot 10^{-11} Re^2 + 2,52 \cdot 10^{-5} Re - 1,60$ \hfill $2\,E5 < Re \leq 4\,E5$ (10.26d)

$C_A = -4,88 \cdot 10^{-20} Re^3 + 1,76 \cdot 10^{-13} Re^2 - 1,17 \cdot 10^{-7} Re + 0,102$ \hfill $4E5 < Re \leq 2E6$ (10.26e)

$C_A = 0,18$ \hfill $Re > 2\,E6$ (10.26f)

Para simplificar os cálculos, a determinação do coeficiente de arrasto no intervalo $2E5 < Re \leq 2E6$ pode ser realizada por meio do gráfico da Figura 10.10.

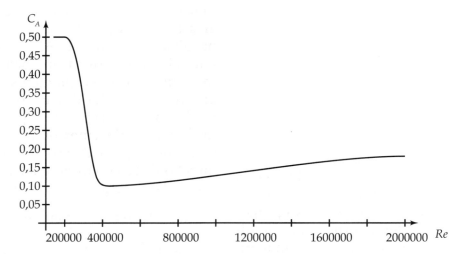

Figura 10.10 Coeficiente de arrasto versus Re – esfera lisa

Outra forma que pode ser utilizada para a determinação do coeficiente de arrasto do escoamento sobre esferas lisas consiste na utilização da Equação (10.26g) proposta por Morrison [28]:

$$C_A = \frac{24}{Re} + \frac{2,6\left(\dfrac{Re}{5,0}\right)}{1+\left(\dfrac{Re}{5,0}\right)^{1,52}} + \frac{0,411\left(\dfrac{Re}{263000}\right)^{-7,94}}{1+\left(\dfrac{Re}{263000}\right)^{-8,00}} + \left(\dfrac{Re^{0,80}}{461000}\right) \quad (10.26g)$$

Morrison recomenda a aplicação dessa equação para $Re \leq 1\,E6$.

A partir da Equação (10.26g), foi elaborado o diagrama da Figura 10.11, que permite a visualização do comportamento do coeficiente de arrasto em função do número de Reynolds.

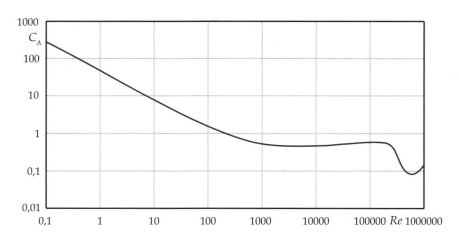

Figura 10.11 Coeficiente de arrasto *versus* número de Reynolds - Esfera lisa

Devemos observar que a curva da Figura 10.11 é de grande utilidade, proporcionando a visualização do comportamento do coeficiente de arrasto. No entanto, devido à imprecisão do processo de quantificação do coeficiente de arrasto ao usá-la, recomenda-se o uso, por exemplo, da Equação (10.26g).

10.3.4 Arrasto sobre cilindro liso

Consideremos a ocorrência do escoamento de corrente livre de um fluido sobre a superfície externa de um cilindro liso estático. Consideremos, também, que esse escoamento ocorre perpendicularmente ao eixo desse cilindro. Naturalmente, a interação mecânica, devido a efeitos viscosos, observada entre o fluido e a superfície do cilindro produz uma força de arrasto, a qual pode ser determinada por meio do uso do coeficiente de arrasto adequado. O comportamento desse coeficiente de arrasto, estabelecido em função do número de Reynolds avaliado com base na velocidade de corrente livre e no diâmetro do cilindro, pode ser aproximadamente representado pelas Equações (10.28a), (10.28b) e (10.28c).

Após estimar o coeficiente de arrasto, podemos avaliar a força de arrasto exercida sobre um cilindro com diâmetro D e comprimento L por:

$$F_A = C_A \frac{1}{2}\rho V^2 A = C_A \frac{1}{2}\rho V^2 DL \qquad (10.27)$$

Com respeito a essa equação, devemos observar que a área de referência para o cálculo da força de arrasto é a área resultante da projeção do cilindro em um plano perpendicular ao vetor velocidade de corrente livre, resultando em $A = DL$. Complementarmente, devemos notar que a Equação (10.27) não leva em consideração o efeito do escoamento do fluido na extremidade do cilindro, já que o coeficiente de arrasto utilizado foi determinado para cilindro infinito.

Para avaliar o coeficiente de arrasto sobre cilindros, sugerimos:

$$C_A = 1{,}51 / Re^{0{,}0524} \quad 4 \leq Re < 400 \quad (10.28a)$$

$$C_A = 2{,}05 / Re^{0{,}104}$$
$$400 \leq Re < 1000 \quad (10.28b)$$

$$C_A = 1{,}0 \quad 1000 \leq Re \leq 200000 \quad (10.28c)$$

Na faixa de 2 E5 < Re < 1 E6, o comportamento do coeficiente de arrasto é parecido com o observado para esferas lisas, notando-se uma brusca redução do coeficiente de arrasto devido à mudança do ponto de separação da camada-limite. Uma descrição aproximada desse comportamento pode ser observada na Figura 10.12, que permite a avaliação do coeficiente de arrasto para números de Reynolds maiores que 2 E5 e inferiores a 1 E6. Observamos que, para números de Reynolds maiores do que 1 E6, o coeficiente de arrasto é da ordem de 0,3.

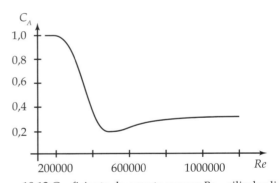

Figura 10.12 Coeficiente de arrasto versus Re – cilindro liso

10.3.5 Arrasto sobre corpos diversos

Para a determinação da força de arrasto aplicada por escoamentos sobre corpos diversos, encontramos valores para coeficientes de arrasto na literatura que nem sempre são coerentes. Apresentamos alguns coeficientes de arrasto de origem experimental na Tabela 10.2, a qual foi desenvolvida a partir dos resultados apresentados por Lindsey [29].

Tabela 10.2 Coeficientes de arrasto

Objeto	Esquema	C_A	Re
Casca semicilíndrica	$V \to)\, \underline{I}D$	2,4 2,3	$7E3 < Re < 2E4$ $2E4 < Re < 6E4$
Casca semicilíndrica	$V \to (\, \underline{I}D$	1,2	$7E3 < Re < 5E4$
Prisma de seção triangular equilátera	$V \to \triangleleft$ $V \to \triangleright$	1,4 2,2	$3E3 < Re < 5E4$ $3E3 < Re < 5E4$
Prisma de seção quadrada com comprimento infinito e lado b	$V \to \square\, \underline{I}b$	2,1	$2E4 < Re < 8E4$
Prisma de seção quadrada com comprimento infinito e lado b	$V \to \diamond^b$	1,6	$5E3 < Re < 8E4$
Barra de seção elíptica $b/a = 4$	$V \to \ominus\, \underline{a}$	0,32 0,25	$3E4 < Re < E5$ $E5 < Re < 3E5$
Barra de seção elíptica $b/a = 8$	$V \to \ominus\, \underline{a}$	0,21	$3E4 < Re < 3E5$

10.4 FORÇAS DE SUSTENTAÇÃO

Já vimos que a ação de um fluido em movimento sobre um objeto sujeito resulta em forças e momentos. Vejamos, novamente, a Figura 10.6. Nela podemos observar a componente perpendicular à direção do escoamento de corrente livre da resultante da força aplicada pelo escoamento ao corpo, a qual denominamos força de sustentação. Esta, embora tenha essa denominação, dependendo da geometria do corpo, poderá ter o mesmo sentido da força peso desse corpo.

Com o intuito de avaliar a força de sustentação, definimos o *coeficiente de sustentação* como:

$$C_S = \frac{F_S}{\frac{1}{2}\rho V^2 A} \tag{10.29}$$

Nessa expressão, ρ é a massa específica do fluido nas condições de corrente livre, V é a velocidade de corrente livre e A é uma área de referência estabelecida quando da elaboração dos trabalhos experimentais para a determinação do coeficiente de sustentação. De maneira geral, A é a área planiforme que é a área máxima projetada, por exemplo, do aerofólio ou da asa.

Observemos a Figura 10.13, na qual esquematizamos a seção transversal de um aerofólio não simétrico com comprimento w e dimensão perpendicular ao plano da figura. Nele observamos dois extremos denominados *bordo de ataque* e *bordo de fuga*, e a distância entre eles é denominada *corda*; se a corda não for totalmente contida na seção transversal do aerofólio, conforme ilustrado na Figura 10.14, o aerofólio é denominado *arqueado*.

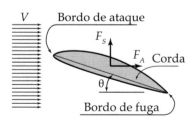

Figura 10.13 Perfil assimétrico

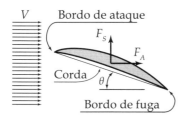

Figura 10.14 Perfil arqueado

Em princípio, o coeficiente de sustentação é uma função do ângulo de ataque θ e do número de Reynolds que caracteriza o fenômeno. Entretanto, a dependência desse coeficiente com o número de Reynolds se manifesta basicamente quando esse adimensional é pequeno; à medida que o seu valor cresce, o coeficiente de sustentação tende a depender apenas do ângulo de ataque. Na Figura 10.15 apresentamos uma curva de aerofólio típica, a qual nos permite correlacionar o coeficiente de sustentação com o ângulo de ataque. Observando essa figura, notamos que o coeficiente de sustentação atinge o valor máximo e, a seguir, é reduzido de forma drástica e rápida. Esse fenômeno é denominado estol, e, ao acontecer, a aeronave perde sustentação.

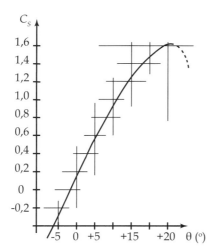

Figura 10.15 Coeficiente de sustentação versus ângulo de ataque

A Figura 10.16 apresenta uma correlação gráfica entre o coeficiente de arrasto e o de sustentação compatível com a curva apresentada na Figura 10.15. Devemos observar que, para elevados coeficientes de sustentação, observamos um rápido aumento do coeficiente de arrasto.

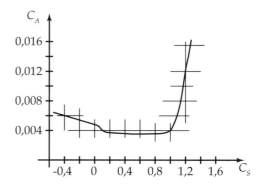

Figura 10.16 Coeficiente de arrasto *versus* coeficiente de sustentação

10.5 EXERCÍCIOS RESOLVIDOS

Er10.1 Ar a 20°C e 1,0 bar escoa paralelamente a uma placa plana com velocidade de corrente livre $V = 15$ m/s. Determine o comprimento L máximo da placa de forma que a camada-limite desenvolvida sobre a placa seja totalmente laminar. Determine a espessura da camada-limite na posição $L/2$.

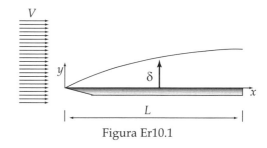

Figura Er10.1

Solução

a) Dados e considerações
- Fluido: ar a 20°C e 1,0 bar; logo: $\rho = 1{,}20$ kg/m³ e $\mu = 1{,}80$ E-5 Pa.s.
- $V = 15$ m/s.

b) Análise e cálculos
- Determinação do comprimento L máximo

Em princípio, consideramos que a transição da porção laminar da camada-limite formada sobre uma placa plana para a porção turbulenta ocorre quando o número de Reynolds baseado na posição x atinge o valor 500000. Veja a Figura Er10.1. Assim, para que a camada-limite desenvolvida seja completamente laminar, $Re_L = 500000$. Logo:

$$Re_L = \frac{\rho V L}{\mu} = 500000 \Rightarrow$$

$$L = \frac{\mu}{\rho V} 500000$$

Utilizando as propriedades já conhecida do ar e lembrando que $V = 15$ m/s, obtemos:

$L = 0{,}50$ m

- Determinação da espessura da camada-limite na posição $(L/2) = 0{,}25$ m

Como a camada-limite é laminar, sua espessura é dada por: $\delta = 5{,}0 \left(\dfrac{vx}{V} \right)^{0{,}5}$.

Substituindo os valores adequados nessa expressão, obtemos: $\delta = 2{,}5$ mm.

Er10.2 Água na fase líquida a 10°C e na pressão atmosférica escoa sobre uma placa plana retangular com largura $L = 20$ cm e comprimento $C = 100$ cm.

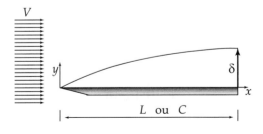

Figura Er10.2

Sabendo que a velocidade de corrente livre do escoamento da água sobre a placa é igual a 2,0 m/s, determine a espessura máxima da camada-limite formada sobre a placa quando o escoamento ocorre paralelamente à largura da placa.

Repita os cálculos considerando que o escoamento ocorre paralelamente ao comprimento da placa.

Solução

a) Dados e considerações
- Fluido: água na fase líquida a 10°C.

Lembrando que as propriedades da água comprimida podem ser aproximadas pelas da água saturada na mesma temperatura, obtemos da Tabela C.2 – Propriedades termofísicas da água saturada (Apêndice C), para a temperatura de 10°C: $\mu = 0{,}0013$ Pa.s e $\rho = 999{,}7$ kg/m³.

- Largura da placa: $L = 20$ cm; comprimento: $C = 100$ cm.
- Velocidade de corrente livre: $V = 2{,}0$ m/s.

b) Análise e cálculos
- Escoamento paralelo à largura da placa

Conforme indicado na Figura Er10.1, a espessura máxima da camada-limite ocorre no bordo de fuga da placa plana.

Vamos avaliar, em primeiro lugar, o número de Reynolds para $L = 20$ cm.

$Re_L = \dfrac{\rho V L}{\mu} = 307600$, e verificamos que a camada-limite é laminar.

Logo, a sua espessura pode ser avaliada como:

$$\delta = 5{,}0 \left(\frac{vx}{V} \right)^{0{,}5} = 1{,}80 \text{ mm}$$

- Escoamento paralelo ao comprimento da placa

Nesse caso, temos:

$Re_L = \dfrac{\rho V L}{\mu} = 1{,}538$ E6, e concluímos que a camada-limite é turbulenta.

Assim, temos:

$\dfrac{\delta}{x} = \dfrac{0{,}382}{Re_x^{1/5}} = 22{,}1$ mm

Er10.3 Ar a 20°C e 1,0 bar escoa paralelamente a uma placa plana lisa com velocidade de corrente livre $V = 20$ m/s. Determine a pressão dinâmica, na escala manométrica, do ar em um ponto A distante 30 cm do bordo de ataque da placa e distante 1,0 mm da superfície da placa.

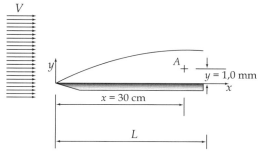

Figura Er10.3

Solução

a) Dados e considerações
- Fluido: ar a 20°C e 1,0 bar; logo: $\rho = 1{,}189$ kg/m³; $\mu = 1{,}8$ E-5 Pa.s.
- Como $\nu = \mu/\rho$, obtemos: $\nu = 1{,}51$ E-5 m²/s.
- $V = 20$ m/s.

b) Análise e cálculos

Não sabemos se a camada-limite na posição $x = 30$ cm é laminar ou turbulenta. Devemos, então, determinar o número de Reynolds para nos certificarmos de qual é o regime de escoamento nesse ponto.

$Re = \dfrac{\rho V x}{\mu} = \dfrac{V x}{\nu} = \dfrac{20 \cdot 0{,}30}{1{,}5 \cdot 10^{-5}} =$

$= 396333$

Como $Re < 500000$, a camada-limite é laminar e o perfil de velocidades no seu interior é dado pela solução de Blasius.

Determinemos a espessura da camada-limite em $x = 30$ cm.

Como a camada-limite é laminar, sua espessura é dada por: $\delta = 5{,}0 \left(\dfrac{\nu x}{V} \right)^{0{,}5}$, o que resulta em:

$\delta \approx 2{,}4$ mm, e concluímos que o ponto A está localizado no interior da camada-limite.

A solução de Blasius dada na Tabela 10.1 correlaciona a velocidade adimensional V_x/V com a variável adimensional $y(V/\nu x)^{0{,}5}$.

No ponto A, temos:
$y(V/\nu x)^{0{,}5} = 2{,}10$.

Interpolando na Tabela 10.1, obtemos: $V_x/V = 0{,}6556$,
o que nos fornece: $V_x = 13{,}1$ m/s.

A pressão dinâmica é dada por:
$\rho V^2/2 = 102$ Pa.

Er10.4 Água na fase líquida a 20°C e com velocidade de corrente livre igual a 4,0 m/s escoa paralelamente a uma placa plana quadrada com lado $L = 40$ cm. Determine a pressão dinâmica, na escala manométrica, do escoamento em um local distante 30 cm do bordo de ataque e distante 3,0 mm da placa.

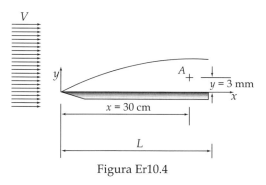

Figura Er10.4

Solução

a) Dados e considerações
- Fluido: água a 20°C; logo:
  $\rho = 998{,}2$ kg/m³; $\mu = 1{,}00$ E-3 Pa.s.
- Como $\nu = \mu/\rho$, obtemos:
  $\nu = 1{,}00$ E-6 m²/s.
- $V = 4$ m/s.

b) Análise e cálculos

Não sabemos se a camada-limite na posição $x = 30$ cm é laminar ou turbulenta. Devemos, então, determinar o número de Reynolds para nos certificarmos de qual é o regime de escoamento nesse ponto.

$$Re = \frac{\rho V x}{\mu} = \frac{V x}{\nu} = \frac{4 \cdot 0{,}30}{1{,}00 \cdot 10^{-3}} =$$
$$= 1{,}198 \text{ E6}$$

Como $Re > 500000$, a camada-limite é turbulenta e o perfil de velocidades no seu interior pode ser avaliado utilizando-se o perfil de potência com expoente 1/7.

Determinemos a espessura da camada-limite em $x = 30$ cm.

Como a camada-limite é turbulenta, sua espessura é dada por: $\dfrac{\delta}{x} = \dfrac{0{,}382}{Re_x^{1/5}}$, o que resulta em: $\delta \approx 6{,}97$ mm, e concluímos que o ponto A está localizado no interior da camada-limite.

Utilizando o perfil de potência, obtemos:

$$V_x = V \left(\frac{y}{\delta}\right)^{1/7} = 4{,}0 \left(\frac{3}{6{,}97}\right)^{1/7} =$$
$$= 3{,}55 \text{ m/s}$$

A pressão dinâmica é dada, no ponto escolhido, por: $\rho V_x^2 / 2 = 6{,}28$ kPa.

Er10.5 Determine a força de arrasto causada pelo vento escoando com velocidade de corrente livre de 144 km/h paralelamente sobre um *outdoor* com comprimento 5 m e altura 2 m. Considere que o ar está a 20°C, 101,3 kPa, e que o escoamento ocorre segundo o comprimento.

Solução

a) Dados e considerações
- Fluido: ar a 20°C e 1,0 bar; logo:
  $\rho = 1{,}189$ kg/m³; $\mu = 1{,}8$ E-5 Pa.s.
- Como a viscosidade cinemática é dada por: $\nu = \mu/\rho$, obtemos:
  $\nu = 1{,}51$ E-5 m²/s.
- $V = 144$ km/h $= 40{,}0$ m/s; $L = 5{,}0$ m; e $h = 2{,}0$ m.

b) Análise e cálculos

O escoamento ocorre segundo o comprimento do *outdoor*, então no bordo de fuga o número de Reynolds será igual a:

$$Re = \frac{\rho V L}{\mu} = \frac{V L}{\nu} = \frac{40{,}0 \cdot 5{,}0}{1{,}51 \cdot 10^{-5}} =$$
$$= 13{,}25 \text{ E6}$$

Logo a camada-limite, inicialmente laminar, torna-se turbulenta ao longo do escoamento sobre o *outdoor*. Nesse caso, uma equação adequada para avaliar o coeficiente de arrasto é a Equação (10.20):

$$C_A = \frac{0{,}455}{(\log Re_L)^{2{,}58}} - \frac{1610}{Re_L} \Rightarrow$$
$$\Rightarrow C_A = 0{,}00275$$

A força de arrasto será igual a:

$$F_A = C_A \frac{1}{2} \rho V^2 A = C_A \frac{1}{2} \rho V^2 L h =$$
$$= 26{,}4 \text{ N}$$

Er10.6 Determine a força de arrasto causada pelo vento escoando com velocidade de corrente livre de 144 km/h perpendicularmente a um *outdoor* com comprimento de 5 m e largura de 2 m. Considere que o ar está a 20°C, 101,3 kPa.

Solução

a) Dados e considerações
- Fluido: ar a 20°C e 1,0 bar; logo: $\rho = 1,189$ kg/m³; $\mu = 1,8$ E-5 Pa.s.
- Como $\nu = \mu/\rho$, obtemos: $\nu = 1,51$ E-5 m²/s.
- $V = 144$ km/h = 40,0 m/s; $L = 5,0$ m; e $h = 2,0$ m.

b) Análise e cálculos

O escoamento ocorre perpendicularmente ao *outdoor*. O número de Reynolds baseado na altura é:

$$Re = \frac{\rho VL}{\mu} = \frac{VL}{\nu} = \frac{40,0 \cdot 2,0}{1,51 \cdot 10^{-5}} = 5,298 \text{ E6} > 1000$$

A relação entre a largura do *outdoor* e a sua altura é 5/2 = 2,5. Assim, o coeficiente de arraso é dado pela Equação (10.22):

$$C_A = 1,09 + 0,021\left(\frac{b}{h}\right) - 0,000020\left(\frac{b}{h}\right)^2$$

$$C_A \approx 1,14$$

A força de arrasto será:

$$F_A = C_A \frac{1}{2}\rho V^2 A = C_A \frac{1}{2}\rho V^2 Lh = 11,0 \text{ kN}$$

Er10.7 A chaminé de um forno de uma fábrica de vidro tem altura igual a 80 m e diâmetro igual a 8,0 m. Pede-se para calcular a força de arrasto causada nela por ventos de 126 km/h na temperatura de 20°C.

Solução

a) Dados e considerações
- Fluido: ar a 20°C e 1,0 bar; logo: $\rho = 1,20$ kg/m³; $\mu = 1,8$ E-5 Pa.s.
- $V = 126$ km/h = 35,0 m/s.
- $L = 80$ m; e $D = 8,0$ m.

b) Análise e cálculos

O escoamento ocorre perpendicularmente à chaminé. O número de Reynolds baseado no seu diâmetro é:

$$Re = \frac{\rho VD}{\mu} = 1,85 \text{ E7}$$

Se observarmos o gráfico da Figura 10.11, notaremos que esse número de Reynolds é bastante elevado, não nos permitindo obter por meio desse diagrama o coeficiente de arrasto correspondente. De fato, para números de Reynolds maiores do que 1E6, esse coeficiente é da ordem de 0,3. Utilizando esse valor, obtemos:

$$F_A = C_A \frac{1}{2}\rho V^2 A = C_A \frac{1}{2}\rho V^2 LD = 139,8 \text{ kN}$$

Er10.8 Um avião com peso $G = 15000$ N foi projetado para operar com velocidade de cruzeiro de 100 m/s ao voar na altitude de 5,0 km. Para um ângulo de ataque de 3°, qual deve ser a área total aproximada das suas asas se elas forem constituídas por aerofólio convencional? Para o caso de a área total das asas ser aproximadamente igual a 15 m², mantida a velocidade, determine o coeficiente de sustentação, o ângulo de ataque e a potência desenvolvida pelo aeroplano em condições de cruzeiro para vencer a força de arrasto.

Solução

a) Dados e considerações
- Fluido: ar na altitude de 5000 m. Utilizando-se a Tabela C3, resulta: $p = 54,02$ kPa; $\rho = 0,7361$ kg/m³; $T = 255,6$ K; $\mu = 1,64$ E-5 Pa.s.

- $V = 100$ m/s; $\alpha = 2,5°$;
- $G = 15000$ N.

b) Análise e cálculos

Da Figura 10.14, verificamos que, para o ângulo de ataque dado, o coeficiente de sustentação é aproximadamente igual a 0,4.

$$C_S = \frac{F_S}{(\rho V^2 A/2)}$$

A força de sustentação deve ser igual ao peso da aeronave. Assim, a área total das asas deve ser:

$$A = \frac{2F_S}{C_S \rho V^2} = 10,2 \text{ m}$$

Consideremos, agora, que a área de asa é igual a 15 m².

$$Ao = \frac{2F_S}{C_{So} \rho V^2} \Rightarrow C_{So} = 0,27$$

Utilizando a Figura 10.15, obtemos $C_{Ao} = 0,0038$, logo:

$$C_{Ao} = \frac{F_A}{(\rho V^2 Ao/2)} \Rightarrow F_A = 209,8 \text{ N}$$

$$\dot{W} = F_A V = 21,0 \text{ kW}$$

10.6 EXERCÍCIOS PROPOSTOS

Observa-se que, quando necessário, na solução da maior parte dos exercícios, o coeficiente de arrasto sobre esfera lisa foi determinado, para $Re < E6$, utilizando-se a Equação (10.26g).

Ep10.1 Ar a 30°C e 95 kPa escoa com velocidade de corrente livre igual a 10,0 m/s paralelamente a uma placa quadrada. Determine a dimensão máxima do lado da placa de forma que a camada-limite desenvolvida seja totalmente laminar. Determine a espessura máxima da camada-limite dinâmica formada sobre a placa com essa dimensão.

Ep10.2 Água na fase líquida a 50°C escoa sobre uma placa plana retangular com largura $L = 10$ cm e comprimento $C = 30$ cm com gradiente de pressão nulo. Sabendo que a velocidade de corrente livre da água é igual a 3,0 m/s, determine a espessura máxima da camada-limite formada sobre a placa quando o escoamento ocorre paralelamente à largura da placa. Repita os cálculos considerando que o escoamento ocorre paralelamente ao comprimento da placa.

Resp.: 0,68 mm; 8,2 mm.

Ep10.3 Ar a 10°C e na pressão absoluta de 2,3 bar escoa paralelamente com velocidade de corrente livre de 12 m/s sobre uma placa plana quadrada com lado $L = 15$ cm. Determine a velocidade de corrente livre que um escoamento de água na fase líquida a 20°C deveria ter para que as espessuras das camadas-limite na posição $L = 10$ cm sejam iguais. Considere que a camada-limite formada pelo escoamento da água sobre a placa é laminar.

Ep10.4 Ar na condição padrão escoa paralelamente a uma placa plana horizontal. O escoamento é uniforme no bordo de ataque da placa. Considere que o perfil de velocidades na camada-limite é da forma: $V/V_c = Aw + Bw^2 + C$, onde V_c é a velocidade de corrente livre e $w = y/\delta$. Em uma seção, tem-se $V_c = 20$ m/s, $L = 0,2$ m e $\delta = 5,7$ mm. Pergunta-se: o escoamento nessa seção é laminar ou turbulento? Por qual motivo? Estabeleça as condições de contorno necessárias e determine os valores das constantes A, B e C.

Resp.: laminar; 2; –1; 0.

Ep10.5 Ar a 20°C e 1,0 bar escoa paralelamente a uma placa plana lisa com velocidade de corrente livre $V = 24$ m/s. Determine a pressão dinâmica do ar em um ponto A distante 20 cm do bordo de ataque da placa e distante 1,0 mm da superfície da placa.

Resp.: 230 Pa.

Ep10.6 Água na fase líquida a 20°C e com velocidade de corrente livre igual a 5,0 m/s escoa paralelamente a uma placa plana quadrada com lado L = 50 cm. Determine a pressão dinâmica do escoamento em um local distante 35 cm do bordo de ataque e distante 2,5 mm da placa.

Resp.: 9,10 Pa.

Ep10.7 Em um túnel de vento, um estudante de mecânica dos fluidos faz um experimento visando analisar o comportamento do escoamento de ar sobre uma placa plana. Considere que a velocidade do ar no túnel, longe da placa, seja igual a 30 m/s, que o ar esteja a 100 kPa, que possa ser considerado seco, e que a sua temperatura seja igual a 20°C. A placa tem comprimento de 1,5 m e largura igual a 10 cm. Determine a espessura da camada-limite no bordo de fuga da placa considerando que:

a) o escoamento ocorre segundo o comprimento da placa;
b) o escoamento ocorre segundo a largura da placa.

Ep10.8 Água na fase líquida a 20°C escoa com velocidade de corrente livre de 5,0 m/s sobre uma placa plana com comprimento total igual a 50 cm. Estime a pressão dinâmica do escoamento em um ponto distante 1,0 mm da placa e distante 5 cm do bordo de ataque da placa. Repita os cálculos para um ponto distante 2,0 mm da placa e distante 30 cm do seu bordo de ataque.

Resp.: 12,5 kPa; 8,84 kPa.

Ep10.9 Estime o arrasto de atrito no teto e nas laterais do baú de um caminhão quando este estiver viajando a 120 km/h. Considere que o ar está a 30°C e 1 bar. A largura do baú é igual a 2,4 m, sua altura é igual a 3,0 m e o seu comprimento é igual a 12,0 m.

Resp.: 48 N; 120 N.

Ep10.10 Um grupo de alunos de engenharia realiza um experimento em um túnel de vento visando determinar o coeficiente de arrasto de atrito sobre uma placa plana. Para tal, promovem o escoamento do ar com massa específica igual a 1,19 kg/m³ e viscosidade dinâmica igual a 1,85 E-5 Pa.s paralelamente a uma placa com comprimento de 1,5 m e largura igual a 0,5 m. Supondo que a placa é lisa e sabendo que a velocidade de corrente livre do ar é igual a 10 m/s, pede-se para determinar a força de arrasto total (sobre as duas faces da placa) e o coeficiente de arrasto esperado.

Resp.: 0,26 N; 0,0029.

Ep10.11 Uma placa plana lisa, com comprimento igual a 30 cm e largura igual a 50 cm, se movimenta com velocidade de 4 m/s em água estagnada a 20°C. Determine o coeficiente de arrasto, a força aplicada pela água à placa levando em consideração suas duas faces e a potência necessária para manter a placa em movimento. Considere que a placa se movimenta tendo o vetor velocidade paralelo ao seu comprimento.

Ep10.12 Água a 20°C escoa paralelamente a uma placa plana lisa com velocidade de corrente livre igual a 2 m/s. Determine o coeficiente de arrasto e a força aplicada pela água à placa levando em consideração suas duas faces. Considere que a placa é quadrada com lado igual a 20 cm.

Resp.: 0,0021; 0,336 N.

Ep10.13 Água a 20°C escoa paralelamente a uma placa plana lisa com velocidade de corrente livre igual a 2 m/s. Determine o coeficiente de arrasto e a força aplicada pela água à placa levando em consideração suas duas faces. Considere que a placa é quadrada com lado igual a 20 cm e que a camada-limite formada sobre a placa, por meios artificiais, é turbulenta desde o bordo de ataque.

Ep10.14 Água a 20°C escoa perpendicularmente a uma placa plana quadrada com lado igual a 1,0 m com velocidade de corrente livre igual a 2,0 m/s. Determine o coeficiente de arrasto e a força aplicada pela água à placa.

Resp.: 1,11; 2,22 kN.

Ep10.15 Um fluido com viscosidade igual a 1,0 Pa.s e massa específica igual a 800 kg/m³ escoa sobre uma esfera lisa cujo diâmetro é igual a 1,0 cm com velocidade de corrente livre igual a 1,0 m/s. Determine o coeficiente de arrasto e a força aplicada pelo fluido à esfera.

Resp.: 4,59; 0,144 N.

Ep10.16 Estime o arrasto sobre uma esfera lisa de diâmetro igual a 20 cm considerando que:

a) o fluido escoando sobre a esfera é água a 8 m/s (massa específica igual a 1000 kg/m³; viscosidade dinâmica igual a 0,001 Pa.s);

b) o fluido escoando sobre a esfera é ar a 12 m/s (massa específica igual a 1,2 kg/m³; viscosidade dinâmica 1,8 E-5 Pa.s).

Resp.: 166 N; 1,36 N.

Ep10.17 Em um jogo de beisebol, o arremessador lança a bola a 120 km/h. A temperatura do ar ambiente é igual a 20°C e a pressão atmosférica local é 1 bar. Considerando que o diâmetro da bola é igual a 7,0 cm, calcule a força de arrasto exercida sobre a bola supondo que a sua rugosidade superficial é desprezível.

Resp.: 1,12 N.

Ep10.18 Dois automóveis com áreas de seção transversal iguais têm, devido à sua diferente forma aerodinâmica, coeficientes de arrasto diferentes. O primeiro tem $C_{A1} = 0,27$ e o segundo tem $C_{A2} = 0,32$. Pergunta-se: qual deve ser a relação entre a potência desenvolvida pelo motor do primeiro veículo e a desenvolvida pelo motor do segundo quando este estiver ultrapassando o primeiro com uma velocidade 20% maior?

Resp.: 0,49.

Ep10.19 Uma esfera lisa é constituída por um material cuja densidade relativa é igual 1,8. Deixa-se essa esfera cair em um tanque profundo repleto com um fluido com densidade relativa 1,2 e viscosidade absoluta 0,90 Pa.s. Sua velocidade terminal é tal que $Re = 0,2$. Determine a força de arrasto sobre a esfera e o valor da velocidade terminal.

Resp.: 1,27 E-3 N; 2,01 cm/s.

Ep10.20 Um corpo em queda livre está submetido a três forças. Uma delas é a força peso, outra é o empuxo e a terceira é a força de arrasto. Velocidade terminal pode ser entendida como a velocidade máxima que um corpo atinge em queda livre e que ocorre quando a aceleração se torna nula. Considere que um paraquedista salte em ar a 20°C e a 101,3 kPa com um paraquedas que tenha diâmetro igual a 5,0 m. Considerando que a massa total do conjunto homem mais paraquedas é igual a 90 kg, que o coeficiente de arrasto do conjunto é igual a 1,4 e que a força de empuxo pode ser desprezada, estime a velocidade terminal esperada desse conjunto.

Resp.: 7,32 m/s.

Ep10.21 Um carro em alta velocidade tem um coeficiente de arrasto de 0,25 e área frontal de 1,6 m². Um paraquedas é usado para reduzir a velocidade desse carro, que, inicialmente, está a 180 km/h. Qual é a força de frenagem inicialmente aplicada pelo paraquedas se o coeficiente de arrasto do conjunto é igual a 1,65?

Ep10.22 O coeficiente de arrasto de um automóvel é igual a 0,3. Considerando que esse veículo tem área frontal igual a 1,8 m² e que ele se movimenta no ar ambiente a 20°C com velocidade igual a 120 km/h, pergunta-se: qual é a força de arrasto aplicada ao veículo?

Resp.: 357 N.

Ep10.23 O coeficiente de arrasto de um automóvel é igual a 0,25. Considere que esse veículo tem área frontal igual a 1,6 m² e que ele se movimenta no ar ambiente a 10°C com velocidade igual a 162 km/h. Qual é a força de arrasto aplicada pelo ar ambiente ao veículo? A 162 km/h, o motorista está usando 80% da potência máxima do veículo. Desprezando outros efeitos além do arrasto, estime essa potência máxima.

Resp.: 498 N; 28 kW.

Ep10.24 Um mastro de bandeira tem altura igual a 8,0 m e diâmetro igual a 60 mm. Determine a força de arrasto total aplicada ao mastro quando a velocidade do vento é igual a 5,0 m/s e o momento no engaste do mastro da bandeira no piso. Considere a temperatura ambiente igual a 20°C e a pressão atmosférica local igual a 1,0 bar.

Resp.: 7,13 N; 28,5 N.m.

Ep10.25 Um engenheiro deseja projetar um misturador rotativo utilizando-se placas retangulares com as seguintes dimensões: a = 20 cm; b = 40 cm; c = 50 cm; r = 1,0 m; e R = 1,3 m, conforme indicado na Figura Ep10.25. O agitador será instalado em um tanque de esmalte cerâmico com densidade relativa igual a 2,5 e deverá operar a 43 rpm. Desprezando a força de arrasto sobre as hastes e o fato de o fluido adquirir um movimento induzido pelas pás, pede-se para avaliar: a força aplicada por cada uma das pás maiores ao fluido; o torque necessário para acionar o agitador na velocidade de rotação especificada no problema; e a potência requerida pelo sistema de acionamento do agitador.

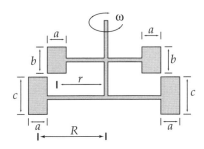

Figura Ep10.25

Resp.: 4,89 kN; 17,3 kN·m; 78,0 kW.

Ep10.26 Observe a Figura Ep10.26. Uma esfera com raio 4,0 cm e peso 0,1 N é presa à extremidade de uma barra rígida com comprimento igual a 20 cm, e com diâmetro e peso desprezíveis, que pode se movimentar em torno da articulação A. Inicialmente, o conjunto é mantido na posição indicada na figura por um batente, sendo que, nessa situação, o ângulo formado pela barra com a horizontal é igual a 70°. Considerando que o ar em torno da bola está a 20°C e 100 kPa, determine a velocidade mínima do ar que fará com que a esfera se movimente. No caso de a velocidade ser igual a 20 m/s, qual deverá ser o ângulo formado entre a barra e a horizontal?

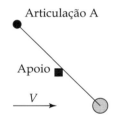

Figura Ep10.26

Resp.: 4,94 m/s; ≈9,5°.

Ep10.27 Um bloco A com massa igual a 10 kg move-se sobre um plano inclinado 30° com a horizontal, conforme indicado na Figura Ep10.27. Entre o bloco e o plano inclinado há um filme de óleo com espessura de 0,2 mm. Sabe-se que a área de contato do bloco com o óleo é igual a 0,05 m² e que a viscosidade dinâmica do óleo é igual a 0,01 Pa.s. O bloco está ligado por um fio, que passa por uma roldana, a uma esfera com diâmetro igual a 9 cm cuja massa específica é 7850 kg/m³. Considerando que a esfera encontra-se mergulhada em água a 20°C, pede-se para determinar o coeficiente de arrasto sobre a esfera, a tensão no cabo e a velocidade terminal do bloco.

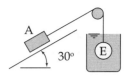

Figura Ep10.27

Resp.: 0,0887; 34,8 N; 5,70 m/s.

Ep10.28 Em um sistema de tratamento de água industrial com massa específica igual a 1000 kg/m³ e viscosidade absoluta igual a 0,0010 Pa.s, existe uma caixa de decantação na qual a água escoa continuamente com velocidade $V = 0,1$ m/s – veja a Figura Ep10.28. Sabe-se que na água há sedimentos com densidade relativa igual a 2,0 e que o nível da água na caixa é igual a 1,0 m. Suponha que os sedimentos possam ser tratados como sendo esféricos com diâmetro igual a 0,1 mm. Estime a componente vertical da velocidade terminal das partículas na água e o comprimento do tanque para que todas as partículas atinjam o seu fundo.

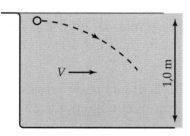

Figura Ep10.28

Resp.: 5,5 mm/s; 18,4 m.

Ep10.29 Um conjunto composto por dois cilindros lisos unidos por uma haste rígida é submetido a um escoamento vertical ascendente de água a 20°C, estando apoiado sobre uma cunha, conforme indicado na Figura Ep10.29. O cilindro A é de aço (densidade relativa igual a 7,85) e o cilindro B é de alumínio (densidade relativa igual a 2,70); as medidas *m* e *n* são iguais a, respectivamente, 10 cm e 20 cm. Sabe-se que os dois cilindros têm diâmetro de 5,0 cm, que o cilindro *A* tem comprimento igual a 10 cm e que o cilindro *B* tem comprimento igual a 25 cm. Desprezando-se o efeito do comprimento dos cilindros no coeficiente de arrasto, pede-se para calcular a velocidade do escoamento que promove o equilíbrio mecânico do conjunto de cilindros e a força de arrasto sobre o cilindro *A*.

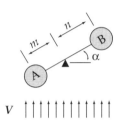

Figura Ep10.29

Resp.: 0,57 m/s; 0,80 N.

Ep10.30 Em um dia quente, $T = 30°C$, uma pessoa arremessa uma bola de beisebol a 90 km/h. Considerando que o diâmetro da bola é igual a 7,4 cm, calcule a força de arrasto exercida sobre a bola supondo que a sua rugosidade superficial é desprezível.

Resp.: 0,66 N.

Ep10.31 Uma esfera com diâmetro igual a 2,0 cm e densidade relativa igual a 2,5 cai em um tanque de água cuja massa específica é igual a 1000 kg/m³ e cuja viscosidade absoluta é igual a 0,001 Pa.s. Determine a velocidade terminal da esfera e a força resultante aplicada pela água à esfera quando a sua velocidade for igual a 0,2 m/s.

Resp.: 1,0 m/s; 0,294 N.

Ep10.32 Considerando que a massa específica do ar seja 1,2 kg/m³ e que a viscosidade dinâmica do ar seja 1,83E-5 kg/(m.s), estime a velocidade terminal de um paraquedista supondo que o diâmetro do paraquedas seja igual a 6,0 m, que a massa total em queda, homem mais paraquedas, seja igual a 85 kg e que o coeficiente de arrasto do conjunto seja igual a 1,5.

Resp.: 5,75 m/s.

Ep10.33 Uma empresa de comunicação visual decidiu instalar um grande *outdoor* com altura de 2,0 m e largura de 10,0 m. A velocidade máxima dos ventos no local é igual a 126 km/h e ocorre usualmente em dias quentes com temperaturas da ordem de 30°C. Nessas condições, e considerando que a pressão atmosférica local é igual a 100 kPa, avalie a força máxima aplicada pelos ventos no *outdoor*.

Ep10.34 Para fazer comerciais de uma empresa, um pequeno aeroplano carrega nos céus de uma praia carioca uma faixa que tem largura de 1,0 m e comprimento de 25 m. Sabendo que a velocidade do avião é igual a 144 km/h, que o coeficiente de arrasto baseado na área da faixa é igual a $C_A = 0,06$ e que o avião voa em baixa altitude, avalie a força aplicada pelo aeroplano à faixa e a potência adicional que o aeroplano precisa desenvolver para poder carregar a faixa.

Resp.: 1440 N; 57,5 kW.

Ep10.35 O coeficiente de arrasto de um automóvel é igual a 0,32. Considere que esse veículo tem área frontal igual a 1,8 m² e que ele se movimenta no ar ambiente a 20°C com velocidade igual a 144 km/h e que, nessa situação, o motorista está usando 70% da potência máxima do veículo. (Observe que esse número é irreal, porque não leva em consideração, por exemplo, o atrito de rolamento.) Estime a potência máxima do veículo.

Resp.: 31,3 kW.

Ep10.36 Um pequeno cilindro liso com diâmetro igual a 10 mm e comprimento igual a 20 cm cai em água a 20°C. Considere que a densidade relativa do cilindro é igual a 7,85 e que, durante a queda, o seu eixo permanece na horizontal. Desprezando-se os efeitos do escoamento nas extremidades do cilindro, pede-se para determinar a força de empuxo aplicada ao cilindro e a sua velocidade terminal.

Resp.: 0,154 N; 1,03 m/s.

Ep10.37 Um letreiro de um estabelecimento comercial tem altura igual a 1,0 m e comprimento igual a 5,0 m. Durante uma tempestade, ele é atingido por ventos de 150 km/h. Avalie a força máxima aplicada pelo vento ao letreiro.

Resp.: 6220 N.

Ep10.38 Uma placa de sinalização é fixada na parede de um edifício conforme indicado na Figura Ep10.38. Sabe-se que a = 2,0 m, b = 0,4 m e c = 2,5 m. Desprezando a força de arrasto sobre a haste suporte da placa e considerando a possibilidade de ocorrência de fortes ventos com velocidades médias de 120 km/h, pede-se para calcular a força máxima de arrasto sobre a placa e o momento devido à força de arrasto máxima no engaste entre a haste suporte e o edifício.

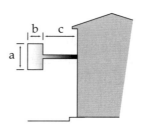

Figura Ep10.38

Resp.: 637 N; 1,72 kN·m.

Ep10.39 O pai de uma criança, em um passeio em um *shopping center*, compra para ela um pequeno balão esférico e o amarra em seu pulso utilizando um fio com diâmetro e massa desprezíveis. Quando a criança está parada, o fio permanece na vertical e a força que a criança faz para segurar o balão é igual a 1 N. Ao voltar para casa, a criança deixa o balão para fora do carro em movimento a 5 m/s e, nessa condição, o fio que suporta o balão se inclina formando um ângulo de 50° com a vertical. Pede-se para avaliar a força de arrasto aplicada pelo ar sobre o balão e o produto do coeficiente de arrasto pela área projetada do balão. Se o coeficiente de arrasto for igual a 1,2, qual deverá ser o diâmetro do balão?

Ep10.40 Vento a 5 m/s, 20°C e 100 kPa sopra na direção normal a um cilindro liso com diâmetro de 12 cm. Calcule a força de arrasto por metro de cilindro.

Resp.: 1,8 N/m.

Ep10.41 Um *outdoor* retangular tem largura igual a 6,0 m e altura igual a 2,0 m. Ele é instalado com seu centro geométrico a 15 m de altura em uma região na qual é possível ocorrer ventos de 126 km/h. Estime a força de arrasto máxima aplicada pelo vento ao *outdoor*.

Resp.: 10,2 kN.

Ep10.42 Em uma rede de alta tensão com torres distanciadas de 400 m, existe montado em cada duas torres consecutivas um conjunto de 16 cabos, e cada um deles tem diâmetro externo igual a 25 mm. Devido à curvatura imposta pelo seu peso próprio, cada lance de cabos entre torres tem o comprimento de 450 m. Determine a força máxima aplicada pela ação do vento a 10°C e 100 kPa com velocidade de 144 km/h sobre um cabo.

Resp.: 11,1 kN.

Ep10.43 Uma caixa-d'água cilíndrica deve ser instalada em um local no qual a velocidade máxima do vento é de 90 km/h – veja a Figura Ep10.43. Sabe-se que $r = 4$ m, $L = 20$ m, $M = 3,0$ m e que o diâmetro da coluna que sustenta a caixa d'água é dado por $d = 2,0$ m.

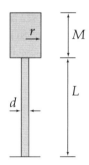

Figura Ep10.43

Considerando que a viscosidade dinâmica do ar é igual a 1,8 E-5 Pa.s e que a sua massa específica é igual a 1,20 kg/m³, e desprezando os efeitos viscosos de extremidade de cilindro, determine a força de arrasto sobre a caixa-d'água e o momento na base da coluna de sustentação causado pela força de arrasto aplicada pelo ar sobre o conjunto.

Resp.: 2,70 kN; 103 kN·m.

Ep10.44 Uma esfera, lisa, rígida, constituída por um material com densidade relativa igual a 0,2 e com diâmetro igual a 5 cm, é solta no fundo de um tanque profundo no qual há água, $\rho = 1000$ kg/m³, $\mu = 0,001$ Pa.s. À medida que a esfera se desloca no sentido ascendente, sua velocidade aumenta até se tornar estável, quando, então, é denominada velocidade terminal. Utilizando as Equações (10.26), determine a velocidade terminal da esfera e a força de arrasto a ela aplicada quando essa velocidade é atingida.

Resp.: 1,02 m/s; 0,51 N.

Ep10.45 Duas esferas com diâmetros $d_1 = 1$ cm e $d_2 = 2$ cm, fabricadas com um material cuja densidade relativa é igual a 4,8, são acopladas por meio de uma haste rígida, com peso e diâmetro desprezíveis, que permite que o conjunto possa se mover em torno da articulação C. Inicialmente, o conjunto encontra-se imerso em água parada, $\rho = 1000$ kg/m³, $\mu = 1,0$ E-3 Pa.s. É produzido, então, movimento da água na direção horizontal, conforme indicado na Figura Ep10.45, o que promove a movimentação do conjunto em torno de C até encontrar uma nova posição de equilíbrio. Determine: a diferença entre a força de arrasto sobre a esfera maior e a força de arrasto sobre a menor se $A = B$ e se o ângulo da haste com a vertical for igual a 30°; a força de arrasto sobre a esfera maior se a velocidade de corrente livre da água for igual a 10 m/s; e o ângulo de equilíbrio se a velocidade de corrente livre da água for igual a 10 m/s e se $B = 2A = 10$ cm.

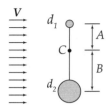

Figura Ep10.45

Resp.: 0,0789 N; 6,47 N; 88,3°.

Ep10.46 Observe a Figura Ep10.46. Uma esfera lisa com diâmetro igual a 2,5 cm é posicionada por meio de um suporte rígido no interior de um jato de ar com massa específica igual a 1,2 kg/m³ e viscosidade dinâmica igual a 1,8 E-5 Pa.s. Sabe-se que o jato é formado em um bocal com áreas de seções transversais iguais a A_1 = 80 cm² e A_2 = 20 cm², que a pressão manométrica do ar na seção de entrada no bocal é p_1 = 10 kPa e que o coeficiente de perda de carga do bocal, baseado na velocidade de descarga, é igual a 2,0. Considerando que o escoamento é unidimensional, determine a velocidade do jato e a força de arrasto aplicada sobre a esfera.

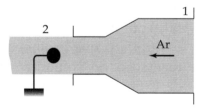

Figura Ep10.46

Resp.: 75,3 m/s; 0,721 N.

Ep10.47 Uma esfera lisa constituída por um material com densidade relativa igual a 2,4, com diâmetro igual a 10 cm, cai em um tanque profundo no qual há água com massa específica igual a 1000 kg/m³ e viscosidade dinâmica igual a 0,001 Pa.s. À medida que a esfera cai, sua velocidade aumenta até se tornar estável, quando, então, é denominada velocidade terminal. Determine a força de arrasto sobre a esfera e a sua velocidade terminal.

Resp.: 7,19 N; 2,20 m/s.

Ep10.48 O terço inferior da altura da antena externa de um automóvel tem diâmetro igual a 7 mm e o restante tem diâmetro igual a 3 mm. O comprimento total da antena é igual a 720 mm. Em um dia frio, T = 10°C, o automóvel trafega a 140 km/h. Desprezando-se o efeito da extremidade da antena, pede-se para determinar o módulo da força aplicada pelo ar ambiente sobre ela e o momento aplicado pela base da antena na estrutura do veículo.

Resp.: 2,9 N; 0,83 N·m.

Ep10.49 Um letreiro de um estabelecimento comercial tem forma quadrada com lado igual a 1,0 m. Durante uma tempestade, ele é atingido por ventos de 80 km/h. Avalie a força máxima aplicada pelo vento ao letreiro.

Resp.: 329 N.

Ep10.50 Uma aeronave com massa total igual a 1200 kg foi projetada para uma velocidade de cruzeiro de 80 m/s a 10 km de altitude. A área efetiva das asas é de aproximadamente 15 m². Supondo que as asas sejam constituídas por aerofólio típico, determine o coeficiente de sustentação, o ângulo de ataque e a potência desenvolvida pelo aeroplano em condições de cruzeiro para vencer a força de arrasto.

Ep10.51 Uma aeronave com massa total igual a 1200 kg foi projetada para uma velocidade de cruzeiro de 80 m/s a 10 km de altitude. A área efetiva das asas é de aproximamente 15 m². Estime a velocidade mínima e a potência mínima necessária para essa aeronave decolar, considerando que o ângulo de ataque é igual a 10° e que a massa específica do ar ambiente é igual a 1,1 kg/m³. Note que esse cálculo é irreal, porque vários outros fatores não são considerados.

Resp.: 40,5 m/s; 2,08 kW.

Ep10.52 Quando o vento sopra sobre a superfície da terra, é formada uma camada-limite atmosférica. Considere que, em determinadas condições, a velocidade do ar nessa camada-limite seja dada por $V = z^{0,4}$, e, nessa expressão, a altura z é dada em metros, e a velocidade, em m/s. Veja a Figura Ep10.52. Se a massa específica do ar é igual a 1,2 kg/m³, qual deve ser a força de arrasto, por metro de altura, aplicada pelo ar sobre um edifício cilíndrico com diâmetro $D = 20$ m em uma posição distante do solo $H = 30$ m?

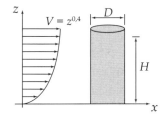

Figura Ep10.52

Resp.: 54,7 N/m.

Ep10.53 Quando o vento sopra sobre a superfície da terra, é formada uma camada-limite atmosférica que pode ser descrita por uma função do tipo $V = z^a$, na qual o expoente a depende do tipo de terreno e das condições climáticas. Considere que, durante uma tormenta, a velocidade do ar nessa camada-limite seja dada por $V = z^{0,72}$, sendo que, nessa expressão, a altura z é dada em metros, e a velocidade, em m/s. Veja a Figura Ep10.53. Se a massa específica do ar é igual a 1,2 kg/m³, qual deve ser a força de arrasto aplicada pelo ar sobre um edifício cilíndrico com diâmetro de 20 m? Considere que o coeficiente médio de arrasto do escoamento sobre o edifício seja igual a 0,5 e que a altura do edifício seja igual a 45 m.

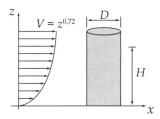

Figura Ep10.53

Resp.: 26,6 kN.

Ep10.54 Uma aeronave destinada a voar em baixas altitudes tem geometria tal que seu coeficiente de arrasto é igual a 0,02 e o seu coeficiente de sustentação é igual a 2,3. Sabendo que a área efetiva das suas asas é igual a 10 m² e que a sua massa é igual a 1000 kg, pergunta-se:

a) Qual é a velocidade mínima necessária para a aeronave levantar voo?

b) Qual é a potência necessária para essa aeronave voar com velocidade de 324 km/h na altitude de 3000 m?

Resp.: 26,8 m/s; 6,63 kW.

Ep10.55 Um avião, em condições de cruzeiro, voa a 100 m/s na altitude de 8000 m transportando uma carga de 15700 N, a qual inclui seu peso próprio. Suas asas têm, no total, a área efetiva de 16 m². Sabe-se que, nas condições de decolagem, para um ângulo de ataque de 10°, o coeficiente de sustentação da aeronave é igual a 1,0 e que, nas condições de voo em cruzeiro, o coeficiente de arrasto é igual a 0,004. Pede-se para avaliar:

a) o coeficiente de sustentação em cruzeiro;
b) a força de arrasto resultante sobre as asas do avião nas condições de voo especificadas;
c) a velocidade de decolagem em ar padrão considerando que o uso dos *flaps* aumenta a área útil de asa em 15%.

Ep10.56 Um engenheiro deseja projetar um misturador rotativo utilizando placas retangulares com as seguintes dimensões: $A = 40$ cm e $B = 10$ cm, conforme indicado na Figura Ep10.56. O agitador será instalado em um tanque de esmalte cerâmico com densidade relativa igual a 2,5 e deverá operar a 43 rpm. Sabendo que $C = 20$ cm, que o coeficiente de arrasto de uma placa com largura muito pequena frente à sua altura é da ordem de 1,1 e desconsiderando o fato de o fluido adquirir um movimento induzido pelas pás, pede-se para avaliar a magnitude força aplicada por cada uma das pás ao fluido e o torque necessário para acionar o agitador na velocidade de rotação especificada no problema. Determine, também, a potência requerida pelo sistema de acionamento do agitador.

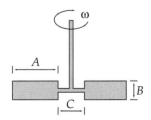

Figura Ep10.56

Resp.: 115,2 N; 392 W.

Ep10.57 Água com massa específica igual a 1000 kg/m³ e viscosidade dinâmica igual a 1,12E-3 Pa.s escoa na direção vertical, no sentido ascendente, sobre uma esfera, conforme ilustrado na Figura Ep10.57. A esfera tem diâmetro igual a 0,5 m, é constituída por um material com densidade relativa igual a 0,3 e encontra-se ancorada por meio de cabos com massas e diâmetros desprezíveis. Sabendo que o ângulo α é igual a 45°, que o ângulo β é igual a 30° e que a velocidade da água é igual a 6,0 m/s, pede-se para determinar a força de arrasto sobre a esfera e a força de tração em cada um dos cabos.

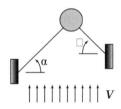

Figura Ep10.57

Resp.: 636 N; 973 N; 795 N.

Ep10.58 Observe o dispositivo esquematizado na Figura Ep10.58. Duas pequenas esferas com diâmetro igual a 5,0 cm encontram-se rigidamente acopladas entre si por uma barra metálica com peso desprezível e diâmetro suficientemente pequeno para que a força de arrasto sobre ela possa ser desprezada. Sabe-se que $L = 20$ cm, $\alpha = 45°$ e que as densidades relativas das esferas 1 e 2 são, respectivamente, 0,70 e 0,50. Inicialmente, a velocidade do ar é nula e o esbarro mantém o conjunto na posição indicada na figura. A seguir, a velocidade do ar é aumentada gradativamente até atingir 10 m/s. Nessa nova condição, sabendo-se que a massa específica do ar é igual a 1,20 kg/

m³ e que a sua viscosidade dinâmica é igual a 1,8 E-5 Pa.s, pede-se para determinar:

a) a força de arrasto sobre cada uma das esferas;
b) o novo valor do ângulo α.

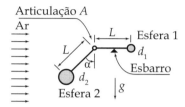

Figura Ep10.58

Resp.: 0,45 N; 30°.

Ep10.59 Observe o dispositivo esquematizado na Figura Ep10.59. Dois pequenos cilindros com diâmetros $d_2 = 2d_1 = 4{,}0$ cm encontram-se rigidamente acoplados entre si por uma barra metálica com peso desprezível e diâmetro suficientemente pequeno para que a força de arrasto sobre ela possa ser desprezada. Sabe-se que $L = 20$ cm e que as densidades relativas do material constituinte dos cilindros 1 e 2 são, respectivamente, 0,1 e 0,2. Inicialmente, a velocidade do ar é muito baixa e o esbarro mantém o conjunto na posição indicada na figura. A seguir, a velocidade do ar é aumentada gradativamente até atingir 6 m/s, fazendo com que o conjunto gire em torno da articulação A, atingindo uma nova posição de equilíbrio. Nessa nova situação, sabendo-se que a massa específica do ar é igual a 1,20 kg/m³, que a sua viscosidade dinâmica é igual a 1,8 E-5 Pa.s e que o comprimento de cada um dos cilindros é $c = 30$ cm, pede-se para determinar:

a) a força de arrasto sobre o cilindro 2;
b) o valor do ângulo entre a barra que sustenta o cilindro 1 e a horizontal.
c) Considerando que os coeficientes de arrasto são iguais aos calculados anteriormente, calcule a velocidade do escoamento que faz com que o conjunto gire 5° no sentido anti-horário.

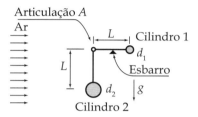

Figura Ep10.59

Ep10.60 Uma pequena esfera é liberada no fundo de um tanque profundo que contém uma substância com densidade relativa igual a 1,2 e viscosidade igual a 0,01 Pa.s. Sabe-se que a esfera tem diâmetro igual a 40 mm e massa igual a 3,0 g. Considerando que a esfera é rígida, pede-se para determinar a sua velocidade terminal e a força de arrasto aplicada pelo fluido à esfera quando esta estiver se movimentando com a sua velocidade terminal.

Resp.: 1,10 m/s; 0,365 N.

Ep10.61 Uma esfera é liberada com velocidade nula no fundo de um tanque profundo que contém uma substância com densidade relativa igual a 1,4 e viscosidade igual a 0,05 Pa.s. Sabe-se que a esfera tem diâmetro igual a 50 mm e massa igual a 50 g. Considerando que a esfera é rígida, pede-se para determinar a sua velocidade terminal, a força de arrasto aplicada pelo fluido à esfera quando esta estiver se movimentando com a sua velocidade terminal e o tempo necessário para que, a partir do instante em que é liberada, a esfera atinja 95% da velocidade terminal. Suponha que o coeficiente médio de arrasto da esfera seja igual a 0,5.

Resp.: 0,77 m/s; 0,408 N; 0,173 s.

Ep10.62 Observe o dispositivo esquematizado na Figura Ep10.59. Dois pequenos cilindros com diâmetros $d_2 = 2d_1 = 4,0$ cm encontram-se rigidamente acoplados entre si por uma barra metálica com peso desprezível e diâmetro suficientemente pequeno para que a força de arrasto sobre ela possa ser desprezada. Sabe-se que $L = 20$ cm e que as densidades relativas do material constituinte dos cilindros 1 e 2 são, respectivamente, 0,1 e 0,2. Inicialmente, a velocidade do ar é muito baixa e o esbarro mantém o conjunto na posição indicada na figura. A seguir, a velocidade do ar é aumentada gradativamente, fazendo com que o conjunto gire em torno da articulação A, atingindo uma nova posição de equilíbrio na qual o ângulo formado pela barra que sustenta o cilindro 1 forme um ângulo de 15° com a horizontal. Nessa nova situação, supondo que os coeficientes de arrasto dos escoamentos sobre os cilindros são iguais a 1,0 e sabendo-se que a massa específica do ar é igual a 1,20 kg/m³, a sua viscosidade dinâmica é igual a 1,8 E-5 kg/(m.s) e o comprimento de cada um dos cilindros é $c = 30$ cm, pede-se para determinar a velocidade do ar que produz essa nova condição de equilíbrio e as forças de arrasto que agem sobre os cilindros.

Resp.: 6,83 m/s; 0,168 N; 0,336 N.

Ep10.63 Duas esferas com diâmetros $d_1 = 6$ cm e $d_2 = 4$ cm, fabricadas com um material cuja densidade relativa é igual a 0,1, são fixadas a uma haste rígida, com peso e diâmetro desprezíveis, que permite que o conjunto possa se mover em torno da articulação A. O conjunto encontra-se imerso em água com massa específica igual a 1000 kg/m³ e viscosidade dinâmica igual a 1,12 E-3 Pa.s que se movimenta na direção horizontal com velocidade de corrente livre igual a 1,5 m/s – veja a Figura Ep10.63. Sabendo que $m = 2n$ e que $n = 20$ cm, determine:

a) o módulo da força de arrasto aplicada sobre a esfera maior;
b) o módulo da componente horizontal da força aplicada pela haste à articulação;
c) o ângulo θ.

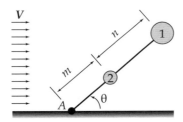

Figura Ep10.63

Resp.: 1,59 N; 2,30 N; 30,1°.

Ep10.64 Uma esfera rígida, lisa, com diâmetro igual a 2 cm e densidade relativa igual a 0,4 é liberada no fundo de uma tanque de água a 20°C com velocidade nula. A esfera adquire, então, movimento ascendente vertical. Considerando que, no início do seu movimento, o coeficiente de arrasto médio da esfera é igual a 10, pede-se para determinar quanto tempo ela leva para percorrer os primeiros 100 cm de sua trajetória. Para tal, considere que a velocidade terminal da esfera é atingida rapidamente.

Ep10.65 Em água estagnada, existem partículas que podem ser, em primeira aproximação, consideradas esféricas. Suponha que a água tenha massa específica igual a 1000 kg/m³ e viscosidade dinâmica igual a 0,0010 Pa.s. Considere que as partículas têm densidade relativa igual a 2,0 e que se movimentam verticalmente com velocidade tal que o número de Reynolds que caracteriza o escoamento é igual a 0,5. Determine o diâmetro das partículas e a força de arrasto aplicada às partículas pela água.
Resp.: 9,72 E-5 m; 4,71 E-9 N.

Ep10.66 Uma placa retangular com lado igual a 10 cm, comprimento igual a 20 cm e espessura igual a 1,0 mm cai verticalmente em água a 20°C. Durante a queda, o seu lado maior permanece na horizontal. Sabe-se que a placa é de alumínio com massa específica igual a 2700 kg/m³. Considerando que a velocidade da placa é a terminal, determine:
a) o coeficiente de arrasto de atrito observado em uma das faces da placa;
b) a força de arrasto aplicada a uma das faces da placa;
c) a velocidade terminal da placa.
Resp.: 0,00265; 0,167 N; 2,51 m/s.

Ep10.67 Sobre uma coluna de sustentação de uma ponte, escoa ar e água a 20°C, ambos a 100 kPa, conforme ilustrado na Figura Ep10.67. Sabe-se que o diâmetro da coluna é igual a 2,0 m, $L = 8,0$ m e $M = 12$ m, e que as velocidades da água e do ar são, respectivamente, 1,2 m/s e 30 m/s. Determine:

a) a força de arrasto causada pelo escoamento do ar;
b) a força de arrasto causada pelo escoamento da água;

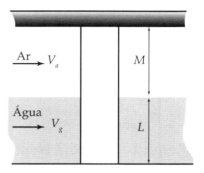

Figura Ep10.67

c) o momento causado na base da coluna por essas forças.
Resp.: 3,89 kN; 3,45 kN; 68,2 kN·m.

Ep10.68 Um engenheiro deseja projetar um misturador rotativo utilizando placas retangulares com as seguintes dimensões: $A = 10$ cm e $B = 50$ cm, fixas a um eixo com barras cilíndricas de pequeno diâmetro, conforme indicado na Figura Ep10.68. O agitador será instalado em um tanque que contém uma substância com densidade relativa igual a 1,2 e viscosidade dinâmica igual a 0,5 Pa.s e deverá operar a 43 rpm. Sabendo que $C = 40$ cm, que o coeficiente de arrasto de uma placa com largura muito pequena frente à sua altura é da ordem de 1,1, desconsiderando o fato de o fluido adquirir um movimento induzido pelas pás e considerando o arrasto nas barras cilíndricas desprezíveis, pede-se para avaliar: a magnitude força aplicada por cada uma das pás ao fluido e o torque necessário para acionar o agitador na velocidade de rotação especificada no problema. Determine, também, a potência requerida pelo sistema de acionamento do agitador.

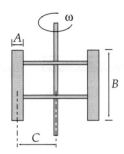

Figura Ep10.68

Resp.: 107 N; 85,7 N·m; 386 W.

Ep10.69 Determine a força de arrasto aplicada por água a 20°C escoando com velocidade de 2,0 m/s paralelamente ao comprimento de uma placa plana lisa com largura igual a 15 cm. Considere que o comprimento da placa pode ser igual a 20 cm ou a 40 cm.

Ep10.70 Dois cilindros de diâmetros $d_1 =$ 10 cm e $d_2 = $ 15 cm e com comprimento igual a 30 cm, fabricados com um material cuja densidade relativa é igual a 2,4, são acoplados por meio de uma haste rígida, com peso e diâmetro desprezíveis, que permite que o conjunto possa se mover em torno da articulação C. Inicialmente, o conjunto encontra-se imerso em óleo estagnado. Nessa situação, o óleo entra em movimento na direção horizontal conforme indicado na Figura Ep10.70. O movimento do óleo promove a movimentação do conjunto em torno de C até encontrar uma nova posição de equilíbrio. Sabendo que A = B = 20 cm e que o óleo tem massa específica igual a 888 kg/m³ e viscosidade dinâmica igual a 0,84 Pa.s e supondo que os coeficientes de arrasto do escoamento sobre os cilindros são aproximadamente iguais a 1, determine as forças de arrasto aplicadas sobre os cilindros quando o ângulo formado entre a haste e a vertical for igual a 70° e a velocidade de corrente livre que estabiliza os cilindros formando esse ângulo. Considere que a velocidade de corrente livre do óleo seja igual a 4,0 m/s. Para essa nova situação, determine os coeficientes de arrasto do escoamento sobre os cilindros e o novo ângulo de equilíbrio formado entre a haste e a vertical.

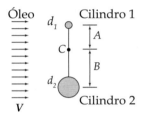

Figura Ep10.70

Resp.: 240 N; 360 N; 1,09; 1,05; 66,8°.

Ep10.71 Uma câmara de decantação deve ser dimensionada para separar partículas sólidas com massa específica igual a 1800 kg/m³ captadas em um processo industrial por uma corrente de ar. Veja a Figura Ep10.71. Considere que o ar está a 100°C, que se pretende captar partículas com diâmetro de, no mínimo, 0,05 mm, que a altura útil da câmara é H = 1,0 m e que a velocidade média de movimentação do ar na câmara é V = 0,3 m/s. Supondo que a componente vertical da velocidade das partículas é igual a sua velocidade terminal e que se pode considerar as partículas como sendo esféricas e lisas, determine:

a) a velocidade terminal das partículas;
b) o comprimento, L, útil da câmara.

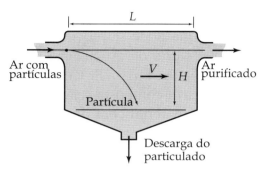

Figura Ep10.71

Resp.: 0,113 m/s; 2,67 m.

Ep10.72 Uma esfera lisa com diâmetro igual a 3 cm e densidade relativa igual a 2,2, cai com velocidade constante em um fluido cuja densidade relativa é igual a 1,2. Sabendo que a velocidade da esfera é igual a 1,0 m/s, pede-se para calcular força de arrasto e a viscosidade do fluido.

Resp.: 0,139 N; 0,20 Pa.s.

Ep10.73 Duas barras cilíndricas com diâmetros $D_1 = 2,0$ cm e $D_2 = 3,0$ cm são rigidamente acopladas, formando uma única barra composta que pode se mover sem atrito em torno da articulação A – veja a Figura Ep10.73. Considere que a barra composta seja constituída por material com densidade relativa igual a 2,7 e que esteja imersa em água com massa específica igual a 1000 kg/m³ e viscosidade dinâmica igual a 0,0010 Pa.s que se movimenta horizontalmente com velocidade de corrente livre de 5 m/s. Nessa condição, sabendo que $L_1 = L_2 = 20$ cm e que o eixo da barra está na vertical, determine o módulo da componente vertical da força aplicada pela articulação à barra e o módulo da força aplicada pelo batente à barra. Qual deve ser o valor do comprimento L_1 que torna nula a força aplicada pelo batente?

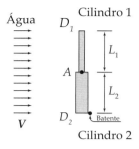

Figura Ep10.73

Ep10.74 Uma barra cilíndrica com diâmetro $D = 2,0$ cm cai em água com massa específica igual a 1000 kg/m³ e viscosidade dinâmica igual a 0,0012 Pa.s mantendo o seu eixo na horizontal. Sabendo que o comprimento da barra é $L = 30$ cm e que a barra se move com velocidade constante igual a 2,5 m/s, pede-se para determinar:

a) a força de arrasto aplicada sobre a barra;
b) a massa específica do material constituinte da barra.

Resp.: 0,75 N; 1810 kg/m³.

Ep10.75 Uma barra cilíndrica com diâmetro igual a 0,8 cm e comprimento igual a 16 cm que tem extremidade bem afiada cai verticalmente em um recipiente que contém glicerina a 20°C. A densidade relativa do material constituinte da barra é igual a 2,2. Determine:

a) a velocidade terminal da barra;
b) a força de arrasto aplicada à barra quando esta atinge a metade da sua velocidade terminal;
c) a espessura da camada-limite desenvolvida sobre a superfície da barra a 1/3 do seu comprimento medido a partir da extremidade afiada.

Resp.: 0,404 m/s; 0,0262 N; 0,0625 m.

Ep10.76 Uma placa retangular com lado igual a 12 cm, comprimento igual a 28 cm e espessura igual a 1,0 mm cai verticalmente em água a 20°C. Durante a queda, o seu lado menor permanece na horizontal. Sabe-se que a placa é de alumínio com massa específica igual a 2700 kg/m³. Considerando que a velocidade da placa é a terminal, determine:

a) o coeficiente de arrasto de atrito observado em uma das faces da placa;
b) a força de arrasto aplicada a uma das faces da placa;
c) a velocidade terminal da placa.

Resp.: 0,00257; 0,281 N; 2,55 m/s.

Ep10.77 Um cilindro com diâmetro igual a 6,0 cm e comprimento igual a 1,0 m encontra-se suspenso por dois cabos, cada um fixo em uma das suas extremidades, em água corrente com massa específica igual a 1000 kg/m³ e viscosidade dinâmica igual a 0,0012 Pa.s, conforme ilustrado na Figura Ep10.77, que mostra um corte da montagem. Sabe-se que a massa específica do cilindro é igual a 2700 kg/m³, que os cabos têm peso e diâmetro desprezíveis e que o ângulo formado entre os cabos e a horizontal é igual a 45°. Pede-se para determinar a velocidade de corrente livre da água e a soma das forças de tração nos cabos que sustentam o cilindro.

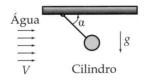

Figura Ep10.77

Resp.: 1,25 m/s; 66,7 N.

Ep10.78 Duas barras cilíndricas com diâmetros $D_1 = 2,0$ cm e $D_2 = 3,0$ cm são rigidamente acopladas, formando uma única barra composta que pode se mover sem atrito em torno da articulação A – veja a Figura Ep10.78. Considere que a barra composta seja constituída por material com densidade relativa igual a 2,7 e que esteja imersa em água com massa específica igual a 1000 kg/m³ e viscosidade dinâmica igual a 0,0010 Pa.s que se movimenta horizontalmente com velocidade de corrente livre de 5 m/s. Nessa condição, sabendo que $L_1 = L_2 = 30$ cm, determine os módulos das seguintes forças:

a) força de arrasto aplicada pela água a cada um dos cilindros;
b) força aplicada pelo batente à barra;
c) componente vertical da força aplicada pela barra à articulação;
d) componente horizontal da força aplicada pela barra à articulação.

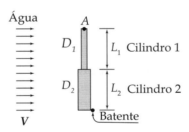

Figura Ep10.78

Resp.: 75 N; 113 N; 103 N; 5,1 N; 84,4 N.

Ep10.79 Uma esfera, com raio $R = 26$ cm, encontra-se engastada em uma barra cilíndrica com diâmetro de 5 cm, a qual pode se movimentar sem atrito em torno da articulação A – veja a Figura Ep10.79. Sobre o conjunto formado pela esfera e pela barra, escoa água com massa específica igual a 1000 kg/m³ e viscosidade dinâmica igual a 0,0010

Pa.s. Sabendo que a água escoa com velocidade de corrente livre igual a 4 m/s e que o apoio mantém a barra na vertical, pede-se para determinar os módulos das seguintes forças:

a) força aplicada pela água na esfera;
b) força aplicada pela água na barra;
c) força aplicada pelo apoio na barra;
d) componente horizontal da força aplicada pela barra na articulação.

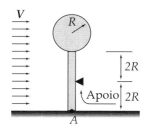

Figura Ep10.79

Resp.: 306 N; 416 N; 1181 N; 459 N.

Ep10.80 Um fluido com massa específica igual a 1100 kg/m³ e viscosidade dinâmica igual a 0,0022 Pa.s escoa na horizontal com velocidade igual a 10 m/s. Uma barra inclinada 45° com a horizontal, com peso e diâmetro desprezíveis, sustenta uma esfera com diâmetro igual a 6,0 cm e massa específica igual a 2700 kg/m³, conforme ilustrado na Figura Ep10.80. Sabe-se que o apoio aplica uma força perpendicular à barra, que não existem forças de atrito na articulação e que L = 30 cm. Pede-se para determinar:

a) a magnitude da força de arrasto aplicada pelo fluido à esfera;
b) a magnitude da força aplicada pelo apoio à barra;
c) a magnitude da força aplicada pela articulação à barra.

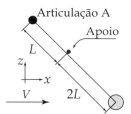

Figura Ep10.80

Resp.: 26,1 N; 51,7 N; 10,6 N.

Ep10.81 Um engenheiro deseja projetar um misturador rotativo utilizando três esferas conectadas a barras cilíndricas de pequeno diâmetro, conforme ilustrado na Figura Ep10.81. Considere que a esfera 1 tenha diâmetro igual a 15 cm e que as esferas 2 tenham seus diâmetros iguais a 30 cm. O agitador será instalado em um tanque que contém uma substância com densidade relativa igual a 1,2, viscosidade dinâmica igual a 0,02 Pa.s e deverá operar a 58 rpm. Sabe-se que a dimensão L_1 é igual a 30 cm e que a L_2 é igual a 60 cm. Desconsiderando o fato de o fluido adquirir um movimento induzido pelas esferas e considerando que as forças de arrasto aplicadas pelo fluido às barras cilíndricas são desprezíveis, pede-se para avaliar:

a) a magnitude da força aplicada por cada uma das esferas ao fluido;
b) o torque necessário para acionar o agitador na velocidade de rotação especificada no enunciado;
c) a potência requerida pelo sistema de acionamento do agitador.

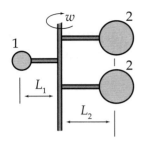

Figura Ep10.81

Resp.: 17,6 N; 282 N; 343 N.m; 2,09 kW.

Ep10.82 Uma placa plana quadrada com lados iguais a 1,0 m e espessura igual a 1,0 mm cai verticalmente em água a 20°C. Durante a queda, um dos seus lados permanece na horizontal. Sabe-se que a placa é de alumínio com massa específica igual a 2700 kg/m³ e que sobre a placa são formadas camadas-limite que podem ser consideradas totalmente turbulentas desde o bordo de ataque. Considerando que a velocidade da placa é a terminal, determine:

a) o coeficiente de arrasto de atrito observado em uma das faces da placa;

b) a força de arrasto aplicada a uma das faces da placa;

c) a velocidade terminal da placa.

Resp.: 0,00392; 8,35 N; 2,07 m/s.

Ep10.83 Estime o arrasto sobre um cilindro liso de diâmetro igual a 20 cm e comprimento igual a 1,0 m, considerando que:

a) o fluido escoando sobre o cilindro é água a 10 m/s (massa específica igual a 1000 kg/m³; viscosidade dinâmica igual a 0,001 Pa.s);

b) o fluido escoando sobre o cilindro é ar a 10 m/s (massa específica igual a 1,2 kg/m³; viscosidade dinâmica igual a 1,8 E-5 Pa.s).

Resp.: 3000 N; 12 N.

CAPÍTULO 11
INTRODUÇÃO À ANÁLISE DIFERENCIAL DE ESCOAMENTOS

A análise de escoamentos apresentada em capítulos anteriores foi realizada com base em equações integrais e que têm como característica básica fornecer informações globais. Entretanto, essa abordagem, apesar de ser muito interessante e eficaz, não é capaz de apresentar resultados pontuais, sendo, então, necessário realizar uma análise diferencial, que tem exatamente a característica de poder apresentar informações pontuais. Observamos que, embora em determinadas situações seja fundamental a aplicação da equação da energia na forma diferencial, ela não será abordada neste texto.

11.1 EQUACIONAMENTO DE LINHAS DE CORRENTE E DE TRAJETÓRIAS

Conforme já mencionado no Capítulo 4, linhas de corrente são linhas constituídas por um conjunto de infinitos pontos tais que o vetor velocidade das partículas com centro de gravidade em cada um desses pontos tem direção tangencial a essa linha. Veja a Figura 11.1, na qual observamos uma partícula fluida com velocidade V na posição r sobre uma linha de corrente. Como o vetor velocidade é tangente à linha, o vetor velocidade V e dr têm a mesma direção, o que resulta em:

$$V \times dr = 0 \qquad (11.1)$$

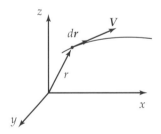

Figura 11.1 Linha de corrente

Expressando o vetor velocidade como $V = V_x\boldsymbol{i} + V_y\boldsymbol{j} + V_z\boldsymbol{k}$ e $dr = dx\boldsymbol{i} + dy\boldsymbol{j} + dz\boldsymbol{k}$ e lembrando que:

$$V \times dr = \begin{vmatrix} V_x & V_y & V_z \\ dx & dy & dz \\ \boldsymbol{i} & \boldsymbol{j} & \boldsymbol{k} \end{vmatrix} = V_x dy\boldsymbol{k} + V_y dz\boldsymbol{i} + V_z dx\boldsymbol{j} - V_z dy\boldsymbol{i} - V_x dz\boldsymbol{j} - V_y dx\boldsymbol{k} = 0 \quad (11.2)$$

$$V \times dr = (V_y dz - V_z dy)i + (V_z dx - V_x dz)j + \\ + (V_x dy - V_y dx)k = 0 \quad (11.3)$$

para que o produto vetorial seja nulo, devemos impor:

$$\frac{V_y}{dy} = \frac{V_z}{dz}; \quad \frac{V_z}{dz} = \frac{V_x}{dx} \quad \text{e} \quad \frac{V_x}{dx} = \frac{V_y}{dy} \quad (11.4)$$

que é equivalente a:

$$\frac{dx}{V_x} = \frac{dy}{V_y} = \frac{dz}{V_z} \quad (11.5)$$

No caso de o escoamento ser plano e ocorrendo no plano xy, obtemos:

$$\frac{dx}{V_x} = \frac{dy}{V_y} \quad (11.6)$$

Assim, para encontrar as equações das linhas de corrente, deveremos resolver as Equações diferenciais (11.5), ou apenas a (11.6), para o caso de escoamento plano, conforme exemplificado no Exercício Er11.1.

A equação que descreve a trajetória de uma partícula fluida deverá estabelecer a sua posição em função da variável tempo. Lembrando que:

$V_x = dx/dt$, $V_y = dy/dt$ e $V_z = dz/dt$

devemos, conhecendo as componentes V_x, V_y e V_z, realizar a integração dessas equações, obtendo o resultado desejado, o que é exemplificado no Exercício Er11.2.

11.2 O MOVIMENTO DE UMA PARTÍCULA FLUIDA

Buscando apresentar os conhecimentos necessários à análise diferencial dos escoamentos, daremos continuidade ao estudo do comportamento dinâmico dos fluidos. Já discutimos os conceitos de linha de corrente e de trajetória, aprendendo a determiná-las, e agora buscaremos compreender melhor o comportamento de partículas fluidas.

Consideremos um fluido em movimento e observemos, hipoteticamente, uma partícula constituinte desse fluido. Ela pode estar sujeita, por exemplo, a um movimento de translação que pode ser retilíneo ou curvo e a um movimento de rotação, e as possibilidades de ocorrer ou não o movimento de rotação das partículas nos permitem classificar os escoamentos em dois tipos, *rotacionais* e *irrotacionais*. Escoamentos rotacionais são aqueles nos quais as partículas fluidas apresentam movimento de rotação e que, por esse motivo, têm *velocidade angular* não nula; naturalmente, os escoamentos irrotacionais são aqueles nos quais as partículas fluidas apresentam velocidade angular nula. Na Figura 11.2 ilustramos os movimentos de rotação e translação.

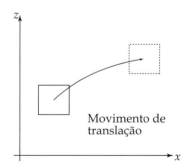
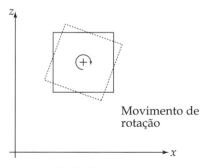

Figura 11.2 Movimentos de uma partícula fluida

Note que, embora não indicado na Figura 11.2, por poder apresentar velocidades diferentes em seus diferentes pontos, a partícula poderá se deformar. Por esse motivo, tanto no movimento de translação quanto no de rotação, poderemos observar deformações que podem ser denominadas *angulares*, quando associadas a movimentos de rotação, e *lineares*, quando associadas a movimentos de translação – veja a Figura 11.3.

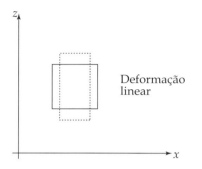
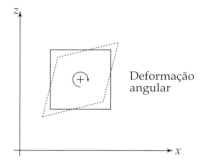

Figura 11.3 Deformações de uma partícula fluida

Assim, para descrever escoamentos, precisamos compreender o movimento de rotação de uma partícula fluida. Consideremos a partícula com forma paralelepipédica e dimensões infinitesimais dx, dy e dz, com uma das suas faces ilustrada na Figura 11.4, em cujo centro nós observamos as componentes de velocidade V_x, V_y e V_z. Nos pontos a, b, c e d, observamos as velocidades V_{ax}, V_{bx}, V_{cy} e V_{dy}.

Figura 11.4

As velocidades nos pontos a, b, c e d podem ser expressas em função de V_x e V_y por intermédio de expansão em série de Taylor. Por exemplo:

$$V_{ax} = V_x|_{y+dy/2} = V_x + \frac{\partial V_x}{\partial y}\frac{dy}{2} + $$

$$+ \left(\frac{\partial^2 V_x}{\partial y^2}\right)\frac{1}{2!}\frac{dy}{2} + \cdots \quad (11.7)$$

Desprezando os termos de ordem superior, resulta:

$$V_{ax} = V_x|_{y+dy/2} = V_x + \frac{\partial V_x}{\partial y}\frac{dy}{2} \quad (11.8)$$

Similarmente, podemos escrever:

$$V_{bx} = V_x|_{y-dy/2} = V_x - \frac{\partial V_x}{\partial y}\frac{dy}{2} \quad (11.9)$$

$$V_{cy} = V_y|_{x-dx/2} = V_y - \frac{\partial V_y}{\partial x}\frac{dx}{2} \quad (11.10)$$

$$V_{dy} = V_y|_{x+dx/2} = V_y + \frac{\partial V_y}{\partial x}\frac{dx}{2} \quad (11.11)$$

Consideremos, então, o segmento ab. Se a partícula estiver sujeita a um movimento de rotação, esse segmento também estará girando e, adotando o sentido anti-horário como sendo positivo, podemos definir a sua velocidade média de rotação como sendo:

$$\Omega_{ab} = \frac{V_{bx} - V_{ax}}{dy} \quad (11.12)$$

Substituindo os valores já conhecidos de V_{bx} e V_{ax}, obtemos:

$$\Omega_{ab} = \frac{V_{bx} - V_{ax}}{dy} = \left[\left(V_x - \frac{\partial V_x}{\partial y}\frac{dy}{2}\right) - \left(V_x + \frac{\partial V_x}{\partial y}\frac{dy}{2}\right)\right]\bigg/ dy = -\frac{\partial V_x}{\partial y} \quad (11.13)$$

Similarmente, para o segmento cd, obtemos:

$$\Omega_{cd} = \frac{V_{cy} - V_{dy}}{dx} \quad (11.14)$$

$$\Omega_{cd} = \frac{V_{cy} - V_{dy}}{dx} = \left[\left(V_y + \frac{\partial V_y}{\partial x}\frac{dx}{2}\right) - \left(V_y - \frac{\partial V_y}{\partial x}\frac{dx}{2}\right)\right]\bigg/dx = \frac{\partial V_y}{\partial x} \quad (11.15)$$

Definimos a componente da velocidade angular da partícula fluida Ω_z como sendo a média das velocidades angulares dos segmentos ab e cd:

$$\Omega_z = \frac{\Omega_{ab} + \Omega_{cd}}{2} = \frac{1}{2}\left(\frac{\partial V_y}{\partial x} - \frac{\partial V_x}{\partial y}\right) \quad (11.16)$$

Utilizando o mesmo procedimento, determinamos as demais componentes da velocidade angular da partícula, obtendo:

$$\Omega_x = \frac{1}{2}\left(\frac{\partial V_z}{\partial y} - \frac{\partial V_y}{\partial z}\right) \quad (11.17)$$

$$\Omega_y = \frac{1}{2}\left(\frac{\partial V_x}{\partial z} - \frac{\partial V_z}{\partial x}\right) \quad (11.18)$$

Podemos, então, reunir as três componentes da velocidade angular, obtendo o vetor velocidade angular:

$$\mathbf{\Omega} = \Omega_x \mathbf{i} + \Omega_y \mathbf{j} + \Omega_z \mathbf{k} \quad (11.19)$$

$$\mathbf{\Omega} = \frac{1}{2}\left(\frac{\partial V_z}{\partial y} - \frac{\partial V_y}{\partial z}\right)\mathbf{i} + \frac{1}{2}\left(\frac{\partial V_x}{\partial z} - \frac{\partial V_z}{\partial x}\right)\mathbf{j} +$$

$$+\frac{1}{2}\left(\frac{\partial V_y}{\partial x} - \frac{\partial V_x}{\partial y}\right)\mathbf{k} \quad (11.20)$$

Devemos notar que, se um campo de velocidades é tal que suas partículas apresentam velocidade angular nula, o escoamento é irrotacional e, nesse caso, $\Omega_x = \Omega_y = \Omega_z = 0$. Como o vetor velocidade angular é igual à metade do rotacional do vetor velocidade, temos:

$$\mathbf{\Omega} = \Omega_x \mathbf{i} + \Omega_y \mathbf{j} + \Omega_z \mathbf{k} =$$

$$= \frac{1}{2} rot V = \frac{1}{2} \nabla \times V \quad (11.21)$$

Ou seja:

$$\mathbf{\Omega} = \Omega_x \mathbf{i} + \Omega_y \mathbf{j} + \Omega_z \mathbf{k} =$$

$$= \frac{1}{2}\nabla \times V = \frac{1}{2}\begin{vmatrix} \mathbf{i} & \mathbf{j} & \mathbf{k} \\ \frac{\partial}{\partial x} & \frac{\partial}{\partial y} & \frac{\partial}{\partial z} \\ V_x & V_y & V_z \end{vmatrix} \quad (11.22)$$

Definindo o vetor *vorticidade*, $\boldsymbol{\xi}$, como o dobro da velocidade angular, obtemos:

$$\boldsymbol{\xi} = 2\mathbf{\Omega} = \xi_x \mathbf{i} + \xi_y \mathbf{j} + \xi_z \mathbf{k} = \left(\frac{\partial V_z}{\partial y} - \frac{\partial V_y}{\partial z}\right)\mathbf{i} +$$

$$+\left(\frac{\partial V_x}{\partial z} - \frac{\partial V_z}{\partial x}\right)\mathbf{j} + \left(\frac{\partial V_y}{\partial x} - \frac{\partial V_x}{\partial y}\right)\mathbf{k} \quad (11.23)$$

Consequentemente:

$$\boldsymbol{\xi} = 2\mathbf{\Omega} = rot V = \nabla \times V \quad (11.24)$$

Em coordenadas cilíndricas, as componentes do vetor vorticidade são expressas por:

$$\xi_r = \frac{1}{r}\left(\frac{\partial V_z}{\partial \theta}\right) - \frac{\partial V_\theta}{\partial z} \quad (11.25a)$$

$$\xi_\theta = \frac{\partial V_r}{\partial z} - \frac{\partial V_z}{\partial r} \quad (11.25b)$$

$$\xi_z = \frac{1}{r}\left(\frac{\partial(rV_\theta)}{\partial r} - \frac{\partial V_r}{\partial \theta}\right) \quad (11.25c)$$

E, em coordenadas esféricas, são expressas por:

$$\xi_r = \frac{1}{r sen\theta}\left[\frac{\partial}{\partial \theta}(V_\varphi sen\theta) - \frac{\partial V_\theta}{\partial \varphi}\right] \quad (11.26a)$$

$$\xi_\varphi = \frac{1}{r}\left[\frac{\partial}{\partial r}(rV_\theta) - \frac{\partial V_r}{\partial \theta}\right] \quad (11.26b)$$

$$\xi_\theta = \frac{1}{r}\left[\frac{1}{sen\theta}\frac{\partial V_r}{\partial \varphi} - \frac{\partial}{\partial r}(rV_\varphi)\right] \quad (11.26c)$$

Assim, dado um campo de velocidades, podemos averiguar se o escoamento descrito por esse campo é rotacional ou não. O Exercício Er11.3 trata desse assunto.

11.3 O PRINCÍPIO DA CONSERVAÇÃO DA MASSA

A essência do princípio da conservação da massa está no fato de que a matéria, nos limites da física clássica, é indestrutível, e a forma matemática de fazer essa afirmação depende, por exemplo, de estarmos fazendo uma análise integral ou diferencial. Assim, nos dedicaremos, a seguir, a apresentar matematicamente esse princípio por intermédio de análise diferencial e, para tanto, consideraremos um volume de controle infinitesimal em um espaço cartesiano, o qual se encontra em um meio fluido em movimento, conforme ilustrado na Figura 11.5, cujo centro geométrico está posicionado no ponto (x, y, z).

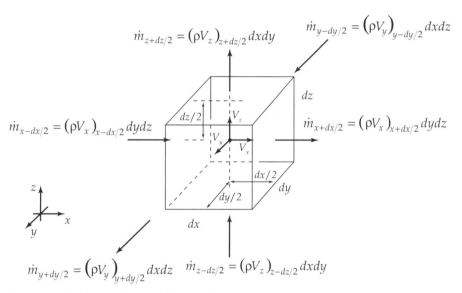

Figura 11.5 Volume de controle para desenvolvimento da equação da continuidade

Para esse volume de controle, podemos enunciar o princípio da conservação da massa da seguinte forma: "A soma algébrica da taxa de variação da massa presente no interior do volume de controle com a taxa líquida de transferência de massa através da superfície desse volume de controle é nula".

Observe que:

- $\dfrac{\partial m_{VC}}{\partial t} =$ taxa de variação da massa presente no interior do volume de controle.
- $\int_{SC}\rho V \cdot \mathbf{n}dA =$ taxa líquida de transferência de massa através da superfície de controle.

Para um volume de controle com um número finito de entradas e saídas, essa taxa líquida é dada por:

$$\int_{SC}\rho V \cdot \mathbf{n}dA = \sum \dot{m}_s - \sum \dot{m}_e \quad (11.27)$$

Então, o princípio da conservação da massa pode ser expresso por:

$$\frac{\partial m_{VC}}{\partial t} + \int_{SC}\rho V \cdot \mathbf{n}dA = \\ = \frac{\partial m_{VC}}{\partial t} + \sum \dot{m}_s - \sum \dot{m}_e = 0 \quad (11.28)$$

Essa expressão corresponde à representação matemática do princípio da conservação da massa para um volume de controle finito na forma integral, já apresentada no capítulo 7, e, ao ser aplicada ao volume de controle diferencial escolhido, resultará na representação diferencial deste princípio.

Para aplicar essa formulação ao volume de controle escolhido, necessitamos avaliar cada um dos seus termos; por esse motivo, inicialmente, analisaremos o termo referente à taxa de variação de massa. Seja a velocidade de uma partícula fluida presente no centro desse volume de controle dada por $V(x,y,z,t) = V_x(x,y,z,t)\boldsymbol{i} + V_y(x,y,z,t)\boldsymbol{j} + V_z(x,y,z,t)\boldsymbol{k}$ e seja ρ a massa específica dessa partícula fluida. Sendo o volume de controle infinitesimal, a massa de fluido presente no seu interior pode ser expressa por $\rho dxdydz$, o que nos permite avaliar a taxa de variação da massa presente no seu interior como:

$$\frac{\partial m_{VC}}{\partial t} = \frac{\partial \rho}{\partial t} dxdydz \qquad (11.29)$$

Essa expressão nos permite verificar que a taxa de variação da massa do volume de controle escolhido está diretamente ligada à taxa de variação temporal da massa específica do fluido.

Consideremos agora o segundo termo. Ele pode ser avaliado como a somatória das vazões mássicas de fluido através das faces do VC, e, na face com área $dydz$ posicionada em $x+dx/2$, a vazão mássica será dada por:

$$\dot{m}_{x+dx/2} = (\rho V_x)_{x+dx/2} dydz \qquad (11.30)$$

Similarmente, para a face posicionada em $x-dx/2$, temos:

$$\dot{m}_{x-dx/2} = (\rho V_x)_{x-dx/2} dydz \qquad (11.31a)$$

Para as demais faces do volume de controle, as vazões mássicas serão:

$$\dot{m}_{y+dy/2} = (\rho V_y)_{y+dy/2} dxdz \qquad (11.31b)$$

$$\dot{m}_{y-dy/2} = (\rho V_y)_{y-dy/2} dxdz \qquad (11.31c)$$

$$\dot{m}_{z+dz/2} = (\rho V_z)_{z+dz/2} dxdy \qquad (11.31d)$$

$$\dot{m}_{z-dz/2} = (\rho V_z)_{z-dz/2} dxdy \qquad (11.31e)$$

Para avaliar essas vazões mássicas, precisamos conhecer o valor do produto da massa específica pela velocidade em cada uma das faces do volume de controle e, para tal, usaremos o conceito de expansão em série de Taylor de uma função.

Assim procedendo, o produto da massa específica pela velocidade do fluido na face com área $dydz$ que está posicionada em $x + dx$ pode ser avaliada a partir do conhecimento desse produto na posição x, que corresponde ao centro geométrico do VC, por meio de:

$$(\rho V_x)_{x+dx/2} = \rho V_x + \left(\frac{\partial \rho V_x}{\partial x}\right)\frac{dx}{2} + \\ + \frac{1}{2!}\left(\frac{\partial^2 \rho V_x}{\partial x^2}\right)\frac{(dx)^2}{2^2} + \cdots \qquad (11.32)$$

Desprezando a contribuição dos termos de ordem superior, essa expressão é reduzida a:

$$(\rho V_x)_{x+dx/2} = \rho V_x + \left(\frac{\partial \rho V_x}{\partial x}\right)\frac{dx}{2} \qquad (11.33a)$$

Utilizando procedimento similar, obtemos:

$$(\rho V_x)_{x-dx/2} = \rho V_x - \left(\frac{\partial \rho V_x}{\partial x}\right)\frac{dx}{2} \qquad (11.33b)$$

Devemos observar que essa avaliação de propriedades foi realizada segundo a direção x e que ela pode ser realizada nas demais direções, obtendo-se:

$$(\rho V_y)_{y+dy/2} = \rho V_y + \left(\frac{\partial \rho V_y}{\partial y}\right)\frac{dy}{2} \qquad (11.33c)$$

$$(\rho V_y)_{y-dy/2} = \rho V_y - \left(\frac{\partial \rho V_y}{\partial y}\right)\frac{dy}{2} \qquad (11.33d)$$

$$(\rho V_z)_{z+dz/2} = \rho V_z - \left(\frac{\partial \rho V_z}{\partial z}\right)\frac{dz}{2} \qquad (11.33e)$$

$$(\rho V_z)_{z-dz/2} = \rho V_z - \left(\frac{\partial \rho V_z}{\partial z}\right)\frac{dz}{2} \quad (11.33f)$$

Utilizando esses resultados e supondo que o escoamento é uniforme em cada uma das faces do VC, podemos avaliar a taxa líquida de transferência de massa através da superfície de controle:

$$\int_{SC} \rho V \cdot n dA = \sum \dot{m}_e - \sum \dot{m}_s =$$
$$-\rho V_x - \left(\frac{\partial \rho V_x}{\partial x}\right)\frac{dx}{2} dydz + \rho V_x -$$
$$-\left(\frac{\partial \rho V_x}{\partial x}\right)\frac{dx}{2} dydz$$
$$-\rho V_y - \left(\frac{\partial \rho V_y}{\partial y}\right)\frac{dy}{2} dxdz + \rho V_y -$$
$$-\left(\frac{\partial \rho V_y}{\partial y}\right)\frac{dy}{2} dxdz$$
$$-\rho V_z - \left(\frac{\partial \rho V_z}{\partial z}\right)\frac{dz}{2} dydx + \rho V_z -$$
$$-\left(\frac{\partial \rho V_z}{\partial z}\right)\frac{dz}{2} dydx - 0 \quad (11.34)$$

Simplificando, obtemos:

$$\int_{SC} \rho V \cdot n dA = \sum \dot{m}_s - \sum \dot{m}_e = +$$
$$+\left(\frac{\partial \rho V_x}{\partial x}\right)dxdydz + \left(\frac{\partial \rho V_y}{\partial y}\right)dydxdz +$$
$$+\left(\frac{\partial \rho V_z}{\partial z}\right)dzdydx \quad (11.35)$$

Substituindo os termos obtidos na equação da conservação da massa, obtemos:

$$\left(\frac{\partial \rho}{\partial t}\right)dxdydz + \left(\frac{\partial \rho V_x}{\partial x}\right)dxdydz +$$
$$+\left(\frac{\partial \rho V_y}{\partial y}\right)dydxdz + \left(\frac{\partial \rho V_z}{\partial z}\right)dzdydx = 0 \quad (11.36)$$

Simplificando, obtemos:

$$\frac{\partial \rho}{\partial t} + \frac{\partial(\rho V_x)}{\partial x} + \frac{\partial(\rho V_y)}{\partial y} + \frac{\partial(\rho V_z)}{\partial z} = 0 \quad (11.37)$$

Essa expressão pode ser manipulada, obtendo-se:

$$\frac{\partial \rho}{\partial t} + V_x \frac{\partial \rho}{\partial x} + V_y \frac{\partial \rho}{\partial y} + V_z \frac{\partial \rho}{\partial z} +$$
$$+\rho \frac{\partial V_x}{\partial x} + \rho \frac{\partial V_y}{\partial y} + \rho \frac{\partial V_z}{\partial z} = 0 \quad (11.38)$$

Lembremo-nos do operador derivada material:

$$\frac{D}{Dt} = \frac{\partial}{\partial t} + V_x \frac{\partial}{\partial x} + V_y \frac{\partial}{\partial y} + V_z \frac{\partial}{\partial z} \quad (11.39)$$

Utilizando esse operador, obtemos:

$$\frac{D\rho}{Dt} + \rho \frac{\partial V_x}{\partial x} + \rho \frac{\partial V_y}{\partial y} + \rho \frac{\partial V_z}{\partial z} = 0 \quad (11.40)$$

Essa expressão representa matematicamente o princípio da conservação da massa na forma diferencial e é denominada *equação da continuidade*.

Dois casos particulares de importância correspondem aos escoamentos incompressíveis e aos escoamentos permanentes. Em ambos os casos, temos:

$$\frac{D\rho}{Dt} = 0 \quad (11.41)$$

E, para esses dois casos, a equação da continuidade é simplificada, obtendo-se:

$$\frac{\partial V_x}{\partial x} + \frac{\partial V_y}{\partial y} + \frac{\partial V_z}{\partial z} = 0 \quad (11.42)$$

11.4 TENSÕES EM UM FLUIDO

Com o propósito de nos preparar para o estudo da equação da quantidade de movimento, analisaremos as tensões em um fluido. Sabemos que as forças aplicadas pelo meio a uma partícula fluida podem ser de superfície ou de campo, e a única força de campo que consideraremos será a gravitacional, já bem compreendida e dada por:

$$F_g = \int dF_g = \int_{\forall} \rho g d\forall \quad (11.43)$$

Nessa equação, $\forall$ é o volume do corpo com peso F_g.

Voltemos a nossa atenção às forças de superfície. Para tal, consideremos a superfície arbitrária ilustrada na Figura 11.6, na qual age uma força F que é apresentada decomposta em três componentes: duas tangenciais ou de cisalhamento com, respectivamente, módulos F_{T1} e F_{T2}, e uma normal à superfície com módulo F_N. Adotando a hipótese de que o meio é contínuo, utilizando a letra grega σ (sigma) para indicar tensões normais e a letra τ (tau) para indicar as tensões de cisalhamento, definimos:

$$\sigma_N = \lim_{A \to 0} \frac{F_N}{A} \qquad (11.44a)$$

$$\tau_{T1} = \lim_{A \to 0} \frac{F_{T1}}{A} \qquad (11.44b)$$

$$\tau_{T2} = \lim_{A \to 0} \frac{F_{T2}}{A} \qquad (11.44c)$$

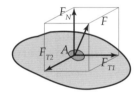

Figura 11.6 Força sobre superfície

Assim procedendo, poderemos representar a força em uma determinada superfície a partir do conhecimento das tensões de cisalhamento e da normal que nela agem e, para tal, utilizamos a notação explicitada na Figura 11.7, na qual há um elemento de volume com arestas dx, dy e dz. Observe que os índices das tensões são compostos por duas letras; a primeira indica a orientação da superfície, e a segunda indica a direção segundo a qual a tensão age, por exemplo: τ_{xy} é uma tensão de cisalhamento que age em um plano perpendicular ao eixo x e age na direção do eixo y.

Note que no elemento de volume da Figura 11.7 há duas faces perpendiculares ao eixo x, A e B, e em cada uma delas podemos visualizar uma tensão normal e duas de cisalhamento. Esse fato exige a definição de uma convenção de sinais para as tensões.

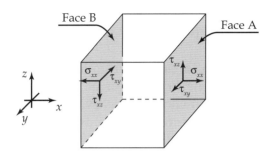

Figura 11.7 Tensões

Considerando que o versor normal a qualquer uma das faces do elemento de volume está sempre "apontado para fora", diremos que uma superfície é positiva quando seu versor estiver orientado no sentido positivo do eixo ao qual essa superfície é perpendicular e, assim, podemos dizer que a face A é positiva e a B é negativa. Diremos, então, que uma tensão é positiva quando estiver agindo em uma face positiva e apontando para o sentido positivo do eixo ao qual ela for paralela; diremos também que uma tensão é positiva quando estiver agindo em uma face negativa e apontando para o sentido negativo do eixo ao qual ela for paralela. Ou seja, todas as tensões apresentadas na Figura 11.7 são positivas.

11.5 A EQUAÇÃO DA QUANTIDADE DE MOVIMENTO

Para obter a equação da quantidade de movimento na forma diferencial, utilizaremos um procedimento similar àquele utilizado para desenvolver a equação da continuidade. No capítulo 5, obtivemos a seguinte expressão para a equação da quantidade de movimento para um volume de controle com um número finito de entradas e saídas:

$$F = \sum F_i = F_S + F_g = \\ = \frac{\partial B}{\partial t} - \sum V_e \dot{m}_e + \sum V_s \dot{m}_s \qquad (11.45)$$

Para obtermos a equação desejada, aplicaremos essa equação ao volume de controle infinitesimal com centro no ponto (x,y,z) apresentado na Figura 11.8.

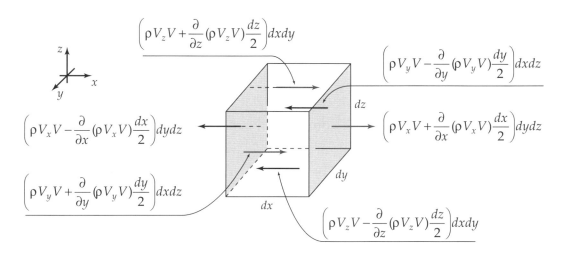

Figura 11.8 Volume de controle para desenvolvimento da equação da quantidade de movimento

Avaliemos em primeiro lugar o termo $\partial B/\partial t$. Como o volume é infinitesimal, esse termo pode ser dado por:

$$\frac{\partial B}{\partial t} = \frac{\partial}{\partial t}\int_{Volume} V\rho dV = \frac{\partial}{\partial t}(\rho V)dxdydz \quad (11.46)$$

Dediquemo-nos, agora, à avaliação das taxas de transferência de quantidade de movimento através das faces do volume de controle. Para tal, devemos observar que a quantidade ρV_x é o fluxo de massa, massa transferida por unidade de tempo e por unidade de área em um ponto de uma superfície na direção x; assim, o termo $\rho V_x V$ é o fluxo de quantidade de movimento em um ponto de uma superfície também na direção x. Note que a unidade de fluxo de massa é kg/(s.m²) e a unidade de fluxo de quantidade de movimento é kg/(s²m), que é equivalente a N/m² = Pa.

Considerando que $\rho V_x V$ é o fluxo da quantidade de movimento no centro do VC na direção x e $\rho V_y V$ e $\rho V_z V$ são os fluxos no mesmo ponto nas direções, respectivamente, y e z, nós podemos expressar as taxas de transferência de quantidade de movimento (fluxo vezes área) nas faces do volume de controle utilizando a expansão em série de Taylor. Os resultados estão apresentados na Tabela 11.1.

A somatória dos termos da Tabela 11.1 nos dá a taxa líquida de transferência de quantidade de movimento através das faces do volume de controle infinitesimal, que resulta em uma força resultante também infinitesimal. Substituindo esse resultado na equação da quantidade de movimento, obtemos:

Tabela 11.1 Taxas de transferência de quantidade de movimento

Eixo	Face	Taxa de transferência de quantidade de movimento	Face	Taxa de transferência de quantidade de movimento
x	$x-dx/2$	$\left(\rho V_x V - \frac{\partial}{\partial x}(\rho V_x V)\frac{dx}{2}\right)dydz$	$x+dx/2$	$\left(\rho V_x V + \frac{\partial}{\partial x}(\rho V_x V)\frac{dx}{2}\right)dydz$
y	$y-dy/2$	$\left(\rho V_y V - \frac{\partial}{\partial y}(\rho V_y V)\frac{dy}{2}\right)dxdz$	$y+dy/2$	$\left(\rho V_y V + \frac{\partial}{\partial y}(\rho V_y V)\frac{dy}{2}\right)dxdz$
z	$z-dz/2$	$\left(\rho V_z V - \frac{\partial}{\partial z}(\rho V_z V)\frac{dz}{2}\right)dxdy$	$z+dz/2$	$\left(\rho V_z V + \frac{\partial}{\partial z}(\rho V_z V)\frac{dz}{2}\right)dxdy$

$$dF = dF_S + dF_g = \frac{\partial}{\partial t}(\rho V)dxdydz + \frac{\partial}{\partial x}(\rho V_x V)dxdydz + \frac{\partial}{\partial y}(\rho V_y V)dxdydz +$$
$$+ \frac{\partial}{\partial z}(\rho V_z V)dxdydz \tag{11.47}$$

Essa equação pode ser reescrita como:

$$dF = \left\{ \frac{\partial}{\partial t}(\rho V) + \frac{\partial}{\partial x}(\rho V_x V) + \frac{\partial}{\partial y}(\rho V_y V) + \frac{\partial}{\partial z}(\rho V_z V) \right\} dxdydz \tag{11.48}$$

$$dF = \left\{ \begin{array}{l} \rho \frac{\partial V}{\partial t} + V \frac{\partial \rho}{\partial t} + V \frac{\partial \rho V_x}{\partial x} + \rho V_x \frac{\partial V}{\partial x} + \\ + V \frac{\partial \rho V_y}{\partial y} + \rho V_y \frac{\partial V}{\partial y} + V \frac{\partial \rho V_z}{\partial z} + \rho V_z \frac{\partial V}{\partial z} \end{array} \right\} dxdydz \tag{11.49}$$

$$dF = \left\{ \left[\frac{\partial \rho}{\partial t} + \frac{\partial \rho V_x}{\partial x} + \frac{\partial \rho V_y}{\partial y} + \frac{\partial \rho V_z}{\partial z} \right] V + \left[\frac{\partial V}{\partial t} + V_x \frac{\partial V}{\partial x} + V_y \frac{\partial V}{\partial y} + V_z \frac{\partial V}{\partial z} \right] \rho \right\} dxdydz \tag{11.50}$$

Ao desenvolver a equação da continuidade, nós verificamos que:

$$\frac{\partial \rho}{\partial t} + \frac{\partial (\rho V_x)}{\partial x} + \frac{\partial (\rho V_y)}{\partial y} + \frac{\partial (\rho V_z)}{\partial z} = 0 \tag{11.51}$$

Logo:

$$dF = dF_S + dF_g = \left(\frac{\partial V}{\partial t} + V_x \frac{\partial V}{\partial x} + V_y \frac{\partial V}{\partial y} + V_z \frac{\partial V}{\partial z} \right) \rho dxdydz = \frac{DV}{Dt} \rho dxdydz \tag{11.52}$$

E as componentes nas direções x, y e z são:

$$dF_x = dF_{Sx} + dF_{gx} = \left(\frac{\partial V_x}{\partial t} + V_x \frac{\partial V_x}{\partial x} + V_y \frac{\partial V_x}{\partial y} + V_z \frac{\partial V_x}{\partial z} \right) \rho dxdydz = \frac{DV_x}{Dt} \rho dxdydz \tag{11.53a}$$

$$dF_y = dF_{Sy} + dF_{gy} = \left(\frac{\partial V_y}{\partial t} + V_x \frac{\partial V_y}{\partial x} + V_y \frac{\partial V_y}{\partial y} + V_z \frac{\partial V_y}{\partial z} \right) \rho dxdydz = \frac{DV_y}{Dt} \rho dxdydz \tag{11.53b}$$

$$dF_z = dF_{Sz} + dF_{gz} = \left(\frac{\partial V_z}{\partial t} + V_x \frac{\partial V_z}{\partial x} + V_y \frac{\partial V_z}{\partial y} + V_z \frac{\partial V_z}{\partial z} \right) \rho dxdydz = \frac{DV_z}{Dt} \rho dxdydz \tag{11.53c}$$

Obtivemos um conjunto de expressões que descrevem as componentes da força diferencial resultante no elemento fluido. A seguir, dedicaremo-nos a avaliar novamente essas componentes segundo um procedimento diferente; nós efetuaremos a somatória de todas as componentes das forças aplicadas pelo meio ao volume de controle em estudo. Essas componentes são devidas a forças de campo e de superfície. Analisemos primeiramente as de campo.

A única força de campo que consideraremos é a força peso:

$$dF_g = \rho g dxdydz \qquad (11.54)$$

Assim sendo, temos:

$$dF_{gx} = \rho g_x dxdydz \qquad (11.55a)$$

$$dF_{gy} = \rho g_y dxdydz \qquad (11.55b)$$

$$dF_{gz} = \rho g_z dxdydz \qquad (11.55c)$$

Devemos, agora, analisar as forças de superfície, que são aquelas que o meio aplica às faces do volume de controle elementar. Para tal, nós consideraremos um volume de controle diferencial presente em um meio fluido, tal como ilustrado na Figura 11.2, e consideraremos também que no seu centro estejam agindo as tensões σ_{xx}, τ_{xy}, τ_{xz}, σ_{yy}, τ_{yx}, τ_{yz}, σ_{zz}, τ_{zx} e τ_{zy}. Avaliando as tensões nas faces do volume de controle por meio de expansão em série de Taylor e multiplicando os valores pelas áreas das faces nas quais essas tensões estão agindo, obtemos o conjunto de forças aplicadas pelo meio ao volume de controle. Na Tabela 11.2 registramos os valores encontrados para todas as forças agindo na direção x.

Tabela 11.2 Forças agindo na direção x

Face	Taxa de transferência de quantidade de movimento	Face	Taxa de transferência de quantidade de movimento
$x - dx/2$	$\left(\sigma_{xx} - \dfrac{\partial \sigma_{xx}}{\partial x}\dfrac{dx}{2}\right)dydz$	$x + dx/2$	$\left(\sigma_{xx} + \dfrac{\partial \sigma_{xx}}{\partial x}\dfrac{dx}{2}\right)dydz$
$y - dy/2$	$\left(\tau_{yx} - \dfrac{\partial \tau_{yx}}{\partial y}\dfrac{dy}{2}\right)dxdz$	$y + dy/2$	$\left(\tau_{yx} + \dfrac{\partial \tau_{yx}}{\partial y}\dfrac{dy}{2}\right)dxdz$
$z - dz/2$	$\left(\tau_{zx} - \dfrac{\partial \tau_{zx}}{\partial z}\dfrac{dz}{2}\right)dxdy$	$z + dz/2$	$\left(\tau_{zx} + \dfrac{\partial \tau_{zx}}{\partial z}\dfrac{dz}{2}\right)dxdy$

A somatória dos termos da Tabela 11.2 nos dá o módulo da resultante das forças de superfície aplicadas ao volume de controle elementar na direção x:

$$dF_{Sx} = -\left(\sigma_{xx} - \frac{\partial \sigma_{xx}}{\partial x}\frac{dx}{2}\right)dydz + \left(\sigma_{xx} + \frac{\partial \sigma_{xx}}{\partial x}\frac{dx}{2}\right)dydz - \left(\tau_{yx} - \frac{\partial \tau_{yx}}{\partial y}\frac{dy}{2}\right)dxdz + \\ \left(\tau_{yx} + \frac{\partial \tau_{yx}}{\partial y}\frac{dy}{2}\right)dxdz - \left(\tau_{zx} - \frac{\partial \tau_{zx}}{\partial z}\frac{dz}{2}\right)dxdy + \left(\tau_{zx} + \frac{\partial \tau_{zx}}{\partial z}\frac{dz}{2}\right)dxdy \qquad (11.56)$$

Assim sendo, obtemos:

$$dF_{Sx} = \frac{\partial \sigma_{xx}}{\partial x}dxdydz + \frac{\partial \tau_{yx}}{\partial y}dxdydz + \frac{\partial \tau_{zx}}{\partial z}dxdydz \qquad (11.57a)$$

Usando de procedimento similar, obtemos:

$$dF_{Sy} = \frac{\partial \tau_{xy}}{\partial x}dxdydz + \frac{\partial \sigma_{yy}}{\partial y}dxdydz + \frac{\partial \tau_{zy}}{\partial z}dxdydz \qquad (11.57b)$$

$$dF_{S_z} = \frac{\partial \tau_{xz}}{\partial x} dxdydz + \frac{\partial \tau_{yz}}{\partial y} dxdydz + \frac{\partial \sigma_{zz}}{\partial z} dxdydz \qquad (11.57c)$$

Podemos, então, substituir as Equações (11.55) e (11.57) nas Equações (11.53), obtendo:

$$dF_x = \frac{\partial \sigma_{xx}}{\partial x} dxdydz + \frac{\partial \tau_{yx}}{\partial y} dxdydz + \frac{\partial \tau_{zx}}{\partial z} dxdydz + \rho g_x dxdydz =$$

$$\left(\frac{\partial V_x}{\partial t} + V_x \frac{\partial V_x}{\partial x} + V_y \frac{\partial V_x}{\partial y} + V_z \frac{\partial V_x}{\partial z} \right) \rho dxdydz = \frac{DV_x}{Dt} \rho dxdydz \qquad (11.58)$$

Simplificando, obtemos:

$$\rho g_x + \frac{\partial \sigma_{xx}}{\partial x} + \frac{\partial \tau_{yx}}{\partial y} + \frac{\partial \tau_{zx}}{\partial z} = \rho \left(\frac{\partial V_x}{\partial t} + V_x \frac{\partial V_x}{\partial x} + V_y \frac{\partial V_x}{\partial y} + V_z \frac{\partial V_x}{\partial z} \right) = \rho \frac{DV_x}{Dt} \qquad (11.59a)$$

$$\rho g_y + \frac{\partial \tau_{xy}}{\partial x} + \frac{\partial \sigma_{yy}}{\partial y} + \frac{\partial \tau_{zy}}{\partial z} = \rho \left(\frac{\partial V_y}{\partial t} + V_x \frac{\partial V_y}{\partial x} + V_y \frac{\partial V_y}{\partial y} + V_z \frac{\partial V_y}{\partial z} \right) = \rho \frac{DV_y}{Dt} \qquad (11.59b)$$

$$\rho g_z + \frac{\partial \tau_{xz}}{\partial x} + \frac{\partial \tau_{yz}}{\partial y} + \frac{\partial \sigma_{zz}}{\partial z} = \rho \left(\frac{\partial V_z}{\partial t} + V_x \frac{\partial V_z}{\partial x} + V_y \frac{\partial V_z}{\partial y} + V_z \frac{\partial V_z}{\partial z} \right) = \rho \frac{DV_z}{Dt} \qquad (11.59c)$$

As Equações (11.59a), (11.59b) e (11.59c) constituem as equações escalares diferenciais da quantidade de movimento.

11.5.1 As equações de Euler

Em determinadas situações, quando os efeitos viscosos puderem ser desprezados ou quando desejamos apenas realizar uma avaliação preliminar de um escoamento buscando, por exemplo, determinar a distribuição de pressões que um escoamento de corrente livre produz sobre um corpo, podemos utilizar a forma simplificada das equações da quantidade de movimento, nas quais os termos referentes às tensões de cisalhamento são anulados. Se, adicionalmente, supusermos que as tensões normais são iguais à pressão termodinâmica, considerada positiva no estado compressivo ($\sigma_{xx} = \sigma_{yy} = \sigma_{zz} = -p$), obtemos:

$$\rho g_x - \frac{\partial p}{\partial x} = \rho \left(\frac{\partial V_x}{\partial t} + V_x \frac{\partial V_x}{\partial x} + V_y \frac{\partial V_x}{\partial y} + V_z \frac{\partial V_x}{\partial z} \right) = \rho \frac{DV_x}{Dt} \qquad (11.60a)$$

$$\rho g_y - \frac{\partial p}{\partial y} = \rho \left(\frac{\partial V_y}{\partial t} + V_x \frac{\partial V_y}{\partial x} + V_y \frac{\partial V_y}{\partial y} + V_z \frac{\partial V_y}{\partial z} \right) = \rho \frac{DV_y}{Dt} \qquad (11.60b)$$

$$\rho g_z - \frac{\partial p}{\partial z} = \rho \left(\frac{\partial V_z}{\partial t} + V_x \frac{\partial V_z}{\partial x} + V_y \frac{\partial V_z}{\partial y} + V_z \frac{\partial V_z}{\partial z} \right) = \rho \frac{DV_z}{Dt} \qquad (11.60c)$$

Se considerarmos que o eixo z é vertical, nós podemos escrever na forma vetorial:

$$\rho g \mathbf{k} - \frac{\partial p}{\partial x} \mathbf{i} - \frac{\partial p}{\partial y} \mathbf{j} - \frac{\partial p}{\partial z} \mathbf{k} = \rho \left(\frac{\partial V}{\partial t} + V_x \frac{\partial V}{\partial x} + V_y \frac{\partial V}{\partial y} + V_z \frac{\partial V}{\partial z} \right) = \rho \frac{DV}{Dt} \qquad (11.61)$$

$$\rho g \mathbf{k} - \nabla p = \rho \frac{D\mathbf{V}}{Dt} \quad (11.62)$$

A Equação (11.62) é denominada *equação de Euler*, que é escalarmente representada pelas Equações (11.60a), (11.60b) e (11.60c).

11.5.2 As equações de Navier-Stokes

Ao escoar, os fluidos de fato apresentam comportamento viscoso, e a forma de incorporar esse comportamento nas Equações (11.59a), (11.59b) e (11.59c) da quantidade de movimento consiste na adoção de um modelo matemático para representar as tensões viscosas.

Quando o fluido está em movimento, observamos que as tensões normais não necessariamente são iguais e, assim sendo, considera-se a pressão do fluido igual à média negativa das tensões normais:

$$p = -\frac{1}{3}(\sigma_{xx} + \sigma_{yy} + \sigma_{zz}) \quad (11.63)$$

Adotando a hipótese de que o fluido é newtoniano e isotrópico (suas propriedades não variam com a direção), verifica-se que é possível correlacionar as tensões com os gradientes de velocidade, conforme apresentado na Tabela 11.3.

Tabela 11.3 Correlações entre tensões e gradientes de velocidade

Tensões normais	Tensões de cisalhamento
$\sigma_{xx} = -p + 2\mu \dfrac{\partial V_x}{\partial x}$	$\tau_{xy} = \mu \left(\dfrac{\partial V_x}{\partial y} + \dfrac{\partial V_y}{\partial x} \right)$
$\sigma_{yy} = -p + 2\mu \dfrac{\partial V_y}{\partial y}$	$\tau_{xz} = \mu \left(\dfrac{\partial V_x}{\partial z} + \dfrac{\partial V_z}{\partial x} \right)$
$\sigma_{zz} = -p + 2\mu \dfrac{\partial V_z}{\partial z}$	$\tau_{yz} = \mu \left(\dfrac{\partial V_y}{\partial z} + \dfrac{\partial V_z}{\partial y} \right)$

Utilizando as correlações da Tabela 11.3, as Equações (11.59a), (11.59b) e (11.59c) podem ser trabalhadas, resultando em:

$$\rho g_x - \frac{\partial p}{\partial x} + \mu \left(\frac{\partial^2 V_x}{\partial x^2} + \frac{\partial^2 V_x}{\partial y^2} + \frac{\partial^2 V_x}{\partial z^2} \right) = \rho \left(\frac{\partial V_x}{\partial t} + V_x \frac{\partial V_x}{\partial x} + V_y \frac{\partial V_x}{\partial y} + V_z \frac{\partial V_x}{\partial z} \right) = \rho \frac{DV_x}{Dt} \quad (11.64a)$$

$$\rho g_y - \frac{\partial p}{\partial y} + \mu \left(\frac{\partial^2 V_y}{\partial x^2} + \frac{\partial^2 V_y}{\partial y^2} + \frac{\partial^2 V_y}{\partial z^2} \right) = \rho \left(\frac{\partial V_y}{\partial t} + V_x \frac{\partial V_y}{\partial x} + V_y \frac{\partial V_y}{\partial y} + V_z \frac{\partial V_y}{\partial z} \right) = \rho \frac{DV_y}{Dt} \quad (11.64b)$$

$$\rho g_z - \frac{\partial p}{\partial z} + \mu \left(\frac{\partial^2 V_z}{\partial x^2} + \frac{\partial^2 V_z}{\partial y^2} + \frac{\partial^2 V_z}{\partial z^2} \right) = \rho \left(\frac{\partial V_z}{\partial t} + V_x \frac{\partial V_z}{\partial x} + V_y \frac{\partial V_z}{\partial y} + V_z \frac{\partial V_z}{\partial z} \right) = \rho \frac{DV_z}{Dt} \quad (11.64c)$$

Esse conjunto de equações é denominado *equações de Navier-Stokes*.

11.6 A FUNÇÃO POTENCIAL DE VELOCIDADE

Consideremos que um determinado escoamento incompressível seja descrito, em coordenadas cartesianas, por um campo de velocidades tal que as componentes escalares do vetor velocidade sejam dadas pelas seguintes derivadas parciais de uma função escalar $\Phi = \Phi(x, y, t)$:

$$V_x = \frac{\partial \Phi}{\partial x} \quad (11.65a)$$

$$V_y = \frac{\partial \Phi}{\partial y} \quad (11.65b)$$

$$V_z = \frac{\partial \Phi}{\partial z} \quad (11.65c)$$

Denominamos a função $\Phi = \Phi(x, y, t)$ *função potencial de velocidade*.

Como o campo de velocidades $V = V_x\boldsymbol{i} + V_y\boldsymbol{j} + V_z\boldsymbol{k}$ descreve o escoamento de um fluido, a equação da continuidade deve ser satisfeita. Lembremo-nos da equação da continuidade para um escoamento incompressível permanente:

$$\frac{\partial V_x}{\partial x} + \frac{\partial V_y}{\partial y} + \frac{\partial V_z}{\partial z} = 0 \qquad (11.66)$$

Substituindo as componentes V_x, V_y e V_z do vetor velocidade V, obtemos:

$$\frac{\partial^2 \Phi}{\partial x^2} + \frac{\partial^2 \Phi}{\partial y^2} + \frac{\partial^2 \Phi}{\partial z^2} = 0 \qquad (11.67)$$

$$\nabla^2 \Phi = 0 \qquad (11.68)$$

que é a Equação de Laplace, cujas soluções representam escoamentos incompressíveis e permanentes.

Lembremo-nos do vetor vorticidade:

$$\boldsymbol{\xi} = \xi_x\boldsymbol{i} + \xi_y\boldsymbol{j} + \xi_z\boldsymbol{k} = \left(\frac{\partial V_z}{\partial y} - \frac{\partial V_y}{\partial z}\right)\boldsymbol{i} +$$
$$+ \left(\frac{\partial V_x}{\partial z} - \frac{\partial V_z}{\partial x}\right)\boldsymbol{j} + \left(\frac{\partial V_y}{\partial x} - \frac{\partial V_x}{\partial y}\right)\boldsymbol{k} \qquad (11.69)$$

Para um escoamento cujo campo de velocidades é uma solução da equação de Laplace, nós verificamos que:

$$\boldsymbol{\xi} = \left(\frac{\partial}{\partial y}\left(\frac{\partial \Phi}{\partial z}\right) - \frac{\partial}{\partial z}\left(\frac{\partial \Phi}{\partial y}\right)\right)\boldsymbol{i} +$$
$$+ \left(\frac{\partial}{\partial z}\left(\frac{\partial \Phi}{\partial x}\right) - \frac{\partial}{\partial x}\left(\frac{\partial \Phi}{\partial z}\right)\right)\boldsymbol{j} + \qquad (11.70)$$
$$+ \left(\frac{\partial}{\partial x}\left(\frac{\partial \Phi}{\partial y}\right) - \frac{\partial}{\partial y}\left(\frac{\partial \Phi}{\partial x}\right)\right)\boldsymbol{k} = 0$$

Ou seja: os escoamentos que podem ser descritos a partir de uma função potencial de velocidades são irrotacionais.

11.7 ESCOAMENTOS POTENCIAIS PLANOS

Consideremos um escoamento plano que possa ser descrito por uma solução da equação de Laplace. Nesse caso, teremos V_z = constante, $V_x = \partial \Phi / \partial x$ e $V_y = \partial \Phi / \partial y$. Esse escoamento também pode ser descrito por meio de outra função escalar $\psi = \psi(x,y,t)$, que denominamos *função corrente*, e nesse caso:

$$V_x = \frac{\partial \psi}{\partial y} \qquad (11.71a)$$

$$V_y = -\frac{\partial \psi}{\partial x} \qquad (11.71b)$$

Como o campo de velocidades $V = V_x\boldsymbol{i} + V_y\boldsymbol{j}$ descreve o escoamento de um fluido, a equação da continuidade deve ser satisfeita. Lembremo-nos da equação da continuidade para um escoamento plano incompressível permanente:

$$\frac{\partial V_x}{\partial x} + \frac{\partial V_y}{\partial y} = 0 \qquad (11.72)$$

Substituindo as componentes V_x e V_y do vetor velocidade V, obtemos:

$$\frac{\partial}{\partial x}\left(\frac{\partial \psi}{\partial y}\right) - \frac{\partial}{\partial y}\left(\frac{\partial \psi}{\partial x}\right) =$$
$$= \frac{\partial^2 \psi}{\partial x \partial y} - \frac{\partial^2 \psi}{\partial y \partial x} = 0 \qquad (11.73)$$

E concluímos imediatamente que a equação da continuidade é satisfeita.

Se exigirmos que o escoamento plano descrito a partir de uma função corrente é irrotacional, podemos verificar, a partir da Equação (11.16), que:

$$\frac{\partial V_y}{\partial x} - \frac{\partial V_x}{\partial y} = 0 \qquad (11.74)$$

Usando a função corrente:

$$\frac{\partial}{\partial x}\left(-\frac{\partial \psi}{\partial x}\right) - \frac{\partial}{\partial y}\left(\frac{\partial \psi}{\partial y}\right) = 0 \qquad (11.75)$$

$$\frac{\partial^2 \psi}{\partial x^2} + \frac{\partial^2 \psi}{\partial y^2} = 0 \quad (11.76)$$

Ou seja: um campo de velocidades plano irrotacional descrito a partir de uma função corrente também é uma solução da equação de Laplace. Por esse motivo, podemos concluir que um escoamento que pode ser descrito por uma função corrente também pode ser descrito por uma função potencial de velocidade, e vice-versa; e, para um escoamento plano, a correlação entre essas funções deve ser tal que:

$$V_x = \frac{\partial \Phi}{\partial x} = \frac{\partial \psi}{\partial y} \quad (11.77a)$$

$$V_y = \frac{\partial \Phi}{\partial y} = -\frac{\partial \psi}{\partial x} \quad (11.77b)$$

Em algumas situações, é conveniente expressar a equação de Laplace, a equação da continuidade e as velocidades escalares em coordenadas cilíndricas. Nesse caso:

$$\nabla^2 \psi = \frac{1}{r}\frac{\partial}{\partial r}\left[\frac{\partial \psi}{\partial r}\right] + \frac{1}{r^2}\frac{\partial^2 \psi}{\partial \theta^2} = 0 \quad (11.78)$$

$$\frac{1}{r}\frac{\partial}{\partial r}\left[\frac{\partial (rV_r)}{\partial r}\right] + \frac{1}{r}\frac{\partial V_\theta}{\partial \theta} = 0 \quad (11.79)$$

$$V_r = \frac{1}{r}\frac{\partial \psi}{\partial r} = \frac{\partial \Phi}{\partial r} \quad (11.80a)$$

$$V_\theta = -\frac{\partial \psi}{\partial r} = \frac{1}{r}\frac{\partial \Phi}{\partial \theta} \quad (11.80b)$$

Devemos notar que uma combinação linear de soluções da equação de Laplace também é uma solução dessa equação. Este fato pode simplificar muito a descrição de outros escoamentos.

11.7.1 Soluções simples

Apresentamos a seguir quatro soluções simples da equação de Laplace, denominadas: *escoamento uniforme*, *fonte* ou *sorvedouro*, *vórtice livre* e *dipolo*, a partir das quais, por superposição de soluções, podemos obter a descrição de diversos escoamentos mais complexos.

- Escoamento uniforme

A primeira solução apresentada é o *escoamento uniforme*, que corresponde à situação em que o vetor velocidade tem o mesmo sentido, a mesma direção e magnitude em qualquer ponto do escoamento e as linhas de corrente são paralelas. É a solução mais simples da equação de Laplace e, para um sistema de coordenadas cartesiano, se as linhas de corrente forem paralelas ao eixo x, é dada por:

$$\psi = Vy \quad \text{e} \quad \Phi = Vx \quad (11.81)$$

A partir da função corrente ou da potencial, podemos avaliar as componentes da velocidade, obtendo:

$$V_x = V; \; V_y = 0 \quad (11.82)$$

Em coordenadas polares:

$$V_r = V\cos\theta; \; V_\theta = -V\sin\theta \quad (11.83)$$

Esse escoamento pode ser visualizado na Figura 11.9.

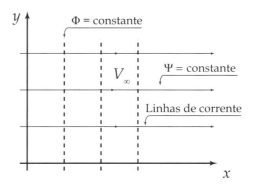

Figura 11.9 Escoamento uniforme na direção x

- Fonte ou sorvedouro

A segunda solução é a *fonte*, a qual representa um escoamento plano radial proveniente de uma linha perpendicular ao plano *x-y*, que pode ser visualizado na Figura 11.10. Seja q a vazão volumétrica de fluido por unidade de comprimento proveniente da linha que escoa com velocidade radial V_r e com velocidade tangencial nula. Nesse caso, temos:

$$q = 2\pi r V_r \qquad (11.84)$$

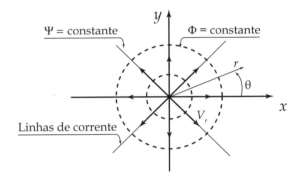

Figura 11.10 Fonte

A correspondente solução da equação de Laplace é:

$$\psi = \frac{q}{2\pi}\theta \quad e \quad \Phi = \frac{q}{2\pi}\ln r \qquad (11.85)$$

Observe que um valor positivo de q corresponde à vazão de fluido que provém da linha e, se esse valor for negativo, corresponderá à vazão por unidade de comprimento de fluido que é absorvido pela linha, que, neste caso, seria um *sorvedouro*.

A partir da função corrente ou da potencial, podemos avaliar as componentes da velocidade, obtendo:

$$V_r = \frac{q}{2\pi r}; \; V_\theta = 0 \qquad (11.86)$$

$$V_x = \frac{q}{2\pi}\frac{x}{x^2+y^2}; \; V_y = \frac{q}{2\pi}\frac{y}{x^2+y^2} \qquad (11.87)$$

- Vórtice irrotacional

A terceira solução é o *vórtice irrotacional*, que representa o escoamento plano de um fluido em torno de um eixo perpendicular ao plano *x-y* caracterizado por linhas de corrente circulares e concêntricas. Observe a Figura 11.11.

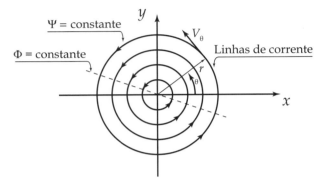

Figura 11.11 Vórtice não rotacional

Note que esse escoamento apresenta duas características básicas. A primeira é a de que as partículas fluidas se movimentam em movimento circular de translação sem apresentar movimento de rotação, o que motiva a denominação vórtice irrotacional, e a segunda é que o escoamento apresenta velocidade radial nula e, no centro do vórtice, a velocidade tangencial tende a infinito, o que corresponde a uma singularidade.

A solução da equação de Laplace para esse escoamento é estabelecida a partir do conceito de *circulação*, Γ, definida como sendo a integral de linha da componente tangencial da velocidade ao longo de uma linha fechada em um campo de velocidade que descreve o escoamento, e expressa matematicamente por:

$$\Gamma = \oint_L \mathbf{V} \cdot d\mathbf{s} \qquad (11.88)$$

Consideremos um vórtice livre. A circulação em uma curva fechada qualquer cercando a origem é igual à intensidade do vórtice e pode ser avaliada sobre uma linha de corrente qualquer. Optando por uma com forma circular, resulta em:

$$\Gamma = \oint_L \mathbf{V} \cdot d\mathbf{s} = \int_0^{2\pi} wr(r d\theta) = 2\pi w r^2 \qquad (11.89)$$

A circulação avaliada sobre uma linha que não contém a origem resulta em valor nulo.

Observe que, pelo valor positivo da circulação, o vórtice indica que o sentido de rotação é anti-horário e, similarmente, um sinal negativo indica o sentido horário. No SI a unidade de medida da circulação é m²/s.

A velocidade tangencial das partículas fluidas pode ser expressa por:

$$V_\theta = \frac{\Gamma}{2\pi r} \quad (11.90)$$

Utilizando o conceito de circulação, podemos expressar as soluções da equação de Laplace que representam o vórtice livre como:

$$\psi = \frac{\Gamma}{2\pi} \ln r \text{ e } \Phi = \frac{\Gamma}{2\pi}\theta \quad (11.91)$$

A circulação também pode ser interpretada como a *intensidade* do vórtice livre.

A partir da função corrente ou da potencial, podemos avaliar as componentes da velocidade, obtendo:

$$V_r = 0;\ V_\theta = \frac{\Gamma}{2\pi r} \quad (11.92)$$

$$V_x = \frac{\Gamma}{2\pi}\frac{y}{x^2+y^2};\ V_y = \frac{\Gamma}{2\pi}\frac{x}{x^2+y^2} \quad (11.93)$$

- Dipolo

O dipolo com intensidade I é o escoamento que resulta da combinação de uma fonte e de um sorvedouro com iguais intensidades cuja distância tende a zero, e pode ser visualizado na Figura 11.12.

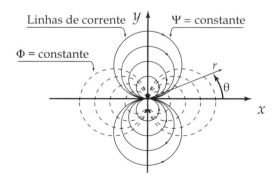

Figura 11.12 Dipolo

Nessa figura, observamos que as partículas se movimentam segundo linhas de corrente circulares tangentes ao eixo x, sendo horário o movimento das partículas fluidas presentes acima do eixo x e anti-horário o movimento das partículas que permanecem abaixo desse eixo. Dizemos que esse dipolo tem orientação negativa. Caso o sentido do movimento das partículas fluidas seja o inverso, diremos que o dipolo tem orientação positiva.

A solução da equação de Laplace para um dipolo com orientação negativa é:

$$\psi = -\frac{I}{r}sen\theta \text{ e } \Phi = -\frac{I}{r}cos\theta \quad (11.94)$$

A partir da função corrente ou da potencial podemos avaliar as componentes da velocidade, obtendo:

$$V_r = -\frac{I cos\theta}{r^2};\ V_\theta = -\frac{I sen\theta}{r^2} \quad (11.95)$$

$$V_x = -I\frac{x^2-y^2}{(x^2+y^2)^2};$$

$$V_y = -I\frac{2xy}{(x^2+y^2)^2} \quad (11.96)$$

Na Tabela 11.4, apresentamos resumidamente as soluções simples da equação de Laplace para escoamentos planos bem como expressões para as componentes das velocidades em coordenadas cartesianas e polares.

11.7.2 Superposição de escoamentos potenciais

Conforme já mencionado, combinações lineares de soluções da equação de Laplace também são soluções dessa equação. Assim, podemos combinar duas ou mais das soluções simples apresentadas, permitindo-nos representar escoamentos de interesse. No conjunto de exercícios resolvidos, analisamos o escoamento irrotacional (escoamento de corrente livre) de um fluido sobre cilindro fixo e com movimento giratório sobre seu eixo de simetria.

Tabela 11.4 Resumo do escoamento potencial

Solução	Função corrente	Função potencial	Componentes de velocidade (coordenadas cartesianas)	Componentes de velocidade (coordenadas polares)
Escoamento uniforme	$\psi = V_\infty y$	$\Phi = V_\infty x$	$V_x = V$; $V_y = 0$	$V_r = V\cos\theta$; $V_\theta = -V\sin\theta$
Fonte	$\psi = \dfrac{q}{2\pi}\theta$	$\Phi = \dfrac{q}{2\pi}\ln r$	$V_x = \dfrac{q}{2\pi}\dfrac{x}{x^2+y^2}$; $V_y = \dfrac{q}{2\pi}\dfrac{y}{x^2+y^2}$	$V_r = \dfrac{\Gamma}{2\pi r}$; $V_\theta = 0$
Vórtice irrotacional	$\psi = \dfrac{\Gamma}{2\pi}\ln r$	$\Phi = \dfrac{\Gamma}{2\pi}\theta$	$V_x = \dfrac{\Gamma}{2\pi}\dfrac{y}{x^2+y^2}$; $V_y = \dfrac{\Gamma}{2\pi}\dfrac{x}{x^2+y^2}$	$V_r = 0$; $V_\theta = \dfrac{\Gamma}{2\pi r}$
Dipolo	$\psi = -\dfrac{l}{r}\sin\theta$	$\Phi = -\dfrac{l}{r}\cos\theta$	$V_x = -l\dfrac{x^2-y^2}{(x^2+y^2)^2}$; $V_y = -l\dfrac{2xy}{(x^2+y^2)^2}$	$V_r = -\dfrac{l\cos\theta}{r^2}$; $V_\theta = -\dfrac{l\sin\theta}{r^2}$

11.8 EXERCÍCIOS RESOLVIDOS

Er11.1 Um fluido escoa apresentando um campo de velocidades dado por $V = 5xt\mathbf{i} - 3y\mathbf{j}$. Considerando que, para x e y em m e t em s, essa expressão nos dá a velocidade em m/s, desejamos determinar a equação que descreve a linha de corrente que passa pelo ponto (1,2) no instante $t = 3$ s.

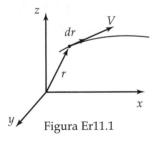

Figura Er11.1

Solução

a) Dados e considerações
   Inicialmente observamos que:
   - o campo de velocidades descrito por $V = 5xt\mathbf{i} - 3y\mathbf{j}$ é bidimensional, ou seja: o escoamento é plano;
   - o campo de velocidades é função do tempo, logo o escoamento não é permanente;
   - o módulo da componente da velocidade na direção $\mathbf{i}$ é $V_x = 5xt$ e o módulo da componente da velocidade na direção $\mathbf{j}$ é $V_y = -3y$.

b) Análise e cálculos
   Como o escoamento é bidimensional, é nosso objetivo determinar uma função $y = f(x)$ que descreva a linha de corrente desejada.

   Como o vetor velocidade é tangente à linha, observamos que o vetor velocidade V e $d\mathbf{r}$ têm a mesma direção, o que resulta em:

$$V \times d\mathbf{r} = 0 \Rightarrow$$
$$\Rightarrow (5xt\mathbf{i} - 3y\mathbf{j}) \times (dx\mathbf{i} + dy\mathbf{j}) = 0$$

Lembremo-nos que:

$$V \times dr = \begin{vmatrix} V_x & V_y & V_z \\ dx & dy & dz \\ i & j & k \end{vmatrix} = V_x dy k +$$

$$+ V_y dz i + V_z dx j - V_z dy i - V_x dz j - V_y dx k = 0$$

$$V \times dr = (V_y dz - V_z dy)i +$$
$$+ (V_z dx - V_x dz)j + (V_x dy - V_y dx)k = 0$$

Para que o produto vetorial seja nulo, devemos impor:

$$\frac{dy}{V_y} = \frac{dz}{V_z}; \quad \frac{dz}{V_z} = \frac{dx}{V_x} \text{ e } \frac{dx}{V_x} = \frac{dy}{V_y}$$

que é equivalente a:

$$\frac{dx}{V_x} = \frac{dy}{V_y} = \frac{dz}{V_z}$$

Como o escoamento ocorre no plano xy, obtemos:

$$\frac{V_x}{dx} = \frac{V_y}{dy} \Rightarrow \frac{dx}{5xt} = \frac{dy}{-3y}$$

Integrando a equação obtida, resulta:

$$\int \frac{dx}{5xt} = \int \frac{dy}{-3y} \Rightarrow$$

$$\Rightarrow \frac{1}{5t} \ln x = -\frac{1}{3} \ln y + \ln C_1 \text{, sendo}$$

lnC_1 a constante de integração.

Manipulando algebricamente:

$$\ln x^{1/5t} = \ln C_1 y^{-1/3} \Rightarrow$$
$$\Rightarrow x^{1/5t} = C_1 y^{-1/3} \Rightarrow$$
$$\Rightarrow y^{1/3} x^{1/5t} = C_1 \Rightarrow y = C x^{-3/5t}$$

Esse resultado constitui um conjunto de infinitas linhas de corrente que descrevem o escoamento, já que para cada valor da constante de integração C obtemos uma linha de corrente. Devemos, agora, determinar exatamente qual é a linha de corrente que passa pelo ponto (1,2) no instante $t = 3$ s. Para tal, devemos determinar o valor adequado da constante de integração respeitando a exigência de a linha de corrente passar pelo ponto (1,2), que é a condição de contorno do problema. Ou seja, para $x = 1$ e $y = 2$, temos:
$2 = C \cdot 1^{-3/5t} \Rightarrow C = 2$

E o valor da constante C não depende do instante de tempo considerado. Assim, verificamos que a linha de corrente que passa pelo ponto (1,2) é dada por:

$y = 2x^{-3/5t}$

No instante $t = 3$ s, obtemos: $y = 2x^{-1/5}$. Note que esse escoamento não é permanente e, a cada instante, temos uma linha de corrente diferente passando pelo ponto (1,2).

Er11.2 O escoamento de ar apresenta um campo de velocidades dado por $V = xi - ytj$, e, para x e y em m e t em s, essa expressão nos dá a velocidade em m/s. Determine a equação da trajetória de uma partícula que passa pelo ponto (1,1) no instante $t = 2$ s.

Solução

a) Dados e considerações
   • Fluido: ar.
   • Campo de velocidades: $V = xi - ytj$.
b) Análise e cálculos
   $V = V_x i - V_y j \Rightarrow V_x = x$ e $V_y = -yt$
   Sabemos que $V_x = \frac{dx}{dt} = x$ e
   $V_y = \frac{dy}{dt} = -yt$
   Integrando a primeira equação, obtemos:
   $$\int \frac{dx}{x} = \int dt \Rightarrow \ln x + \ln C = t \text{, onde}$$
   lnC é a constante de integração.

$Cx = e^t \Rightarrow x = C_1 e^t$; sabemos que em $t = 0$, $x = 1$, então $C_1 = 1 \Rightarrow x = e^t$.

Integrando a segunda equação, obtemos:

$$\int \frac{dy}{y} = -\int t\,dt \Rightarrow \ln y + \ln C = -\frac{t^2}{2},$$

sendo $\ln C$ a constante de integração. $Cy = e^{-t^2/2} \Rightarrow y = C_2 e^{-t^2/2}$; sabemos que em $t=0$, $y=1$, então $C_2=1 \Rightarrow y = e^{-t^2/2}$.

Manipulando algebricamente, obtemos:

$$y = e^{-t^2/2} = \left(e^t\right)^{-t/2} \Rightarrow y = x^{-t/2}$$

que é a equação que define a trajetória das partículas fluidas que passam pelo ponto (1,1). Como o escoamento não é permanente, cada partícula que passa pelo ponto (1,1) em um instante diferente percorrerá uma trajetória diferente.

Assim, a trajetória da partícula que passa por esse ponto no instante $t = 2$ s é dada por: $xy = 1$.

Er11.3 Um escoamento é descrito pelo seguinte campo de velocidades: $V = xi - yj$; para x e y em m e t em s, essa expressão nos dá a velocidade em m/s. Verifique se esse escoamento é rotacional ou não.

Solução

a) Dados e considerações
 • Campo de velocidades: $V = xi - yj$.
b) Análise e cálculos

$V = V_x i - V_y j \Rightarrow V_x = x$ e $V_y = -y$

Para verificar se o escoamento é rotacional, devemos avaliar:

$$\xi = 2\Omega = \xi_x i + \xi_y j + \xi_z k = \left(\frac{\partial V_z}{\partial y} - \frac{\partial V_y}{\partial z}\right)i + \left(\frac{\partial V_x}{\partial z} - \frac{\partial V_z}{\partial x}\right)j + \left(\frac{\partial V_y}{\partial x} - \frac{\partial V_x}{\partial y}\right)k$$

Derivando as componentes do vetor velocidade, obtemos:

$$\xi = 2\Omega = \xi_x i + \xi_y j + \xi_z k = (0-0)i + (0-0)j + (0-0)k = 0$$

Logo, o escoamento é irrotacional!

Er11.4 Um escoamento que ocorre no plano xy deve ser descrito por um campo de velocidades com a seguinte forma: $V = 5xi + V_y j$. Determine a componente V_y mais simples possível para que esse escoamento seja permanente e incompressível.

Solução

a) Dados e considerações
 • Campo de velocidades: $V = 5xi + V_y j$.
 • O escoamento deve ser permanente e incompressível.
b) Análise e cálculos

O escoamento deve, necessariamente, satisfazer o princípio da conservação da massa. Como ele é plano e deve ser permanente e incompressível, temos:

$$\frac{D\rho}{Dt} + \rho\frac{\partial V_x}{\partial x} + \rho\frac{\partial V_y}{\partial y} + \rho\frac{\partial V_z}{\partial z} = 0 \Rightarrow$$

$$\Rightarrow \frac{\partial V_x}{\partial x} + \frac{\partial V_y}{\partial y} = 0$$

Sabendo que $V_x = 5x$, a equação acima resulta em: $\dfrac{\partial V_y}{\partial y} = -5$.

Integrando, obtemos:

$$\int \frac{\partial V_y}{\partial y} dy = V_y = -\int 5\,dy + f(x,t) = -5y + f(x,t),$$

sendo que, necessariamente,

$$\frac{\partial f(x,t)}{\partial y} = 0.$$

Esse resultado nos mostra que existe uma quantidade infinita de funções $f(x,t)$ cujas derivadas parciais em relação a y são nulas, mas, como desejamos a componente mais simples possível, optamos pela função $f(x,t) = 0$. Assim, obtemos:

$V_y = 5y$.

Logo, o campo de velocidade desejado é dado por: $V = 5xi + 5yj$.

Er11.5 Verifique se o escoamento plano descrito pelo campo de velocidade $V = yti - xtj$ é incompressível e se é irrotacional.

Solução

a) Dados e considerações
• Campo de velocidades:

$V = yti - xtj = V = V_x i - V_y j \Rightarrow$

$\Rightarrow V_x = yt$ e $V_y = -xt$.

• O escoamento deve obrigatoriamente satisfazer o princípio da conservação da massa.

b) Análise e cálculos
Se ele for incompressível, deverá satisfazer a relação:

$$\frac{\partial V_x}{\partial x} + \frac{\partial V_y}{\partial y} + \frac{\partial V_z}{\partial z} = 0$$

Calculando as derivadas e substituindo, obtemos:

$$\frac{\partial V_x}{\partial x} + \frac{\partial V_y}{\partial y} + \frac{\partial V_z}{\partial z} = 0 + 0 = 0$$

E confirmamos que o escoamento é incompressível.

Para verificar se o escoamento é rotacional, devemos avaliar:

$\xi = 2\Omega = \xi_x i + \xi_y j + \xi_z k =$

$= \left(\frac{\partial V_z}{\partial y} - \frac{\partial V_y}{\partial z}\right)i + \left(\frac{\partial V_x}{\partial z} - \frac{\partial V_z}{\partial x}\right)j$

$+ \left(\frac{\partial V_y}{\partial x} - \frac{\partial V_x}{\partial y}\right)k$

Derivando as componentes do vetor velocidade, obtemos:

$\xi = 2\Omega = \xi_x i + \xi_y j + \xi_z k = (0-0)i +$
$+ (0-0)j + (-t-t)k = -2tk \neq 0$

Logo, o escoamento é rotacional!

Er11.6 Um fluido apresenta escoamento horizontal unidimensional invíscido descrito pelo seguinte perfil de velocidade: $V = 10xi$, onde, para x dado em metros, obtemos a velocidade em m/s. Sabendo que a massa específica do fluido é igual a 1,0 kg/m³, determine a diferença de pressão entre os pontos $x = 2$ m e $x = 6$ m.

Solução

a) Dados e considerações
• Campo de velocidades: $V = 10xi$; x em m e V em m/s; $V_x = 10x$.
• O escoamento é invíscido e ocorre na direção do eixo x horizontal, logo $g_x = 0$.

b) Análise e cálculos
Como o escoamento é invíscido, deve satisfazer a equação de Euler. Assim, para a direção do eixo x, obtemos:

$$\rho g_x - \frac{\partial p}{\partial x} = \rho \left(\begin{array}{l} \frac{\partial V_x}{\partial t} + V_x \frac{\partial V_x}{\partial x} + \\ V_y \frac{\partial V_x}{\partial y} + V_z \frac{\partial V_x}{\partial z} \end{array} \right) = \rho \frac{DV_x}{Dt}$$

$$-\frac{\partial p}{\partial x} = \rho \left(0 + V_x \frac{\partial V_x}{\partial x} + 0 + 0\right) = 100x$$

Como o escoamento é unidimensional, a pressão varia apenas com a abscissa x, então:

$\frac{dp}{dx} = -100x \Rightarrow$

$\Rightarrow \int_{p_2}^{p_6} dp = \int_{x=2}^{x=6} -100x\, dx$

Finalmente:

$$\Delta p = p_2 - p_6 = 50(6^2 - 2^2) = 1600 \, \text{Pa}$$

Note que a pressão diminui à medida que o escoamento se desenvolve, ou seja, o escoamento ocorre com um gradiente de pressão favorável.

Er11.7 Determine o perfil de velocidades no escoamento laminar em regime permanente entre duas placas planas paralelas horizontais estáticas infinitas.

Solução

a) Dados e considerações

Consideremos a Figura Er11.7. Nela observamos o escoamento de um fluido, na direção x, entre duas placas planas infinitas paralelas e horizontais, que tem por característica apresentar o deslocamento das partículas fluidas apenas na direção x e, por esse motivo, as componentes da sua velocidade nas direções y e z são nulas.

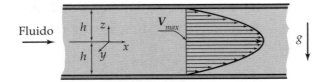

Figura Er11.7

b) Análise e cálculos

Para equacionar o problema, adotamos o sistema de coordenadas indicado na Figura Er11.7, cuja origem encontra-se a meia distância das placas, sendo o eixo z vertical e os demais horizontais. Primeiramente aplicaremos a equação da continuidade ao escoamento em estudo.

$$\frac{D\rho}{Dt} + \rho\frac{\partial V_x}{\partial x} + \rho\frac{\partial V_y}{\partial y} + \rho\frac{\partial V_z}{\partial z} = 0$$

Como as componentes V_y e V_z são nulas e como o escoamento se dá em regime permanente, obtemos:

$$\frac{\partial V_x}{\partial x} = 0$$

Concluímos, então, que V_x será função apenas de z.

Observemos, agora, as equações de Navier-Stokes:

$$\rho g_x - \frac{\partial p}{\partial x} + \mu\left(\frac{\partial^2 V_x}{\partial x^2} + \frac{\partial^2 V_x}{\partial y^2} + \frac{\partial^2 V_x}{\partial z^2}\right) =$$

$$= \rho\left(\frac{\partial V_x}{\partial t} + V_x\frac{\partial V_x}{\partial x} + V_y\frac{\partial V_x}{\partial y} + V_z\frac{\partial V_x}{\partial z}\right)$$

$$\rho g_y - \frac{\partial p}{\partial y} + \mu\left(\frac{\partial^2 V_y}{\partial x^2} + \frac{\partial^2 V_y}{\partial y^2} + \frac{\partial^2 V_y}{\partial z^2}\right) =$$

$$= \rho\left(\frac{\partial V_y}{\partial t} + V_x\frac{\partial V_y}{\partial x} + V_y\frac{\partial V_y}{\partial y} + V_z\frac{\partial V_y}{\partial z}\right)$$

$$\rho g_z - \frac{\partial p}{\partial z} + \mu\left(\frac{\partial^2 V_z}{\partial x^2} + \frac{\partial^2 V_z}{\partial y^2} + \frac{\partial^2 V_z}{\partial z^2}\right) =$$

$$= \rho\left(\frac{\partial V_z}{\partial t} + V_x\frac{\partial V_z}{\partial x} + V_y\frac{\partial V_z}{\partial y} + V_z\frac{\partial V_z}{\partial z}\right)$$

Utilizando os resultados obtidos, e sabendo que $g_z = -g$, $g_y = 0$, $g_x = 0$, podemos simplificá-las:

$$-\frac{\partial p}{\partial x} + \mu\left(\frac{\partial^2 V_x}{\partial z^2}\right) = 0 \quad \text{(Equação A)}$$

$$-\frac{\partial p}{\partial y} = 0 \quad \text{(Equação B)}$$

$$-\rho g - \frac{\partial p}{\partial z} = 0 \quad \text{(Equação C)}$$

A Equação B indica que a pressão não varia na direção y e, assim, a Equação C pode ser integrada, resultando em:

$$p = -\rho g z + f(x)$$

O que nos indica que a pressão varia linearmente na direção z, similarmente ao que ocorre em um fluido em repouso.

Analisemos a Equação A. Supondo que o termo $\partial p/\partial x$ é uma constante, lembrando que $V_x = f(x)$ e abandonando o índice x, podemos integrar essa equação, obtendo:

$$\left(\frac{d^2V}{dz^2}\right) = \frac{1}{\mu}\frac{\partial p}{\partial x} \Rightarrow \frac{dV}{dz} = \frac{1}{\mu}\frac{\partial p}{\partial x}z + C_1$$

$$\Rightarrow V = \frac{1}{2\mu}\frac{\partial p}{\partial x}z^2 + C_1 z + C_2 \text{ (Equação D)}$$

Devemos, agora, determinar as constantes de integração C_1 e C_2 utilizando condições de contorno adequadas. Como as duas placas estão paradas, com base no princípio da aderência, podemos afirmar que $V = 0$ para $z = \pm h$. Substituindo esses valores na Equação D, obtemos:

$$0 = \frac{1}{2\mu}\frac{\partial p}{\partial x}h^2 + C_1 h + C_2$$

$$0 = \frac{1}{2\mu}\frac{\partial p}{\partial x}h^2 - C_1 h + C_2$$

Resolvendo esse sistema de equações,

obtemos: $C_1 = 0$ e $C_2 = -\frac{1}{2\mu}\frac{\partial p}{\partial x}h^2$.

Assim, resulta: $V = \frac{1}{2\mu}\frac{\partial p}{\partial x}(z^2 - h^2)$.

Concluímos, então, que o perfil de velocidades do escoamento em regime permanente entre duas placas planas paralelas é parabólico e a velocidade máxima ocorre em $z = 0$.

Observamos que esse escoamento, causado apenas por um gradiente de pressão, é denominado escoamento de Poiseuille.

Er11.8 Determine o perfil de velocidades no escoamento laminar em regime permanente entre duas placas planas paralelas horizontais infinitas, considerando que uma delas permanece estática enquanto a outra se move horizontalmente com velocidade constante.

Solução

a) Dados e considerações
Na Figura Er11.8 é ilustrado o escoamento a ser analisado, no qual a placa superior está se movendo para a direita com velocidade constante igual a U. Nessa figura, observamos o escoamento do fluido, na direção x, sendo que as componentes da sua velocidade nas direções y e z são nulas.

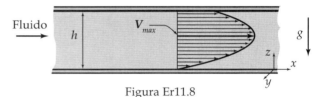

Figura Er11.8

b) Análise e cálculos
Para equacionar o problema, adotamos o sistema de coordenadas indicado na Figura Er11.8, cuja origem repousa sobre a superfície da placa inferior. Note que a solução deste problema é similar à do Exercício Er11.7.

Primeiramente, aplicaremos a equação da continuidade ao escoamento em estudo.

$$\frac{D\rho}{Dt} + \rho\frac{\partial V_x}{\partial x} + \rho\frac{\partial V_y}{\partial y} + \rho\frac{\partial V_z}{\partial z} = 0$$

Como as componentes V_y e V_z são nulas e como o escoamento se dá em regime permanente, obtemos:

$$\frac{\partial V_x}{\partial x} = 0$$

Concluímos, então, que V_x será função apenas de z.

Apliquemos, agora, as equações de Navier-Stokes. Similarmente ao

Exercício Er11.7, sabendo que $g_z = -g$, $g_y = 0$, $g_x = 0$, podemos simplificá-las obtendo:

$$-\frac{\partial p}{\partial x} + \mu\left(\frac{\partial^2 V_x}{\partial z^2}\right) = 0 \quad \text{(Equação A)}$$

$$-\frac{\partial p}{\partial y} = 0 \quad \text{(Equação B)}$$

$$-\rho g - \frac{\partial p}{\partial z} = 0 \quad \text{(Equação C)}$$

Novamente, a Equação B indica que a pressão não varia na direção y e, assim, a Equação C pode ser integrada, resultando em:

$$p = -\rho g z + f(x)$$

Esse fato nos indica que a pressão varia linearmente na direção z, de forma similar ao que ocorre em um fluido em repouso.

Analisemos a Equação A. Supondo que o termo $\partial p/\partial x$ é uma constante, lembrando que $V_x = f(x)$ e abandonando o índice x, podemos integrar essa equação, obtendo:

$$\left(\frac{d^2 V}{dz^2}\right) = \frac{1}{\mu}\frac{\partial p}{\partial x} \Rightarrow \frac{dV}{dz} = \frac{1}{\mu}\frac{\partial p}{\partial x}z + C_1 \Rightarrow$$

$$V = \frac{1}{2\mu}\frac{\partial p}{\partial x}z^2 + C_1 z + C_2 \quad \text{(Equação D)}$$

Devemos, agora, determinar as constantes de integração C_1 e C_2 utilizando condições de contorno adequadas. Como a placa inferior está parada, com base no princípio da aderência, podemos afirmar que $V = 0$ para $z = 0$. Como a placa superior está em movimento com velocidade constante igual a U, com base no princípio da aderência, podemos afirmar que $V = U$ para $z = +h$. Utilizando essas condições de contorno, concluímos:

Para $z = 0$, temos $V = 0$. Logo $C_2 = 0$.
Para $z = h$, temos $V = U$. Como $C_2 = 0$, obtemos: $U = \frac{1}{2\mu}\frac{\partial p}{\partial x}h^2 + C_1 h$.

Manipulando algebricamente, resulta:

$$C_1 = \frac{U}{h} - \frac{1}{2\mu}\frac{\partial p}{\partial x}h$$

Substituindo os valores obtidos das constantes de integração na Equação D, obtemos:

$$V = \frac{h^2}{2\mu}\frac{\partial p}{\partial x}\left(\frac{z^2}{h^2} - \frac{z}{h}\right) + U\frac{z}{h}$$

Concluímos, assim, que o perfil de velocidades do escoamento laminar em regime permanente entre duas placas planas paralelas no qual uma delas está em movimento com velocidade constante também é parabólico.

Observamos que esse escoamento, causado por um gradiente de pressão e pelo movimento de uma das placas, é denominado escoamento de Couette.

Er11.9 Determine a distribuição de pressão sobre um cilindro com raio R sujeito ao escoamento de um fluido invíscido perpendicular ao seu eixo de simetria com velocidade de corrente livre V.

Solução

a) Dados e considerações

Como o escoamento é o de um fluido invíscido, a solução desejada deriva da análise do escoamento potencial do fluido sobre o cilindro, que pode ser representado como sendo a superposição de um escoamento uniforme (escoamento de corrente livre) com velocidade V e de um dipolo com orientação negativa – veja a Figura Er11.9.

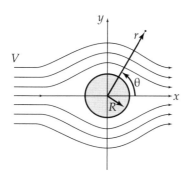

Figura Er11.9

b) Análise e cálculos

As soluções para o escoamento uniforme e para o dipolo são:

$\psi = V_\infty y$ e $\Phi = V_\infty x$

$\psi = -\dfrac{I}{r}sen\theta$ e $\Phi = -\dfrac{I}{r}cos\theta$

A função corrente derivada da superposição do escoamento uniforme com o dipolo consiste na soma das funções corrente. Assim sendo, obtemos:

$\psi = Vy - \dfrac{I}{r}sen\theta$

Podemos, a partir da função corrente, determinar as componentes da velocidade V_r e V_θ.

$V_r = \dfrac{1}{r}\dfrac{\partial\psi}{\partial\theta}; \quad V_\theta = -\dfrac{\partial\psi}{\partial r}$

Lembrando que $y = rsen\theta$, temos:

$V_r = \dfrac{1}{r}\dfrac{\partial\psi}{\partial\theta} = \dfrac{1}{r}\left[Vr\,cos\theta - \dfrac{I}{r}cos\theta\right] =$

$= \left[V - \dfrac{I}{r^2}\right]cos\theta$

$V_\theta = -\dfrac{\partial\psi}{\partial r} = -\left(V + \dfrac{I}{r^2}\right)sen\theta$

As componentes V_r e V_θ assim obtidas descrevem o escoamento de um fluido não viscoso em torno de um cilindro infinito estático. Entretanto, não sabemos ainda qual é o diâmetro desse cilindro. Para determinar esse diâmetro, devemos observar que a componente da velocidade do fluido na direção radial, V_r, na superfície do cilindro é nula. Nesse caso, impondo $V_r = 0$ para $r = R$, obtemos:

$V_r = \left[V - \dfrac{I}{R^2}\right]cos\theta = 0 \Rightarrow R = \sqrt{\dfrac{I}{V}}$

Nessa expressão, R é o raio o cilindro.

Como conhecemos as componentes V_r e V_θ, podemos determinar a posição dos pontos de estagnação, que são os pontos nos quais a velocidade é nula.

Sabemos que $V_r = 0$ na superfície do cilindro. Concluímos, então, que os pontos de estagnação estão localizados sobre a superfície do cilindro. Resta verificar em quais posições sobre essa superfície eles se encontram. Para tal, devemos observar que a velocidade V_θ também deve ser nula nos pontos de estagnação. Assim sendo, obtemos:

$V_\theta = -\dfrac{\partial\psi}{\partial r} = -\left(V + \dfrac{I}{R^2}\right)sen\theta =$
$= -2Vsen\theta$

Impondo que $-2Vsen\theta = 0$, verificamos que os pontos de estagnação ocorrerão em $\theta = 0°$ e em $\theta = 180°$.

Para determinar a distribuição de pressões sobre a superfície do cilindro, utilizamos a equação de Bernoulli, aplicando-a do ponto de estagnação que ocorre em $\theta = 180°$ até um ponto arbitrário posicionado sobre a superfície do cilindro.

Utilizando o índice 0 para indicar propriedades no ponto de estagnação e o índice c para indicar propriedades sobre a superfície do cilindro, obtemos:

$$\frac{p_0}{\gamma}+\frac{V_0^2}{2g}=\frac{p_c}{\gamma}+\frac{V_{\theta c}^2}{2g} \Rightarrow$$

$$\Rightarrow p_c = p_0 - \rho\frac{V_{\theta c}^2}{2}$$

Como, sobre a superfície do cilindro, $V_{\theta c} = -2Vsen\theta$, obtemos a seguinte distribuição de pressão:

$$p = p_0 - 2\rho V^2 sen^2\theta$$

Er11.10 Determine a distribuição de pressão sobre um cilindro com raio R, girando com velocidade angular w, sujeito ao escoamento de um fluido não viscoso perpendicular ao seu eixo de simetria com velocidade de corrente livre V.

Solução

a) Dados e considerações
Como o escoamento é o de um fluido não viscoso, a solução desejada deriva da análise do escoamento potencial do fluido sobre o cilindro, que pode ser representado como sendo a superposição de um escoamento uniforme (escoamento de corrente livre) com velocidade V, de um dipolo com orientação negativa e de um vórtice irrotacional – veja a Figura Er11.10.

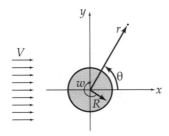

Figura Er11.10

b) Análise e cálculos
Adicionando as soluções para o escoamento uniforme, para o dipolo e para o vórtice irrotacional, obtemos:

$$\psi = Vy - \frac{Isen\theta}{r} + \frac{\Gamma}{2\pi}ln\,r$$

Como um vórtice irrotacional apresenta velocidade radial nula, a sua adição à solução do escoamento potencial sobre cilindro infinito fixo não altera a velocidade radial já anteriormente obtida. Assim sendo, podemos escrever:

$$V_r = \frac{1}{r}\frac{\partial\psi}{\partial\theta} = \frac{1}{r}\left[Vr\cos\theta - \frac{I}{r}\cos\theta\right] =$$
$$= \left[V - \frac{I}{r^2}\right]\cos\theta$$

E, conforme o Exercício Er11.9, o raio do cilindro continua sendo dado por:

$$R = \sqrt{\frac{I}{V}}$$

Como, em um escoamento rotacional, a velocidade na direção θ é dada por $\Gamma/2\varpi r$, a componente V_θ da velocidade de uma partícula fluida se movimentando no entorno de um cilindro em movimento de rotação será dada por:

$$V_\theta = -\frac{\partial\psi}{\partial r} = -2Vsen\theta - \frac{\Gamma}{2\pi r}$$

No caso de $r = R$, obtemos:

$$V_\theta = -\frac{\partial\psi}{\partial r} = -2Vsen\theta - \frac{\Gamma}{2\pi R}$$

Como, nos pontos de estagnação, $V_\theta = 0$, resulta:

$$2Vsen\theta + \frac{\Gamma}{2\pi R} = 0$$

Ao resolver essa equação, verificamos a ocorrência de duas situações. A primeira consiste na condição em que a circulação é suficientemente pequena, de forma que Γ < 4ϖVR. Nesse caso, observamos que os pontos de estagnação se posicionam sobre a superfície do cilindro, conforme ilustrado na Figura Er11.10 (a).

A segunda situação ocorre quando Γ > 4ϖVR. Nesse caso, um único ponto de estagnação estará posicionado fora do cilindro em θ = 270° – veja a Figura Er11.10 (b).

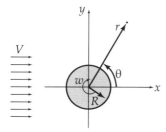

Figura Er11.10

Utilizando a equação de Bernoulli, podemos determinar a função que nos dá a distribuição de pressão sobre o cilindro, obtendo:

$$p = p_0 - \rho \frac{V^2}{2}\left(2\,sen\,\theta + \frac{\Gamma}{2\pi R V}\right)^2$$

O fato de a distribuição de pressão não ser simétrica causa o aparecimento de uma força de sustentação sobre o cilindro.

11.9 EXERCÍCIOS PROPOSTOS

Ep11.1 Um escoamento plano é descrito pelo campo de velocidades $V = 4i + 4yj$, no qual a variável x é medida em metros, resultando em velocidade em m/s. Determine a equação da linha de corrente que passa pelo ponto (1,1).

Ep11.2 Um escoamento plano é descrito pelo campo de velocidades $V = 4i + 4yj$, no qual a variável x é medida em metros, resultando em velocidade em m/s. Determine a equação da trajetória das partículas fluidas que passam pelo ponto (1,1). Considere que uma partícula passou pelo ponto (1,1) no instante $t_o = 1$ s. Quais serão as coordenadas dessa partícula no instante $t = 1,2$ s?

Ep11.3 Um escoamento plano é descrito pelo campo de velocidades $V = 2xi + yj$, onde as variáveis x e y são medidas em metros, resultando em velocidade em m/s. Determine:

a) a equação da linha de corrente que passa pelo ponto (1,2);

b) a equação da trajetória das partículas que passam pelo ponto (1,2);

c) as coordenadas no instante $t = 3$ s de uma partícula que passou por (1,2) no instante $t_o = 2$ s.

Ep11.4 Um escoamento plano é descrito pelo campo de velocidades $V = x^{-1}i + y^{-1}j$, onde as variáveis x e y são medidas em metros, resultando em velocidade em m/s. Determine:

a) a equação da linha de corrente que passa pelo ponto (2,1);

b) a equação da trajetória da partícula que passou pelo ponto (2,1) no instante $t_o = 2$ s;

c) as coordenadas no instante $t = 4$ s de uma partícula que passou por (2,1) no instante $t_o = 2$ s.

Ep11.5 Um escoamento plano é descrito pelo campo de velocidades $V = (t/x)i - (t/y)j$, onde as variáveis x e y são medidas em metros, resultando em velocidade em m/s. Determine:

a) a equação das linhas de corrente que passam pelo ponto (2,2);

b) a equação da trajetória da partícula que passou pelo ponto (2,2) no instante de tempo $t_o = 2$ s;

c) as coordenadas no instante $t = 5$ s de uma partícula que passou por (2,2) no instante $t_o = 2$ s.

Ep11.6 Um escoamento plano é descrito pelo campo de velocidades $V = 2x^2i$

+ $2y^2\boldsymbol{j}$, no qual as variáveis x e y são medidas em metros, resultando em velocidade em m/s. Determine a equação da linha de corrente que passa pelo ponto (2,2).

Resp.: $x = y$.

Ep11.7 Um escoamento plano é descrito pelo campo de velocidades $\boldsymbol{V} = 4x\boldsymbol{i} - 2y\boldsymbol{j}$, no qual as variáveis x e y são medidas em metros, resultando em velocidade em m/s. Determine a equação da linha de corrente que passa pelo ponto (1,1).

Resp.: $y\sqrt{x} = 1$.

Ep11.8 Um escoamento plano é descrito pelo campo de velocidades $\boldsymbol{V} = 4xt\boldsymbol{i} - 2y\boldsymbol{j}$, onde as variáveis x e y são medidas em metros e o tempo t em segundos, resultando em velocidade em m/s. Determine a equação da linha de corrente e as equações paramétricas da trajetória das partículas que passam pelo ponto (1,1) no instante $t = 2{,}0$ s.

Resp.: $x = y^{-4}$; $x = e^{(2t^2-8)}$; $y = e^{(-2t+4)}$.

Ep11.9 Um escoamento plano é descrito pelo campo de velocidades $\boldsymbol{V} = 4x\boldsymbol{i} - 2yt\boldsymbol{j}$, onde as variáveis x e y são medidas em metros, resultando em velocidade em m/s. Determine a equação da linha de corrente que passa pelo ponto (1,1).

Ep11.10 Um escoamento plano é descrito pelo campo de velocidades descrito por $\boldsymbol{V} = 4xt\boldsymbol{i} - 2yt\boldsymbol{j}$, onde as variáveis x e y são medidas em metros, resultando em velocidade em m/s. Determine a equação da trajetória das partículas que passam pelo ponto (2,2) no instante $t_o = 2$ s.

Ep11.11 Um escoamento plano é descrito pelo campo de velocidades $\boldsymbol{V} = 4xt\boldsymbol{i} - 2yt\boldsymbol{j}$, onde as variáveis x e y são medidas em metros, resultando em velocidade em m/s. Determine:

a) a função definidora do campo de acelerações desse escoamento;

b) a aceleração no instante de tempo 3 s de uma partícula que passou pela posição (1,1) no instante $t_o = 1$ s.

Ep11.12 Um escoamento plano é descrito pelo campo de velocidades $\boldsymbol{V} = 4x\boldsymbol{i} - 2y\boldsymbol{j}$, onde as variáveis x e y são medidas em metros e o tempo t em segundos, resultando em velocidade em m/s. Pergunta-se:

a) Esse escoamento é compressível? Prove.

b) Esse escoamento é rotacional? Prove.

Resp.: sim; não.

Ep11.13 Um escoamento plano é descrito pelo campo de velocidades $\boldsymbol{V} = (4x/t)\boldsymbol{i} - (yt/4)\boldsymbol{j}$, onde as variáveis x e y são medidas em metros, resultando em velocidade em m/s. Determine a equação da linha de corrente que passa pelo ponto (1,1) no instante $t_o = 2$ s.

Resp.:

Ep11.14 Um escoamento plano é descrito pelo campo de velocidades $\boldsymbol{V} = 0{,}9y\,\boldsymbol{i} + 3{,}6xt\,\boldsymbol{j}$, no qual as variáveis x e y são medidas em metros e o tempo t em segundos, resultando em velocidade em m/s.

a) Determine a equação da linha de corrente que passa pelo ponto (0,0) no instante $t = 1{,}0$ s.

b) Determine a aceleração de uma partícula fluida presente no ponto (2,4) no instante $t = 2{,}0$ s.

c) Esse escoamento é compressível? Justifique.

Resp.: $y^2 = 4x^2$; $13{,}0\boldsymbol{i} + 33{,}1\boldsymbol{j}$; incompressível.

Ep11.15 Um escoamento plano é descrito pelo campo de velocidades

$V = 4x^2\mathbf{i} - y^2t\,\mathbf{j}$, no qual as variáveis x e y são medidas em metros, resultando em velocidade em m/s. Determine a aceleração da partícula fluida que passa pelo ponto (2,2) no instante $t = 2$ s.

Ep11.16 Um escoamento plano é descrito pelo campo de velocidades $V = (4x/t)\mathbf{i} - (yt/4)\,\mathbf{j}$, onde as variáveis x e y são medidas em metros, resultando em velocidade em m/s. Determine a aceleração da partícula fluida que passa pelo ponto (2,2) no instante $t = 2$ s. Esse escoamento é compressível? É rotacional?

Ep11.17 Um escoamento plano é descrito pelo campo de velocidades $V = x^2\mathbf{i} - y^2t\,\mathbf{j}$, no qual as variáveis x e y são medidas em metros, resultando na velocidade em m/s. Esse escoamento é permanente? É compressível? Prove!

Ep11.18 Um escoamento plano é descrito pelo campo de velocidades $V = ax\mathbf{i} - byt\mathbf{j}$, no qual as variáveis x e y são medidas em metros e t em segundos, resultando em velocidade em m/s. Sabe-se que $a = 0{,}4$ s^{-1} e $b = 0{,}2$ s^{-2}.

a) Determine a aceleração da partícula fluida que passa pelo ponto (2,2) no instante $t = 2$ s.
b) Esse escoamento é compressível?
c) É rotacional?

Ep11.19 Desenvolva uma expressão que descreva o campo de velocidades de um fluido escoando em regime laminar entre duas placas planas paralelas infinitas estacionárias. Considere que o sistema de coordenadas é o indicado na Figura Ep11.19, no qual a origem do sistema repousa sobre a placa inferior.

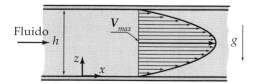

Figura Ep11.19

Ep11.20 Ar com massa específica igual a 1,2 kg/m³ e velocidade de corrente livre igual a 8,0 m/s escoa perpendicularmente sobre um cilindro fixo, posicionado na horizontal, com raio igual a 4,0 cm e comprimento igual a 50 cm – veja a Figura Ep11.20. Considerando que os efeitos viscosos podem ser desprezados, determine:

a) o módulo da velocidade tangencial máxima observada na superfície do cilindro;
b) a pressão do ar no ponto de estagnação frontal;
c) a pressão mínima observada na superfície do cilindro.

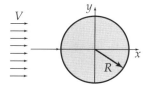

Figura Ep11.20

d) Nessa situação especial, qual é o valor esperado da força de arrasto aplicada pelo ar ao cilindro?

Resp.: 16 m/s; 38,4 Pa; –115,2 Pa; 0 N.

Ep11.21 Ar com massa específica igual a 1,2 kg/m³ escoa com velocidade de corrente livre igual a 5,0 m/s perpendicularmente a um cilindro com raio igual a 100 mm que está em movimento de rotação no sentido horário com velocidade angular igual a 800 rpm – veja a Figura Ep11.21. Considerando que os

efeitos viscosos podem ser desprezados, pede-se para determinar:
a) a posição dos pontos de estagnação;
b) a pressão mínima sobre o cilindro;
c) a força de sustentação sobre o cilindro.

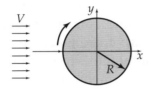

Figura Ep11.21

Ep11.22 Um cilindro posicionado na horizontal, com raio $R = 2{,}0$ cm e comprimento igual a 20 cm, gira no sentido horário com velocidade angular de 80 rpm em água na fase líquida a 20°C – veja a Figura Ep11.21. A água se move perpendicularmente ao seu eixo com velocidade de corrente livre igual a 5,0 m/s. Desprezando os efeitos viscosos, determine:
a) a posição dos pontos de estagnação;
b) a força de sustentação aplicada pela água sobre o cilindro.

INFORMAÇÕES DIVERSAS

A.1 MOMENTOS E PRODUTOS DE INÉRCIA DE ALGUMAS FIGURAS PLANAS EM RELAÇÃO AO CENTROIDE

Retângulo ($b \times h$):
$$I_{xx} = \frac{bh^3}{12}$$
$$I_{xy} = 0$$
$$A = bh$$

Triângulo (base b, altura h, deslocamento s; $2h/3$ acima, $h/3$ abaixo; base dividida em $b/2$ e $b/2$):
$$I_{xx} = \frac{bh^3}{36}$$
$$I_{xy} = \frac{b(b-2s)h^2}{72}$$
$$A = \frac{bh}{2}$$

Hexágono (lado r):
$$I_{xx} = 0{,}5413 r^4$$
$$A = \frac{3}{2}\sqrt{3}\, r^2$$

Círculo (raio r):
$$I_{xx} = \frac{r^4}{4}$$
$$I_{xy} = 0$$
$$A = \pi r^2$$

Semicírculo (raio r, centroide a $\frac{4r}{3\pi}$):
$$I_{xx} = 0{,}1098\, r^4$$
$$I_{xy} = 0{,}3927\, r^4$$
$$A = \frac{\pi r^2}{2}$$

Elipse (semieixos a, b):
$$I_{xx} = \frac{ab^3}{4}$$
$$I_{xy} = 0$$
$$A = \pi ab$$

APÊNDICE B

ALGUMAS PROPRIEDADES

B.1 VISCOSIDADE DE ALGUNS GASES

Apresentamos a seguir um conjunto de correlações destinadas ao cálculo de viscosidade de gases, com base em Yaws et al. [16]. Essas correlações apresentam a seguinte estrutura básica:

$$\mu = A + BT + CT^2$$

onde: T é a temperatura em K e μ é a viscosidade obtida em 10^{-6} Pa.s.

Viscosidade de gases em função da temperatura

Substância		A	B x 10³	C x 10⁷	Validade °C	Viscosidade a 20°C (10⁶ Pa.s)
Monóxido de carbono	CO	3,278	47,47	−96,48	−200 a 1400	16,36
Dióxido de carbono	CO₂	2,545	45,49	−86,49	−100 a 1400	15,14
Dióxido de enxofre	SO₂	−0,3793	46,45	−72,76	−100 a 1400	12,61
Trióxido de enxofre	SO₃	0,4207	47,12	−68,34	−100 a 1400	13,65
Monóxido de nitrogênio	NO	5,677	48,14	−84,34	−150 a 1400	19,06
Hidrogênio	H₂	2,187	22,20	−37,51	−160 a 1200	8,37
Nitrogênio	N₂	3,043	49,89	−109,3	−160 a 1200	16,73
Oxigênio	O₂	1,811	66,32	−187,9	−160 a 1000	19,64
Água	H₂O	−3,189	41,45	−8,272	0 a 1000	8,89
Metano	CH₄	1,596	34,39	−81,40	−80 a 1000	10,98
Etano	C₂H₆	0,5576	30,64	−53,07	−80 a 1000	9,08
Propano	C₃H₈	0,4912	27,12	−38,06	−80 a 1000	8,11
Hélio	He	5,416	50,14	−89,47	−160 a 1200	19,35
Neônio	Ne	8,779	78,60	−176,2	−160 a 1200	30,31
Argônio	Ar	4,387	63,99	−128,0	0 a 1200	22,05
Amônia	NH₃	−0,9372	38,99	−44,05	−200 a 1200	10,11

Exemplo de uso da tabela:
- Determinação da viscosidade do nitrogênio a 20°C

T = 20 + 273,15 = 293,15 K

μ = 3,043 + 49,89 · E-3 · 293,15 + (−109,3) · E-7 · 293,15² = 16,73 E-6 Pa.s

B.2 VISCOSIDADE DE ALGUNS LÍQUIDOS

Apresentamos abaixo um conjunto de correlações destinadas ao cálculo de viscosidade de líquidos, com base em Yaws et al. [16]. Essas correlações apresentam a seguinte estrutura básica:

$$log\,\mu = A + \frac{B}{T} + CT + DT^2$$

onde: T é a temperatura em K e μ é a viscosidade obtida em 10^{-2} Pa.s.

Viscosidade de líquidos em função da temperatura

Substância		A	B	C*E+2	D*E+6	Validade (°C)	μ a 20°C (Pa.s)
Água	H_2O	−11,73	1828	1,966	−14,66	0,0 a 374,2	0,102 E-2
Peróxido de hidrogênio	H_2O_2	−2,615	503,8	0,03501	−1,163	−0,43 a 455,0	0,128 E-2
Metanol	CH_3OH	−18,09	2096	4,738	−48,93	−40,0 a 239,4	0,056 E-2
Etanol	C_2H_5OH	−3,697	700,9	0,2682	−4,917	−105,0 a 243,1	0,114 E-2
n-Propanol	C_3H_7OH	−6,333	1158	0,8722	−9,699	−72,0 a 263,6	0,219 E-2
n-Butanol	C_4H_9OH	−5,222	1130	0,4137	−4,328	−60,0 a 289,8	0,298 E-2
Ácido clorídrico	HCl	−2,515	194,6	0,3067	−13,76	−114,2 a 51,5	0,007 E-2
Amônia	NH_3	−9,591	876,4	2,681	−36,12	−77,74 a 132,4	0,014 E-2
Etano	C_2H_6	−5,444	290,1	1,905	−41,64	−183,2 a 32,3	0,0036 E-2
Propano	C_3H_8	−4,372	313,5	1,034	−20,26	−187,7 a 96,7	0,010 E-2
Benzeno	C_6H_6	1,003	64,66	−1,105	9,648	5,53 a 288,94	0,065 E-2
Tolueno	$C_6H_5CH_3$	−3,553	559,1	0,1987	−1,954	−40 a 318,8	0,059 E-2

Exemplo de uso da tabela:
- Determinação da viscosidade da água a 20°C

T = 20 + 273,15 = 293,15 K

$$log\,\mu = (-11,73) + \frac{1828}{293,15} + 1,966\ E\text{-}2 \cdot 293,15 + (-14,66\ E\text{-}6) \cdot 293,15^2$$

$log\,\mu = -0,991$

$\mu = 10^{-0,991} = 0,00102$ Pa.s

B.3 PROPRIEDADES DE SUBSTÂNCIAS A 20°C E 1,0 BAR

Sustância	Massa específica (kg/m³)	Viscosidade dinâmica (Pa.s)	Tensão superficial (N/m)
Água	998,2	1,00 E-3	7,27 E-2
Ar seco	1,189	1,83 E-5	
Etanol	789	1,19 E-3	
Glicerina	1260	1,49	6,33 E-2
Mercúrio	13550	1,56 E-3	4,84 E-1
Óleo SAE 30	891	0,29	3,5 E-2

APÊNDICE C
PROPRIEDADES TERMOFÍSICAS

C.1 PROPRIEDADES DO AR A 1,0 BAR

T	ρ	μ	T	ρ	μ
°C	kg/m³	Pa.s	°C	kg/m³	Pa.s
0	1,275	1,73E-05	110	0,9093	2,22E-05
10	1,230	1,78E-05	120	0,8862	2,26E-05
20	1,189	1,83E-05	130	0,8642	2,31E-05
30	1,149	1,87E-05	140	0,8433	2,35E-05
40	1,113	1,92E-05	150	0,8233	2,39E-05
50	1,078	1,96E-05	160	0,8043	2,42E-05
60	1,046	2,01E-05	170	0,7862	2,46E-05
70	1,015	2,05E-05	180	0,7688	2,50E-05
80	0,9865	2,10E-05	190	0,7522	2,54E-05
90	0,9594	2,14E-05	200	0,7363	2,58E-05
100	0,9337	2,18E-05	210	0,7211	2,61E-05

C.2 PROPRIEDADES TERMOFÍSICAS DA ÁGUA SATURADA

T (°C)	μ_L (kg/m.s)	μ_v (kg/m.s)	ρ_L (kg/m³)	ρ_v (kg/m³)	c_L (m/s)	c_v (m/s)	σ (N/m)	P_{sat} (kPa)
0,01	0,001792	0,00000922	1000	0,004851	1402	409,0	0,07565	0,6117
10	0,001306	0,00000946	999,7	0,009406	1447	416,2	0,07422	1,228
20	0,001002	0,00000973	998,2	0,01731	1482	423,2	0,07273	2,339
30	0,000797	0,0000100	995,6	0,03041	1509	430,0	0,07119	4,247
40	0,000653	0,0000103	992,2	0,05124	1529	436,7	0,06959	7,385
50	0,000547	0,0000106	988,0	0,08315	1542	443,2	0,06794	12,35
60	0,000466	0,0000109	983,2	0,1304	1551	449,5	0,06624	19,95
70	0,000404	0,0000113	977,7	0,1984	1555	455,6	0,06448	31,20
80	0,000354	0,0000116	971,8	0,2937	1554	461,4	0,06267	47,42
90	0,000314	0,0000119	965,3	0,4239	1550	466,9	0,06081	70,00
100	0,000282	0,0000123	958,3	0,5981	1543	472,2	0,05891	101,3
110	0,000255	0,0000126	950,9	0,8268	1533	477,1	0,05696	143,4
120	0,000232	0,0000130	943,1	1,122	1520	481,7	0,05496	198,7
130	0,000213	0,0000133	934,8	1,497	1504	486,0	0,05293	270,3
140	0,000197	0,0000137	926,1	1,967	1486	489,8	0,05085	361,5
150	0,000183	0,0000140	917,0	2,548	1466	493,3	0,04874	476,2

C.3 PROPRIEDADES DO AR EM FUNÇÃO DA ALTITUDE

Altitude (m)	Temperatura (K)	Pressão (Pa)	Massa específica (kg/m³)	Viscosidade dinâmica (Pa.s)
0	288,2	101325	1,225	0,0000179
500	284,9	95460	1,167	0,0000177
1000	281,6	89873	1,112	0,0000176
1500	278,4	84553	1,058	0,0000174
2000	275,1	79492	1,007	0,0000173
2500	271,9	74678	0,957	0,0000171
3000	268,6	70104	0,9092	0,0000169
3500	265,4	65759	0,8633	0,0000168
4000	262,1	61635	0,8192	0,0000166
4500	258,9	57722	0,7768	0,0000165
5000	255,6	54014	0,7362	0,0000163
5500	252,4	50500	0,6971	0,0000161
6000	249,1	47174	0,6597	0,0000160
6500	245,9	44028	0,6239	0,0000158
7000	242,7	41054	0,5895	0,0000156
7500	239,4	38245	0,5566	0,0000154
8000	236,2	35593	0,5252	0,0000153
8500	232,9	33092	0,4951	0,0000151
9000	229,7	30736	0,4663	0,0000149
9500	226,4	28517	0,4389	0,0000148
10000	223,1	26430	0,4127	0,0000146
10500	219,9	24468	0,3877	0,0000144
11000	216,6	22626	0,3639	0,0000142

REFERÊNCIAS

[01] COLEBROOK, C. F. Turbulent Flow in Pipes with Particular Reference to the Transition Region between the Smooth and Rough Pipe Laws. *Journal of the Institution of Civil Engineers*, London, v. 11, p. 133-156, 1938-39.

[02] CRANE CO. *Flow of Fluids through Valves, Fittings, and Pipe* – Technical Paper 410, 1988.

[03] EUROPEAN COMMITTEE FOR STANDATIZATION. *EN ISO 5167-1 Measurement of fluid flow by means of pressure differential devices inserted in circular cross-section conduits running full – Part 1: General principles and requirements*. Brussels, 2003.

[04] EUROPEAN COMMITTEE FOR STANDATIZATION. *EN ISO 5167-2 Measurement of fluid flow by means of pressure differential devices inserted in circular cross-section conduits running full – Part 2: Orifice plates*. Brussels, 2003.

[05] EUROPEAN COMMITTEE FOR STANDATIZATION. *EN ISO 5167-3 Measurement of fluid flow by means of pressure differential devices inserted in circular cross-section conduits running full – Part 3: Nozzles and Venturi nozzles*. Brussels, 2003.

[06] EUROPEAN COMMITTEE FOR STANDATIZATION. *EN ISO 5167-4 Measurement of fluid flow by means of pressure differential devices inserted in circular cross-section conduits running full – Part 4: Venturi tubes*. Brussels, 2003.

[07] FOX, R. W.; McDONALD, A. T. *Introdução à Mecânica dos Fluidos*. 6. ed. Rio de Janeiro: LTC, 2006. 798 p.

[08] IDEL'CIK, I. E. *Memento des pertes de charge – Coefficients de pertes de charge singulières et de pertes de charge par frottement*. 1. ed. em francês. Paris: Eyrolles, 1969. 494 p.

[09] MUNSON, B. R.; YOUNG, D. F.; OKIISHI, T. H. *Fundamentos da Mecânica dos Fluidos*. São Paulo: Editora Edgard Blücher, 2004. 572 p.

[10] POTTER, M. C.; WIGGERT, D. C. *Mecânica dos Fluidos*. São Paulo: Pioneira Thomson Learning, 2004. 690 p.

[11] SCHMIDT, F. W.; HENDERSON R. E.; WOLGEMUTH, C. H. *Introdução às Ciências Térmicas – Termodinâmica, Mecânica dos Fluidos e Transferência de Calor*. São Paulo: Editora Edgard Blücher, 1996. 466 p.

[12] SWAMEE, P. K. Design of a Submarine Oil Pipeline. *Journal of Transportation Engineering*, v. 119, n. 1, p. 159, 170, 1993.

[13] WHITE, Frank M. *Mecânica dos Fluidos*. 4. ed. Rio de Janeiro: McGraw Hill Interamericana do Brasil, 2002. 570 p.

[14] YAWS, C. L. et al. Correlation Constants for Chemical Compounds – Procedures to Speed Calculations for: Heat Capacities, Heats of Formation, Free Energies of Formation, Heats of Vaporization. *Chemical Engineering*, p. 76-87, August 16, 1976.

[15] YAWS, C. L. et al. Correlation Constants for Chemical Compounds – Procedures to Speed Calculations for: Surface Tensions, Liquid Densities, Heat Capacities, Thermal Conductivities. *Chemical Engineering*, p. 127-135, October 25, 1976.

[16] YAWS, C. L. et al. Correlation Constants for Chemical Compounds – Procedures to Speed Calculations for: Gas Thermal Conductivity, Gas Viscosity, Liquid Viscosity, Vapor Pressure. *Chemical Engineering*, p. 153-162, November 22, 1976.

[17] CHOW, Chuen-Yen. *An Introduction to Computational Fluid Mechanics*. New York: Wiley, 1979. 396 p.

[18] WARRING, R. H. *Handbook of Valves, Piping and Pipelines*. Houston: Gulf Publishing Company, 1982.

[19] ASSOCIAÇÃO BRASILEIRA DE NORMAS TÉCNICAS. *ABNT NBR 5580 – Dimensões de tubos de aço para condução*, 2007.

[20] ASSOCIAÇÃO BRASILEIRA DE NORMAS TÉCNICAS. *ABNT NBR 5648 – Dimensões de tubos de PVC soldáveis para água fria – Tubos e conexões de PVC 6,3, PN 750 kPa, com junta soldável – Requisitos*, 1999.

[21] SCHLICHTING, H. *Boundary-Layer Theory*. 6. ed. New York: McGraw-Hill Book Company, 1968. 748 p.

[22] MOODY, L. F. Friction Factors for Pipe Flow. *Transactions of the ASME*, v. 66, 1944.

[23] ABBOTT, I. H.; VON DOENHOFF, A. E.; STIVERS Jr., L. S. *Summary of Airfoil Data – Report 824*. NACA – National Advisory Committee for Aeronautics, 1945.

[24] LOFTIN, L. K.; BURSNALL, W. J. *The Effects of Variations in Reynolds Number Between 3.0×10^6 and 25.0×10^6 upon the aerodynamic characteristics of a number of NACA 6-SERIES airfoil sections – Report 964*. NACA – National Advisory Committee for Aeronautics, 1948.

[25] PETUKHOV, B. S. Heat Transfer and Friction in Turbulent Pipe Flow with Variable Physical Properties. In: HARTNETT, J. P.; IRVINE, T. F. (ed.). *Advances in Heat Transfer*. New York: Academic Press, 1970. p. 504-564.

[26] MELO PORTO, R. de. *Hidráulica Básica*. 4. ed. São Carlos: EESC-USP, 2006. 519 p.

[27] ASSOCIAÇÃO BRASILEIRA DE NORMAS TÉCNICAS. *ABNT NBR – 5626: 1998 - Instalação predial de água fria*, 1998.

[28] MORRISON, F. A. *Data Correlation for Drag Coefficient for Sphere*. Houghton, MI: Department of Chemical Engineering, Michigan Technological University. Disponível em: <www.chem.mtu.edu/~fmorriso/DataCorrelationForSphereDrag2010.pdf>. Acesso em: 9 out. 2015

[29] LINDSEY, W. F. Drag of Cylinders of Simple Shapes. *NACA Report 619*, 1938.

[30] MILLER, R. W. *Flow Measurement Engineering Handbook*. 3. ed. New York: McGraw Hill, 1996.

[31] ASSOCIAÇÃO BRASILEIRA DE NORMAS TÉCNICAS. *ABNT NBR ISO 3846:2011 – Hidrometria — Medição de vazão em canal aberto utilizando vertedores retangulares de soleira espessa.*

[32] ASSOCIAÇÃO BRASILEIRA DE NORMAS TÉCNICAS. *ABNT NBR ISO 3966:2013 – Medição de vazão em condutos fechados — Método velocimétrico utilizando tubos de Pitot estático.*

[33] ASSOCIAÇÃO BRASILEIRA DE NORMAS TÉCNICAS. *ABNT NBR ISO 4185:2009 – Medição de vazão de líquidos em dutos fechados – Método gravimétrico.*

[34] ASSOCIAÇÃO BRASILEIRA DE NORMAS TÉCNICAS. *ABNT NBR ISO 5167-2:2011 – Medição de vazão de fluidos por dispositivos de pressão diferencial inseridos em condutos forçados de seção transversal circular – Parte 2: Placas de orifício.*

[35] ASSOCIAÇÃO BRASILEIRA DE NORMAS TÉCNICAS. *ABNT NBR ISO 5167-1:2008 – Medição de vazão de fluidos por dispositivos de pressão diferencial, inserido em condutos forçados de seção transversal circular - Parte 1: Princípios e requisitos gerais.*

[36] ASSOCIAÇÃO BRASILEIRA DE NORMAS TÉCNICAS. *ABNT NBR 5626:1998 – Instalação predial de água fria.*

[37] ASSOCIAÇÃO BRASILEIRA DE NORMAS TÉCNICAS. *ABNT NBR ISO 6817:1999 – Medição de vazão de líquido condutivo em condutos fechados – Método utilizando medidores de vazão eletromagnéticos.*

[38] ASSOCIAÇÃO BRASILEIRA DE NORMAS TÉCNICAS. *ABNT NBR ISO 9104:2000 – Medição de vazão de fluidos em condutos fechados – Métodos para avaliação de desempenho de medidores de vazão eletromagnéticos para líquidos.*

[39] ASSOCIAÇÃO BRASILEIRA DE NORMAS TÉCNICAS. *ABNT NBR ISO 9300:2008 – Medição de vazão de gás por bocais Venturi de fluxo crítico.*

[40] ASSOCIAÇÃO BRASILEIRA DE NORMAS TÉCNICAS. *ABNT NBR ISO 9826:2008 – Medição de vazão de líquido em canais abertos – Calhas Parshall e SANIIRI.*

[41] ASSOCIAÇÃO BRASILEIRA DE NORMAS TÉCNICAS. *ABNT NBR ISO 9951:2002 – Medição de vazão de gás em condutos fechados – Medidores tipo turbina.*

[42] ASSOCIAÇÃO BRASILEIRA DE NORMAS TÉCNICAS. *ABNT NBR 13225:1994 – Medição de vazão de fluidos em condutos forçados, utilizando placas de orifício e bocais em configurações especiais (com furos de dreno, em tubulações com diâmetros inferiores a 50 mm, como dispositivos de entrada e saída e outras configurações) – Especificação.*

[43] ASSOCIAÇÃO BRASILEIRA DE NORMAS TÉCNICAS. *ABNT NBR 14801:2002 – Medição de vazão de gás em condutos fechados – Medidores tipo turbina – Classificação e ensaios complementares.*

[44] ASSOCIAÇÃO BRASILEIRA DE NORMAS TÉCNICAS. *ABNT NBR 14978:2003 – Medição eletrônica de gás – Computadores de vazão.*

[45] ASSOCIAÇÃO BRASILEIRA DE NORMAS TÉCNICAS. *ABNT NBR 16020:2011 – Medição eletrônica de líquidos – Computadores de vazão.*

[46] ASSOCIAÇÃO BRASILEIRA DE NORMAS TÉCNICAS. *ABNT NBR 16084:2012 – Medição de vazão de fluidos em condutos fechados – Orientação para a seleção, instalação e uso de medidores Coriolis (medições de vazão mássica, massa específica e vazão volumétrica).*

[47] ASSOCIAÇÃO BRASILEIRA DE NORMAS TÉCNICAS. *ABNT NBR 16198:2013 – Medição de vazão de fluidos em condutos fechados – Métodos usando medidor de vazão ultrassônico por tempo de trânsito – Diretrizes gerais de seleção, instalação e uso.*

[48] ASSOCIAÇÃO BRASILEIRA DE NORMAS TÉCNICAS. *ABNT NBR 16318:2014 – Medição de vazão de líquido em condutos fechados – Método volumétrico de coleta de líquido em tanque de medição.*